涡轮机械与推进系统出版项目

航空发动机技术出版工程

航空发动机空气系统设计

郭文　陶智　毛军逵　康涌　等　编著

科　学　出　版　社

北　京

内 容 简 介

本书针对目前高性能航空发动机空气系统设计技术需求，重点介绍了空气系统设计的顶层需求、设计流程、设计原理与方法、设计结果评价准则、设计结果验证等内容，具体阐述了空气系统设计范围、主要设计功能、总体设计方法、典型功能元件工作原理与特性、具体流路的详细设计与分析、设计结果验证依据及具体方法，并介绍了空气系统设计技术发展趋势与面临的挑战。本书的内容为开展空气系统设计及相关设计技术研究提供了较为完整的思路和方法，具有重要的学术研究意义和工程应用价值。

本书可供从事航空发动机空气系统与传热以及相关技术领域的科研、工程设计等人员使用，也可用作高等院校航空发动机专业研究生及本科生的教学参考书。

图书在版编目(CIP)数据

航空发动机空气系统设计／郭文等编著. —北京：科学出版社,2022.12
航空发动机技术出版工程　国家出版基金项目
涡轮机械与推进系统出版项目
ISBN 978－7－03－073813－4

Ⅰ. ①航… Ⅱ. ①郭… Ⅲ. ①航空发动机－压缩空气系统－系统设计 Ⅳ. ①V233.6

中国版本图书馆 CIP 数据核字(2022)第 217397 号

责任编辑：徐杨峰／责任校对：谭宏宇
责任印制：黄晓鸣／封面设计：殷　靓

科学出版社 出版
北京东黄城根北街 16 号
邮政编码：100717
http://www.sciencep.com

南京展望文化发展有限公司排版
广东虎彩云印刷有限公司印刷
科学出版社发行　各地新华书店经销

*

2022 年 12 月第 一 版　开本：B5(720×1000)
2025 年 7 月第六次印刷　印张：27 3/4
字数：545 000
定价：220.00 元
(如有印装质量问题，我社负责调换)

涡轮机械与推进系统出版项目
顾问委员会

主任委员
张彦仲

委 员
（以姓名笔画为序）

尹泽勇　乐嘉陵　朱　荻　刘大响　杜善义
李应红　张　泽　张立同　张彦仲　陈十一
陈懋章　闻雪友　宣益民　徐建中

航空发动机技术出版工程
专家委员会

航空发动机技术出版工程
编写委员会

航空发动机技术出版工程
设计系列
编写委员会

航空发动机空气系统设计
编写委员会

涡轮机械与推进系统出版项目

序

  涡轮机械与推进系统涉及航空发动机、航天推进系统、燃气轮机等高端装备。其中每一种装备技术的突破都令国人激动、振奋,但是由于技术上的鸿沟,使得国人一直为之魂牵梦绕。对于所有从事该领域的工作者,如何跨越技术鸿沟,这是历史赋予的使命和挑战。

  动力系统作为航空、航天、舰船和能源工业的"心脏",是一个国家科技、工业和国防实力的重要标志。我国也从最初的跟随仿制,向着独立设计制造发展。其中有些技术已与国外先进水平相当,但由于受到基础研究和条件等种种限制,在某些领域与世界先进水平仍有一定的差距。在此背景下,出版一套反映国际先进水平、体现国内最新研究成果的丛书,既切合国家发展战略,又有益于我国涡轮机械与推进系统基础研究和学术水平的提升。"涡轮机械与推进系统出版项目"主要涉及航空发动机、航天推进系统、燃气轮机以及相应的基础研究。图书种类分为专著、译著、教材和工具书等,内容包括领域内专家目前所应用的理论方法和取得的技术成果,也包括来自一线设计人员的实践成果。

  "涡轮机械与推进系统出版项目"分为四个方向:航空发动机技术、航天推进技术、燃气轮机技术和基础研究。出版项目分别由科学出版社和浙江大学出版社出版。

  出版项目凝结了国内外该领域科研与教学人员的智慧和成果,具有较强的系统性、实用性、前沿性,既可作为实际工作的指导用书,也可作为相关专业人员的参考用书。希望出版项目能够促进该领域的人才培养和技术发展,特别是为航空发动机及燃气轮机的研究提供借鉴。

张彦仲

2019 年 3 月

航空发动机技术出版工程

序

航空发动机被誉称为工业皇冠之明珠,实乃科技强国之重器。

几十年来,我国航空发动机技术、产品及产业经历了从无到有、从小到大的艰难发展历程,取得了显著成绩。在世界新一轮科技革命、产业变革同我国转变发展方式的历史交汇期,国家决策进一步大力加强航空发动机事业发展,产学研用各界无不为之振奋。

迄今,科学出版社于2019年、2024年两次申请国家出版基金,安排了"航空发动机技术出版工程",确为明智之举。

本出版工程旨在总结、推广近期及之前工作中工程、科研、教学的优秀成果,侧重于满足航空发动机工程技术人员的需求,尤其是从学生到工程师过渡阶段的需求,借此也为扩大我国航空发动机卓越工程师队伍略尽绵力。本出版工程包括设计、试验、基础与综合、前沿技术、制造、运营及服务保障六个系列,2019年启动的前三个系列近五十册任务已完成;后三个系列近三十册任务则于2024年启动。对于本出版工程,各级领导十分关注,专家委员会不时指导,编委会成员尽心尽力,出版社诸君敬业把关,各位作者更是日无暇晷、研教著述。同道中人共同努力,方使本出版工程得以顺利开展、如期完成。

希望本出版工程对我国航空发动机自主创新发展有所裨益。受能力及时间所限,当有疏误,恭请斧正。

2024 年 10 月修订

前言一

　　本书从航空发动机空气系统构成、功能介绍出发，按照系统工程的方法，给出了空气系统设计流程与要求，阐述了空气系统典型元件/部件工作原理和特性，论述了当前空气系统的设计方法、分析技术，说明了空气系统的验证方法，介绍了航空发动机空气系统技术发展与挑战，全书共计10章。

　　本书由中国航发涡轮院郭文、北京航空航天大学陶智、南京航空航天大学毛军逵、中国航发涡轮院康涌同志组织章节架构确定、章节内容的策划安排和校核。其中：第1章主要由南京航空航天大学毛军逵、中国航发涡轮院王鹏飞、中国科学院工程热物理研究所杜强同志编写；第2章主要由中国航发涡轮院郭文、康涌、徐连强和中国航发商发顾伟、中国航发沈阳发动机研究所刘国朝、中国航发湖南动力机械研究所周志翔、中国航发贵阳所赵熙同志编写；第3章由西北工业大学刘高文、中国科学院工程热物理研究所杜强同志编写；第4章由中国科学院工程热物理研究所杜强同志编写；第5章由西北工业大学刘高文、中国航发商发顾伟同志编写；第6章主要由北京航空航天大学陶智、李海旺和由儒全同志编写；第7章由中国航发湖南动力机械研究所周志翔同志编写；第8章由中国航发沈阳发动机研究所刘国朝同志编写；第9章主要由中国航发涡轮院郭文、王鹏飞、徐连强、李天禄和中国航发动力所刘国朝、西北工业大学刘高文、北京航空航天大学李海旺、中国航发商发顾伟同志编写；第10章主要由西北工业大学刘高文、南京航空航天大学毛军逵、北京航空航天大学李海旺、中国航发商发顾伟、中国航发动力所刘国朝、中国科学院工程热物理研究所杜强、中国航发涡轮院王鹏飞同志编写。中国航发涡轮院郭文、王鹏飞对全书进行了统稿。

　　在本书编写过程中，得到了中国航发涡轮院科技委办公室、空气系统与热分析技术研究室的大力支持，在此表达感谢！

　　本书可供从事航空发动机空气系统与传热以及有关技术领域的科研、工程设计等人员使用，也可用作高等院校航空发动机专业研究生及本科生的教学参考书。

　　受撰稿人水平限制，书中难免存在疏漏和不足，恳请读者和专家们批评指正并提出宝贵的意见和建议。

《航空发动机空气系统设计》编委会
2021年12月

前言二

随着航空动力系统向强热(涡轮前燃气温度超过 2 000 K)、电气化(提供电力达到兆瓦级)、宽工作速域方向演化,以及高推重比、低耗油率、高可靠性和强环境适应性指标要求不断提高,发动机在整个工作包线范围内不仅进气温度、压力、空气流量等参数变化范围大,而且面临严重的热问题。这些变化对空气系统及传热设计需求产生了直接影响,发动机在高空高速(马赫数可达 3.5)飞行时,进气温度可达 750 K,同时考虑压缩系统的高温升,将导致整个发动机零部件、成附件及滑油系统面临冷却需求大幅提升而可用冷气温度极高的矛盾;而发动机在高空低速飞行时,进气压力(5~7 kPa)和进气流量极低,将给空气系统转子盘腔通风冷却、滑油封严及燃气封严带来极大的困难。另外,发动机的强环境适应性对进气防冰系统的设计需求更加严苛,高空高速的进气高温和高空低速的进气低温对热管理也提出了更高的要求。因此,空气系统与传热技术的发展水平和设计技术能力将直接影响航空发动机研制指标的实现。

近年来,国内外学术界及企业对航空发动机空气系统及其相关的传热设计技术重视程度和投入都不断加强,国内也通过多个重大项目的立项研究来支持空气系统设计技术发展,相比以往,空气系统设计技术的更新更加迅速。获得的航空发动机空气系统研究成果不仅促进了本学科技术进步,而且形成了一些新的设计技术和分析方法推广应用于燃气轮机、电子设备冷却与热管理、临近空间动力装置热管理等领域,推动了国民经济发展。

本书是由国内航空发动机科研院所、企业及高等院校中常年从事航空发动机空气系统与传热技术研究、设计及试验的科技专家组成的编委所编写的著作,各位编委把自己多年的研究、实践经验进行了提炼、总结,并结合相关科学理论,形成了本书的主要内容。

本书涵盖了航空发动机空气系统研制所涉及的各项主要内容,包括空气系统设计功能、设计原理、工作特性、设计流程与分析方法等,既有多年来空气系统设计方法的总结,也有最新空气系统设计理论、方法等研究成果的体现,是以往经验和最新技术进展的综合集成,具有较高的实用性和先进性。本书按照空气系统的总体概念、设计原理、典型元件/部件工作原理和特性、设计方法与分析技术、试验验证、未来新技术的架构来撰写,体现了从总体到内部细节、从原理到系统设计、从分析到试验验证的思路,既符合全流程系统设计思维,又易于理解和掌握。

希望本书能为我国航空发动机设计技术的发展提供借鉴和帮助,能为从事航空发动机领域的技术人员、专家学者等提供参考。在本书编写过程中,得到了许多同行专家学者的支持和帮助,在此,对在本书撰写、编辑及出版过程中付出辛勤劳动的各位同志表示衷心感谢。

郭 文

2021 年 12 月于成都

符号表

A	面积,m^2、热扩散率,m^2/s
b	轮盘的外缘半径,m
BFM	逆流裕度
Bo	浮力数
C	旋流数
$C_{w,min}$	最小封严流量
C_D	流量系数、阻力系数
c_p	比定压热容,$kJ/(kg \cdot k)$
C_p^*	压力系数
C_v	速度系数
C_w	无量纲最小封严流量
D	当量直径
d	直径,m
E_m	总收集系数
f	冻结系数、总压损失系数、风阻加热系数、燃油阻力系数、摩擦系数、流阻系数
F	体积力,N/m^2、角动量流量
G	间隙比;流量,kg/s
$\overline{G}$	空气换算流量
Gr	旋转格拉晓夫数
H	换热系数,$W/(m^2 \cdot ℃)$
h^*	单位质量的总焓,kJ/kg
H	厚度,m
I	空气入射角,(°)
K	惯性参数
K_T	风阻温升比

K_β	总传热系数
L	长度，m
L_f	结冰潜热，J/kg
L_v	汽化潜热，J/kg
m	质量，质量流量，kg/s
M	力矩，N·m；质量，kg
Ma_ϕ	旋转马赫数
M_U	周向马赫数
M_d	力矩，N·m
MVD	平均体积直径，μm
NHFR	净热流密度减少量
Nu	努塞尔数
P	压强，Pa
Pr	普朗特数
q	热流密度，W/m^2
Q	热流量，W
r	半径，m
R	单位面积接触热阻，m^2·K/W；气体常数，kJ/(kg·k)；热容量比
Ra	瑞利数
Re	雷诺数
Re_w	旋转雷诺数
Ro	罗斯比数
S_m	水滴撞击极限
S_c	轮缘间隙
T	静温，K
T^*	总温，K
U	切线速度，m/s
V	绝对速度，气流速度，m/s
v	体积，m^3
W	相对速度，平均速度，m/s
W_m	实际水撞击率
W_β	实际水收集率
$W_{\beta max}$	最大可能水收集率
α	换热系数，W/(m^2·℃)

β	旋转比、旋流数、局部水收集系数、气体膨胀系数、紧凑度
γ	绝热指数
Γ	环量
η	效率
η_T	降温效率
Θ	无量纲温降
λ	空气导热率，$W/(m \cdot K)$
μ	黏性系数，$kg/(m \cdot s)$
ξ	空气阻力系数、传热有效度
π	压比
ρ	密度，kg/m^3
τ	时间，s
ω	角速度，rad/s
Ω	涡量
φ	平均温度补偿系数

目　录

第 1 章　航空发动机空气系统概述

第 2 章　空气系统设计方法

第3章 流量与压力控制元件

第4章 封严元件

第5章 供气系统

第6章 冷却元部件

第7章 空气系统详细设计

第 8 章　防冰系统详细设计

第1章
航空发动机空气系统概述

　　本书所论述的航空发动机特指航空燃气涡轮发动机,主要包括以下几种类型:涡轮喷气发动机、涡轮风扇发动机、涡轮螺旋桨发动机以及涡轮轴发动机。从本质上来看,这些航空涡轮发动机都属于热机,即基于布雷顿热力循环,将燃料燃烧所释放的化学能,通过涡轮等部件不断地转化为机械能。相应于热力循环中,压缩、吸热、做功和放热的核心热力过程,航空燃气涡轮发动机主要包括了压缩部件(风扇、压气机等)、燃烧部件(燃烧室)、做功部件(高/低压涡轮等)、排气部件(喷管等)。其工作原理是:进入发动机的空气经过压缩部件升压后进入燃烧部件,与喷入的燃油混合燃烧,将燃料的化学能转化为热能,形成高温高压的燃气,再进入涡轮部件膨胀做功,输出相应的发动机推力或者功率。

　　从结构上看,航空发动机主要包括了进气道、压缩部件(主要指风扇、压气机,部分大涵道比涡扇发动机在风扇后、压气机前还设置增压级,也称为低压压气机)、燃烧室(部分发动机还在涡轮与尾喷管之间设有加力燃烧室)、涡轮、尾喷管及相关功能系统,系统主要包括燃油与控制系统、传动系统、润滑系统、起动系统、电气系统、监测系统、防冰系统、空气系统、热管理系统与健康管理系统等组成,如图1.1~图1.4所示。燃烧室、涡轮、尾喷管等部件,承受着高温燃气的冲刷,又常被称为"热端部件"。热端部件的工作环境极其恶劣,除了面临高温工作环境,涡轮等部件还要承受着巨大的离心力等机械载荷,因此热端部件的热防护问题一直是航空发动机研制中的难点和热点问题。

进气道　　压气机　　　　　燃烧室　　　涡轮　　　　　尾喷管

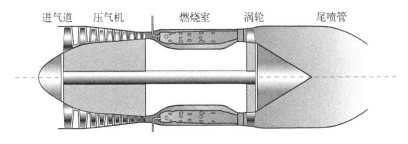

图 1.1　涡轮喷气发动机

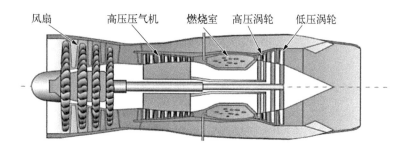

图 1.2 涡轮风扇发动机

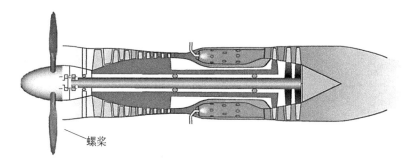

图 1.3 涡轮螺旋桨发动机

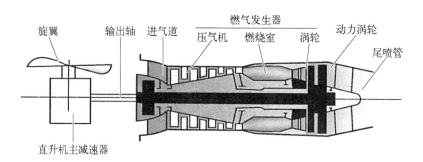

图 1.4 涡轮轴发动机

目前航空发动机正朝着高推重比、低耗油率、高可靠性的方向飞速发展。提高发动机循环压比和涡轮进口燃气温度、增大轴传递功率是提升航空发动机性能的最主要措施,但这些措施将会使发动机面临严重的热问题,热端部件的工作环境将更为苛刻,空气系统设计也面临着更大的挑战。

为了更有效地介绍航空发动机空气系统设计方法,有必要对空气系统设计功能及其重要性进行说明。下文中将主要介绍航空发动机空气系统的功能及组成、航空发动机空气系统的重要性。

1.1　航空发动机空气系统功能及组成

1.1.1　空气系统定义及设计范围

航空发动机中用于建立发动机主流道外部与内部腔室环境、调节相关零部件热状态的流路统称为空气系统。空气系统是由不同功能的气体流路串联、并联组成的供气网络系统,各条流路承担相应的功能。通常情况下,各条流路从发动机压缩部件的适当位置引气,获得相应品质的空气,通过发动机内/外各种流动结构单元(孔、缝、管、喷嘴等),按照设计的流路和参数流动,同时实现相应的功能(冷却、封严等),最后排入主流道或者发动机外部。相对于发动机主流道中的空气流动,空气系统又常被称为"二次空气系统"。

现代航空发动机的空气系统相当复杂,它一般由涡轮冷却叶片供气系统、涡轮盘轴冷却与燃气封严系统、涡轮机匣冷却与间隙控制系统、压气机盘轴温度控制系统、轴承腔滑油封严隔热系统和腔室压力平衡系统等组成。在开展空气系统设计时,上述每个流路系统可能对应一个或多个独立的流路,也可能设计一个流路来实现上述两个以上系统的功能。为了使每个流路系统实现需要的功能,必须引入合适压力及温度的空气,设计人员需要合理确定每条流路在发动机压缩部件的引气位置。下面简要介绍空气系统的主要流路系统。

根据航空发动机涡轮前燃气温度及构型,空气系统从压缩部件的引气量最高可以达到压气机进口空气流量的 30%,这些引气中大部分被用于涡轮叶片等热端部件的冷却。用于高压涡轮导向叶片和工作叶片冷却的供气流路基本从压气机出口引气,空气从压气机出口位置进入燃烧室内环腔和外环腔,这股冷气也被称为"燃烧室二股流空气",再供入高压涡轮导向叶片上缘板外侧环腔和下缘板内侧环腔,分别冷却高压涡轮导向叶片上缘板和下缘板,部分空气从高压涡轮导向叶片上下两端或者上端进入叶片内腔,冷却叶片叶身部分。高压涡轮工作叶片的冷却空气同样来自燃烧室内环腔二股流空气,冷却空气通过燃烧室内机匣上的预旋喷嘴,进入高压涡轮盘前腔。为了使冷却空气能进入高压涡轮工作叶片内腔,一般会在高压涡轮盘前侧设计专门的供气腔,冷却空气通过供气腔直接到达工作叶片内腔。流路可参见图 1.5 所示的 CFM56-7 发动机空气系统流路示意(改编自 CFM 公司客户培训材料图)。

对于压气机盘腔的温度控制,空气一般从压气机的进口或中间级位置引出,然后进入压气机内旋转腔道,向压气机后端流动进入高压涡轮盘心通道,再流入双转子涡扇发动机的低压涡轮盘腔,用于低压涡轮盘腔吹扫冷却及轮缘燃气封严,最后进入主流。

在压气机末级,压气机主流空气会通过转静子间隙进入压气机后轴颈和燃烧

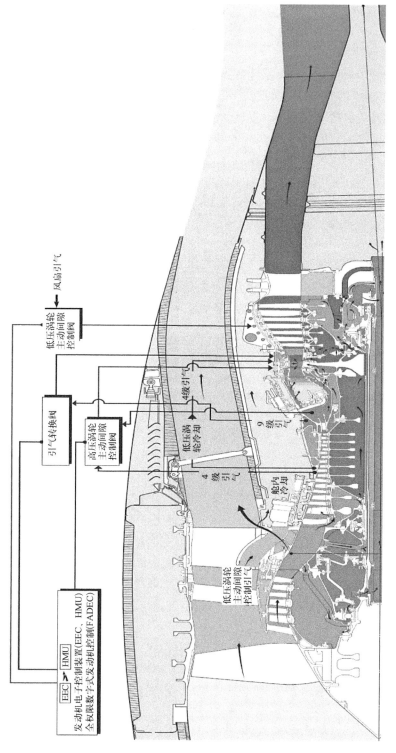

图 1.5 CFM56 - 7 发动机空气系统流路图

室内机匣之间的环腔,由于该流路的引气位置压力与流路下游的高压涡轮盘前腔压力之间存在非常大的压差,一般需要在该流路设置具有良好封严效果的篦齿或刷式封严来防止大量主流空气泄漏,该处的封严结构同时具有平衡流路腔室压力,调节高压转子轴向力的功能。从该流路封严结构泄漏的空气会进入高压涡轮盘前腔,用于高压涡轮盘前冷却及轮缘的燃气封严。

高压涡轮盘后腔和低压涡轮盘腔的冷却,以及低压涡轮盘燃气封严的空气一般选择压气机中间级位置作为引气来源,冷却空气通过专门设计的引气管进入涡轮外机匣集气环腔,再通过第一级低压涡轮导向叶片内腔(部分设置了高低压涡轮级间过渡段支板的涡轮,将通过支板内腔)进入静止的第一级低压涡轮导向叶片下缘板内环腔,再分别流入高压涡轮盘后腔和低压涡轮盘腔,用于盘腔吹扫冷却,最后从轮缘封严结构排入主流,起到轮缘燃气封严的功能。

轴承腔滑油封严隔热系统一般从压气机进口或前几级的级间位置引气,从压气机级间引出的空气需依次通过引气管、中介机匣支板内腔、引气槽道等进入轴承封严增压腔(或称为支点封严腔),从压气机进口引出的空气可直接通过压气机盘腔进入轴承封严增压腔。轴承封严增压腔与轴承腔之间一般采用篦齿、石墨等封严装置,但无论哪种封严装置,空气都会从轴承封严增压腔流入轴承腔,为此,轴承腔需设计通风系统。

主流空气和燃气通过风扇、压气机、涡轮流道时会产生很大的轴向力,一般风扇和压气机叶片会产生向前的轴向力,涡轮叶片会产生向后的轴向力。这些轴向力最终会施加于高压转子和低压转子的止推轴承。为了确保止推轴承满足设计寿命及可靠工作,其所承受的轴向力必须控制在一个合理的设计范围内。在风扇、压气机、涡轮的气动设计确定的条件下,需要依靠空气系统设计中对盘腔压力的平衡设计来实现转子轴向力的调节。

1.1.2 空气系统主要功能

高效优良的空气系统设计可为航空发动机提供可靠的内部工作环境,承担了热端部件的冷却、涡轮转静子燃气封严、轴承腔滑油封严、转子轴向力调节、间隙控制、发动机进气部件防冰、飞机引气等多项重要的功能,对航空发动机整机性能、寿命、安全可靠运行等至关重要。

1) 冷却与温度控制

如前文所述,为满足航空发动机性能不断提升的要求,燃烧室出口温度、发动机增压比以及压气机出口温度都在逐年增加,涡轮等传统热端部件冷却需求日益提高,甚至原先相对温度比较低的冷端部件如压气机盘等也都需要进行冷却,以满足长期可靠安全工作。在众多的热端部件中,尤以涡轮叶片的工作环境最为严苛。

以涡轮为例,为保证涡轮叶片等热端部件在高温环境中可靠工作,在采用各类高温合金作为叶片材料的同时,还大量应用了高效冷却技术,随着涂层技术的发展,各类热障涂层也逐步应用于涡轮叶片的设计和制造中。为了确保涡轮部件的安全工作,空气系统设计时需根据涡轮的工作条件和总体结构布局,基于其采用的冷却方式和冷却结构,设计合理的冷却流路。利用空气系统输运的冷却空气,带走燃气传给叶片、叶片传给涡轮盘组件以及由转动的盘轴组件风阻产生的热量,从而实现冷却叶片、涡轮盘及相应组件的目的[1]。

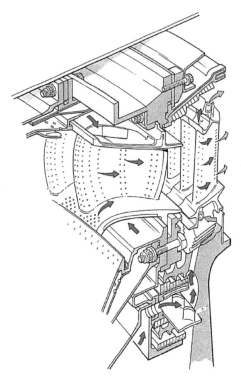

图 1.6　涡轮转静子冷却系统

显然,涡轮部件相关的空气系统设计同涡轮部件应用的冷却技术和冷却结构密切相关。目前通常采用的冷却措施有:强化冷却空气和部件之间的换热、减少高温燃气对热端部件的加热,用最少的冷气量来实现最大冷却效果。其中,强化换热的主要方式包括了冲击冷却、扰流强化换热和预旋降低冷气温度等,而减小燃气对热端部件加热的方式则有气膜冷却、隔热涂层和辐射隔热屏等[2]。图 1.6 为典型涡轮转静子冷却系统的示意图,图 1.7、图1.8 为对应的涡轮导叶与动叶冷却结构示意图。

空气系统自压气机等压缩部件引出冷却空气,经过一系列节流元件后通入预旋喷嘴,冷却空气沿着切向加速,不仅仅减小了冷却空气的风阻温升和压力损失,还大大降低了旋转涡轮盘所感受的相对温度。这部分空气封严阻隔发动机主流道热燃气侵入发动机盘腔,并在冷却涡轮盘后,通过动叶底部的冷却通道开口进入涡轮动叶。从图 1.7 中可以看到,涡轮动叶中设计了蜿蜒转折的复杂内部冷却通道,冷却空气在通道中不断冷却涡轮动叶,并通过叶片上密布的气膜孔出流,形成气膜进一步阻隔高温燃气对叶片表面的直接冲刷,还有一部分通过叶片尾缘排出,进一步同时冷却叶片尾缘。

图 1.6 显示涡轮导叶设计了复杂的复合冷却结构,包括了冲击射流局部强化冷却、冲击+扰流柱、冲击+扰流肋、冲击+扰流+气膜等多种形式。空气系统输运的冷却空气,通过上下缘板直接进入涡轮导叶中。冷却空气在涡轮导叶内部复杂的冷却结构中,充分和固体壁面换热,携带走热量,并最终通过气膜、尾缘劈缝等排出,并形成气膜来进一步保护叶片。

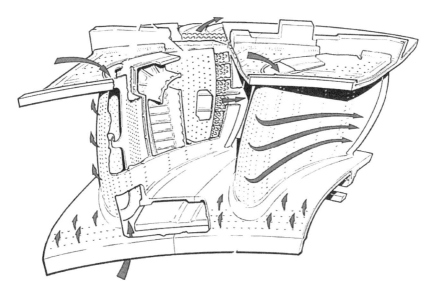

图 1.7　涡轮导叶冷却结构示意

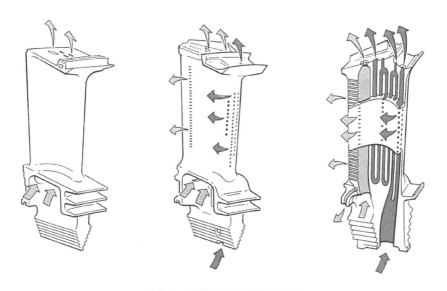

图 1.8　涡轮动叶冷却结构示意

2）燃气封严

航空发动机转静子各零部件之间存在大量孔、缝等气流通道，主流高温燃气会在压力差的作用下侵入盘腔，进气温度和压力越高，侵入盘腔的燃气对轮盘的传热越强，使得轮盘的温度显著升高。特别是涡轮盘高速旋转，承受着很高的热应力和离心拉应力，对温度的升高极为敏感。为保证涡轮盘安全可靠工作，空气系统一般要在盘腔中输运冷却空气，来对涡轮盘和动叶根部进行冷却，同时这部分气体还被

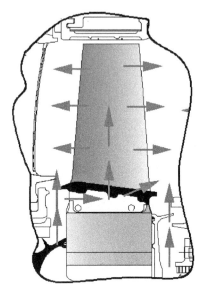

图 1.9　轮缘封严示意

用作轮缘密封气流,阻止主流高温燃气侵入盘腔,防止其对发动机内部零部件产生热损伤(图1.9)。有资料证明,盘腔内燃气入侵增加1%,可导致高压涡轮转子寿命减少50%[3,4]。当然,过多的空气用作封严冷气也会带来一定的性能损失,研究发现减少轮缘封严冷气量50%,能增加涡轮效率0.5%[5]。

3) 滑油封严

空气系统一个重要的功能就是滑油封严。航空发动机内部存在大量的滑油,滑油一旦出现了不恰当的泄漏和掺混,轻则增大滑油消耗率,缩短发动机工作时间,重则直接威胁航空发动机整机的工作安全。因此航空发动机自诞生之日起,滑油封严就成为主要问题之一。

轴承腔滑油封严主要是将转子系统的轴承腔与发动机的气流环境有效地隔离,一般引入适当的增压空气环绕轴承腔,吹除高温气体,防止轴承过热并避免滑油泄漏,也可以部分降低滑油温度,保护润滑系统安全有效地工作,如图1.10所示。

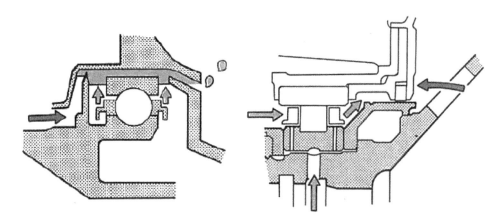

图 1.10　支点封严示意

随着航空发动机的发展,轴承腔滑油封严的工作环境更加苛刻,对封严的要求也越发严格。典型的轴承腔封严方式有端面密封、浮动环密封、篦齿密封、刷式密封等,需要空气系统提供高品质的封严空气。封严空气一方面要具有足够的压力,确保在发动机各个工作状态下,都能够可靠地防止滑油泄漏;另一方面,所引入的空气温度必须符合发动机滑油及密封结构的许用要求,例如在最大热负荷状态下要保证空气温度不过高,在最大气动负荷下还要满足不高于密封结构要求的最大值。显然空气系统中封严引气参数的设计和选定有着诸多的限制,在方案设计阶段需与相关专业进行多轮迭代才能确定。

4) 轴向力调节

航空发动机工作中,主流道压力沿程发生显著变化,造成转子前后出现很大的压差。在这个压差的作用下,转子会产生轴向载荷,并作用于止推轴承上。轴向载荷过大会造成轴承寿命下降,严重时甚至会引起轴承的破坏,而过小的轴向载荷或者是转子轴向力与设计方向相反,即出现轴承轻载或轴向力反向时,则可能会导致轴承打滑,直接影响到发动机的可靠运行。因此,为保证发动机在整个工作包线内正常工作,轴承的轴向载荷必须控制在合理的范围内。

轴承的轴向载荷主要受到转子直径、转子主流道的气动轴向力、空气系统腔室的压力和篦齿封严半径等因素影响。高压转子轴向力直接影响着轴承的轴向载荷,其中高压压气机后封严件和高压涡轮盘前封严件的半径对整个转子轴向力调节起着至关重要的作用[2]。空气系统为了实现轴承轴向载荷的控制,需根据发动机的总体结构布局和主流气动参数,将适当压力的气流引至转子盘腔,调节腔室的压力,或者设置专门用于调节轴向载荷的卸荷腔;或者设计关键的封严环结构,以此改变转子前后压差,从而最终实现平衡调节轴向载荷的目的,如图 1.11、图 1.12所示。

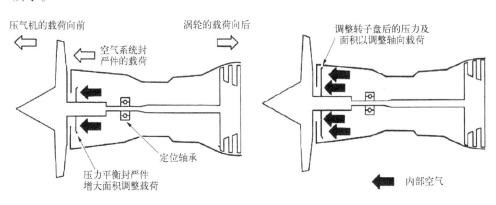

图 1.11　轴向载荷来源示意　　　　　图 1.12　轴向载荷调整示意

5) 间隙控制

航空发动机装配过程中,为了避免叶片等转子部件和机匣等静子部件的碰磨,需要保持一定的间隙。但是在航空发动机工作过程中,以涡轮为例,高温燃气会直接通过这些缝隙,形成泄漏流,而没有做功,导致涡轮效率降低。并且由于转子件和静子件的材料属性、温度水平和机械载荷等差异,会导致转子件和静子件存在不同程度的热响应特征及变形规律,从而引起相对间隙的复杂变化。当叶尖间隙过大时,泄流量的增大会导致发动机整机效率降低,而当间隙过小时,则存在着相对运动零部件之间发生刮伤的风险。因此,保持旋转部件(如涡轮叶片)和静止部件(如机匣外环)之间合理的间隙大小,对发动机的效率和可靠性至关重要。

相关研究表明,叶尖间隙与叶高之比每增加0.01,会引起压气机或涡轮效率降低0.8%~1.2%,会使双转子涡轮风扇发动机的耗油率增加约2%,涡轮轴发动机的耗油率增加约1.5%。减小高压涡轮叶尖间隙所得到的效益是低压涡轮的4倍,是高压压气机的2倍,而在大飞机上获得的效益又是战斗机的2倍。针对压气机/涡轮的叶尖间隙控制,主要有主动控制和被动控制两种模式,主动控制技术中又包含了主动热控制、主动机械控制和主动压力控制。目前主流的民用大涵道比的涡轮风扇发动机中,大多采用了基于主动热控制的叶尖间隙控制方案[6]。

主动热控制是指在发动机工作过程中,利用空气系统从压气机或风扇中抽取的空气对涡轮机匣和涡轮外环支承进行冷却或者加热。通过控制空气的流量和温度,调节机匣等静子件的热膨胀量,进而控制机匣及外环等部件的径向位移,获得预期的叶尖间隙[7]。这种间隙控制方式的核心就是利用空气系统,实现部件的热变形控制,因此结构相对简单,便于实施,但同时部件热响应时间尺度相对较长的固有问题,也使得整体的间隙调控响应相对比较迟缓。

图1.13给出了CFM56-3系列的低压涡轮叶尖间隙控制系统示意。该发动

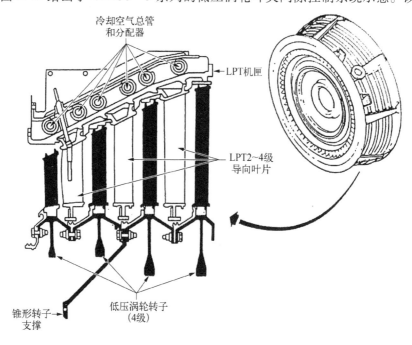

图1.13 CFM56-3低压涡轮间隙主动控制系统示意图

机低压涡轮共有 4 级,机匣外采用六根圆形冷却空气管对机匣进行冷却。空气系统从风扇引入冷却空气,通过低压涡轮冷却总管,分流到各个冷却空气管。低压涡轮冷却总管包括一个上部的进气管,以及一个下部的空气分配盒。冷却空气管从分配盒中获得冷却空气,从冲击孔喷射到机匣表面,形成冲击射流并调节机匣的温度。

　　6）发动机防冰

　　飞机在飞行过程中,低温大气云层中存在的过冷水微滴、冰晶以及冻雨和降雪等气候条件,会引起发动机进口部件积冰,轻者导致发动机进口堵塞,减少发动机的进口流量,重者引起发动机喘振。而叶片表面积冰将破坏叶片气动外形,导致风扇效率降低。同时冰的堆积或脱落还会造成旋转不均匀,引起发动机振动升高;脱落的冰块又很容易损坏发动机部件,甚至打毁叶片,造成飞行事故[8]。航空发动机空气系统的另一个主要功能就是为航空发动机防冰和除冰提供支撑。

　　航空发动机上采用的防冰方法很多,主要包括:热气防冰、电加热防冰、滑油加热防冰和憎水涂层防冰等。目前,主流的燃气涡轮航空发动机上大多采用热防冰系统,其中最主要的是热气防冰系统。典型的热气防冰系统原理如图 1.14 所示。从压气机中引出具有合适压力的热空气,通过引气管路或通道进入防冰控制装置,当结冰探测器探测到结冰信号后,数字电子控制器发出接通防冰系统的信号,防冰控制装置打开,热空气进入发动机进口整流罩、进口整流支板、进口整流帽罩和传感器等需要防冰的发动机进气部件内部换热通道,加热需防冰的零部件,使防冰表面的温度达到一定值,完成预定的防冰任务后排入主流。当结冰条件消失后,数字式电子控制器发出断开指令,防冰控制装置关闭,切断压气机引气向防冰部件的热空气供给。系统中一般还配备有状态监控设备,用于指示防冰系统工作状态、防止防冰系统超限运行及监视防冰系统的健康状态。另外,转动件防冰采用热气防冰时,由于防冰控制装置安装困难,通常情况下它是一个处于"常开"状态

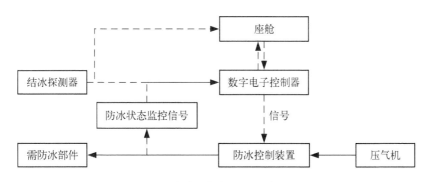

图 1.14　发动机热气防冰系统原理图

的持续防冰系统[2]。

图 1.15 为典型小涵道比涡扇发动机静子部件防冰系统流路示意。防冰加热气流来源于燃烧室二股气流,热气通过防冰控制阀门进入进气机匣环形集气腔、进气整流支板和进气锥等,随着热气从预设的防冰传热结构中出流,对需要防冰的区域进行加热和除冰后排入主流道。该型发动机采用二股流引气,防冰热气流压力和温度较高,降低了防冰传热结构设计难度,系统更为简单可靠。

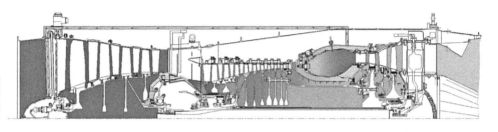

图 1.15 典型小涵道比涡扇发动机静子部件防冰系统流路示意图

图 1.16 为典型发动机旋转部件热气防冰流路,从风扇叶片根部引气,通过驱动风扇和帽罩的轴到达防冰部位,对旋转部件进行防冰后通过排气孔缝排入主流。该型发动机更多是利用气流的吹扫作用,防止在整流锥前缘形成严重的积冰,满足结冰环境适应性要求。

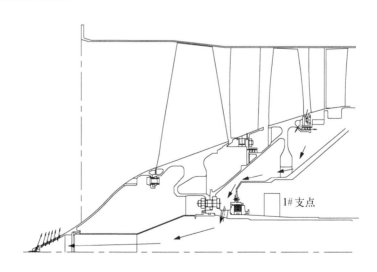

图 1.16 旋转部件热气防冰流路

7) 飞机引气

为了满足飞机油箱增压系统、防冰系统及环控系统的工作需求,飞机需要从发动机引出满足压力与温度要求的清洁空气,这类引气一般称为"飞机引气",根据引气压力与温度要求,引气位置一般选在压气机中间级或末级,需要确保引出的空气清洁无污染。

1.2　航空发动机空气系统的重要性

由各类节流元件组成的空气系统,是航空发动机内除三大部件、成附件和电子控制器外,功能最为复杂的重要子系统。其重要性主要体现在三个方面。

1) 关键部件性能优化的手段

对位于主流中的压气机、燃烧室和涡轮这几个关键部件而言,空气系统的重要性主要体现在其对部件性能优化方面的贡献作用。例如:通过调节轴心通风条件下转系旋转盘腔内的气流流量,多级轴流压气机轮盘的温度将会被合理控制,从而可直接调整转子叶片叶尖的径向位移。而转子叶尖和机匣的径向间隙是维持压气机部件性能的核心参数;通过在燃烧室火焰筒壁面布置合理的双层/单层冷却结构,火焰筒的壁面温度可以被合理优化。而火焰筒的烧蚀问题是影响燃烧室可靠性的关键瓶颈;通过对多层涡轮机匣采取主动间隙控制系统,影响涡轮叶尖间隙的机匣热变形规律可被直接改变。

此外,高压差/高温环境中轴承腔的高效率封严、风扇进气锥和主承力机匣分流锥的防冰、相配机匣法兰止口结合处的高压差气体封严以及飞机内各舱室环境的引气等空气系统的其他功能,均对保证部件、系统的性能和安全工作具有重要的意义。

2) 整机系统级可靠性提升的方法

应当说,空气系统是唯一能体现部件间强耦合和强关联的核心子系统。这种耦合和关联性不仅体现在空气系统流体网络的物理分布形式(往往需要将引自压气机的气体,沿程流经燃烧室,最终到达涡轮),也体现在其对部件设计的核心影响。以整机轴向力设计和调控为例,虽然在空气系统方案设计过程中,通过调节压气机引气点位置、增加流路控涡结构、设置卸荷腔或平衡腔等方法,可在一定范围内调节轴向力,但当最终的轴承 DN 值、许用应力、发动机使用包线和发动机寿命指标确定后,压气机/涡轮的级数、级载荷和径向反力度的分配均需充分考虑空气系统的设计要求进行调整。合理的轴向力变化范围将会为整机的可靠性提升提供支持。

类似的实例还有很多。以整机轴向热变形为例,发动机内部零件的温度场、温度梯度、零件/部件的连接方式以及转子支撑方式等均会受空气系统设计方案的影响。对非等外径设计的增压级和高压压气机,显而易见的是,零件的轴向位移将会导致转子、机匣之间的径向间隙发生改变,进而导致增压级或压气机部件性能变化以及压气机、涡轮部件间匹配工作状态点的变化。这对整机而言都是极为宏观和显著的影响,将会导致发动机性能指标发生变化。例如:转子系统各轴向力投影面内作用力的分布、空气系统各分支流路气流流量的分配、零件表面的温度变化规律等。实际上,很多发动机性能保持能力的衰退(使用过一段时间的发动机,因各种因素出现的推力降低、耗油率增大以及排气温度升高等现象),均是由于在发动机顶层方案设计过程中,对空气系统内分支流路设计不合理、对分支流路的敏感性分析不到位等原因导致的。这将直接影响整机系统级的可靠性。

3)未来动力装置核心技术的支撑

此外,未来可水平起降、可重复使用的高超声速航空发动机将会对空气系统的设计带来更大的挑战,例如,美国在国家航空航天飞机(National Aerospace Plane,NASP)[9]中已经在发展并评估可在旋转、静止复杂环境中使用的各类高温、柔性封严结构。诸如此类单项技术的发展,均会为空气系统的进一步提升带来深远的影响。也会为空气系统、未来动力装置设计理念的迭代带来重要的技术支撑。

参考文献

[1] 《航空发动机设计手册》总编委会.航空发动机设计手册第 16 册 空气系统及传热分析[M].北京:航空工业出版社,2001.

[2] 曹玉璋.航空发动机传热学[M].北京:北京航空航天大学出版社,2005.

[3] SCOBIE J A, SANGAN C M, OWEN J M, et al. Review of ingress in gas turbines [J]. ASME Journal of Eningeering for Gas Turbines and Power, 2016, 138: 120801.

[4] 李军,程舒娴,高庆,等.轮缘密封封严效率及结构设计研究进展[J].热力透平,2018,47(1):6-15.

[5] 张伸展.高压涡轮轮缘封严冷气对主流气动性能影响的数值研究[M].哈尔滨:哈尔滨工业大学,2016.

[6] 曾军,王鹏飞.民用航空发动机涡轮叶尖间隙主动控制技术分析[J].航空科学技术,2012,2:1-6.

[7] 常智勇,曲胜,黎旭.发动机主动间隙控制系统的应用及发展趋势[J].航空发动机,2014,40(6):73-78.

[8] 李云单,陆海鹰,朱惠人.航空发动机热气防冰结构的冲击换热特性研究[J].航空发动机,2011,37(5):16-20.

[9] STEINETZ B M, MELIS M E, ORLETSKI D, et al. Test, high temperature NASP engine seal development[R]. NASA-TM-I03716, 1991.

第2章
空气系统设计方法

　　空气系统担负着为发动机提供可靠工作环境的重任,是保证发动机以高性能安全运行的重要系统之一。本章从需求角度出发,阐述为什么要设计空气系统,怎样设计空气系统,以及设计过程中需要遵循哪些准则及常用方法。本书第7章给出了空气系统详细的设计流程及案例,供读者参考。

2.1 需 求 分 析

　　空气系统的设计活动贯穿于航空发动机研制的全过程,包括论证、设计、试制、试验、使用维护等方面。在发动机论证和设计初始阶段,空气系统即应及时识别使用场景,编制空气系统设计需求,开展功能架构设计和流路布局,初步确定引气需求和引气方案。在这一阶段,空气系统的部分工作可能与总体性能初步方案和总体结构设计同步完成,此时部件尚处于概念阶段而未完成详细设计,参考相似的成熟发动机方案可以极大地提升效率,减少与其他专业的迭代次数;选择合适的参考方案还可以降低研制过程中产品的故障率,避免后期的设计反复。

　　空气系统设计要综合考虑各方面的需求,例如压气机设计人员会关注空气系统从压气机引了多少空气,涡轮结构会关注冷却效率是否足够高、冷却结构是否可靠,涡轮气动会关心冷气掺混是否会引起叶片表面的气流分离或涡轮效率降低,总体性能关注空气系统总的引气量,而总体结构则会关心盘腔压力的变化是否满足止推轴承的载荷要求等。显然不同领域的设计及其关注的需求、给出的约束往往并不一致,这些矛盾严重的情况下甚至会推翻空气系统的前期方案。因此,空气系统在详细设计过程中要根据具体冲突的性质和程度作出取舍,及时与利益攸关者沟通,对需求进行适当调整。

　　除利益攸关者的需求应当得到满足外,空气系统设计也有一定的设计准则和规范,应当在设计时予以遵守和采纳。由于所研产品的用途和特点不同,也由于工程经验和设计理念的不同,不同研制单位之间对于具体的技术指标可能存在一定的差异,设计者采纳时要注重其完备性和合理性。

2.1.1 需求识别与利益攸关者

按照系统工程的一般做法,在研制工作初期要根据实际情况进行使用场景识别,定义利益攸关者,以便后续开展需求分析。

发动机的需求来源于客户(飞机方)和相关法律法规(国军标及适航等)的要求,发动机整机层面直接承接这些需求,然后识别下发给各部件和系统。同时要实现这些要求并正常工作,发动机各部件/系统自身往往会提出其他新的需求。这些识别出来的需求将是后续开展研发工作的重要依据。空气系统能够识别的场景,应当包含发动机和飞机全寿命周期内全部使用场景,不同的发动机特点,识别出的使用场景会有所不同,如军机和民机。当然如根据自身功能架构设计和设计准则,空气系统也可能对结构专业和系统提出新的需求,它们通常会以节流元件要求的形式出现,一方面是作为空气系统实现功能、性能指标的必要条件,另一方面也是空气系统开展自身设计时的限制条件。

需求识别需要特别注重条目的完备性,既需要完整地继承来自飞机和国军标的需求,也需要对照自身的设计准则形成部分需求,最后还要根据型号自身以往发生的故障、其他型号发生的故障进行适度的补充。按照使用场景识别出利益攸关者,一般而言,空气系统设计的利益攸关者至少应该包括涡轮、轴承润滑、风扇/压气机、轴向力等一系列专业或部门。

表 2.1 显示的可能并不完整,在需求识别阶段,需求的性能指标甚至功能要素都可能并不明确,随着研制工作的开展,再对需求的技术内涵进行深入分析,形成一条完整的需求。

表 2.1 空气系统利益攸关者及其需求示例

利 益 攸 关 者	主 要 需 求
总体	飞机引气 表面放热率
进气部件	防冰
风扇/压气机	盘腔吹扫
涡轮	提供气冷叶片冷却空气 涡轮主动间隙控制 盘腔吹扫和增压 环形通道封严 其他高温零件冷却

续　表

利　益　攸　关　者	主　要　需　求
隐身	高温零件表面冷却
轴向力	盘腔压力调节
轴承润滑	支点封严和隔热

2.1.2　需求整理

需求整理工作包括需求亲和、需求归类和技术分析。将从不同渠道、采用不同分析方法得到的,对同一功能或特性,以及对研制工作的相同、类似的需求进行亲和;从功能性能要求、通用质量特性要求等方面对亲和后的需求进行归类;针对亲和并归类后的需求,逐条对其技术内涵进行分析,得出用以指导空气系统设计的技术需求。

一条完整的需求应包含以下要素:需求的分类、需求编码、需求的名称和具体要求、需求指标、需求的重要度和来源。所有的需求综合形成空气系统的需求目录,如表 2.2 所示范例。需求的分类一般按照功能性能要求、寿命与耐久性要求、接口要求、通用质量特性要求等方面展开,并形成需求编码。具体要求中应当包含要达到需求指标的前置条件,一般包括工作环境、输入参数、限制条件等,以及在这些条件下希望达成的目标,需求指标则反映了达成目标的程度。而重要度反映当需求指标不能满足或只能部分满足时对上层需求的影响程度,通常分为 3 个等级,I 级最为严重,II 级次之,III 级最弱。

表 2.2　需求目录模板

需求分类	需求子类	需求编码	需求项	具体要求	需求指标	重要度	需求来源
功能性能要求	提供气冷叶片冷却空气	XXXX	为第一级高压涡轮工作叶片提供冷却空气	发动机设计点、引气量限制为 XX% 的条件下提供冷却空气	冷却空气压力≥XXX Pa 冷却空气温度≤XXX K 冷却空气流量≥XX%	II	涡轮设计要求

需求指标通常要求是清晰明确、易于操作的,并且可以用直接或者间接的方法进行验证。但对于空气系统而言,可能出现的第一种情况是:部分需求可能无法直接给出需求指标。因为空气系统的较多功能都是为了满足结构强度和寿命要

求,而工程实践中通常不能给出要满足这样的强度和寿命要求应该具备怎样的温度特征,进而无法对空气系统提出具体的指标要求。例如,对于"提供热端部件高温零件的冷却"这条需求,涡轮往往无法明确给出热端部件冷却应该达到怎样的温度水平,最终证明该需求的符合性是通过强度分析表明热端部件满足静强度、寿命等要求,才证明了该条需求的最终的符合性。

另一种可能出现的情况是:具体的指标难以实际操作。例如,对于提供涡轮气冷叶片冷却空气的功能,完整的需求应当如此定义:"空气系统应在满足总体引气量限制条件下,在发动机设计点为涡轮某级叶片提供压力不小于 XXXX Pa、温度不高于 XXXX K、流量不少于 XX% 的冷却空气。"但是,具体的冷却空气供给压力、温度和流量同时也受到涡轮气冷叶片的影响,并且往往需要与涡轮气冷叶片反复迭代后才能确定。因此实际设计中的需求通常可以这样定义:"空气系统应在总体引气量限制条件下,为涡轮某级叶片提供合适压力和温度的冷却空气。"而什么是"合适压力和温度",需要空气系统与涡轮气冷叶片反复迭代,并经过温度场、强度计算认为满足强度、寿命等要求方可确认和实现。

当需求指标不能直接提出时,需求的实现程度应以"满足强度、寿命要求"之类的条件加以限制,当通过热分析、强度分析表明部件满足静强度、寿命等要求,才证明了该条需求的最终的符合性。

下面列出了空气系统常见的需求条目供参考,完整的需求目录需要在研制工作中根据实际情况展开:

(1) 空气系统应满足总体引气量的限制;

(2) 空气系统应在满足总体引气量的限制条件下提供轴承腔封严的功能;

(3) 空气系统应在满足总体引气量的限制条件下提供转子盘腔吹扫的功能;

(4) 空气系统应在满足总体引气量的限制条件下提供涡轮气冷叶片冷却空气;

(5) 空气系统应在满足总体引气量的限制条件下提供热端部件必要的冷却功能;

(6) 空气系统应在满足总体引气量的限制条件下提供涡轮部件必要的间隙控制功能;

(7) 空气系统应具备飞机引气的功能;

(8) 空气系统应合理设计腔压以满足转子轴向力的要求;

(9) 空气系统应在满足总体引气量的限制条件下提供防冰功能。

2.1.3　需求跟踪

发动机研制过程中,需求在多个专业/部门之间传递,过程非常复杂,经常会发生需求的实现者无法充分理解利益攸关者实际需求的情况,导致功能实现不完整,性能实现不达标的情况。需求的指标也并不能保证一次即达到预期,需要在验证过程中不断提高,直至满意为止。另外,在全局协调统一的角度考虑,利益攸关者所提出的性能指标也可能并不能完全得到满足或当前已不是最优的解决方案,应当及时更新。针对上述情况,通常的做法是根据需求目录进行需求跟踪和确认。

需求跟踪伴随着需求验证工作而开展,在不同阶段采用不同的方式对需求进行验证。有些需求通过数值仿真、逻辑推演或统计数据分析即可,有些则必须通过试验验证。对于空气系统来说,大部分利益攸关者的需求和指标都需要通过数值仿真和试验的方式进行验证。

2.1.4 需求验证

常见的需求验证方式如表 2.3 所示。需求验证计划应当按概念分析、数值仿真、零部件试验、整机试验、飞行试验等分阶段分层次开展,对于每一条需求都应当选择一种或者多种方式展开需求验证工作,但并不是每一种方式都是必须的。

表 2.3 验证方法说明

代码	名 称	说 明
MC1	说明性文件	通过引用设计文件(如图样、技术条件、技术说明书)等手段定性说明设计对需求的符合性
MC2	分析/计算	通过定量的分析和计算手段(如气动、载荷、静强度计算、三维流动仿真等)来证明设计对需求的符合性
MC3	评估	通过定性的逻辑推演、统计数据分析等手段[如初步风险分析、故障树分析、平均无故障工作时间(MTBF)评估等]来证明设计对需求的符合性
MC4	试验室试验	通过在试验室环境下针对产品局部或特定功能/特性开展试验验证(如叶栅试验、元器件环境试验、轮盘超转试验、部件性能试验等)来证明设计对需求的符合性。包括模型试验、零部件试验和核心机试验
MC5	整机地面试验	通过在地面台架及高空台上开展整机试验(如地面功能性能试验、高空台性能试验、持久试车等)来证明设计对需求的符合性
MC6	试飞	通过在飞行中进行试验来验证设计对需求的符合性。包括它机试飞、科研试飞和鉴定试飞等
MC7	测量/检查	通过在发动机实物上进行测量和检查的方式来验证设计对需求的符合性。一般用于对物理特性(如接口尺寸、外廓、重量等)的符合性验证
MC8	航材符合性	通过提交装机已鉴定成附件和采用的成熟材料的相关证明文件来表明对于需求的符合性

需求验证计划应当展开至每一个可独立进行的工作项,在同一阶段可能需要

多个工作项支撑需求符合性,也可能需要引用其他需求的工作项来证明自身的需求符合性。一个简单的需求验证计划如表2.4和表2.5所示。

表2.4　需求验证矩阵

需求编码	需求项	需求验证计划							
		MC1	MC2	MC3	MC4	MC5	MC6	MC7	MC8
SSRCI03R1	满足总体引气量的限制	—	SSRCI03R1.1	—	—	SSRCI03R1.2	—	—	—
SSRCI03R2	为第一级高压涡轮工作叶片提供冷却空气	—	SSRCI03R1.1 SSRCIXXRX.1	—	SSRCI03R2.1	SSRCI03R1.2 SSRCI03R1.3	—	—	—
SSRCI03R3	提供轴承腔封严和隔热的功能	—	SSRCI03R1.1	—	—	SSRCI03R1.2	—	—	—

表2.5　需求验证工作项示例

SSRCI03R1.1	空气系统设计计算
验证类别	MC2
合格判据	基于总体和部件,完成全包线稳态空气系统计算与分析,引气量满足总体要求
验证载体	空气系统计算模型
软硬件条件	空气系统计算软件
验证时机	方案设计、技术设计、工程设计
前置验证项目	—
验证输出物	空气系统设计计算报告

需求验证计划既要保持验证方式的互相匹配,也要求有进度的统一协调。重要度等级较高的需求内容往往对于利益攸关者具有重要意义,必须采用利益攸关者认可的方式完成验证工作,例如飞机引气和轴向力调节需求必须经过整机试验验证和压力平衡试验的验证。对于技术成熟度较高并且重要度较低的需求,出于成本工程的角度考虑,采取仿真/评估的方式也可能满足要求。由于需求验证计划是逐步分阶段展开的,各专业之间要注意需求验证计划的协调统一,功能相似、相互影响的需求尽量在同一工作项中同时完成,避免研制工作反复;若需求验证的结

论对利益攸关者具有重要意义,也应当先行开展,如引气量的大小直接影响发动机性能指标,应尽量在完成技术验证机第一轮整机试验验证后即锁定设计引气量。

示例中,引气量限制(SSRCI03R1)、气冷涡轮叶片供气(SSRCI03R2)、轴承腔封严和隔热(SSRCI03R3)等功能均通过空气系统设计计算(SSRCI03R1.1)、整机试验校核(SSRCI03R1.2)等方式进行验证,满足气冷涡轮叶片供气的功能还需要通过其他专业的设计分析(SSRCIXXRX.1:如叶片冷却设计、强度寿命分析)、冷效试验(SSRCI03R2.1)和温度专项测量试验(SSRCI03R1.3)等工作项支撑需求符合性的证明。

完整的需求验证计划需要根据实际的需求目录制定,但对于空气系统来说,大部分需求是相似的,常见的验证方式如下:引气量限制、轴承腔封严和隔热、转子轴向力调节、盘腔吹扫和增压等在 MC2 阶段通过空气系统设计计算、在 MC5 阶段通过整机试验校核等工作项进行验证,热端部件冷却、主动间隙控制还需要在 MC5 阶段开展温度专项测量工作,气冷涡轮叶片供气还需要在 MC4 阶段通过冷效试验、MC5 阶段通过温度专项测量等方式进行验证。

2.1.5　需求确认

需求确认工作分为两部分,一是对需求目录的确认,二是对需求验证过程和结果的确认。

空气系统应当接受利益攸关者对需求目录内容的确认,包括需求内容是否完整、具体要求是否明确、技术指标是否清晰等,以确保需求目录内容能够完整真实地反映利益攸关者的需求。同时空气系统也要作为其他专业的利益攸关者对自身需求进行确认,以确保自身的需求完整、明确、清晰。

需求验证结果是否满足预期要求也应反馈利益攸关者进行确认。需求的验证条件、功能/性能指标若不能满足利益攸关者的真实需求,则应与利益攸关者一起进行影响评估,存在严重不利影响的应制定整改计划或调整。需要引用其他专业验证结论进行间接验证时,空气系统也要对其验证过程和验证结果进行确认,例如满足叶片冷却供气和高温零件冷却的设计符合性需求就需要强度仿真分析结论证明等。

空气系统作为其他专业的利益攸关者也应对自身的需求进行验证确认。空气系统的气动设计边界往往在设计阶段(MC2)由气动专业给出,在整机试验(MC5)阶段应进行测量验证,其设计符合性可能会影响到空气系统设计结果。气动设计不符合时,通常是以空气系统开展影响评估和调整节流元件来进行调整。空气系统的节流元件需求包括孔/管的面积、当量直径、形状,篦齿的封严形式、齿数、间隙等参数,在设计阶段(MC2)通过尺寸链计算、冷热态换算、工程图复查等方式开展设计符合性检查,并在发动机实物上通过测量/检查(MC7)的方式进行制造符合性检查。

　　配合利益攸关者对需求目录和验证结果进行确认,是为了保证空气系统设计能够满足设计初衷。空气系统也可根据实际需要对节流元件需求进行更新,通过需求目录进行跟踪和确认是保证空气系统与其他专业设计协调一致的保障手段。只有当各专业协调一致,发动机才能成为一个有机的整体,空气系统在其中方能正常可靠地工作。

2.2　设 计 思 路

　　航空发动机研制是一个复杂的产品研发过程,但其研制和发展具有一定的规律,因此在设计之初选择合适的参考样机对降低技术风险是十分有利的,这个参考样机通常称为原准机。原准机选择时应注意不同代发动机之间温度、载荷具有较为明显的特征差异,设计者应当对各代发动机的总体参数有一定的把握;同代不同用途发动机由于核心机流量、工作包线、使用寿命要求不同,设计理念也会有很明显的差异。总之,设计者应优先选择同代发动机中温度、载荷(或流量)和用途基本相近的发动机作为原准机,重点借鉴它的设计理念、流路布局、技术指标。

　　确定原准机之后,需要开展空气系统功能架构设计,其核心在于流路布局。流路设布局可参考原准机,考虑其引气位置和排气方式的选择、总体与部件"框架"方案结构的特点和几何尺寸、流路的调节与控制、冷却空气的降温和增压,以及冷却空气防尘与除尘等事项,然后根据发动机的实际需求,与发动机总体和各部件系统进行反复的协调和迭代,确定发动机空气系统流路布局,并且这种协调和迭代会贯穿整个发动机设计的全过程。

　　根据需求分析结果,参考原准机,确定空气系统流路子系统划分及功能要求,建立空气系统功能架构图(图 2.1),注意部分功能在架构上可能会交互影响。参照功能架构,应大致确定完成各主要功能的冷却空气来源和用量。

　　空气系统功能架构的完整要素包括:引气来源和排气位置、主要结构和技术指标。

2.2.1　引气来源和排气位置

　　引气来源通常选择于压气机、风扇和发动机外涵道。一般要根据引气品质、引气压力/温度需求、引气沿程损失、引气流量和结构的限制,来选择合适的引气位置。排气位置通常根据冷气的功能就近排放,常见的排放位置有涡轮流道、进气流道、发动机外、尾喷管和轴承腔。

　　引气和排气位置的选择应尽量遵循以下原则:

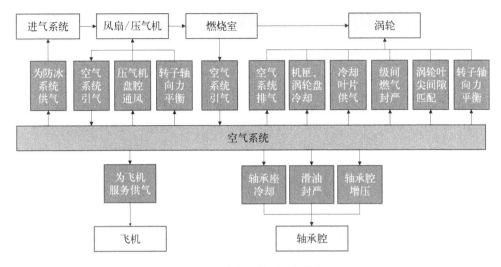

图 2.1 空气系统功能架构图

（1）在满足需求的条件下尽量选择靠前的位置，对发动机性能影响小；

（2）引气位置放在静子后或者流动缓慢均匀的位置，这些位置通常引气参数更为稳定；

（3）结构允许时尽量布置集气腔来稳定引气参数；

（4）引气结构损失要小，也可采用风兜等结构利用引气位置的来流总压；

（5）燃烧室引气应考虑内、外环二股气流的流量平衡；

（6）排气位置应避开涡轮中流速较快的位置，如叶片吸力面的高马赫数区域，以避免引起不必要的气流分离；

（7）排气汇入主流道时，应采用掺混损失小的方式，同时要控制引气量，以免影响涡轮效率；

（8）排气压力不足以进入主流道时，应通过专门的导管引出发动机外；

（9）引气位置的选择还需要考虑引气品质和除尘的因素。

2.2.2 主要结构和技术指标

空气系统的主要结构包括引气所用的附件、节流元件、增压结构、封严结构、冷却/换热结构等。附件如防冰控制阀、引气转换装置、高温电磁阀等；节流元件包括控制引气流量所必需的引气管路、孔、篦齿等节流元件；增压结构最常见的为增压叶轮或旋转导风轮；封严结构则包括轴承腔的封严装置、涡轮盘缘的封严结构等；冷却/换热结构包括防冰、间隙控制、涡轮冷却等采用的对流换热、强化肋、冲击孔/板等一系列强化换热结构。在流路排布上，通常应把引气附件和关键节流元件布置在流路上游，但在少数设计中也把关键节流元件布置在流路下游。

技术指标通常包括交界面的压力、温度、流量参数和冷却效果等一系列指标。功能需求不同,技术指标也可能不尽相同。

2.2.3　评价维度

设计者切忌东拼西凑、生搬硬套、盲目引用原准机方案,航空发动机是一个协调工作的整体,设计者要在充分理解其设计理念的基础上,有选择地吸收和借鉴。

不管是吸收借鉴,还是自主设计,空气系统设计者都应当从以下几个方面对空气系统进行评价:高效、可靠、精简、易于维护和可验证。

1) 高效

空气系统的工作介质通常是提取自压缩部件的高压空气,这部分空气不直接参与燃烧和推动涡轮做功,却会消耗压缩部件的功。若是不加节制地提取高压空气,必然会导致涡轮前温度的升高,严重的还会引起推力丧失和燃油经济性降低;不合理的冷气排出位置,也可能引起涡轮流道的气流分离,扰乱流场,影响涡轮做功效率。一个高效的空气系统,应当使用最小的空气量尽可能地去满足各种功能需求。空气系统设计者要做到这一点,首先需要对所设计发动机的温度和载荷有足够清晰的认知,对同类型、同温度水平的发动机引气量范围要有大致的了解;其次需要采取措施限制自身的引气量,使其在预期的范围内;最后,要借鉴更先进的技术,包括流路布局形式、封严结构、冷却结构等,在满足最基本的功能需求基础上,减少压缩空气的用量。

2) 可靠

一个可靠的空气系统应当包含三个内涵:一是功能可靠;二是性能可靠;三是低耦合性。

功能可靠,是指在发动机寿命期内空气系统的功能实现不会因性能衰减、加工误差、非致命性结构变化等因素而大幅度降低或完全丧失。如涡轮部件的冷却功能不致于因涡轮前温度的短时、小幅度升高而产生叶片烧蚀,对盘腔压力的调节功能不致于因篦齿的轻微蠕变、磨损而发生较大变化,涡轮环形通道的封严也不致因过渡态和非设计状态因素而失效。因此在设计之初即应考虑一定的裕度,如进行涡轮冷却设计时要考虑温度裕度,涡轮环形通道封严设计也要在临界闭锁流量的基础上考虑一定的裕度,盘腔压力设计要考虑一定的不确定度;在结构上应采取措施防止封严结构失效,使不同的流路功能单元尽量独立,或尽可能降低其相互之间的耦合影响,对节流元件的敏感性进行充分分析和调整。

性能可靠通常指空气系统引气流量满足总体性能预期指标的程度。对于关键的节流元件,比如预旋喷嘴、涡轮叶片等,装机前要通过零件或部件级的试验来保证其流量特性,从而使发动机空气系统的引气量满足预期要求。当关键节流元件的流量特性得到满足后,下游流路发生一定变化时,空气系统的引气量应当不致于发生较大变化,也不致于对性能产生较大影响。

低耦合性,从系统功能的角度上来说,通常希望空气系统的功能架构和物理架构能较好地对应,即每一条实现空气系统功能的物理流路应尽可能独立,相互之间不发生影响,互相之间的交界面尽可能少。

3）精简

精简不仅仅是出于结构设计和工艺设计的因素考虑,也往往会带来可靠性和成本的收益。例如空气系统所使用的引气管和成附件不仅会增加发动机的重量、提高发动机外部设计和装配的难度,也可能会堵塞外涵通道,干涉其他系统的功能;分布在发动机内部的孔、缝、箅齿等节流元件更可能带来结构强度的隐患。精简并不等同于粗陋,它是在经过大量工程实践之后对空气系统的精益化设计。大量的工程经验证明,采用相对简单、可靠的结构对实际情况下系统能够安全可靠地工作具有重要的意义,设计者不可盲目追求更先进、更复杂的技术而忽视技术成熟度和可靠性的要求。

4）易于维护

客户往往关心产品是否工作正常,一旦空气系统工作出现问题,发动机还能否正常工作,能否快速定位故障并排除问题。空气系统设计者要在充分理解空气系统功能架构和技术指标的基础上,开展失效模式分析和故障机理分析,建立故障诊断机制,合理设置监视参数和预警、报警值,并预留易于操作的维护接口。

5）可验证

在研制过程中,空气系统设计的利益攸关者会关注自身的需求是否得到了满足,空气系统需要提供自身的压力、温度或者流量数据证明自身已经满足了利益攸关者的需求。目前整机环境下的压力、温度测量技术,零部件条件下的流量试验技术已相当成熟。但在整机环境下的流量测量一直是难点,引气流量往往还需要根据压力温度数据来进行估算,导致出现较大的误差。优秀的空气系统设计者要关注自身的方案是否能够通过试验测量可靠地进行验证,当验证工作无法顺利开展时也要适当地对方案进行调整。

在实际评判一个空气系统设计的优劣时,上述五个维度往往并不能同时得到完全满足。空气系统任何一个功能的实现和提高都需要付出一定的代价,可能是发动机性能的降低、重量的增加或者加工难度的提高,可靠性和维护性的改善也需要效率和性能方面作出一定的让步。对于每一个设计指标,空气系统设计人员都应当与利益攸关者反复迭代确认,综合各方面的因素去取舍平衡。优秀的空气系统设计方案要与发动机的温度、载荷、用途、寿命、成本等方面相协调,也要与当前的制造水平和技术成熟度相适应。

对于空气系统设计来说,从来没有最优解,特别是近年来新材料、新工艺、新技术的发展层出不穷,对空气系统先进性的评判标准也不断发生变化。路漫漫其修远兮,孜孜不倦地去寻求以更好的方法解决航空发动机最基本的功能需求,是每一位航空发动机设计者的进阶之路。

2.3　设 计 流 程

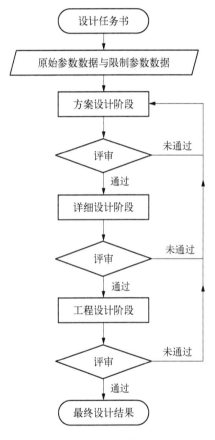

图 2.2　空气系统的基本设计流程

一个成熟可用的空气系统方案需要经过多个阶段的设计迭代,空气系统设计过程按照航空发动机研制阶段划分为若干阶段并纳入发动机整个设计研发体系。随着设计阶段的进展,每个阶段的设计目标与要求、建立的模型和采用的计算方法均有不同,并且在系统流路或结构上会有所改进和变化,空气系统设计内容也逐渐深入与扩大,为满足各项功能和准则的设计考虑愈趋周密,计算分析的模型也逐渐完善,同时还要进行相应的试验研究,最终得到满足设计要求的空气系统。

空气系统的基本设计流程如图 2.2 所示。首先依据需求分析结果形成设计任务书,然后提供设计所需的原始参数数据和限制参数数据。通常设计分成三个阶段,即方案设计阶段、详细设计阶段和工程设计阶段(三个阶段是个模糊概念,一般设计阶段通常按照发动机总体研制进展进行)。每个阶段获得的结果体现在结构上均需进一步改进,提供的几何与流动数据更趋详细与准确,并且成为下一个阶段的基础,而最终设计方案将是最大限度地满足全部设计要求的空气系统方案。每个阶段的工作内容和进度均与总体和相关部件及系统的设计活动相协调。

2.3.1　方案设计阶段

方案设计阶段是空气系统设计的起始阶段,它包括如下主要内容。

根据设计任务书要求,分析发动机与空气系统相关的热力、气动、结构、零件材料与物性参数等原始数据,并参考原准机的空气系统或相关数据库的数据,对设计任务、关键技术和可靠性做出分析,按规定的设计流程寻求能初步满足设计要求的方案。

方案设计阶段的基本流程如图 2.3 所示(虚线框内的事件表示其他专业的工作)。

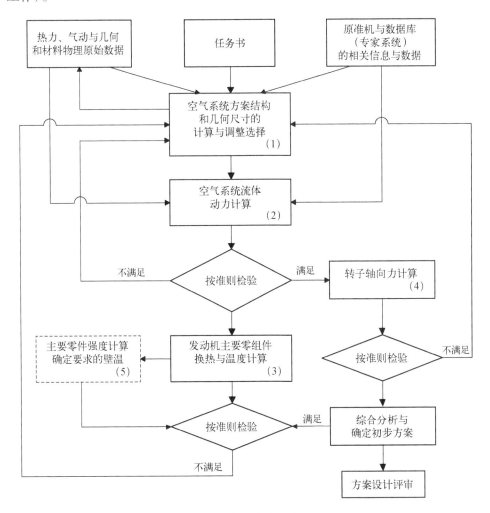

图 2.3 方案设计阶段流程图

(1)完成初步的空气系统方案流路、结构及几何尺寸的计算与选择。这些参数可以为寻求更优方案而调整和变化。

(2)完成空气系统方案的流体动力计算,求出各流路的空气流量 $q_{m,c,j}$ 和各腔室的压力 $P_{c,j}$ 及温度 $T_{c,i}$,然后分别按准则检查这些计算结果是否满足封严燃气、封严滑油和发动机对空气系统用气流量的限制要求。

(3)计算发动机主要零件,特别是涡轮转子零、组件的温度场和边界换热。

(4)进行止推轴承轴向力计算。

（5）提交强度部门进行相应零件的强度计算。

当以上设计过程遇到任何一项或多项准则不满足时，则需重复进行以上设计过程，视情调整相关结构几何参数，直至全部准则检查合格后，将初步方案确定下来。如果重复两次以上，仍不能满足全部的设计准则要求，则需与相关专业部门协调，调整总体、部件结构、热力气动参数或任务书要求。

如果不能通过上述调整满足全部的设计准则，可暂时认可接近满足设计准则的技术状态，待下一步技术设计阶段，通过更详细的设计分析或未来试车调试予以解决。

2.3.2　详细设计阶段

方案设计阶段的结果即为本阶段的原始设计方案。此阶段在设计的原始条件没有大的变更的情况下，通常不会对方案设计阶段得出的空气系统流路和结构做实质性的改变，一般只做局部流路和几何尺寸的调整。本阶段主要开展：

（1）分析的计算状态除上述方案设计阶段规定的状态外，还应该增加由强度和寿命分析要求的全部计算状态（由强度专业/部门提出）；

（2）根据强度分析要求，需要详细计算热应力，所以不仅要计算主要零件的区域平均温度，还要详细计算零件温度场，并且应该把系统完善到用尽量少的相对空气流量满足设计要求。此阶段的工作重点是在各项准则规定范围内寻求较佳的空气系统方案和更详细、更准确的关键参数数据；

（3）完成整个空气系统技术设计阶段的任务，除包含流体动力计算与热分析工作外，还应该包括本阶段的涡轮、强度与滑油系统等专业的相应分析结果的综合，以便评估系统满足各项设计准则要求的情况。

详细设计阶段的基本设计流程如图 2.4 所示，通常由 10 个步骤组成，每个步骤各完成独立的功能。

（1）在空气系统方案设计的基础上完成流体动力计算，用准则分别检查涡轮燃气封严与滑油封严系统。

（2）考虑冷气对涡轮性能的影响，修正涡轮性能计算。

（3）转子轴向力计算，按准则进行检查分析。

（4）完成叶片外表面的燃气换热边界条件计算。

（5）冷却叶片内流计算，相对的总的空气用量则按准则做检查分析。

（6）在分别通过了以上规定的准则后，再对空气系统进行综合分析，得到满意的设计结果。

（7）主要零件温度场计算。在该阶段要求按强度与寿命理论计算规定的状态和过渡状态循环历程，进行稳态与瞬态的二维或三维温度场计算。

（8）温度应力计算。

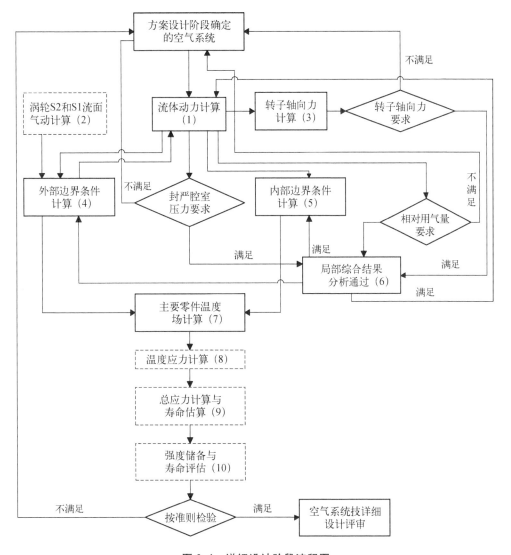

图 2.4　详细设计阶段流程图

（9）总应力计算。将热应力加上求出的离心载荷和气动载荷,得出所有作用因素引起的总的应力。对于涡轮转子叶片,还应包括对气动载荷的补偿功能,即预估并调整沿叶高分布的叶型截面重心位置(罩量),用离心弯矩来平衡部分气动弯矩,达到降低叶片应力的目的。

（10）强度储备与寿命评估。

在确认各项准则得到满足后,则空气系统详细设计的方案与结构得到通过。在整个设计流程中的每个准则评估环节均须满足设计要求;若不能满足,则必须进行系统流路结构尺寸调整,直至满足要求为止。

2.3.3　工程设计阶段

工程设计阶段基本流程如图2.5所示。为了获得最终的空气系统方案与结构,必须通过工程设计来准确地确定空气系统的几何参数并标定沿空气流路的流体动力参数。

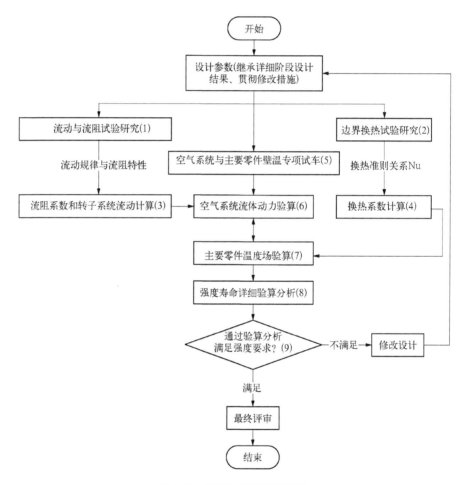

图 2.5　工程设计阶段流程图

该阶段是建立在详细设计阶段得出的方案结构基础上,主要需完成9个事件。具体阐述如下。

首先根据详细设计得出的空气系统方案结构与流动参数数据,划分节流与换热单元,开展必要的单元模型流动与流阻试验研究[事件(1)]和换热试验研究[事件(2)],得出各单元相应的流动规律与流阻特性关系和边界换热准则公式。并通过事件(3)和事件(4)获得更准确的流阻系数和局部转子腔室更详细的流体动力计算结果(通常采用数值流体力学计算方法),重点是获得流体的压力与温度分布。

另外该阶段实际已制成发动机(或验证机),所以必须进行空气系统腔温、腔压与主要零件壁温的专项测量试车[事件(5)],获得空气系统在发动机设计状态不可测腔室的压力与温度以及零件的壁温,然后利用上述事件(3)、事件(4)和事件(5)测量结果作为原始数据进行空气系统的流体动力验算[事件(6)],并获得系统各流路沿程的压力与温度和流量分配数据,继而对主要零件做温度验算。

在获得与详细设计阶段得到的空气系统相应流动参数和壁温误差比较分析后,开展理论计算与试验验证计算误差对强度与寿命的影响分析,如果影响不大即可直接对空气系统的流路气动参数及主要零件壁温进行参数调整与修正,最终予以标定。若影响较大,则应在壁温验算基础上,继续重复详细设计阶段后续的强度与寿命验算分析[事件(8)],并通过事件(9)对事件(6)、事件(7)和事件(8)的验算结果做评估分析,直到满足全部设计准则为止,然后根据验算结果参数的调整与修正,最终将空气系统结构几何尺寸和沿程流动参数标定。

2.4　设　计　边　界

空气系统设计边界包括气动边界、结构边界以及工作条件等。

气动边界指空气系统引/排气位置的边界条件、主要零件的换热条件、引气量限制和工作转速等。引/排气位置的边界条件通常来自总体气动热力参数、风扇/压气机/涡轮 S2 流面参数、轴承腔压力、短舱/环境压力等。气动边界也包括空气系统与叶片冷气入口的交界面,通常由两个专业反复迭代确认。

结构边界指空气系统与相关结构设计专业的职责界面。空气系统设计负责流路布局和节流元件参数设计,相关结构专业负责完成工程图设计。空气系统根据自身设计结果提出篦齿热态间隙的需求,结构专业应根据冷热态和尺寸链换算完成工程图设计。

工作条件指发动机工作包线和飞行任务剖面等。性能的设计点通常选择为标准海平面静止大气进气条件,但空气系统的部分功能不限于该状态,如防冰功能要求一定高度和一定马赫数范围内均能满足防冰要求,涡轮冷却功能在最大热负荷工况受到最严峻考验,轴向力调节和轴承封严功能需要同时满足地面慢车工况、最小气动负荷工况、最大气动负荷工况等多种极限工况的要求。空气系统设计应对所有这些典型工况进行边界条件分析。

2.5　设　计　准　则

空气系统设计过程除对标需求外,还应特别注意设计准则,这些设计准则是国内航空发动机科研院所的经验积累的结晶,十分难能可贵。同时,由于设计技术的不断发展、作者的认知水平所限,本书所述的准则并不完整。

2.5.1　子系统流路弱关联设计

准则1:空气系统的流路布置应保证不同功能和各子系统相对独立。

空气系统流路布置应尽量采用独立子系统设计,一方面可以减少各子系统的相互影响,提高系统可靠性,降低设计难度;另一方面各子系统可从各自合适的位置引排气,有利于匹配空气系统进出口参数,最小化引气量,降低对发动机性能的影响。各子系统相连接的部位尽可能采用密封结构隔离,不能隔离的采用限流孔进行流量控制。

出于合理利用冷却空气和结构布局的因素考虑,也可将不同的功能进行合并。如压气机、涡轮盘心的吹扫和轴承腔的封严、隔热功能通常可以合并,涡轮环形通道封严和盘腔吹扫、冷却也可能进行合并。

2.5.2　流路压差设计

准则2:进出口压力满足最小逆流裕度要求。

为了防止空气系统流路的倒流或局部失效,某些靠近主流道的节流元件进出口压力比需要满足一定的设计要求,这一方面是由于主流道周向压力分布的不均匀,另一方面也是为了兼顾非设计状态、加工公差和使用恶化等情况。对于节流元件进出口压力要求,可以用逆流裕度(或逆流比,一个以压比形式表示,一个以百分比表示,两者没有本质区别)指标来评估。逆流裕度定义为 BFM[式(2.1)],最小逆流裕度应大于30%,过小的话一方面需要较大的流通面积,另一方面容易导致流量过小甚至出现局部倒流。

$$BFM = \frac{P_{in} - P_{out}}{P_{out}} \times 100\% \tag{2.1}$$

式中,BFM 为逆流裕度;P_{in} 为引气压力;P_{out} 为排气压力。

2.5.3　燃气封严设计

准则3:采用冷气对涡轮环形通道进行封严,封严流量必须大于最小封严流量。

涡轮环形通道封严所需的冷气封严流量应不小于旋转轮盘对燃气的卷吸量,将轮盘对燃气的卷吸量称为最小封严流量(有时也称为临界闭锁流量)。采用经济的最小封严流量是公认的涡轮盘腔级间封严的设计准则。最小封严流量数值取决于封严结构形式、燃气流动状况、冷气流动状况等,研究结果表明,当燃气雷诺数较小时,最小封严流量由冷气旋转雷诺数控制,当燃气雷诺数大于 1×10^6 时,最小封严流量由燃气流动控制,这时主要取决于燃气周向不均匀的压力分布。

一般情况下最小封严流量计算方法为

$$C_{w,\min} = C_u \mu r \tag{2.2}$$

$$C_w = c G_c^m Re_w^n \tag{2.3}$$

式中，$C_{w,\min}$ 为无量纲最小封严流量；μ 为黏性系数；r 为半径；C_w 为无量纲封严流量；G_c 为封严间隙比；Re_w 为旋转雷诺数；c、m、n 为常数。

2.5.4　滑油封严设计

准则 4：轴承腔滑油封严压力需满足最小封严压差要求，封严温度不得超过滑油系统允许值。

封严压差的定义见式（2.4），封严结构的压差存在一个合适的范围，通常需要与滑油系统协调确定。压差过小会存在滑油泄漏风险，过大将导致空气泄漏量大和滑油系统通风不畅，进而导致滑油消耗量过大。

$$\Delta P = P_{air} - P_{oil} \tag{2.4}$$

式中，P_{air} 为空气封严压力；P_{oil} 为轴承腔压力。

封严温度的允许值通常与滑油系统的通风和散热以及空气泄漏量有关，由滑油系统根据封严结构和封严压差确定。封严温度高会引起轴承腔局部温度升高，产生滑油结焦；若泄漏量和温度同时偏高，滑油系统的散热也将面临考验。

2.5.5　轴向力调节设计

准则 5：空气系统相关腔室压力状态应满足发动机转子推力平衡的要求。

对于轴承来说，过大的轴向载荷会导致寿命的降低，过小的载荷会导致轴承轻载甚至损坏，因此转子轴向力必须保证在一个合适的范围内。发动机实际工作中，轴向力变化范围较大，难以精确预测，在设计时必须预留调节手段，在研制过程中还需要根据轴向力测试结果来调整和确定。而轴向力的调整通常由空气系统预留卸荷腔调整措施来实现。

2.5.6　引气量控制

准则 6：采取有效的措施实现流动参数的精细控制，最小化空气系统引气量。

（1）应采用合适的参数调控手段，保证空气系统各流动环节所需的流量、压力、温度等流动参数调控。

（2）降低空气系统流动损失是空气系统精细设计的一个重要内容，在空气系统结构设计中，应尽量降低损失系数或提高流量系数。

（3）当气流与转动部分接触时，由于摩擦，会使气流形成涡流，涡流会对空气系统和发动机带来不利影响,因此旋流和风阻是空气系统设计需要关注的又一个重要内容。

(4) 发动机内部非正常泄漏是不可避免的,对于现代先进发动机来说,降低非正常泄漏量是空气系统的一个重要内容,应采取必要措施保证非设计泄漏在可接受范围内。

2.5.7　零部件温度控制

准则7: 空气系统冷却与温控的零部件应满足温度分布及热响应特性的要求。

温度分布关系到零部件的寿命、强度、间隙等重要参数,空气系统应采用合理的冷却形式满足零部件的温度分布、热响应特性的要求。

2.5.8　宽广的适应性

准则8: 空气系统设计应满足总体指标的设计要求,并具有较宽广的适应性。

空气系统设计完成后,需要进行流体动力学分析、封严分析、轴向力分析、温度场分析等设计分析工作,评估设计参数的合理性,考虑到非设计状态、加工公差和使用恶化、计算误差等情况,空气系统设计通常需要留有一定的裕度。

2.5.9　封严间隙设计

准则9: 空气系统篦齿元件参数设计应满足最小安全间隙。

发动机工作过程中径向间隙变化受到多种因素制约,非设计点和过渡态工况下篦齿容易产生碰磨。应根据篦齿的径向位置确定最小安全间隙,选择篦齿间隙时不得小于该间隙。

2.5.10　腔室均压设计

准则10: 发动机中不应存在封闭腔室。

发动机若存在封闭腔室,应设计均压孔与其他腔室进行均压。

2.6　分　析　方　法

随着国内外对空气系统设计分析技术的持续投入,空气系统分析技术有了长足发展,限于本书篇幅,下面给出典型的稳态分析方法。

2.6.1　空气系统一维网络法

空气系统的建模过程得到的数学模型一般称为空气系统流体动力网络,是依据气体动力学、传热学等经典理论建立的。常用的数值仿真方法分为网络法和顺序法：顺序法仅适用于单一流路的简单网络的计算，不适用于现代航空发动机空气系统的复杂情况。本书后续描述的为基于稳态工作状态下的网络分析法。

一维网络法采用流体网络拓扑的形式描述发动机空气系统流动特性，因具有良好的收敛性和计算精度得到了广泛应用。利用该方法开展空气系统分析时，首先碰到的问题就是各种发动机的空气系统结构千差万别，系统的流路十分复杂，如何用一组参数来标识发动机空气系统的流动特性，成为空气系统通用计算程序的关键。

1）流体网络拓扑

发动机空气系统都是由大量不同的几何结构按一定的方式组合起来的，虽然不同的发动机空气系统所包含的结构种类有区别，组合的方式不同，但都是可以分解为一些基本的流阻元件，包括管、孔、缝、突扩、突缩、弯头、篦齿等。这是描述发动机空气系统基本特性的元件，将这些典型的流动元件之间用节点（腔号）相连接，就完成了发动机空气系统流体网络的拓扑构建。

图 2.6 给出了某局部流路的空气系统流体网络拓扑构建过程。某涡轮后空气流路从外涵引气，冷却空气经引气管进入涡轮盘后，之后分为两股：一股向上经篦齿后排入主流道；另一股经涡轮盘心排入大气。

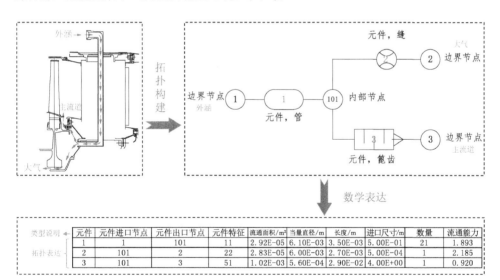

类型说明	元件	元件进口节点	元件出口节点	元件特征	流通面积/m²	当量直径/m	长度/m	进口尺寸/m	数量	流通能力
拓扑表达	1	1	101	11	2.92E-05	6.10E-03	3.50E-03	5.00E-01	21	1.893
	2	101	2	22	2.83E-05	6.00E-03	2.70E-03	5.00E-04	1	2.185
	3	101	3	51	1.02E-03	5.60E-04	2.90E-02	4.00E+00	1	0.920

图 2.6　某局部流路空气系统流体网络拓扑构建示意图

假设发动机内部流动为一维流动，即每个元件只有一个进口和一个出口，这样可以用进、出口节点来表示流路的走向。与此同时，引入腔室的概念来标识流路的分流情况（在某种计算需要时，也可以不表示分流）。将每个腔室与腔室之间的流路定义为一个支路，这样在求解大型系数矩阵时，可以减少系数矩阵的维数，从而使迭代计算更易于收敛。

流体网络标识代码中最重要的是元件代码,元件的结构位置参数、几何参数、气动参数都需根据它去查询。其次是节点代码,又叫元件进、出口代码,它确定了元件在网络中的位置以及各个元件的组合形式。

腔室代码对确定流路的流向、分流情况起着重要的作用,而分支代码则确定了该支路中基本流阻元件的组成情况和元件的数目。另外,用特征代码来确定不同几何类型的流阻元件,不同特征代码按照不同的流量计算公式进行计算,这样发动机空气系统就可以用一个流体网络拓扑数学模型完整地描述起来。

2) 流体网络控制方程

对于每一种流阻元件(个别抽象元件除外),均可以通过理论分析或实验研究得到通过该元件的质量流量 m 与其进出口压力 P_{in}^*、P_{out}^*,以及流体温度、物性、流通面积,流量系数等的关系:

$$m = f(B, P_{\text{in}}^*, P_{\text{out}}^*) \tag{2.5}$$

式中,B 为非压力项参数,如结构参数、温度等。

虽然 B 项中包含的是非压力项参数,但其中的流体温度、物性、流量系数等实际上是随压力变化的。由于采用网络迭代法,可以假定在每一次迭代计算期间,B 为定值。这样,流量变化与压力变化的关系为

$$\mathrm{d}m = \frac{\partial m}{\partial P_{\text{in}}^*}\mathrm{d}P_{\text{in}}^* + \frac{\partial m}{\partial P_{\text{out}}^*}\mathrm{d}P_{\text{out}}^* \tag{2.6}$$

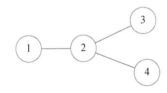

根据质量守恒原理,对于一个稳态系统,流进流出每个内部节点的流量代数和为零(流进为正,流出为负)。在如图 2.7 所示的稳态系统中,对节点 2 建立质量方程:

图 2.7　典型流动网络图

$$m_{21} + m_{23} + m_{24} = 0 \tag{2.7}$$

但实际上当我们开始计算这个网络系统的时候,其内部各节点的压力是不知道的。因此在计算时,需要假设各内部节点的压力。这样在内部节点上就可能出现流量残量:

$$m_{21} + m_{23} + m_{24} = \Delta m_2 \tag{2.8}$$

为消除这个流量残量,需对各个节点的总压进行修正,每次修正后各个节流元件的流量也将出现修正残量:

$$(m_{21} + \Delta m_{21}) + (m_{23} + \Delta m_{23}) + (m_{24} + \Delta m_{24}) = 0 \tag{2.9}$$

将式(2.8)代入式(2.9)得

$$\Delta m_{21} + \Delta m_{23} + \Delta m_{24} = - \Delta m_2 \tag{2.10}$$

在这里采用近似的算法,以差分代替微分:

$$\left(\frac{\partial m_{21}}{\partial P_1^*} \Delta P_1^* + \frac{\partial m_{21}}{\partial P_2^*} \Delta P_2^* \right) + \left(\frac{\partial m_{23}}{\partial P_3^*} \Delta P_3^* + \frac{\partial m_{23}}{\partial P_2^*} \Delta P_2^* \right) + \left(\frac{\partial m_{24}}{\partial P_4^*} \Delta P_4^* + \frac{\partial m_{24}}{\partial P_2^*} \Delta P_2^* \right)$$
$$= - \Delta m_2 \tag{2.11}$$

同理,对流动网络中的每个节点都可以得到式(2.11)的偏微分方程,将其整理为如下矩阵的型式:

$$\begin{bmatrix} \dfrac{\partial m_{12}}{\partial P_1^*} & \dfrac{\partial m_{12}}{\partial P_2^*} & 0 & 0 \\[3mm] \dfrac{\partial m_{21}}{\partial P_1^*} & \dfrac{\partial m_{21} + \partial m_{23} + \partial m_{24}}{\partial P_2^*} & \dfrac{\partial m_{23}}{\partial P_3^*} & \dfrac{\partial m_{24}}{\partial P_4^*} \\[3mm] 0 & \dfrac{\partial m_{32}}{\partial P_2^*} & \dfrac{\partial m_{32} + \partial m_{34}}{\partial P_3^*} & \dfrac{\partial m_{34}}{\partial P_4^*} \\[3mm] 0 & \dfrac{\partial m_{42}}{\partial P_2^*} & \dfrac{\partial m_{43}}{\partial P_3^*} & \dfrac{\partial m_{42} + \partial m_{43}}{\partial P_4^*} \end{bmatrix} \begin{bmatrix} \Delta P_1^* \\[3mm] \Delta P_2^* \\[3mm] \Delta P_3^* \\[3mm] \Delta P_4^* \end{bmatrix} = \begin{bmatrix} - \Delta m_1 \\[3mm] - \Delta m_2 \\[3mm] - \Delta m_3 \\[3mm] - \Delta m_4 \end{bmatrix}$$
$$\tag{2.12}$$

3)流体网络方程求解

(1)压力求解。

流体网络方程组的求解通常有两种方法:顺序求解法和网络求解法。顺序求解法适应于小维度的流体网络方程组,已经不适用于现代发动机空气系统的研制。本章主要介绍网络求解法。

一般情况下,式(2.12)是非线性方程组,其系数矩阵中的元素可能与压力有关。准确地求出方程组中各系数,是网络法能否稳定地收敛的关键,一般情况下很难找出分支流量与进、出口压力关系的解析形式,分支流量对压力的偏导数只能用数值方法求得。

求解矩阵方程,可以得到各节点的压力修正值 ΔP^*,这样各节点的总压为

$$P_i^* = P_{i0}^* + \Delta P_i^* , \ i = 1, \cdots, 4 \tag{2.13}$$

根据新的压力值再计算元件流量,不断重复上述过程,直到每个内部节点流量残量都小于所要求的误差。这样便得到了稳态网络中各个节点的压力及各节流元件的流量。

同理,对于一个有 N 个节点(腔号)的稳态流动网络来说,可以得到一个 N 阶线性方程组,矩阵型式为

$$\frac{\partial \boldsymbol{m}}{\partial \boldsymbol{P}^*}\Delta \boldsymbol{P}^* = -\Delta \boldsymbol{m} \tag{2.14}$$

式中,系数矩阵 $\dfrac{\partial \boldsymbol{m}}{\partial \boldsymbol{P}^*}$ 为 $M \times N$ 阶矩阵; $\Delta \boldsymbol{P}^*$ 、 $-\Delta \boldsymbol{m}$ 均为 $N \times 1$ 的矩阵。

（2）温度求解。

发动机的空气系统与发动机的整机热分析是密切相关的,因为空气系统中冷气沿流程的温度,不仅与零件的结构、转动等有明确关系,而且在很大程度上还决定于各零件的表面温度,即各零件对冷气的加热或吸热。研究表明:在发动机的转动腔中由于转动面、静子面以及螺帽对空气存在风阻效应,使得冷却空气有较大的温升,而且直接与冷却空气的流量大小有关系。同时,在旋转腔中由于存在涡流,其泵功效应将引起总温的变化,从而导致冷气温度的增加。

由能量守恒关系,腔室的能量守恒方程为

$$mh = \sum m_i h_i^* \tag{2.15}$$

式中, m 为气体流量; h 为腔室气体单位质量的总焓,并可表示为

$$h^* = C_p T^* \tag{2.16}$$

式中, T^* 为腔室总温。

总焓的变化气体与零件间的热交换、泵功、风阻等变化引起。各分支的焓变可在各分支的计算中求得,腔室温度计算时是已知的,对各腔室写出能量守恒关系式,就可得到求解其方程组。

假定零件的壁面温度 T_W 已知,换热系数为 α ,气体的温度为 T_C ,腔室或分支的流量为 m ,则有

$$Q = \alpha A (T_W - T_C) \tag{2.17}$$

其温增为

$$\Delta T = \frac{Q}{C_p m} \tag{2.18}$$

能量守恒的方程式中各元素都和分支的流量密切相关,为避免计算温度时,流量未平衡而导致计算过程不收敛,求解流体网络时应先进性压力求解,待压力修正和流量计算完成后再进行温度的求解。

图 2.8 给出了典型的一维网络模型,涉及具体的元件算法本书后续章节给出,读者可参考其他章节。

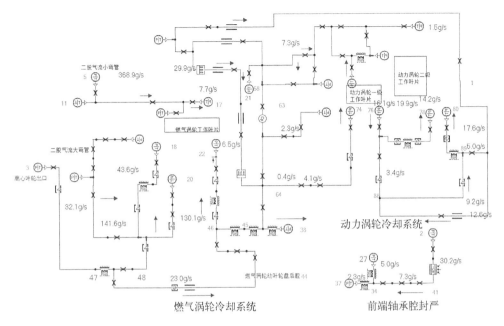

图 2.8　典型的空气系统一维网络计算模型

2.6.2　空气系统二维与三维分析

目前,对航空发动空气系统越来越多地应用 CFD 分析,用于评价空气系统的性能。

对于还不充分了解的流动,CFD 是一种可用的研究方法,包括旋转盘腔内的流动、级间封严流动和油气混合流动等。构成航空发动机空气系统的元件较多,对于某些实际结构,由于结构复杂导致内部流动与传热过程复杂,采用一维元件模拟的方式计算精度低,不能满足工程分析需要,应对该元件或相关的局部流路进行 CFD 数值模拟分析,获得该处详细的压力、温度及换热分析,为后续的传热及强度分析提供更准确的边界条件。

应对空气系统内部重要的子系统进行 CFD 分析,比如涡轮转子叶片冷却供气系统、高压涡轮转静子级间燃气封严系统、旋转盘腔系统、滑油封严系统等,见图 2.9[1],由于这些子系统直接影响到涡轮转子叶片冷却、燃气倒灌、涡轮盘等高温零件冷却功能的有效实现,对分析精度要求较高,CFD 仿真可以很好地满足这一要求。

空气系统存在大量不同形式的流动。旋转盘腔流动尤其重要,见图 2.10,这些流动通常主要受旋转影响,导致动量平衡方程各分量之间呈强耦合状态,使得 CFD 收敛速度很慢(或者造成不收敛),因此需要进行特别的处理和设置。与常规的涡轮叶片通流 CFD 分析相比,计算收敛的时间会多出一个数量级。目前,带涡

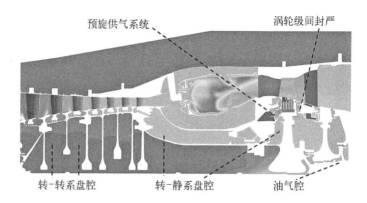

图 2.9　发动机空气系统主要特征

轮盘腔和主流联合 CFD 分析更受关注,目的是建立高效、鲁棒性强的求解程序可同时计算空气系统和主流流动。

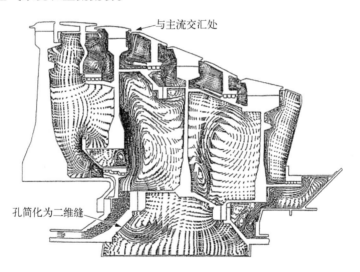

图 2.10　旋转盘腔二维轴对称 CFD 分析流场

　　早期的空气系统 CFD 分析,由于空气系统内流马赫数较低,通常建立定常、二维轴对称、不可压模型,采用压力修正方法求解。随着计算能力的发展,可考虑可压缩性的影响,使用密度基方法求解以提升旋转盘腔和主流联合 CFD 分析的计算效率和鲁棒性。

　　在确定需要对空气系统元件或局部流路进行 CFD 分析后,首先根据实际几何模型建立二维轴对称或三维 CFD 分析模型,为提高计算速度,可根据孔数、叶片数等信息建立周期性的三维模型;随后根据模型几何特性生成结构化或非结构化网格,一般对近壁面生成边界层网络,推荐选用 sst $k-\omega$ 湍流模型。

下面详细介绍了一个典型的预旋系统 CFD 分析算例,几何模型见图 2.11,网格模型见图 2.12。

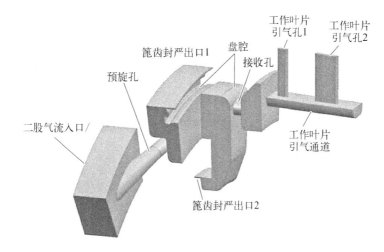

图 2.11　计算模型及边界示意

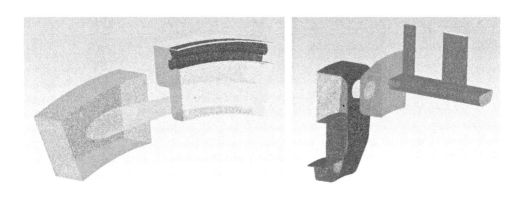

图 2.12　计算模型网格(静子、转子)

数值模拟结果的后处理方式主要有:采用流线或云图的形式显示盘腔内部的流线、压力、温度和旋流系数分布,以及对其他关注的参数进行处理。检查系统总流量及压力分布是否满足设计要求;查看预旋系统的降温效果等,分别见图 2.13~图 2.15。

随着数值模拟技术的不断发展和计算机运算速度的不断提高,整机级的空气系统模拟是未来的发展方向之一,通过整机空气系统模拟可以更直观地分析空气系统流路参数分布,更准确地获得各个子系统、子流路之间的影响规律,为空气系统工程设计和优化提供更好的支撑。

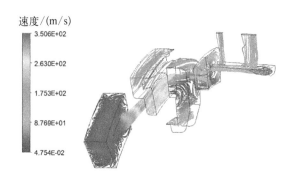

图 2.13 预旋系统转静子盘腔流线示意图

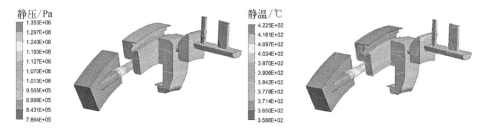

图 2.14 预旋系统盘腔静压、静温分布云图

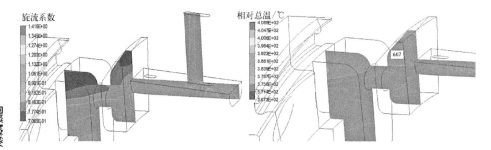

图 2.15 预旋系统盘腔截面参数分布

2.6.3 热分析方法

航空发动机热分析的主要目的是，根据零件的结构信息，所处的环境边界，给出零件温度计算结果，如图 2.16 所示。热分析的主要输入包括：① 零件结构信息，包含尺寸参数、模型、材料等；② 零件所处的环境，包含零件的流动、辐射等边界；③ 温度场计算需求，由需求专业提出温度场计算的需求，包括但

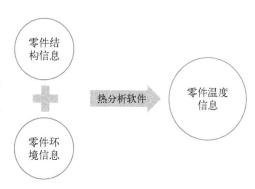

图 2.16 热分析流程图

不局限于状态点、模型、维度等。

热分析计算包括类比、基于传热经验关联式的方法和基于物理模型的方法三种。

（1）类比方法主要是基于已有的温度场计算或者测量结果，根据发动机运行工况（主要是主流道气流温度），采用相似方法类比得到新的温度结果，主要用于需要快速得到温度结果的情况，主要的计算工具是特征点温度计算程序。

（2）基于经验关联式的方法，主要是建立有限元热传导模型，根据零件所处的气流环境，利用经验关联式计算得到传热边界，加载至有限元模型后，最后得到零件温度场，这种方法是目前工程上最常见的方法。

（3）基于物理模型的方法，主要是采用 CFD 工具计算零件周边的气流流动情况，通过求解气流的传热边界层，并结合零件导热计算，最终得到零件温度场，主要的计算工具可以是各类 CFD 计算工具。

热分析的输出为零件温度信息，主要用于下游专业的强度、寿命等各类计算。

此外，从零件模型的维度上来讲，通常分为一维、二维、三维；从时间维度上讲，通常分为稳态和瞬态。不同的方法，计算所需消耗的时间、温度场信息的全面性有所不同，工程设计中根据不同的情况来确定采用何种方法。从定性的角度上来说，这些方法的计算精度和效率如图 2.17 所示。

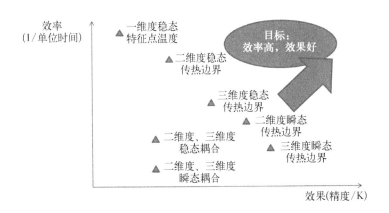

图 2.17　各种温度场计算方法的精度与效率的关系

本小节将进一步介绍类比方法和基于经验关联式方法。

1）类比方法

类比方法的输入主要是进出口温度等主流道的参数，依据基准发动机的温度场结果（有限元分析结果或试验结果），得到特征点温度的计算结果。这种方法一般用于需要快速知道温度场计算结果的情况，精度不会特别高，但优点是方法简单，可以快速得到结果。并且，如果依据的基准温度场是试验的结果，这种方法在某些情况下精度也是足够高的。

需要注意的是,采用类比方法需要满足如下的条件:① 零件所处气流环境是类似的,包括主流和二次流;② 导热和对流是影响温度场的主要因素。

目前类比分析的方法都是稳态的,暂时还没有瞬态类比分析的方法。

类比方法的计算过程如下。

首先,根据基准温度场结果,利用直接比例换算,预估部件温度。温度换算通常应与两个发动机性能参数相关联,可以是相应压气机或涡轮的进口或出口温度,也可以是流路进口和出口的温度。

利用基准温度场,首先求得换算常数:

$$\frac{T - T_{\text{in}}}{T_{\text{out}} - T_{\text{in}}} = k \tag{2.19}$$

式中,T 为基准的特征点温度,单位是 K;T_{in} 为发动机部件进口或上游气流温度,单位是 K;T_{out} 为发动机部件出口或下游气流温度,单位是 K;k 为换算常数。

待求温度可由下式计算:

$$T' = T'_{\text{in}} + k(T'_{\text{out}} - T'_{\text{in}}) \tag{2.20}$$

式中,T' 为待求的部件特征点温度,单位是 K;T'_{in} 为待求的发动机部件进口或上游气流温度,单位是 K;T'_{out} 为待求的发动机部件出口或下游气流温度,单位是 K。

2) 基于传热边界经验关联式的有限元导热分析

基于传热边界经验关联式的有限元导热分析是工程上最主要的方法,通常认为计算精度较高,且计算所需时间在工程上也可接受。这种方法的分析模型可以是二维或者三维的,可以是稳态或者瞬态计算,其中对于燃气涡轮发动机来说,最常用的模型是经三维等效处理后的二维轴对称模型。

这种方法主要是建立有限元热传导模型,根据零件所处的气流环境,利用经验关联式计算得到传热边界,加载至有限元模型后,最后得到零件温度场。此外,在计算过程中还需要视情考虑其他的传热现象,包括接触热阻、辐射等。

传热边界通常包括第一类传热边界(给定温度)、第二类传热边界(对流换热)和第三类传热边界(给定热流),对于第二类传热边界(对流换热),在工程使用时还可以分为四种具体类型,包括:① 一般对流换热,流体流量非常大,流体沿程温度不受与零件换热的影响;② 热空腔,流体流量接近于 0,基本没有流动;③ 热流线,流体流量介于一般对流换热和热空腔之间,需耦合考虑气流沿程温度的变化,热流线的流体只与一侧固体换热;④ 热导管,流体流量介于一般对流换热和热空腔之间,需耦合考虑气流沿程温度的变化,热流线的流体与两侧固体换热。

此外,接触热阻也是燃气轮机热分析必须考虑的传热边界,在某些精细计算时还需考虑辐射的影响。

（1）一般对流换热。

当流体流量非常大,流体域沿程温度几乎不受与零件换热的影响时,可以认为是一般对流换热。此时,气流加载温度直接采用空气系统得到的温度即可,通常这个温度考虑了风阻温升的影响。

（2）热空腔。

当流体流量接近于 0 时,区域内的流体处于热平衡状态,在物理上可以认为该部分气体为所谓热空腔,此时这部分流体有均匀的温度场,热空腔的能量方程如下所示:

$$\sum_j (T_f - T_{s,j}) h_j A_j + Q = \rho V C_p \frac{\mathrm{d}T_f}{\mathrm{d}t} \tag{2.21}$$

其中,等式左边第一项表示金属壁面与流体之间的换热量,第二项表示热空腔内的因风阻等产生的内热源项,等式右边表示热空腔内流体能量的变化。通常对于没有流动的腔体均可考虑为热空腔,热空腔的主要作用是在瞬态计算时,可以考虑腔内流体的热容效应。

（3）热流线。

燃气涡轮发动机热分析时,一个典型的模型如图 2.18 所示,流体域和固体域进行热交换,求解固体域温度时,需要与流体域进行耦合计算。该模型可以通过式(2.22)的方程进行描述,流体域通常采用一维方法进行求解,通常称为热流线(thermal stream),而固体域采用二维或者三维有限元方法进行求解。

$$mC_p(T_{fn+1} - T_{fn}) = hA\left(T_w - \frac{T_{fn+1} + T_{fn}}{2}\right) \tag{2.22}$$

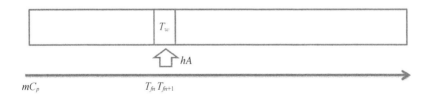

图 2.18　热流线示意图

在燃气涡轮发动机热分析时,一般由空气系统计算得到热流线入口的流量、温度,然后通过经验关联式计算得到传热系数,将上述边界加载至具有热流线功能的有限元热分析软件,计算得到固体域的温度场和流线沿程的气流温度。需要注意的是,这种方法得到的仅是气流的传热温升,对于存在风阻温升的流路,需要计算风阻温升并加载至计算模型中,最终得到整个流路包含传热和风阻的总的温升

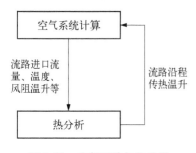

图 2.19　空气系统与热分析迭代示意

结果。

理论上需要将热分析得到的温升结果与空气系统进行迭代计算,如图 2.19 所示。热分析将温升结果反馈给空气系统,由空气系统根据计算得到的温升进行一维流路计算,从而获得新的流路流量和温度计算结果,再根据此结果进行热分析,最终进行收敛性判断。但是,工程实践表明,大多数情况下,在空气系统流路进口压力温度及出口压力确定的情况下,温升对空气系统的流量影响很小,大部分情况下可以忽略。

热流线可进行瞬态计算得到固体域和流体域的瞬态温度变化结果,在进行瞬态计算时,通常有如下的两个假设:① 忽略流体压力的瞬态变化,这是由于流体压力传递的速度通常是以声速传播,压力的响应时间通常比零件壁温低几个数量级;② 忽略流体流动导致的瞬态因素,这是由于流体在燃气涡轮发动机中的流动速度通常在零点几至几马赫之间,流动的响应时间通常也比零件壁温低一个数量级以上。

基于上述的分析,从工程角度进行瞬态温度场计算时,仅需考虑气体域的温度瞬态响应对固体温度场的影响,而不需要考虑流体域的流量和压力瞬态响应对固体温度场的影响。

(4) 热导管。

热导管也可以理解成双侧热流线,流体与两侧的固体均进行换热,其基本原理与热流线是类似的。热导管两侧的固体可以都是静子、转子或者一侧转子一侧静子,热导管的流体网格需要与两侧固体的网格进行关联,静子侧感受流体的绝对总温,转子侧感受流体的相对总温。

(5) 接触热阻。

由于机匣之间实际接触表面的粗糙度和波纹度具有不连续性,因此零件接触面之间并不是 100% 完全接触的,从统计规律上分析,完全接触的总面积仅占到接触零件表面的一部分(40% ~ 80%,也可称为接触热斑)。这样就造成理论连续接触的机匣之间存在了间隙,且间隙中往往充满其导热系数远低于接触物体的异类介质(通常为气体),这是造成热流向接触区收缩的原因。在接触区附近,热流密度和温度梯度急剧增加,构成间隙的表面之间产生温降。国内外研究学者往往采用各类接触热阻的数学模型 ($R = \Delta T / q$,其中,R 为接触热阻,ΔT 为接触机匣的温度差,q 为接触机匣的热流密度)评估这种温度的不连续性。

(6) 自然对流。

燃气涡轮发动机内的自然对流可以分为静止件和旋转件两种自然对流。

静止件自然对流,主要是由于气体受到重力影响而导致的密度变化,进而导致气流的流动和换热。典型的案例是处在没有气体流动的机匣外边界。

旋转件自然对流,主要是指在转动腔内气流旋转比为 1,气流与转子没有相对速度,此时由于气体离心加速度(类似重力加速度)影响,从而导致气流的流动与换热。典型的案例如没有径向通流的压气机盘腔。

(7)辐射。

燃气涡轮发动机内辐射可以分为两类,固体对固体的辐射和气体辐射。

固体对固体的辐射:高温零件会对其可见的低温零件产生热辐射,例如高压涡轮机匣,其中层机匣会对外机匣产生辐射换热。辐射需要考虑如下的因素:发射率、接收率、角系数。

为了降低固体辐射换热的影响,燃气涡轮发动机会考虑防辐射措施。例如为了防止燃烧室机匣对附件机匣的辐射换热,很多机型设置了防辐射板;有些机型在高压涡轮机匣设计时,为了防止中层机匣对外机匣的辐射换热,在外层机匣内侧设置了隔热板。

气体辐射:工业上常见的温度范围内,空气等分子结构对称的双原子气体,无发射或吸收辐射能的能力,认为是热辐射的透明体。但是,二氧化碳、水蒸气等三原子或多原子气体,需要考虑气体与固体间的辐射换热。经燃烧室后的燃气,含有水蒸气和二氧化碳,因此需要考虑辐射影响。气体辐射需要考虑如下的两个因素:平均射线程长和水蒸气及二氧化碳分压力。

(8)其他类型边界。

绝热边界:一般在填充了隔热材料的位置可近似认为是绝热边界。

定温边界:在一些交界面处理可以根据其他部件的计算结果,加载定温边界。

热流边界:部分可以给出热流量的位置,可以设置热流边界。

3)流动、传热耦合数值分析

对于航空发动机来说,传热的主要途径是对流换热和导热,导热可以采用有限元软件进行较为精确的模拟,对流换热可以采用两种方式进行计算,一种是采用经验关联式获得第二类传热边界,另一种方式就是采用 CFD 软件对热边界层进行模拟,并与有限元导热模型耦合,从而直接求解得到热边界层里面的流动分布情况,从而获得零件的温度场,这里可参考 2.6.5 节。

2.6.4　防冰分析方法

典型热气加热防冰系统分析方法与空气系统类似,不同的是,要考虑发动机进口气流参数在不同气象条件、不同飞行工况、不同发动机工作状态下的差异,以及发动机进口气流中过冷水滴的影响,因此,系统分析工作包含关于水撞击和结冰方面的分析。防冰系统分析的主要技术环节包括防冰部件外换热特性分析、防冰部件表面水撞击特性分析、防冰系统需求热分析、防冰部件表面积冰特性分析以及部件表面热平衡分析(温度分析)等。本节简要介绍各关键技术环节的分析目的和常用方法,具体的分析流程和方法详见本书第 8 章。

1) 防冰部件外换热分析

防冰部件外换热分析的目的是获得防冰部件表面的换热特性,包括换热系数和换热温度,为防冰部件表面温度评估提供边界。

防冰部件外换热分析的方法与涡轮冷却叶片外换热分析方法类似,工程上通常有两种分析方法:经验公式法和积分微分法。经验公式法采用由试验获得的换热经验关联式对部件表面换热进行计算,积分微分法通过求解边界层微分方程来处理各种二维边界层流动及换热。对于方案设计来说,为了较为快速地获得评估结论,方便进行多方案对比分析,通常采用前者进行计算;对于详细设计,为了更加有效地评估系统防冰性能,获得更加准确的计算结果以控制系统设计裕度,通常采用后一种方法进行计算。

此外,也可以采用 CFD 数值仿真方法获得部件表面换热特性,但往往需要较长的周期。

2) 一维流动换热特性分析

防冰系统一维流动换热特性分析的目的是获得系统内部关键位置的温度、流量、压力和固体壁温等信息,用于初步评估系统性能,并为部件温度评估提供边界条件。

对于典型的从压气机引热气进行加热的防冰系统来说,系统内部流道可以视为与空气系统类似的流道,为了得到防冰系统内部热气的流动换热特性,通常采用本书 2.6.1 节所述的一维网络法对系统进行建模和计算,得到热气防冰系统内部的温度、流量、压力和固体壁温,具体方法此处不再赘述。但是,在结冰条件下,由于防冰部件外部气流中含有一定量的液态水滴,液态水滴撞击到部件表面时会产生蒸发、冻结等现象,防冰部件外部环境并不是简单的对流换热条件,在分析时应该对一维网络法中的能量方程进行适应性改进,在外部换热方程中加入过冷水滴的影响,即在处理零部件外部换热时,除常规的对流换热项外,还应该考虑水蒸发热量、水滴动能、水的潜热等热流项以及溢流水向下游单元流动时产生的质量和能量传递,这样就可以直接求解得到结冰环境下固体表面一维的热平衡计算结果,其计算结果也更加真实可靠。

但是对于固体壁面曲率和厚度差异比较大的局部区域,例如整流叶片前缘,一维方法存在不足,无法模拟前缘驻点区域由于局部厚度和水收集系数剧烈变化产生的局部温度梯度差,需要通过局部的二维甚至三维分析来获得准确的结果。

3) 部件表面水撞击特性分析

部件表面水撞击特性分析的目的是获得部件表面水收集系数、水撞击量等信息,为部件表面积冰特性分析、部件表面温度分析提供边界条件。

防冰部件表面水撞击特性分析方法通常有两种：一是经验公式法；二是数值模拟法。经验公式法通常也称为一维方法，它采用试验或数值计算的方法，得到典型结构(球体、圆柱体、椭圆球体和锥体等)表面水滴撞击特性，之后用曲线的形式给出这些表面水撞击特性与水滴的修正惯性参数之间的关系，然后根据关系曲线得到详细的撞击率数据。该方法简单快捷，对于具有经验数据的简单几何结构，其计算准确度较高，但对于具有复杂结构的零组件来说，该方法计算的结果偏差较大。数值模拟方法是对水滴的运动轨迹和撞击特性进行计算。目前主要有两种计算方法：拉格朗日(Lagrange)法和欧拉(Euler)法。拉格朗日法针对每个水滴建立运动方程，求解得到水滴的速度和运动轨迹，由此判断水滴是否撞击到零部件表面以及具体的撞击极限和撞击量等；欧拉法以空间网格节点为对象，通过求解水滴相的连续方程和动量方程，得到不同网格上水滴容积分数和水滴速度，进而得到水滴撞击特性。

4) 部件表面积冰分析

部件表面积冰特性分析是指对发动机进口部件表面的结冰区域、结冰量以及结冰形状等特性进行计算和分析，其目的是掌握部件表面结冰范围和结冰严重程度，为评估是否要采取防冰措施以及防冰系统的设计提供依据。

积冰特性分析的方法同样包括一维方法和多维数值模拟方法。一维方法通过结冰时间、冰密度、结冰表面积、来流速度、水收集系数等参数直接计算获得，该方法对于霜冰的计算较为准确，但对于具有溢流水的明冰来说，计算偏差会较大。数值模拟方法则是通过建立防冰部件二维或者三维的模型，通过微元表面的传热传质分析，依据质量守恒和能量守恒分别建立控制方程，最终得到每一个微元表面的结冰量。多维数值模拟可以准确获得复杂部件表面不同位置的结冰厚度分布，在计算过程中可以考虑溢流水的水膜流动等特征，因此得到的计算结果更为准确。

5) 防冰部件热平衡分析

防冰部件热平衡分析(温度分析)的目的是获得部件在结冰条件和防冰加热条件共同作用下的表面温度分布，用于判定系统的防冰能力。

热平衡分析以部件表面传热传质分析为基础，通常考虑外部换热条件、内部加热条件、固体壁面导热、水滴的蒸发热、水滴动能、结冰释放的潜热等热量项以及水滴撞击、液态水结冰、水滴蒸发、溢流水沿表面流动的质量项等。

由于部件表面水的蒸发量和蒸发热流取决于表面温度，但同时又会影响表面温度，因此防冰部件表面热平衡计算需要采取迭代的方式进行。

2.6.5　多维多学科耦合仿真

空气系统多学科耦合仿真一般分为流热耦合和流热固耦合仿真。流热耦合仿真关注流体流动换热和固体温度的分析，流热固耦合仿真除了上述因素之外，还考虑固体变形对流体流动的影响。

航空发动机空气系统 CFD 数值模拟分析越来越受到重视,这是由于发动机内部传热过程的复杂性,通常缺少有效的通用评估方法,高度依赖试验数据。为降低研究经费和成本,必须大量开展空气系统 CFD 流热耦合分析。复杂结构内部的流动非常复杂,对其进行三维 CFD 模拟需要很长的计算时间,在工程分析上,有时可对流体进行降维处理,采用一维热流线法进行耦合仿真,在大幅减少计算时间的前提下,仍可保证较好的分析精度。

流热耦合热分析通常有以下两种方法:① 弱耦合方法,流体和固体用不同的求解器计算,采用脚本对数据进行传递;② 强耦合方法[共轭传热(conjugate heat transfer, CHT)],用同一个求解器计算流体域和固体域。

无论采用何种方法,其核心都是求解热边界层内的流动和换热问题。

传统的三维 CFD 强耦合方法通常需要较大的计算工作量,特别是在求解零件瞬态温度场时,由于需要同时进行流体域和固体域的瞬态计算,特别是流体域的瞬态计算需要消耗大量计算资源,导致计算效率比较低。

但是,对于计算固体域温度场来说,过于精细的流体域瞬态计算是没有必要的。这是因为,流体域对于压力的瞬态响应时间比固体域的温度响应时间低 $2 \sim 3$ 个数量级甚至更多。因此,在瞬态耦合计算时,流体域的流动计算完全可以等效成稳态工况进行计算,而仅在固体域进行瞬态计算,这样可以节省大量的计算资源。采用弱耦合的方法可以显著地改进计算效率。

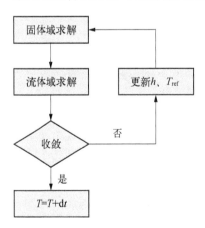

图 2.20　弱耦合计算方法流程

弱耦合的方法的计算过程如图 2.20 所示,具体如下:① 假设固体域的对流换热系数和参考温度,求解固体域的温度分布;② 将固体域温度作为流体域计算的边界条件,求解流体域的热边界层;③ 通过对热边界层内的计算得到流体与固体的热流,对比热流与前面假设的对流换热系数和参考温度求得的热流,判断是否收敛,若收敛,则执行下一个时间步,否则继续迭代。

强耦合方法计算量大,在工程上一般仅应用于稳态分析,过程具体如下:① 确定分析模型和状态;② 建立零部件与冷气流道几何模型并划分网格;③ 建立固体与流体的温度耦合表面;④ 施加固体表面边界条件和流体入口边界条件;⑤ 求解计算模型,获得零部件与流体的温度分布。

下面给出了一个涡轮转子结构的三维流热耦合仿真算例[2]。建立了一个 30° 周期的三维 CFD 模型,包括盘腔、篦齿内部空气流体和转子固体。一级涡轮盘上有 12 个孔,为了适应 30°周期建模,将 83 个导叶增加至 84 个,将 66 个动叶增加至 72 个,保证形成整数个周期。最终生成了 22 万个流体网格单元,5.8 万固体网格单元,其二维剖面示意和生成的网格见图 2.21。

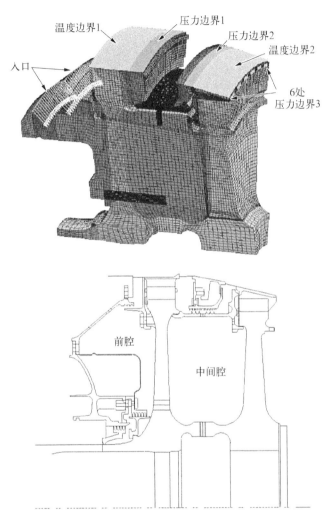

图 2.21　典型的涡轮转子结构和流热耦合模型

　　边界条件处理:前腔有 2 处入口,将 2 排进气孔当量成 2 条进气缝,引气量为 0.35% 的发动机空气流量,温度为 531 K,忽略前篦齿泄漏流量;动叶缘板的温度设定为 1 061 K 和 964 K,给定级间出口压力边界。

　　采用标准 $k-e$ 湍流模型,流体边界给定 5% 的湍流度,特征长度给定为孔径的 1/10。软件会对流体和固体交界面自动构建耦合关联,不与流体接触的固体壁面自动设为绝热边界。

图 2.22 给出了盘腔内部中截面速度场分布。可以看出,在冷气入口处存在大尺寸的回流区,并使得入口射流发生偏斜。通过一级盘小孔的气流明显地冲击在二级盘表面,由于小孔出流的偏斜,使得一级盘端齿处得到了强化冷却。

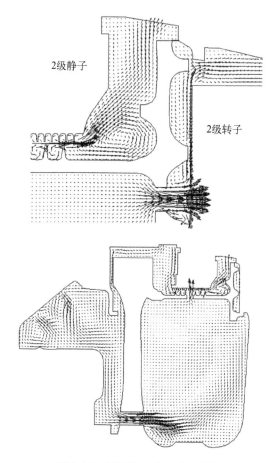

2级静子

2级转子

图 2.22 涡轮转子内部流场结构

图 2.23 给出了空气温度和压力分布。可以看出,在涡轮盘高半径处存在显著的空气换热,涡轮盘间腔存在明显的径向压力梯度。图 2.24 给出了涡轮盘表面壁温和换热系数分布。

空气系统二维流热耦合数值方法由于计算量相对较小,因此工程分析上应用较多。通过建立固体域和流体域的二维轴对称模型,可以对主要组件、部件甚至整机进行流热耦合数值模拟。

在实际航空发动机中,空气与固体之间的换热、固体内部导热和固体热变形是同时发生的,并且有一定的相互影响关系,因为固体热变形会导致结构间隙的变化,比如篦齿热态间隙、零件配合间隙等,间隙变化导致空气流量变化,从而带来固

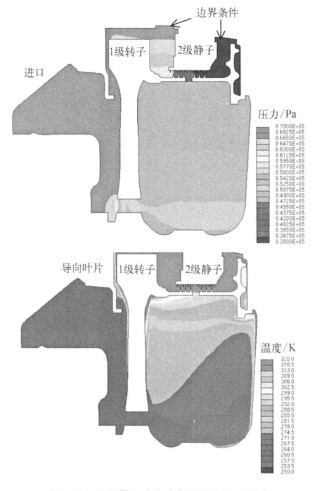

图 2.23　涡轮转子内部空气温度和压力分布

体温度场的变化,形成耦合关系。因此,流热固耦合分析,即流热-结构耦合分析,是指考虑流热与结构应力应变相互作用的分析,是航空发动机仿真的重要发展方向。

　　从分析方法上,分为间接耦合方法和直接耦合方法。间接耦合方法是按照顺序进行两次或更多次的分析,它是通过把结构热分析的结果作为结构应力分析的载荷来实现热-结构耦合。发动机传热问题需要用到结构的耦合(温度引起的热膨胀),但结构对热耦合是可以忽略的,小的应变将不对初始的热分析结构产生影响。在实际问题中,间接耦合比直接耦合要方便一些,因为单场分析使用单场单元,计算迭代次数少。

　　受目前的耦合分析软件功能限制,在工程上一般多采用间接耦合方法,但针对

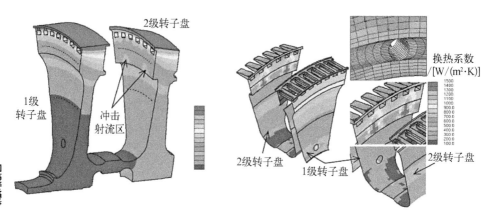

图 2.24　涡轮盘表面温度和换热系数分布

三维模型的间接耦合法,存在重复繁杂的模型人工重构工作,需要消耗分析人员大量的时间,所以并未得到大规模应用。

在工程计算时,为保证计算速度和效率,对固体传热和热变形部分,一般建立二维轴对称模型。采用 ANSYS Mechanical 软件进行热-结构耦合分析,见图 2.25。对于固体表面换热边界,最简单的方式可来自空气系统一维网络计算结果,为了提供准确度,也可以利用二维或三维 CFD 数值模拟的方式获取。

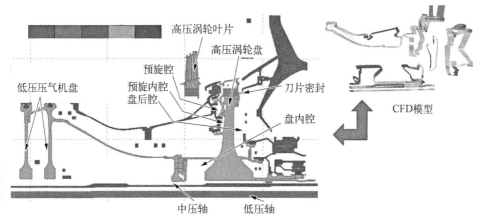

图 2.25　流-热-固耦合分析模型

对于直接耦合方法,目前未出现具备该功能的商用软件,因此在工程分析上未见应用,但从工程需求来说,流热固直接耦合热分析方式是未来需发展方向。

参考文献

[1]　CHEW J W, HILLS N J. Computational fluid dynamics for turbomachinery internal air systems

［J］. Philosophical Transactions of the Royal Society A：Mathematical，Physical & Engineering Sciences，2007，365：2587－2611.

［2］ SNEDDEN G C. Simplified 3d CFD flow simulation of a turbojet disc cavity with conjugate heat transfer［C］. Cleveland：International Society for Air Breathing Engines，2003.

第 3 章
流量与压力控制元件

航空发动机中存在着很多压力不同的空腔或者盘腔,为了冷却和压力平衡,设计者希望这些腔体之间保持气流畅通,并且能够控制流量和维持一定的压力差,这些腔体之间的流通元件就是流量与压力控制元件。典型的流量与压力控制元件包括孔、管、篦齿和活门等。被壁面隔离的相邻两个腔体一般采用孔元件来进行流量与压力的控制。如果两个腔体间有较大的距离,可采用管元件来进行流量与压力的控制。如果分隔两个盘腔的壁面不但有静子壁面,还有转动壁面,或者是两个转速不同的壁面,可采用篦齿元件来进行流量与压力的控制。如果两个腔体间的流量和压力需要在发动机运行过程中进行调节,可采用活门元件来实现。

3.1 孔 元 件

在航空发动机空气系统中,孔元件是最典型的基本元件。因其能够简单、有效、可靠地限制相邻两个腔体之间的流量或者压差,因此孔元件在航空发动机空气系统中得到广泛应用。

3.1.1 孔元件类型和功能

在航空发动机中存在多种类型的孔元件,按照长径比的不同,可分为短孔($L/d \leqslant 1$)、普通孔和长孔($L/d > 10$);按照孔轴线是否垂直于壁面可分为直孔和斜孔;按照孔形状可分为圆孔、跑道孔、扇型孔、簸箕型孔、叶型孔,以及其他形状的异形孔;按照是否转动分为静止孔和旋转孔(包括轴向旋转孔和径向旋转孔);按照用途分引气孔、节流孔、通气孔、除尘孔、气膜孔、冲击孔、预旋孔(喷嘴)、接受孔(旋转孔)、供气孔(旋转孔)等。

3.1.2 孔元件流动损失

一般来说流动损失是指气流总压的损失,主要是由于气流速度的大小或者方向发生变化而引起的。如图 3.1 所示的典型孔元件中,气流从上游腔流向孔口,流动方向不断改变,并逐渐加速,这个过程就是典型的入口突缩损失。气流进入孔内之后,在黏性作用下产生新的边界层并不断发展,产生沿程损失。在孔出口,高速射流与下游腔中的低速气流相互掺混,速度大小和方向都发生剧烈变化,产生出口突扩损失。孔元件的流动损失主要包括入口突缩损失、孔内沿程损失和出口突扩损失这三部分。其中当孔长径比 $L/d<4$ 时,沿程损失所占比重相对较小,可忽略沿程损失。

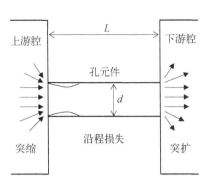

图 3.1　典型孔元件中的流动损失

工程上一般把孔元件的入口损失、孔内沿程损失和出口损失视为一个局部损失来考虑,并用流量系数这个无量纲参数来表征孔元件的流阻损失大小。

流量系数(discharge coefficient)C_D 定义为实际流量 m 与理想流量 m_{id} 之比:

$$C_D = \frac{m}{m_{\mathrm{id}}} \tag{3.1}$$

式中的理想流量 m_{id} 是在没有损失的绝热等熵条件和孔进出口压力一定的条件下,流过孔元件的最大流量,其计算式为[1]

$$m_{\mathrm{id}} = \frac{P^* A}{\sqrt{T^* R}} \sqrt{\frac{2\gamma}{\gamma - 1} \left[\left(\frac{P_2}{P^*} \right)^{\frac{2}{\gamma}} - \left(\frac{P_2}{P^*} \right)^{\frac{\gamma+1}{\gamma}} \right]} \tag{3.2}$$

式中,P^*、T^* 和 P_2 分别为孔元件的进口总压、总温和出口静压;R 和 γ 分别为气体常数和绝热指数;A 为孔元件的流通面积。

一般来说孔流量系数是一个介于 0 到 1 之间的无量纲参数,主要受流动雷诺数和流动马赫数(进出口压比)等气动参数、孔进出口结构(尖角、倒角和圆角等)、倾斜角度和长径比等几何参数以及进口横流和旋转状况等因素的影响,相关经验公式可以参见刘松龄的专著[1]。这样,孔元件流阻特性计算就归结为孔流量系数的计算。

关于圆孔流量系数影响因素的研究较多,文献[2]详细研究了包括孔径、长径比、倾斜角、孔间距等参数对直圆孔流量系数的影响。而实际工程应用中流动状态更复杂,在圆孔的基础上衍生出更为复杂的流动状态、异形截面、不同形式的进出口边缘形状,以及旋转孔等多种应用场景。无论何种应用场景,对孔元件的设计核心就是控制其损失,因此下文对工程设计过程中需考虑的一些情况进行描述。

1) 流动状态的影响

圆形节流孔的各尺寸参数定义如图 3.2 所示。

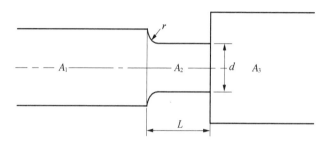

图 3.2　孔元件尺寸参数定义

根据节流孔长度不同,存在 4 种流动状态,如图 3.3 所示。当流动为完全紊流, $Re > 4\,000$, $\dfrac{A_2}{A_1} < 0.1$ 时,根据 $\dfrac{L}{d}$ 不同,不同流动状态的特点如下。

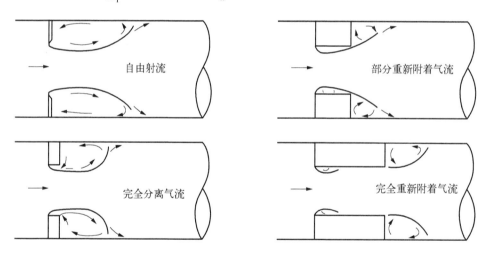

图 3.3　流经节流孔的气流流动状态

(1) $\dfrac{L}{d} \to 0$,为自由射流状态。

对一般的尖边节流孔 $\left(\dfrac{r}{d} \to 0 \right)$,通常会出现自由射流。此时气流从进口边缘开始分离,由于静压下降及靠近出口边缘较高的速度梯度,在短距离上,气流为层流,此距离由雷诺数决定。当雷诺数较小时,气流为完全层流;当 $Re > 4\,000$ 时,层流区影响很小,并且流量系数不随雷诺数改变。不可压缩流流经尖边节流孔时流量系数 C_D 与 $\dfrac{L}{d}$ 关系如图 3.4 所示。

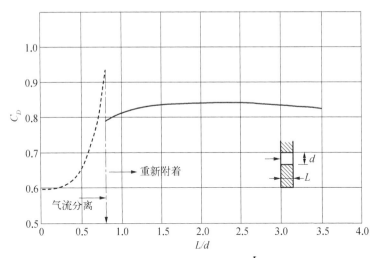

图 3.4　尖边圆形节流孔 C_D 与 $\dfrac{L}{d}$ 关系

（2）$\dfrac{L}{d} = 0 \sim 0.4$，为完全分离的气流。

气流进入喷口和孔壁之间的空间，导致喷流增大，流量系数随 $\dfrac{L}{d}$ 的增加而增加。

（3）$\dfrac{L}{d} = 0.4 \sim 0.7$，为部分分离的气流。

当 $\dfrac{L}{d} = 0.4 \sim 0.7$ 时，喷射的气流能够容易地重新附着在孔出口边缘，具有这种特点的孔，不能确定气流是分离的还是重新附着的。

（4）$\dfrac{L}{d} = 0.7 \sim 0.9$，为部分重新附着的气流。

当 $\dfrac{L}{d} = 0.7 \sim 0.9$ 时，气流通常是重新附着的，但也可能不是，只有当 $\dfrac{L}{d} > 0.9$ 时，才能确定气流是重新附着的。因此在 $\dfrac{L}{d} = 0.4 \sim 0.9$ 时，无法确定流量系数，若 C_D 影响较大，那么在实际设计时，应避开这个范围。

（5）$\dfrac{L}{d} > 0.9$，为完全重新附着的气流。

当 $\dfrac{L}{d} > 0.9$ 时，气流在重新附着壁面后，有较长的一段附着流，此时，流量系

数随 $\dfrac{L}{d}$ 的增加而增加,直到 $\dfrac{L}{d} = 2$ 为止。当 $\dfrac{L}{d}$ 较大时,由于摩擦产生的压力损失使 C_D 减小。

2) 进口边缘形状的影响

孔元件的入口损失是一个典型的突缩损失,不同的入口结构对气流从上游腔进入孔口的加速快慢和气流方向改变的剧烈程度都有巨大的影响,从而产生不同大小的流动损失。图 3.5 给出尖角和圆角入口的孔流场显示结果,可以看到尖角孔口的气流加速过程相对较快,气流方向改变剧烈,孔口附近甚至出现低速回流区,大幅度减小了孔的有效流通面积,入口损失相对较大。将孔口倒圆或者倒角后,气流加速过程减缓,气流方向的改变也是逐渐进行的,没有出现明显的低速回流区,入口损失相对较小。

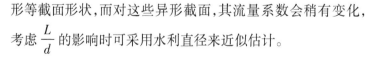

图 3.5　尖角和圆角入口的孔流场显示

3) 孔截面形状的影响

在实际工程设计时,除圆孔以外,根据需要也会用到如方形、矩形、椭圆形、环形等截面形状,而对这些异形截面,其流量系数会稍有变化,考虑 $\dfrac{L}{d}$ 的影响时可采用水利直径来近似估计。

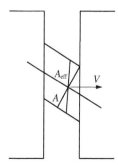

图 3.6　短斜孔的有效流通面积

4) 短斜孔有效流通面积的影响

对长径比小于 2 的短斜孔,气流出气方向会偏离孔轴线,如图 3.6 所示。垂直于气流方向的孔有效流通面积 A_{eff} 大于垂直于孔轴线的几何流通面积 A。而孔的理想流量一般是按照几何流通面积 A 来计算的,这样计算得到的孔流量系数就会偏大,甚至大于 1。如果要使流量系数具有物理意义,可以采用孔的有效流通面积 A_{eff} 来计算理想流量,具体处理方法可以参见文献[3]。

5）旋转效应的影响

对旋转部件上的孔损失计算,目前缺乏可靠的数据,斯贝发动机空气系统设计中采用下面的公式进行旋转效应修正:

$$C_{D,r} = \frac{C_D}{\sqrt{1 + \left(\dfrac{u}{V}\right)^2}} \tag{3.3}$$

式中, $C_{D,r}$ 为旋转孔的流量系数; C_D 为静止孔的流量系数; u 为旋转孔切向速度; V 为气流平均速度。

3.1.3　孔元件设计

孔元件的设计主要内容是在上下游腔体压力(孔进出口压力)一定,开孔壁面的厚度(孔长)一定,以及流过孔的总流量一定的条件下,首先根据设计、加工工艺水平和成本要求等选择合适的孔截面形状、孔倾斜角度和进出口倒圆或倒角尺寸,再通过流动损失计算获得孔的流量系数、总流通面积和孔径及孔数等结构参数。由于在孔的总流通面积一定的情况下可采用大量小孔和少量大孔方案,但两者的长径比不同,对应的流量系数也不相同,因此确定孔径的过程是一个迭代过程。另外,在壁面上开孔会影响到结构强度,因此需要开孔总面积尽量得小,特别是转盘和转轴,应尽量选用流量系数高的孔结构,如进口倒圆,孔倾斜角度要对准来流方向,使气流攻角接近于0°。

3.2　管 元 件

3.2.1　管元件类型和功能

根据管元件流通截面的形状可分为圆形和异形,异形包括椭圆形、三角形、梯形、矩形、窄缝形,典型截面形状如图 3.7 所示。而管元件根据其流通轴线与发动机轴线的相对位置,可分为直通道、弯通道(也称为斜通道),如图 3.8 所示,一般为圆形,为满足结构需要时也可能采用异形。

3.2.2　管元件的流动损失

管元件可以认为是长径比很大的孔元件,也包括入口损失、管内沿程损失和出口损失这三部分,其中沿程损失所占比重较大,是主要的损失形式。当长径比 $L/d>60$(湍流)时,管内流动充分发展,可以只考虑沿程损失,入口损失和出口损失可以忽略。对于长径比 $L/d<60$ 的短管,入口损失可通过入口效应修正来考虑。

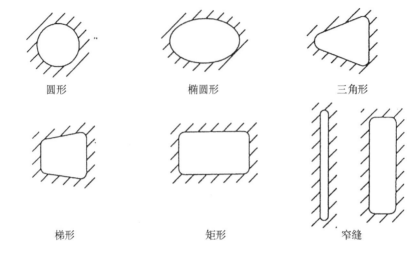

圆形   椭圆形   三角形

梯形   矩形   窄缝

图 3.7　管元件截面形状

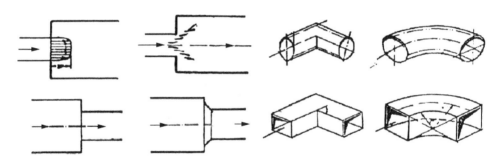

图 3.8　管元件通道形状

真实(黏性)液体或气体经过管运动时,会产生阻力。对给定的空气系统网络而言,克服这种阻力而产生的总压损失是一种不可逆的损失,这部分总压损失不可逆地将机械能转换为热能。所以,流体阻力或流体损失即为液体或气体经过管时产生的总压损失值。研究中,常定义给定截面的总压损失与动压之比为流阻系数。

气流通过任意管元件的压力损失可通过流阻系数表示:

$$P_1 - P_2 = f \frac{1}{2} \rho V^2 \tag{3.4}$$

式中,f 为流阻系数;ρ 为气流密度;V 为气流速度;P_1 为进口总压;P_2 为出口总压。

当气流经过管等元件时,其流阻由沿程损失 f_f 和局部损失 f_l 两部分组成:

$$f = f_f + f_l \tag{3.5}$$

式中, f_f 为摩擦流阻系数, 反映的是气流沿管运动时由于克服流体黏性而引起的机械能损失; f_l 为局部流阻系数, 反映的是气流经过管时由于管截面面积的突然变化而引起的机械能损失。

其中局部流阻系数又细分为进口流阻系数和出口流阻系数, 即

$$f_l = f_{in} + f_{out} \tag{3.6}$$

式中, f_{in} 为进口流阻系数; f_{out} 为出口流阻系数。

对不可压缩流理想流动, 则有

$$P_1 - P_2 = \frac{1}{2}\rho V_{id}^2 \tag{3.7}$$

式中, P_1 为进口总压; P_2 为出口总压; V_{id} 为理论速度。

根据不可压缩流流量计算公式:

$$m_{id} = \rho A V_{id} \tag{3.8}$$

式中, m_{id} 为管理想流动的流量; A 为管流通面积。

将式(3.8)代入式(3.7)中有

$$P_1 - P_2 = \frac{1}{2}\frac{m_{id}^2}{\rho A^2} \tag{3.9}$$

对实际流动状态有

$$\frac{1}{2}\rho V^2 = \frac{m^2}{2\rho A^2} \tag{3.10}$$

式中, V 为气流平均速度; m 为实际流量。

根据式(3.4)、式(3.9)、式(3.10)可知:

$$f = \frac{P_1 - P_2}{\frac{1}{2}\rho V^2} = \frac{m_{id}^2}{m^2} = \frac{1}{C_D^2} \tag{3.11}$$

其中,

$$C_D = \frac{1}{\sqrt{f}} \tag{3.12}$$

1) 沿程损失

流体在运动时, 由于各层流之间产生内部摩擦即黏性而阻碍流体的运动, 为了

克服这种内摩擦阻力所损失的机械能称为沿程阻力损失或沿程损失,沿程损失是一种沿管道长度上的能量损失。

工程上通常采用的摩擦流阻系数为

$$f_f = c_f \frac{L}{D} \tag{3.13}$$

式中,c_f 为沿程损失系数;L 为管长度;D 为管当量直径。

由于流体运动状态不同而产生的黏性力大小不同,通常分为层流和湍流,采用的表征参数为雷诺数 Re。

工程上,当 $Re < 2\ 400$ 时:

$$c_f = \frac{Re}{64} \tag{3.14}$$

当 $Re \geqslant 2\ 400$ 时:

$$c_f = \frac{0.316\ 4}{Re^{0.25}} \tag{3.15}$$

2) 入口损失

工程上通常采用以下公式来描述进口流阻系数:

$$f_{in} = \eta \left(1 - \frac{A}{A_1} \right) + \tau \left(1 - \frac{A}{A_2} \right) \left(1 - \frac{A}{A_1} \right)^{0.5} \tag{3.16}$$

式中,η 为进口缓和系数;τ 为进口填充系数;A 为管元件流通面积;A_1 为管元件前腔面积;A_2 为管元件后腔面积。

3) 出口损失

管元件的出口损失是一个典型的突扩损失,射流从管出口进入下游腔中,一般认为气流动能在掺混过程中被全部损失掉,因此通常采用腔内静压作为管的出口压力,并用这个压力作为下游元件的进口总压。当管出口有圆角或者倒角时,射流在孔内就开始减速升压(静压),出口动能损失可以大幅度减小。当下游腔体积较小时,管出口射流的动能不会被全部损失掉,部分转换化为压力,总压恢复的程度取决于出口腔大小和管出口结构。

工程上通常采用以下公式计算出口流阻系数:

$$f_{out} = \left(1 - \frac{A}{A_2} \right)^2 \tag{3.17}$$

式中,A 为管元件流通面积;A_2 为管元件后腔面积。

4) 弯管损失

一般的直管可以看作是长径比较大的孔元件,也包含沿程损失、进口损失、出口损失三部分。但实际工程应用中存在大量的弯管,弯管能引气相当大的总压损失,除上述普通直管产生的三部分损失外,还有因为管道弯曲使速度分布不均匀而导致的动量摩擦交换产生的总压损失。

图 3.9 为弯管内流体的速度分布,当流体进入弯管时,维持流体曲线运动所需的向心力由流体内外侧的静压差提供,弯管内壁附近流体静压相对较低,速度更大,产生收敛效应,而外壁附近流体静压较高,速度较低,产生扩散效应。当流体到达弯管出口进入直线段后,流动变得平直,内外壁流体产生相反的效应,内壁的扩散效应使气流出现分离,在下游一段管道内,气流速度分布很不均匀由此而产生总压损失。弯管横截面上的压力梯度引起平行于轴线的二次流,与主流相互叠加后,使流体作螺旋运动,如图 3.10 所示。

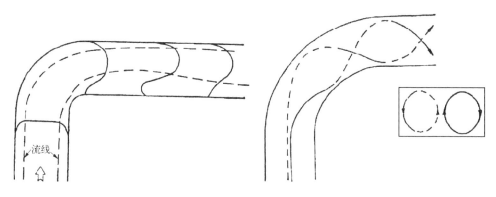

图 3.9　弯管中速度分布　　　　图 3.10　弯管中螺旋运动及二次流

弯管中损失分为沿程损失和局部损失,与直管损失形式一致,根据弯管更复杂的结构因素影响进行局部损失考虑:

$$f = f_f + f_M \tag{3.18}$$

式中,f 为弯管损失;f_M 为弯管局部损失。

其中沿程损失 f_f 仍采用式(3.13)的通用形式,只是长度采用弯管弧长,沿程损失系数 C_f 可通过水利摩阻手册[4]查出。

弯管局部损失 f_M 采用下式进行计算,各结构参数如图 3.11 所示:

$$f_M = A_1 B_1 C_1 \tag{3.19}$$

式中,A_1 为弯管转弯角 δ 影响系数;B_1 为弯管相对圆角半径 R_0/D_0 影响系数;C_1 为弯管横截面相对高度 a_0/b_0 影响系数。

如果弯管壁面粗糙,则在光滑壁面 f_M 基础上进行修正,具体修正系数及 A_1、B_1、C_1 公式参见参考文献[4]。

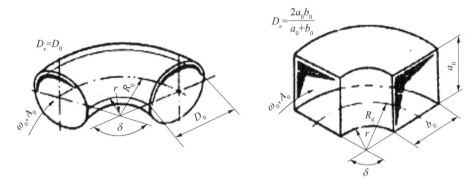

图 3.11 弯管结构参数

3.2.3 管元件设计

管元件的设计主要内容是在上下游腔体压力(管进出口压力)一定,供气距离(管长)一定,以及需要流过的总流量一定的条件下,根据管路沿程的空间尺寸限制等选择合适的管截面形状,并通过进出口和沿程损失计算获得管的流阻系数、总流通面积、管径和管数等结构参数。由于在管总流通面积一定的情况下可采用不同的管径与管数组合,但不同组合的沿程损失不同,因此确定管径和管数的过程是一个迭代过程。

3.3 篦　齿

3.3.1 篦齿结构和功能

篦齿结构是一种由转-静壁面分隔的两腔体之间控制流量和维持腔压的典型元件,是一种简单的转-静子间非接触式封严节流结构,在航空发动机中被广泛应用并有诸多结构形式。以被封严节流气流的流动方向区分,图 3.12 和图 3.13[5]分别为径向篦齿封严构型(被封严节流的气流方向为轴向)和轴向篦齿封严构型(被封严节流的气流方向为径向)。其封严节流原理均是利用篦齿齿顶的小间隙和篦齿后的交错凹腔结构实现速度(的耗散)和压力(的降低)的转化[图 3.12(c)]。与普通小间隙环缝结构不同,这种特殊的速度-压力转化过程将引起更为复杂的壁面气流剪切应力、气流黏性耗散及其伴随的流动损失。在工程实践过程中,为评估气流流经篦齿的流动损失,往往采用流量系数来评估流经篦齿的实际通过气流流量。

同时,为提高航空发动机的循环热效率,流体的压力、转子的旋转速度越来越高,以高效率腔室封严、高压差下低泄漏流量为目标的各型篦齿封严间隙也越来越小。NASA Lewis 科学研究中心就对篦齿内气流的流场结构展开了研究[6]。

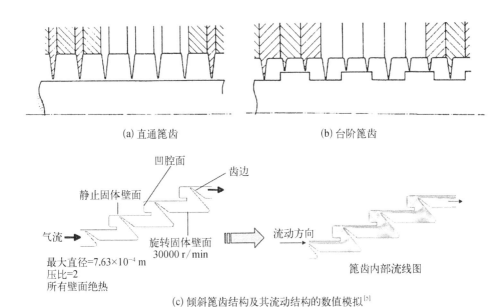

(a) 直通篦齿　　　　　　　　　　(b) 台阶篦齿

凹腔面

齿边

静止固体壁面

气流

最大直径=7.63×10⁻⁴ m
压比=2
所有壁面绝热

旋转固体壁面
30000 r/min

流动方向

篦齿内部流线图

(c) 倾斜篦齿结构及其流动结构的数值模拟[5]

图 3.12　多种典型类型的径向篦齿结构

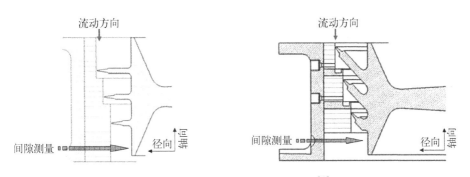

流动方向　　　　　　　　　　　　流动方向

间隙测量　　　　径向　轴向　　　间隙测量　　　径向　轴向

图 3.13　两种典型的轴向篦齿结构[5]

正是由于这种小间隙的特征,虽然篦齿封严结构理论上是一种"非接触式"的封严结构,但在发动机真实热-压载荷作用下,受整机机动过载、压气机喘振、转子动不平衡载荷以及转子零件蠕变等因素的影响,篦齿可能会有较大的径向偏心效应。为了在这些状态下均可保证篦齿的"最小工作间隙",与篦齿相配的对象件往往需要配有耐磨材料,从而保证在刮磨瞬间间隙仅会出现局部的加大。然而,在实际的应用条件下,因热-压载荷的差异,零件之间会出现相对的轴向位移,这种轴向位移会引起篦齿顶部加大的间隙具有一定的宽度。这将导致篦齿流量系数的升高从而降低封严效果。图 3.14 为篦齿内展向涡、通道涡流动结构,图 3.15 为轴向位移刮磨后篦齿工作状态示意图。

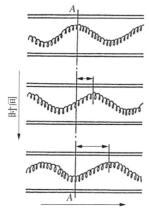

(a) 不同时刻篦齿内展向涡对结构

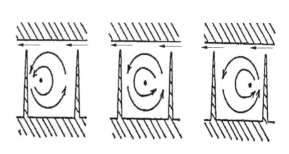

(b) 不同时刻$A-A$截面篦齿通道涡结构

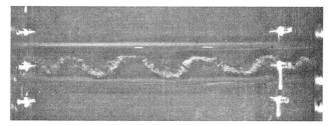

(c) 篦齿展向涡对结构流动显示结果

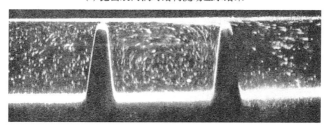

(d) 篦齿通道涡流动显示结果

图 3.14　篦齿内展向涡、通道涡流动结构[6]

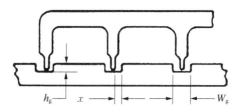

图 3.15　轴向位移刮磨后篦齿工作状态示意图
（W_g 为刮磨宽度）

不仅如此,在篦齿封严结构的设计过程中,考虑到气流在流经篦齿时特殊的分离旋涡耗散流动结构(这种作用力往往随工况变化而改变),在篦齿齿间、齿顶各位置处将存在显著的封严气流作用力。图 3.16 为不同工况下篦齿间隙的变化。

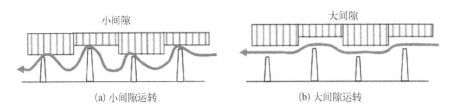

(a) 小间隙运转   (b) 大间隙运转

图 3.16 不同工况下篦齿间隙的变化

从转子动力学的角度思考:与转子稳定性相关的直接有效阻尼和相对较低的交叉阻尼(由篦齿前来流的气流的初始预旋或旋转比等因素引起)是设计必须考虑的因素[7,8]——与篦齿齿顶相配的封严环结构设计极其重要。一般来说,除水力光滑的封严环结构外(配合圆柱表面经机械加工,具有较高的光洁度),圆柱孔型阻尼封严环和蜂窝型封严环是两类常见的阻尼效果相对较好的封严环结构,如图 3.17 所示。

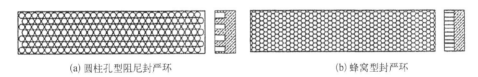

(a) 圆柱孔型阻尼封严环   (b) 蜂窝型封严环

图 3.17 典型的封严环结构[9]

3.3.2 篦齿元件设计

篦齿元件的设计主要内容是在上下游腔体压力(进出口压力)一定,需要流过的总流量一定的条件下,根据安装部位的空间尺寸限制和轴向与径向位移量等,选择合适的篦齿类型(直通齿或者台阶齿),通过流动损失计算确定篦齿间隙、齿数、齿形和齿腔的几何形状。间隙由气动-机械条件设定,阻止其与静子壁面接触以允许径向和轴向偏移。节流部件的尖端需要设计得尽可能薄,以减轻通过节流部件进入轴的热传递,它是主要的限流结构。进入节流部件的气流角度通常为 90°,但是斜齿密封也可以实现有效的节流(流量系数 $C_D = 0.5$)。直齿节流的一个优点是当气流发生反向时,也能够良好地节流;斜篦齿密封处理流量反转的效果较差。

3.4 活 门

正如前文中所介绍的,虽然发动机在实际工作过程中总体的几何特征基本保持不变,但是面对不同工况下空气系统功能和参数的变化,需要空气系统具有一定的可调性,包括空气流路以及相应的引气、供气参数等,都需要随着发动机工况的变化来适应性地调整,因此在空气系统的引气部件中常采用转换活门,来实现在不同工作状态引气位置及参数的变化。例如通过转换活门可实现小状态时引高压气,同时满足封严温度要求,大状态时引温度较低的低压气体,同时满足封严压力要求。目前发动机中应用的转换活门类型主要包括了压差式和电磁式。

3.4.1　压差式转换活门

压差式转换活门通常安装于发动机外,利用活门进口压力和环境压力之间的压差实现切换功能,如图 3.18 所示。转换活门弹簧左边通大气压,右边 P_1 为进口压力(接低压引气位置), P_2 为另一处进口压力(接高压引气位置),控制活门切换的条件为 ΔP_1、$\Delta P_2(\Delta P_1 < \Delta P_2)$,其控制原理如下:

(1) 当发动机低转速下,P_1 和大气压之间的压差小于 ΔP_1,则活门 3 在弹簧 1 的弹力作用下处于右极限位置,此时 $P_2 - A$ 口相通(接通高压引气),P_1 口关闭(关闭低压引气),如图 3.18(a)所示;

(2) 随着发动机转速升高,P_1 和大气压之间的压差增大,当两者压差大于 ΔP_2 时,活门 3 在压差作用下运动到左极限位置,此时 $P_1 - A$ 口相通(接通低压引气),P_2 口关闭(关闭高压引气),如图 3.18(b)所示;

(3) 当 P_1 与大气压之间压差在 ΔP_1、ΔP_2 之间时,活门 3 处于左右极限位置之间的某一位置,也就是 P_1、P_2 和 A 口均是相通,由于 P_2 压力高于 P_1,因此 P_2 高压气进入后分别从 P_1 口和 A 口流出。此时,转换活门 A 口处气流温度为 P_2 的高温气,而压力则在 P_1 和 P_2 之间。

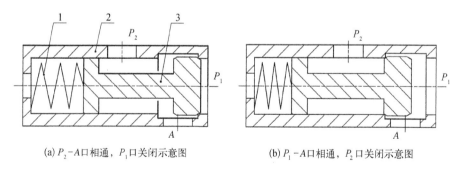

(a) $P_2 - A$口相通,P_1口关闭示意图　　　(b) $P_1 - A$口相通,P_2口关闭示意图

图 3.18　压差式转换活门工作原理图

3.4.2　电磁式转换活门

图 3.19 是电磁式转换活门的原理图,从图中可以看出,相较于压差式转换活门多了一个电磁阀,通过控制电磁阀的开关,从而切换活门的引气位置。

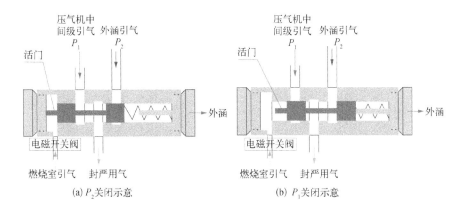

图 3.19　电磁式转换活门工作原理图

（1）当发动机转速较低时，电磁阀关闭，此时活门被弹簧力推至最左端，此时接通压气机中间级引气 P_1，关闭外涵引气 P_2，进行封严。

（2）当发动机转速升高到一定值，控制接通电磁阀打开，从而燃烧室引气大于外涵压力，推动活门移动至右端，此时接通外涵引气 P_2，关闭压气机中间级引气 P_1。

电磁阀转换活门相较压差式转换活门控制精度更高，并且活门引气位置的转换时间更短，基本可以实现瞬时作动，减少了压差式转换活门在中间压差状态的不确定性。

参考文献

［1］ 刘松龄,陶智.燃气涡轮发动机的传热和空气系统［M］.上海：上海交通大学出版社,2018：655－687.

［2］ 张效伟,朱惠人.直圆孔几何参数对其流量系数的影响［C］.贵阳：中国航空学会第七届动力年会,2010.

［3］ 刘高文,张林,务卫涛,等.长径比对预旋孔流动特性影响的数值研究［J］.推进技术,2013,34(5)：644－650.

［4］ N. E. 伊杰里奇克.水力摩阻手册［M］.北京：航空发动机编辑部,1985.

［5］ STEINETZ B M, HENDRICKS R C. NASA seals/secondary air system workshop［R］. NASA/CP－2006－214383, 2006.

［6］ IWATSUBO T, KAWAI R, KAGAWA N, et al. Analysis of dynamic characteristics of fluid force induced by labyrinth seal［R］. NASA Lewis Research Center Rotor-dynamic, 1984.

［7］ WAGNER N G. Dynamic labyrinth coefficients from a high-pressure full-scale test rig using magnetic bearings［C］. College Station：Rotordynamic Instability Problems in High-Performance Turbomachinery, 1996.

［8］ LEONG Y, BROWN R D. Circumferential pressure distributions in a model labyrinth seal［R］. NASA Lewis Research Center Rotordyn, 1982.

［9］ Yu Z, Childs D W. A comparison of experimental rotor dynamic coefficients leakage characteristics between hole-pattern gas damper seals and a honeycomb seal［J］. Journal of Engineering for Gas Turbines and Power, 1998, 120(4)：778－783.

第 4 章
封 严 元 件

　　各类封严元件是航空发动机空气系统中极为关键的要素。以美国 NASA 格伦研究中心介绍的 UEET 项目目标为例,项目整体目标是降低燃油消耗率 8% ~ 15%,而封严元件可以为发动机耗油率降低贡献 2% ~ 3%。即封严元件对发动机整体耗油率降低幅度的贡献占到了 20% ~ 30%。这显然是十分可观的。实际上,封严对发动机推重比、污染物排放、可靠性以及运行成本等均有影响。封严对发动机总体性能参数的增益效果是通过调节封严泄漏流量、改善封严结构的耐久性等实现的。

　　图 4.1 为某大涵道比涡扇发动机典型封严结构的示意图。从功能角度考虑,各类封严结构具有不同的作用,如:① 轴承腔处的石墨密封,防止主流气体进入轴承腔;② 末级压气机篦齿密封,控制发动机轴向力;③ 涡轮盘前腔篦齿密封,控制涡轮盘前压力改变轴向力;④ 涡轮盘盘缘轮缘密封,防止轮缘处燃气倒灌;⑤ 风

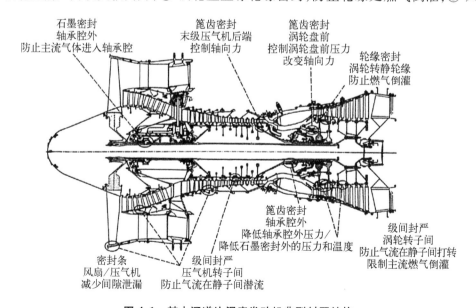

图 4.1　某大涵道比涡扇发动机典型封严结构

扇/压气机处密封条,减少间隙处的气流泄漏;⑥ 压气机转子间的级间封严,防止气流在静子间的泄漏;⑦ 轴承腔外的篦齿密封,降低轴承腔外的压力、降低石墨密封环外的压力和温度;⑧ 低压涡轮转子间级间封严,防止静子间气流旋转,限制主流燃气入侵。

围绕传统和先进的封严结构,本章将依次介绍静子封严、转静封严(涡轮轮缘封严)、轴承腔封严等具体的封严原理的封严结构特征。

4.1　静　子　封　严

静子封严是航空发动机上广泛使用的一类封严结构。它需要满足:① 能承受一定程度的振动,以保证磨损程度最小;② 能适应一定程度的热膨胀和密封环面偏心、错位以及挤压等复杂使用条件。

图 4.2 和图 4.3 所示为典型发动机的静子封严结构。在压气机端使用了 E 型封严,法兰边采用了金属密封圈,而在涡轮端采用了金属 C 型圈。在各类静子封严结构中,除发动机使用较多的 O 型橡胶圈外,比较常见的几类封严结构还有:① 金属密封(metallic seal),主要用于相对运动较小的间隙中;② 金属衣状密封(metallic cloth seal),主要用于因热变形相对运动较大的间隙中,见图 4.4;③ 衣状/索状密封(cloth seal),主要用在高温的环境中,如涡轮静子间隙、燃烧室等位置;④ 绳式封严(braided rope seal):可用于高温环境中,如静子可调叶片等位置。该结构在 F119 涡扇发动机高压压气机静子可调叶片上曾被采用。Rene41 是绳式封严内部芯体常用的材料。

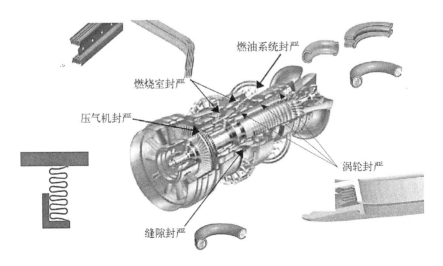

图 4.2　典型发动机静子封严结构

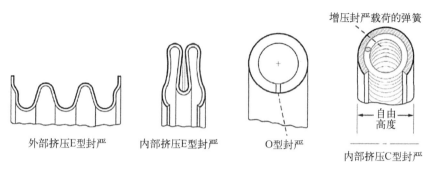

外部挤压E型封严　　内部挤压E型封严　　O型封严　　内部挤压C型封严

图 4.3　异型静子封严结构

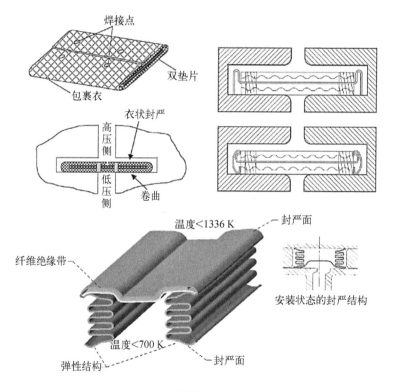

图 4.4　衣状静子封严结构

　　静子封严结构的原理是：通过封严件初始压缩形变，而实现可靠的密封。对于绳式封严，封严绳的编织方式也对封严效果有很大的影响。对于静子封严结构，一方面需要考虑其刚性，合适的静子封严结构可承受一定的振动、轴向变形以及零件不对中（可能由相邻零件差异化的热变形导致）；但另一方面也需要考虑其极限压缩能力。若在过大的初始态使用，会造成封严结构因塑性变形或"粉末化"而导致的封严失效。

4.2 涡轮轮缘封严

在众多需要冷却的热端部件中,涡轮盘的冷却是极为重要的。以第一级涡轮盘为例,因为安装静子的静止盘和安装转子的旋转盘之间存在间隙,主流的高温高压燃气会通过这一间隙入侵到盘腔内部,使涡轮盘受热超温。因为材料和工艺的限制,涡轮盘能承受的最高温度比叶片低 400~500℃。特别是涡轮的旋转盘(动盘),由于长期处在高温和高转速的恶劣工作环境下,受到很高的热应力和离心拉应力,因而它们是决定发动机寿命的关键部件之一,一旦超温,将发生涡轮盘破裂等严重事故,降低发动机寿命甚至危及发动机安全。

为实现对涡轮盘的高效冷却,设计者一般在转盘和静盘的盘缘处设置复杂的轮缘封严结构,以增大高温燃气入侵到盘腔内的流动阻力。这一结构如图 4.5 中线框所示。同时,还将由压气机末级引出的高压冷气通入涡轮转、静盘腔中。这部分冷气主要有两个作用:一是作为冷却气流,降低涡轮转、静盘和动叶根部的温度;二是作为封严气流,增大盘腔内压力,阻止主流高温高压燃气通过轮缘处侵入到盘腔内部,防止盘温升高,盘心过热,轴承受损。

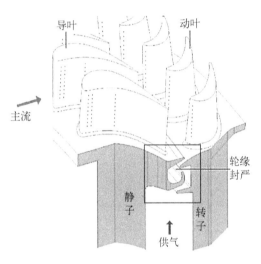

图 4.5 一种典型的轮缘封严结构

在二次空气系统的研究中,燃气入侵和轮缘封严是目前最活跃的研究领域之一。究其原因,主要有以下两点。

第一,轮缘封严处流动特性复杂。轮缘封严位于各分支流路的末端,其流动特性决定了空气系统各分支流路的出口边界条件,且这里往往会同时出现高温燃气入侵和封严冷气出流,是空气系统中唯一一类“可进可出”的出口边界阻力单元。在早期工程应用中,通常将轮缘封严当作一个仅发生单向流动的流阻元件,即“假定”此处仅发生燃气入流或冷气出流,通过经验或半经验公式,给定一个流量系数。这一假设忽略了实际的复杂流动特征,即流动的空间三维特性和时间非定常特性。并且,用于求解流量系数的经验公式往往适用范围窄,求解精度低,对流量系数的预估欠准确。

第二,准确预估轮缘封严用冷气量非常重要。Johnson 等[1]的研究指出,对于真实发动机中的一个两级透平,减少 50% 的封严冷气量,整机效率将提高 0.5%,且燃油消耗率将减小 0.9%。如果轮缘封严冷气量不足,则受主流和盘腔内压力差作用,加之转盘自身旋转的泵效应,会使主流高压燃气从轮缘间隙处入侵到盘腔内部。燃气入侵会造成一系列安全事故,例如,在 2016 年 12 月发生的美军 F-22 战斗机坠毁事故,即是主流高温燃气入侵使得发动机高压涡轮盘超温破裂导致的。但是,如果封严冷气量过大,不仅会降低用于做功的气体流量进而降低发动机热/功转换效率,同时,过量冷气还会通过轮缘封严处进入主流通道,与主流流体掺混产生气动损失。

因此,合理设计轮缘封严结构,预测轮缘封严效率,控制轮缘封严处气流有序流动,在保证涡轮盘不超温的前提下,用尽可能少量的冷气,实现涡轮盘腔的有效封严,具有重要的学术和工程意义。而这依赖于对轮缘封严处流动非定常机理及其流动控制方法的深入研究。

关于燃气入侵和轮缘封严的研究早在 20 世纪 70 年代就已开始。纵览学者的研究历程,随着发动机设计水平的提高和研究问题的深入,实验条件的改善和测量手段的进步,以及计算规模的扩大和计算精度的提高,大致是从最初无外流的轮缘封严,到后期有均匀外流的轮缘封严,再到目前普遍研究的真实外流条件下的轮缘封严。沿着这一研究思路,学者也归纳了燃气入侵的主要诱发机理——旋转诱导、外流诱导、组合诱导和其他因素诱导的燃气入侵。下面将进行详细介绍。

4.2.1　旋转诱导的燃气入侵

发动机工作过程中,转动盘附近的流体在泵效应(离心力)的作用下沿转盘径向向外流动,为保证盘腔内流体质量守恒,在盘腔的另一侧即静止盘附近,流体沿径向向内流动。同时,在特定的封严结构和封严流量时,动盘旋转会导致盘腔内出现周向不均匀的大尺度低压区,产生从主流到盘腔内的径向压力梯度。当盘腔内压力(图 4.6 中①位置)低于外流压力(图 4.6 中②位置)时,就会诱发燃气入侵[2]。这就是旋转诱导的燃气入侵现象,其原理如图 4.6 所示。

旋转诱导的燃气入侵量与盘转速、盘尺寸、轮缘封严结构、轮缘封严间隙等因素有关。这些影响因素可归结为两个主要的无量纲参数:

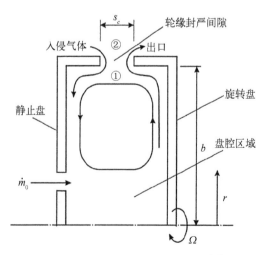

图 4.6　旋转诱导燃气入侵原理图[2]

旋转雷诺数Re_ϕ和无量纲轮缘间隙比G_c,分别由式(4.1)和式(4.2)计算。其中b为轮盘的外缘半径,S_c为轮缘间隙,见图 4.7。公式中的其他变量见符号说明表。

$$Re_\phi = \frac{\rho \Omega b^2}{\mu} \tag{4.1}$$

$$G_c = \frac{S_c}{b} \tag{4.2}$$

受到实验条件和测量手段的限制,最初的实验研究主要以简单的轴向、径向轮缘封严结构及其腔室为研究对象,没有考虑外流的影响,实验段无叶栅等部件。这时的燃气入侵全部是由旋转诱导的。

早在 1960 年,Daily 和 Nece[3] 就通过理论和实验的方法,研究了旋转雷诺数(Re_ϕ)和无量纲转-静盘间距(G)这两个重要参数对盘腔内流动特性的影响,研究对象为封闭的旋转腔。根据 Re_ϕ 和 G 的不同组合,可将腔内流动分为四类:① 低 Re_ϕ 小 G 时的层流 Couette 流动区;② 低 Re_ϕ 大 G 时的层流流动区;③ 高 Re_ϕ 小 G 时的湍流 Couette 流动区;④ 高 Re_ϕ 大 G 时的湍流流动区,如图 4.7 所示。对于①区和③区来说,在盘腔内,静盘边界层和

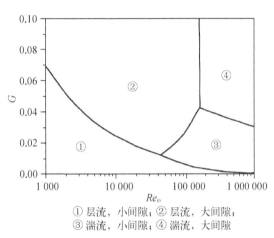

① 层流,小间隙;② 层流,大间隙;
③ 湍流,小间隙;④ 湍流,大间隙

图 4.7　无外流影响的封闭转静系盘腔内的四种典型流动结构[3]

转盘边界层交汇,两边界层之间没有旋转核心区的存在。

对于封闭的盘腔模型,旋转雷诺数和无量纲转-静盘间距会影响盘腔内部的流动形态;对于发动机中的真实盘腔结构,因为封严间隙的存在,还会影响燃气入侵的程度。

早在 20 世纪 70 年代,Bayley 和 Owen[4] 通过实验研究了两种转静系盘腔结构的燃气入侵特性。研究对象如图 4.8 所示。结果表明,动盘旋转速度和封严间隙大小是影响燃气入侵的主要因素,而与动、静盘间距大小几乎无关。在实验中,盘腔内和盘腔出口处均布置有压力测点,当这两处的压力相等时,认为完全没有燃气入侵,此时的封严流量定义为最小封严流量,其无量纲形式记为$C_{w,\min}$,这一无量纲参数由式(4.3)定义。

$$C_w = \frac{m}{\mu b} \tag{4.3}$$

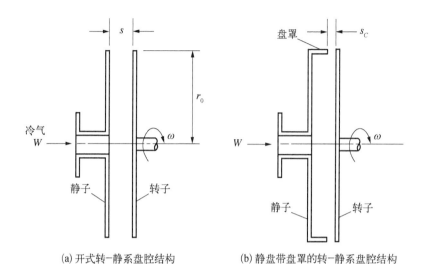

（a）开式转−静系盘腔结构   （b）静盘带盘罩的转−静系盘腔结构

图 4.8   **Bayley 和 Owen 的实验模型**[4]

根据压力测量结果,发现无量纲最小封严流量 $C_{w,\min}$ 与旋转雷诺数 Re_ϕ 和无量纲封严间隙比 G_c 呈正比,对于图 4.8(b)这一特定结构,这一关系可表示为

$$C_{w,\min} = 0.61 G_c Re_\phi \tag{4.4}$$

以上研究成果是作者所知的,针对旋转诱导燃气入侵的最早研究,也是学者第一次得到盘腔内无量纲最小封严流量的经验关联式。在 1980 年,Owen 和 Phadke[5] 针对无外流的简单轴向轮缘封严模型,采用理论分析和实验的方法,在不同的封严间隙比和旋转雷诺数的条件下,研究了其燃气入侵特性。在实验中,除上述压差测量法,还引入了流动可视化方法。研究发现,无量纲最小封严流量 $C_{w,\min}$ 虽与旋转雷诺数 Re_ϕ 线性相关,但与封严间隙比并不是简单的线性关系。总结了一个较为通用的关系式:

$$C_{w,\min} = c G_c^n Re_\phi \tag{4.5}$$

式(4.5)中的系数 c 和 n 根据封严结构和封严间隙比确定。对于 Owen 和 Phadke 的研究中的特定结构,这一公式可写为

$$C_{w,\min} = 0.14 G_c^{0.66} Re_\phi \tag{4.6}$$

Phadke 和 Owen[6] 针对旋转诱导的燃气入侵问题进行了深入研究与全面归纳。研究对象为七种轮缘封严结构(包含轴向、径向、倾斜封严),如图 4.9 所示。在无外流的条件下,针对七种封严结构,均在不同的封严间隙比和旋转雷诺数(最高达 1.2×10^6)下进行了实验。除压差测量法和流动可视化方法(烟雾显示法)外,创新性地引入了浓度测量法,在封严冷气中加入示踪气体,通过测量示踪气体的浓

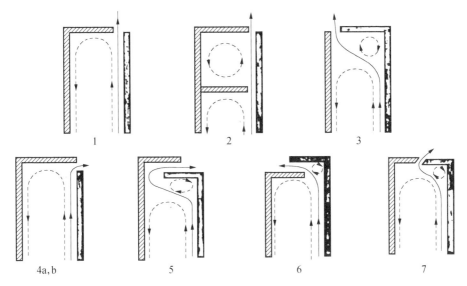

图 4.9　七种轮缘封严结构简图及内部简化流动图谱[6]

度,计算封严效率。得到了七种封严结构在多个封严间隙比和旋转雷诺数下的最小封严流量,并总结出了计算这一最小封严流量可用的经验关联式,其统一形式为

$$C_{w,\min} = CG_c^m Re_\phi^n \tag{4.7}$$

使用公式(4.7)时,只需根据不同的封严结构,选择合适的系数 C、m、n 即可。以图 4.9 中的封严结构 1 为例,在不同的封严间隙比下,其无量纲最小封严流量随旋转雷诺数的变化关系如图 4.10 所示。

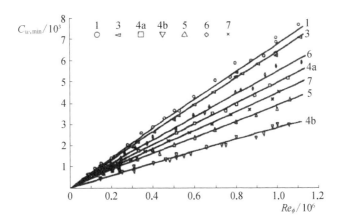

图 4.10　轮缘封严结构 1 的最小封严流量随旋转雷诺数的变化关系

通过这一工作得到普适性的结论:

（1）不同封严结构的最小封严流量都随转速和封严间隙的增大而增大；

（2）对轴向封严来说，封严间隙靠近静子侧（对应图4.9中封严结构3）时，得到的盘腔内封严效率，比封严间隙靠近转子侧（对应图4.9中封严结构1）时，得到的盘腔内封严效率高；

（3）径向封严的封严效率高于轴向封严；

（4）Owen和Phadke[5]证明了这种幂指数形式的计算公式对不同的封严结构都是适用的。

其中，值得说明的是Phadke和Owen[6]在实验中使用的浓度测量法。在早期的轮缘封严实验中，广泛采用压力测量法。假设盘腔内、外压差是燃气入侵的驱动力，在盘腔内和盘腔外的参考位置分别布置有压力传感器，测量其静压，分别记为P_1和P_2。当$P_1 < P_2$时，盘腔未完全封严，存在燃气入侵；当$P_1 = P_2$时，盘腔恰好封严，没有燃气入侵，此时的封严流量即为最小封严流量；当$P_1 > P_2$时，盘腔完全封严，且存在封严冷气出流。压力测量法在实验和CFD中均可使用，但其缺陷是这一方法只能确定最小封严流量，并不能定量表示燃气入侵的程度。

为精确表示燃气入侵的程度，引入了封严效率（sealing effectiveness or sealing efficiency）的概念，用η表示。为计算封严效率，在实验中，通常采用在封严气中添加示踪气体（如CO_2）的方法。这使得在冷态实验条件下得到封严效率成为可能。通过浓度测量仪，测量盘腔内参考位置、主流入口、封严气入口的示踪气体浓度值，分别记为c_s、c_a、c_0。则封严效率可表示为

$$\eta = \frac{c_s - c_a}{c_0 - c_a} \tag{4.8}$$

$\eta = 1$表示盘腔内参考位置和封严气的示踪气体浓度值相同，此时这一位置完全没有燃气入侵；$\eta = 0$表示盘腔内参考位置和主流燃气的示踪气体浓度值相同，此时这一位置完全被入侵燃气占据。

在实验中，盘腔内的浓度测量位置一般布置在静盘壁面上，根据实验件结构，取接近封严间隙的某一径向位置，如$r/b = 0.958$。在CFD中，通常采用在计算域中添加标量输运方程的形式，通过计算这一标量掺混后的浓度得到封严效率。

在近年的研究中，学者发现，旋转诱导的燃气入侵，本质为气流在转盘表面剪切力的驱动下，在转盘埃克曼附面层、静盘Bödewadt附面层和旋转核心间所发生的周向非均匀且沿径向有迁移的复杂"类Batchelor型"流动图谱。一个需要特别关注的问题是由旋转诱导的盘腔内的时间非定常、空间非均匀的大尺度流动结构。

Cao等[2]采用实验和数值模拟的方法，证实了盘腔内存在复杂的非定常流动结构。在实验中采用了高频响压力传感器，在CFD中采用了360°全环模型，发现

动盘旋转会在盘腔内诱导出复杂的非定常三维低压区,CFD 结果如图 4.11 所示。这一结构的转动频率与转子频率弱相关,且会对燃气入侵产生重要影响。还得到了这类大尺度涡(对)的转速、转动频率等特征参数与盘腔封严流量、封严间隙大小、转速等参数的定量关联关系。

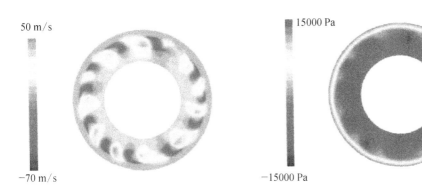

图 4.11　盘腔内的瞬态径向速度场和压力场[2]

Mohamed 等[7]使用 360° 全环 URANS 方法,同样在盘腔内发现了 2~4 个以 35%~60% 转子转速旋转的大尺度流动结构。这一由动盘旋转效应诱导的"旋转非定常流动结构",会显著影响盘腔内的流动和传热特性,也给实验中的高频响测量和 CFD 中的高精度非定常计算提出了严峻的挑战。Beard 等[8]针对发动机中真实的倾斜封严结构,在无外流条件下,通过实验的方法,证实了在盘缘处存在最强烈的非定常流动特征。通过传感器测量轮缘处和盘腔内的非定常压力脉动,并进行频谱分析,得到了相应频率对应的大尺度流动结构的数量。轮缘处的大尺度流动结构如图 4.12 所示。

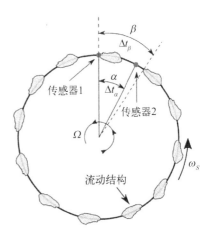

图 4.12　Beard 等实验中得到的大尺度流动结构

Gao 等[9]以 Beard 等[8]的实验模型和工况为研究对象,采用 13.3° 扇区进行了高精度大涡模拟(large eddy simulation, LES)计算,同样发现了在轮缘间隙处存在非定常流动结构。图 4.13 展示了 LES 计算得到的轮缘间隙处的径向速度、周向速度和无量纲压力系数云图。在一个扇区内,存在 2 个大尺度流动结构(即整环中54 个)。虽然这与 Beard 等[8]通过实验得到的流动结构数量(整环中 29 个)有差异,但也通过高精度 CFD 方法进一步证实了这一非定常流动结构的存在。

上文详细介绍了旋转诱导的燃气入侵现象。在真实发动机中,因为有叶栅通

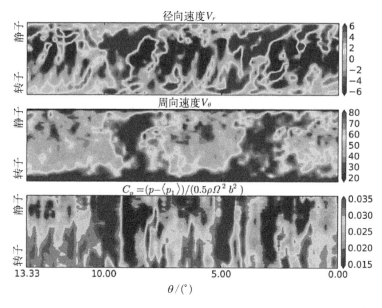

图 4.13　轮缘间隙处的径向速度、周向速度和无量纲压力系数云图[9]

道和主流燃气的存在,燃气入侵不可能只受旋转诱导,还存在另一类更重要的诱导因素——外流诱导。

4.2.2　外流诱导的燃气入侵

在涡轮部件的主流通道内,燃气的温度和压力均比较高。且由于转、静子叶片的存在,在静子的尾迹和转子前缘的滞止区均会形成高压区。当主流通道的流体静压高于盘腔内的流体静压时,即会形成燃气从主流入侵到盘腔内的驱动力,这就是外流诱导的燃气入侵,其原理如图 4.14 所示。在主流通道内,静压沿周向近似呈正弦型分布。在主流静压高于盘腔内静压的区域,会发生燃气入侵,如图 4.14 中红线所示;在主流静压低于盘腔内静压的区域,会发生冷气出流,如图 4.14 中蓝线所示。

外流诱导的燃气入侵,本质上是在上游导叶尾迹迁移效应和下游动叶前缘势流效应的共同影响下,在轮缘间隙处形成的具有周期性的,时间非定常且空间非均匀的压力场所诱导的燃气入侵现象。再加上通道涡、端壁二次流、转静交互影响等多种复杂因素对燃气入侵的影响,使得这一现象比旋转诱导的燃气入侵机理更复杂,且在真实发动机的燃气入侵中占有更大的比重。因此,近年来,这一燃气入侵的诱导因素引起了更多学者的关注。Johnson 等[10]总结了高温透平轮缘封严中的主要物理问题,指出动盘的夹带效应和主流的影响是其中的主导因素,进一步明确了进行带主流的轮缘封严研究的重要意义。

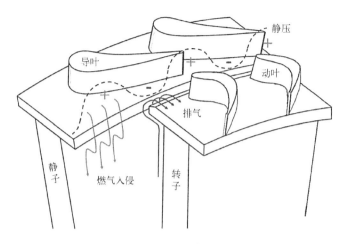

图 4.14　外流诱导燃气入侵原理图

4.3　轴承腔的封严

轴承腔的封严对于发动机而言是非常重要的。由于发动机的工作包线极其宽广,轴承腔两侧的压差随发动机工作状态的改变也会随之变化。其封严原理是利用轴承腔两侧气体的压差实现轴承腔内部油雾状滑油的密封。但滑油密封由于其特殊性,存在显著的特点:① 密封难度大,油气混合物、滑油蒸气扩散;② 封严气泄漏量要求小,有助于减少滑油泄漏,保证轴承腔压力不过高。

当前,为实现轴承腔内部的滑油密封,常用的几种封严结构主要有:篦齿封严、新型径向/端面密封、环形密封(扩张、接触活塞环)。篦齿是一类典型的非接触式的密封结构,而接触式石墨环是一类典型的接触式封严结构。前者的封严效果虽然较差,但技术最为成熟;后者在发动机振动的环境中,石墨环与其跑道的"随动性"最优,因此可以保证近零间隙工作——封严效果更优。然而,其石墨环的发热现象也最为明显。

对于不同的封严结构,除保证较小的封严间隙以避免大量气体进入轴承腔内部外,由于存在轴承腔内部轴承可靠工作的安全性要求,封严结构在工作过程中还需避免因过度磨损所导致"异物"侵入轴承腔的风险。图 4.15 所示为美国 T700 涡轴发动机在型号发展过程中所作的一次重要试验。采用刷式封严结构,该发动机耗油率降低了 1%。然而,正是由于过度磨损所导致的刷式封严结构寿命缩短,因此,最终 GE 公司并没有将最终的改动方案应用到服役的型号产品中。

当轴承腔处于热端部件的工作环境中,为避免轴承腔内部的温度过高,轴承腔的封严结构往往需要采用双层甚至三层的封严结构。当轴承腔内部的回油路存在"旋转离心"的转盘效应时(回油路的滑油在回油过程中经过旋转盘表面),则轴承腔的封严经常采用双层的封严结构。此时,轴承腔外侧的第一层封严腔室内部不

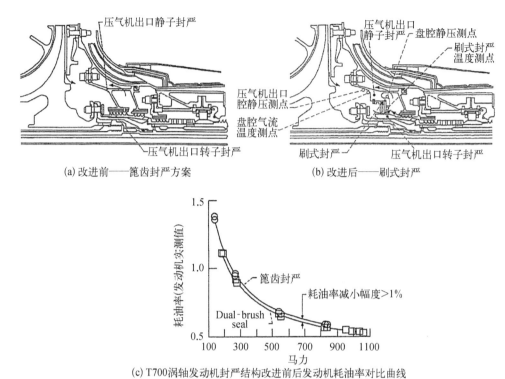

(a) 改进前——篦齿封严方案　　　　　(b) 改进后——刷式封严

(c) T700涡轴发动机封严结构改进前后发动机耗油率对比曲线

图4.15　T700涡轴发动机改进前后封严结构及耗油率对比曲线

能保证无滑油泄漏。该腔室内部的"油气"需经通风管路进行充分的油雾分离,以进一步降低滑油的消耗率。

4.4　其他新型转、静封严结构

随着封严技术的发展,各种新型转、静密封结构被广泛采用。表4.1列出了一部分封严结构。供读者参考学习。

表4.1　新型转、静密封结构

封严结构名称	图示/原理	备　注
刷式封严	高压区　刷丝　刷丝固定点　前挡板　焊接　转子　低压区　后挡板	刷丝材料为钴基合金和镍基合金两类;新的纤维材料刷式密封

续 表

封严结构名称	图示/原理	备 注
分瓣碳石墨环	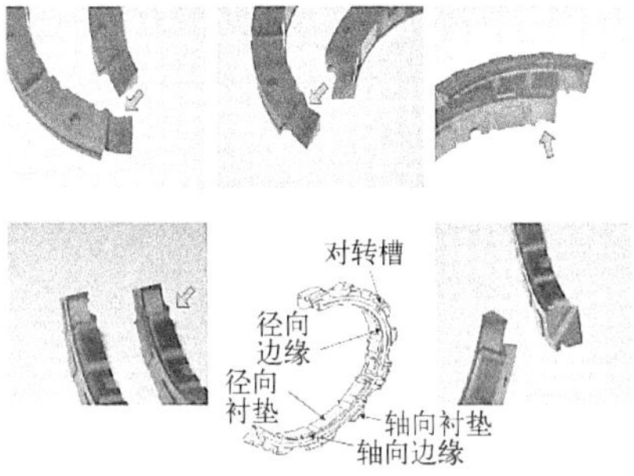 对转槽 径向边缘 径向衬垫　轴向衬垫 轴向边缘	分瓣式石墨密封环提供了"不对中"条件下可靠封严的能力
面接触密封	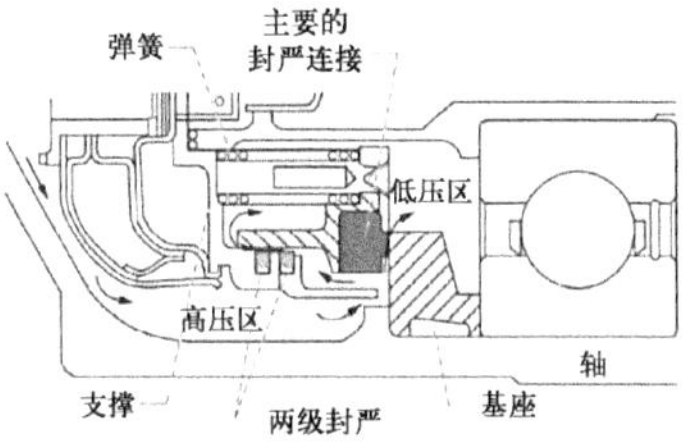 弹簧　主要的封严连接 低压区 高压区 支撑　两级封严　基座　轴	接触式端面密封,跑道需要冷却
吸气式密封	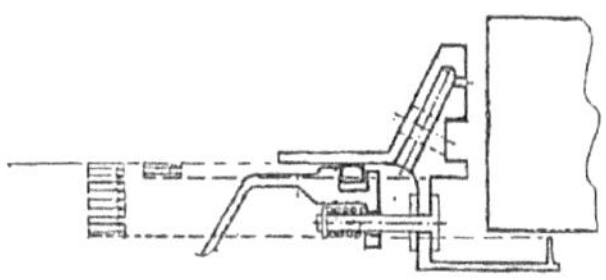	GE 公司研发,在 GE90 中通过可 C 型耐久性循环的考核
指尖密封	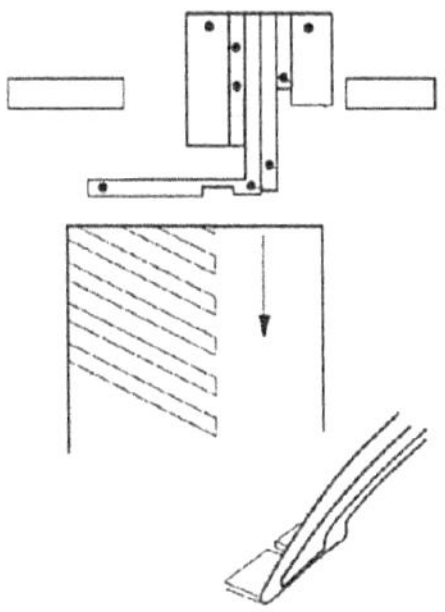	非接触式密封,具有很强的"柔性"
叶式密封	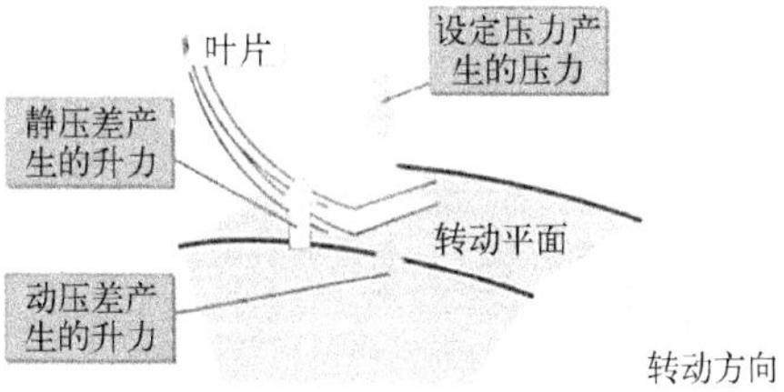 叶片　设定压力产生的压力 静压差产生的升力 转动平面 动压差产生的升力 转动方向	接触式密封,具有很强的"柔性"。耐磨性要求极高。与转子随动密封性好

续　表

封严结构名称	图示/原理	备　注
金属箔片密封		接触式密封。高转速密封效果好,但起动过程中易造成磨损
水力学流体动密封		非接触式密封

参考文献

[1]　JOHNSON B V, JAKOBY R, BOHN D, et al. A method for estimating the influence of time-dependent vane and blade pressure fields on turbine rim seal ingestion [J]. Journal of Turbomachinery-transactions, 2009, 131(2): 1200 - 1204.

[2]　CAO C, CHEW J W, MILLINGTON P R, et al. Interaction of rim seal and annulus flows in an axial flow turbine [J]. Journal of Engineering for Gas Turbines and Power-transactions, 2004, 126(4): 786 - 793.

[3]　DAILY J W, NECE R E. Chamber dimension effects on induced flow and frictional resistance of enclosed rotating disks [J]. Journal of Basic Engineering, 1960, 82(1): 217 - 230.

[4]　BAYLEY F J, OWEN J M. The fluid dynamics of a shrouded disk system with a radial outflow of coolant [J]. Journal of Engineering for Power, 1970, 92(3): 335 - 341.

[5]　OWEN J M, PHADKE U P. An investigation of ingress for a simple shrouded rotating disc system with a radial outflow of coolant [C]. New Orleans: ASME 1980 International Gas Turbine Conference and Products Show, 1980.

[6]　PHADKE U P, OWEN J M. Aerodynamic aspects of the sealing of gas-turbine rotor-stator systems [J]. International Journal of Heat and Fluid Flow, 1988, 9(2): 98 - 105.

[7]　MOHAMED S N, CHEW J W, HILLS N J. Effect of bolts on flow and heat transfer in a rotor-stator disc cavity [C]. Seoul: ASME Turbo Expo 2016: Turbomachinery Technical Conference

and Exposition, 2016.

[8]　BEARD P F, GAO F, CHANA K, et al. Unsteady flow phenomena in turbine rim seals[J]. Journal of Engineering for Gas Turbines and Power-transactions, 2016, 139(3): 032501.

[9]　GAO F, CHEW J W, BEARD P F, et al. Numerical studies of turbine rim sealing flows on a chute seal configuration [C]. Stockholm: European Conference on Turbomachinery Fluid Dynamics & Thermodynamics, 2017.

[10]　JOHNSON B V, MACK G J, PAOLILLO R E, Turbine rim seal gas path flow ingestion mechanisms[C]. Indianapolis: 30th Joint Propulsion Conference and Exhibit, 1994.

第5章
供 气 系 统

在航空发动机中,涡轮导叶和动叶冷却、旋转盘腔/轴腔冷却通风、主动间隙控制、滑油密封和热气防冰等,都需要从压气机的某一级引气,并通过精细设计的供气流路,将满足压力、流量和温度要求的冷气供给需要用气的零部件,这样的供气流路系统就被称为供气系统。供气系统是发动机空气系统的重要组成部分(子系统),是保证涡轮叶片等零部件冷却用气的关键环节。按照路径不同,供气系统可分为内部供气系统和外部管路供气系统。

内部供气系统是指主流通道以内的供气流路,主要包括预旋供气系统和减涡供气系统,主要特点是从压气机主流通道引气,通过喷嘴或者环缝进入转-静盘腔,再通过转动孔进入转-转盘腔/轴腔。预旋供气系统主要为涡轮转子叶片冷却供气,减涡供气系统主要为低压转盘冷却和滑油密封等供气。由于可以借用旋转盘腔或者轴腔作为供气流路,内部供气的结构紧凑,需要额外的管路质量和尺寸小。但是由于转动引起的旋流、做功和盘腔换热等复杂问题,内部供气系统的精准设计有较大的技术难度。

外部管路供气系统是指主流通道以外的供气流路,主要是为涡轮导向叶等热端部件冷却、主动间隙控制、热气防冰和飞机空调服务等供气。外部供气结构的流路相对比较简单,主要包括集气腔、供气管路、分气腔和限流孔等。由于外部供气的流量大,需要专用的供气管路,因此结构重量大并占用一定的空间。

5.1 预旋供气系统

预旋供气系统,简称预旋系统,主要功能是为涡轮转子叶片的冷却提供满足需要的冷气流量和供气压力,促使冷气顺利地达到涡轮盘上与之共转,并尽可能地降低供气相对总温,减小转子功耗,同时要兼顾轮缘封严和轴向力控制,以及结构强度、重量、加工成本等。预旋供气系统是组成航空发动机空气系统最关键的几个子系统之一,对于实现涡轮动叶和涡轮盘等部件的冷却、轮缘封严和轴向力调控等都非常重要。

5.1.1　预旋供气系统的典型结构和功能介绍

图 5.1 给出了一个典型的盖板式低位预旋供气系统结构示意图,可以看到预旋供气系统主要包括预旋喷嘴、预旋腔(转-静腔)、转动的接受孔、盖板腔(转-转腔)、供气孔(转动孔),以及内、外篦齿封严等元件。预旋喷嘴的主要功能是使气流偏转和加速,产生尽量大的周向速度,常见的预旋喷嘴有斜孔式、气动孔、叶片式和叶孔式等。预旋腔的主要功能是实现静子和转子部件的切换,并且需要内、外篦齿封严结构对冷却气流进行密封。接受孔的主要功能是接收经过预旋的气流登陆到高速旋转的盖板腔中,主要型式是轴向的直圆孔以及新型的跑道型孔、斜圆孔和叶型孔等。盖板腔的主要功能是隔离低温的冷却气流,防止与其他气流(封严泄漏流和入侵燃气等)掺混而导致冷却品质的降低,并将冷气传送到高半径的供气孔,有研究者通过在盖板腔内设置叶轮来改善其供气性能。供气孔是叶片根部与涡轮盘榫槽之间的冷气通道,冷却气流通过该通道进入到涡轮叶片中,方向接近于轴向,截面形状复杂,在设计计算时常用圆形或者半圆孔近似代替。

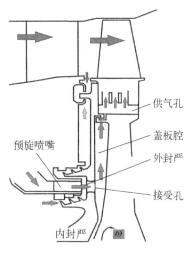

图 5.1　预旋供气系统典型结构图[1]

预旋供气系统可分为盖板式预旋供气系统和直接式预旋供气系统两大类,如图 5.2 所示。盖板式预旋供气系统一般包括:预旋喷嘴(pre-swirl nozzle)、预旋腔(pre-swirl cavity)、盖板(cover plate)、接受孔(receiver hole)、盖板腔(cover-plate cavity)、叶片供气孔(supply hole of blade)和内、外封严(inner seal, outer seal)。在直接式预旋供气系统中,去掉了转动的盖板和接受孔,气流流经预旋喷嘴后直接流入叶片供气孔。

预旋喷嘴是布置在静子上、沿周向均匀排列的一组孔,孔的偏转方向与转子转动方向一致,与轴向的偏转角一般取值范围在 $60° \sim 80°$ 之间。从压气机某一级引来的冷却气经过预旋喷嘴后加速膨胀,并形成了较大的周向速度分量。因此,预旋喷嘴的主要作用是加速气流,降低气流与转盘间的相对速度,从而有效降低冷却气的相对总温。

气体流出预旋喷嘴后将进入预旋腔,预旋腔一侧为静止的喷嘴盘,另一侧为转动的盖板盘或涡轮盘,因此预旋腔是一个典型的转-静盘腔。在预旋腔高低半径位置处,分别有内、外两个封严结构。其中用于冷却涡轮盘的冷却气经内封严流入预旋腔,同时一部分气流径向外流从外封严流出进行轮缘封严(rimseal),如图5.2(b)所示。预旋腔的内外封严结构能够有效地控制叶片供气孔流量以及轮缘

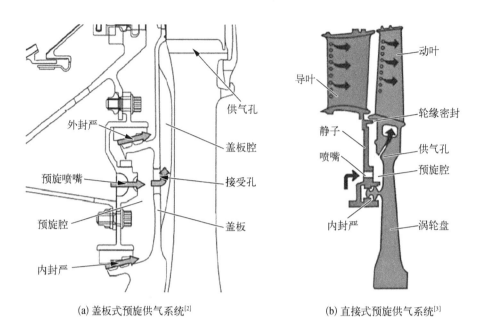

(a) 盖板式预旋供气系统[2]　　　　　　　　(b) 直接式预旋供气系统[3]

图 5.2　预旋供气系统结构示意图

封严流量;然而预旋腔内不同温度、不同速度气流的掺混不可避免地会带来一定的流动和温降损失。

接受孔和供气孔是预旋供气系统中的转动孔结构,用于接收来自预旋喷嘴的高速预旋冷却气并将冷气引向涡轮转子叶片。接受孔和供气孔结构的几何参数以及气流与转动孔的相对速度对于转子内的流动损失有着重要影响,直接影响着预旋供气系统的温降效果。

根据喷嘴和接受孔的相对径向位置,预旋供气系统又可以分为低位预旋供气系统和高位预旋供气系统。对于低位预旋供气系统,喷嘴径向位置一般设置得较低,通常带有盖板,因此低位预旋供气系统多为盖板式预旋供气系统,见图5.3(a)。在盖板式预旋供气系统中,接受孔位于转动的盖板上,一般保持与喷嘴相同的径向位置。冷却气流出接受孔后,将进入由盖板和涡轮盘组成的转-转盘腔—盖板腔。气流在盖板腔内径向外流,最后流入工作叶片的供气孔,为其提供冷却空气。对于如图5.3(b)所示的高位预旋供气系统来说,喷嘴径向位置通常接近于供气孔(接受孔),同时去掉了转动的盖板,因此高位预旋供气系统多为直接式预旋供气系统。

一般认为将预旋喷嘴设置在较高径向位置能够减小气流径向外流带来的离心升温,有利于提高预旋供气系统温降效果;同时省去了转动盖板能够减小质量;但由于封严半径位置较高使得封严面积和流量都会相对较大,因此高位预旋供气系统较大的外封严泄漏流量会在一定程度上消耗转子做功,降低发动机效率。对于

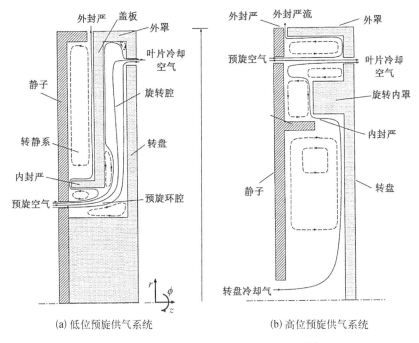

(a) 低位预旋供气系统　　　　(b) 高位预旋供气系统

图 5.3　高、低位预旋供气系统结构简图[4]

低位预旋供气系统,将预旋喷嘴设置在低半径位置,无疑增加了气流在盖板腔内的离心升温,温降效果略逊于高位预旋供气系统,同时盖板的存在增加了转子质量;但低位预旋供气系统能够有效降低封严泄漏流量。可见,高、低位预旋供气系统各有利弊。

　　大部分情况下预旋喷嘴都是轴向布置的,但在某些中小型发动机中,采用了一种径向流动预旋喷嘴,形成径向预旋供气系统,如图 5.4 所示。径向预旋喷嘴轮廓采用气动性能较好的叶片型面。径向预旋供气系统的主要好处是可以采用比较低的预旋位置,从而有效地控制封严泄漏。然而这种结构对径向预旋喷嘴型面设计和半径位置设计提出了较为苛刻的要求。

5.1.2　预旋供气系统的基本工作机制

　　气流在预旋供气系统中会经历一系列复杂的气热参数变化:一定压力和温度的冷气经过预旋喷嘴的加速和偏转后,速度可以接近声速,并且主要沿着周向运动,相应的静压和静温大幅度降低。进入转动系统后,由于转子做功和离心升压等效应,气流的压力和温度沿径向逐步升高。

　　需要注意的是,在转子系统内,对冷却起作用的是冷气的相对总温、相对总压和相对速度,因此还需要将绝对总参数转换为相对总参数。充足的预旋供气系统出口压力和流量是涡轮转子叶片冷却结构设计达到预定目标的先决条件,在设计

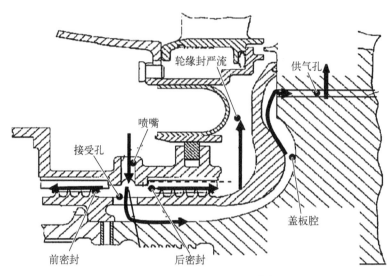

图 5.4   径向预旋供气系统[5]

中需要首先保证。更低的预旋供气系统出口气流温度,意味着冷却气流具有更大的冷却潜能,这也是设计者追求的目标。

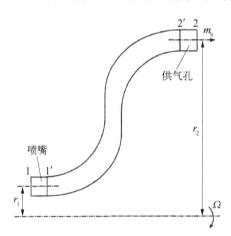

图 5.5   预旋供气系统内流动示意图

1) 动量矩方程

图 5.5 为预旋系统内气体流动示意图,位置 1、1′ 分别为预旋喷嘴的进口和出口,2′、2 分别为叶根冷气通道的进口和出口,其中 $r_1 = r_1'$、$r_2 = r_2'$。位置 1 到位置 2 应用一维动量矩方程可得

$$\dot{m}V_{\varphi.2}r_2 - \dot{m}V_{\varphi.1}r_1 = M_s + M_r \quad (5.1)$$

式中,$\dot{m}$ 为气体流量;V_φ 是气体周向绝对速度;r 为回转半径;M_r 为转子力矩;M_s 为静子力矩。在预旋系统中:静子力矩方向总是与转盘和气流的切向方向相反,静子力矩恒为负。转子力矩的正负取决于气流周向速度大小,气流周向速度小于转盘速度,转子力矩为正,此时盘带动气流转动而做功;气流周向速度大于转盘速度,转子力矩为负,此时气流对盘做功。

式(5.1)可改写为

$$\frac{V_{\varphi.2}}{U_2} - \frac{V_{\varphi.1}}{U_1}\frac{U_1}{U_2}\frac{r_1}{r_2} = \frac{M_s + M_r}{\dot{m}U_2r_2} \quad (5.2A)$$

$$\beta_2 - \beta_1 \left(\frac{r_1}{r_2} \right)^2 = \frac{M_s + M_r}{\dot{m} U_2 r_2} \tag{5.2B}$$

式中, β 为旋转比, 旋转比是描述旋转气流的重要参数, 后文将会看到, 预旋系统的特性与气流的旋转比密切相关。其定义式为

$$\beta = \frac{V_\phi}{U} = \frac{V_\phi}{r\omega} \tag{5.3}$$

2) 能量方程

(1) 绝对坐标系中能量方程。

由热力学第一定律, 气流从位置点 1 至点 2 间的能量方程为

$$\dot{m} c_p (T_2^* - T_1^*) = M_r \omega + Q \tag{5.4A}$$

或

$$T_2^* - T_1^* = \frac{M_r \omega}{\dot{m} c_p} + \frac{Q}{\dot{m} c_p} = \frac{M_r}{\dot{m} U_2 r_2} \frac{U_2^2}{c_p} + \frac{Q}{\dot{m} c_p} \tag{5.4B}$$

式中, T^* 是气流绝对总温; ω 是转盘角速度; Q 是和气流交换的热量; c_p 为比定压热容。

(2) 相对总温与绝对总温的关系。

绝对总温和相对总温的定义为

$$T^* = T + \frac{V^2}{2c_p} \tag{5.5A}$$

$$T_w^* = T + \frac{W^2}{2c_p} \tag{5.5B}$$

式中, T^* 为气流绝对总温; T_w^* 为气流相对总温; T 为静温, 两式中静温相同; V 和 W 分别是绝对速度和相对速度。对式中的速度进行分解可得

$$V^2 = V_r^2 + V_\phi^2 + V_x^2 \quad W^2 = W_r^2 + W_\phi^2 + W_x^2$$

$$V_r = W_r \quad V_\phi = W_\phi + U \quad V_x = W_x \tag{5.6}$$

式中, V_r、W_r 分别为绝对和相对径向速度; V_ϕ、W_ϕ 分别为绝对和相对周向速度; V_x、W_x 分别为绝对和相对轴向速度; U 为转盘线速度。将式(5.6)分别代入式(5.5A)和式(5.5B)得相对总温与绝对总温关系:

$$T^* - T_w^* = \frac{1}{2c_p} (2V_\phi U - U^2) = \frac{U^2}{2c_p} (2\beta - 1) \tag{5.7}$$

由上式可以看出,绝对总温与相对总温之差取决于圆周速度 U 和气流旋转比 β,并随 U 和 β 提高而增大,只要旋转比大于 0.5,相对总温低于绝对总温;旋转比 β 等于 0.5 时,绝对速度与相对速度相同,此时绝对总温与相对总温相同。当气流绝对速度 V 不变(流量和压比不变),对式(5.7)求导,可得 $U=V_\phi$ 时,即 $\beta=1$ 时温降最大,此时气流的相对周向速度为零,相应的相对总温最低。当转盘转速 U 保持不变,温降随气流绝对速度(旋转比)提高而线性增大,其机理是:虽然相对速度随绝对速度提高而增大,但气流静温随绝对速度提高而快速降低,总的效果是使相对总温下降。

(3) 相对坐标系能量方程。

根据式(5.7)以相对总温代替式(5.4B)中的绝对总温可得

$$T_{2w}^* - T_{1w}^* = \frac{-U_2^2}{2c_p}(2\beta_2 - 1) + \frac{U_1^2}{2c_p}(2\beta_1 - 1) + \frac{M_r}{\dot{m}U_2 r_2}\frac{U_2^2}{c_p} + \frac{Q}{\dot{m}c_p} \tag{5.8}$$

再结合式(5.2B)得

$$T_{2w}^* - T_{1w}^* = \frac{-U_2^2}{c_p}\frac{M_s}{\dot{m}U_2 r_2} + \frac{Q}{\dot{m}c_p} + \frac{U_2^2}{2c_p} - \frac{U_1^2}{2c_p} \tag{5.9}$$

式(5.9)为相对坐标系中的能量方程。

3) 预旋系统温降

预旋系统的温降应表示为预旋腔进口绝对总温与进入叶片时的相对总温之差,即 $T_1^* - T_{2w}^*$。利用已得到的关系式(5.7)和式(5.9),可以导出系统温降的表达式:

$$\Delta T = T_1^* - T_{2w}^* = T_1^* - T_{1w}^* + T_{1w}^* - T_{2w}^*$$

$$= \frac{U_1^2}{2c_p}(2\beta_1 - 1) + \frac{U_2^2}{c_p}\frac{M_s}{\dot{m}U_2 r_2} - \frac{Q}{\dot{m}c_p} - \frac{U_2^2}{2c_p} + \frac{U_1^2}{2c_p}$$

$$= \frac{U_1^2}{2c_p}(2\beta_1 - 1) - \frac{U_1^2}{2c_p}\left[\left(\frac{r_2}{r_1}\right)^2 - 1\right] + \frac{M_s\omega}{\dot{m}c_p} - \frac{Q}{\dot{m}c_p} \tag{5.10}$$

因静子力矩 M_s 恒为负值,所以上式可变为

$$\Delta T = T_1^* - T_{2w}^* = \frac{U_1^2}{2c_p}(2\beta_1 - 1) - \frac{U_1^2}{2c_p}\left[\left(\frac{r_2}{r_1}\right)^2 - 1\right] - \frac{|M_s|\omega}{\dot{m}c_p} - \frac{Q}{\dot{m}c_p} \tag{5.11}$$

由式(5.11)可得系统无量纲温降如下:

$$\Theta = \frac{\Delta T}{U_1^2/2c_p} = 2\beta_1 - \left(\frac{r_2}{r_1}\right)^2 - \frac{2|M_s|}{\dot{m}r_1^2\omega} - \frac{2Q}{\dot{m}U_1^2} \tag{5.12}$$

无量纲温降可作为评估预旋系统温降特性的标准之一。式(5.11)中右侧第一

项为预旋喷嘴出口气流从绝对坐标转换为相对坐标时产生的温降,它是预旋系统中对温降有正贡献的唯一一项,是预旋降温的源泉;右侧第二项为在盖板腔中气流从半径 r_1 流到半径 r_2 时产生的离心升温(相对总温升高),当转速一定时它只与半径位置有关,与流动状态(如旋转比等)没有关系,叶根冷气通道的半径位置与预旋喷嘴半径位置差越大,离心升温越大,温降越小;右侧第三项为静止力矩做功产生的温升;右侧第四项为传热引起的温降;静子力矩和加热均会导致预旋系统的温降减小。

若假设气流无黏并且在绝热条件下,则可得系统的理想温降为

$$\Delta T_{\mathrm{id}} = \frac{U_1^2}{2c_p}\left[2\beta_{\mathrm{id}} - \left(\frac{r_2}{r_1}\right)^2 \right] \qquad (5.13)$$

从而可以得到系统理想无量纲温降为

$$\Theta_{\mathrm{id}} = \frac{\Delta T_{\mathrm{id}}}{U_1^2/2c_p} = 2\beta_{\mathrm{id}} - \left(\frac{r_2}{r_1}\right)^2 \qquad (5.14)$$

上式就是预旋系统的理想温降及理想无量纲温降,它表示在绝热、等熵、无气动损失情况下系统能达到的最大温降。从式(5.14)中可以看出在理想条件下,预旋系统的温降与喷嘴出口旋转比有关。

4)理想最大温降与理想最小功耗

由式(5.13)得到的预旋供气系统理想温降是由喷嘴出口的理想旋转比决定的,但在预旋系统的具体结构确定之前,无法确定喷嘴出口的气动参数。本节通过热力学过程的理论推导来获得预旋供气系统的理想最大温降和理想最小功耗。

图 5.6 为一个理想的开口系统热力过程(预旋供气系统)示意图,其中 0 截面为系统进口,2 截面为系统出口(供气孔出口)。在系统进口,气流的总温和总压分别为 T_0^* 和 P_0^*,气流静止。经过一系列可逆定熵热力过程(绝热、定比热容),使系统出口的静压为 P_2(等于供气孔出口处的供气压力),速度为 U_2(等于供气孔出口处的转盘线速度,并沿周向)。

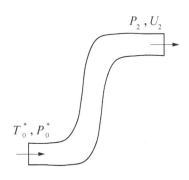

图 5.6　理想热力过程示意图

根据上述问题描述,在系统进口,由于气流静止,总参数和静参数相等,因此有

$$T_0 = T_0^*, \quad P_0 = P_0^* \qquad (5.15)$$

对于一个定熵定比热容热力过程,有

$$\left(\frac{P_0}{P_2}\right)^{\frac{\gamma-1}{\gamma}} = \frac{T_0}{T_2} \qquad (5.16)$$

即

$$T_2 = T_0 \left(\frac{P_0}{P_2} \right)^{\frac{1-\gamma}{\gamma}} = T_0^* \left(\frac{P_0^*}{P_2} \right)^{\frac{1-\gamma}{\gamma}} = T_0^* \pi_2^{\frac{1-\gamma}{\gamma}} \qquad (5.17)$$

上式中定义了一个系统压比 π_2：

$$\pi_2 = \frac{P_0^*}{P_2} \qquad (5.18)$$

在系统出口,对预旋系统来说,由于气流的周向速度等于转盘线速度 U_2,因此相对总温等于气流静温,即

$$T_{2w}^* = T_2 \qquad (5.19)$$

因此该理想预旋系统的温降为

$$\Delta T = T_0^* - T_{2w}^* = T_0^* - T_2 = T_0^* - T_0^* \pi_2^{\frac{1-\gamma}{\gamma}} = T_0^* \left(1 - \pi_2^{\frac{1-\gamma}{\gamma}} \right) = \frac{V_{2\phi}^2}{2c_p} \quad (5.20)$$

上式中的速度 $V_{2\phi}$ 为气流从进口总压 P_0^* 等熵膨胀到出口静压 P_2 时产生的速度,即

$$V_{2\phi} = \sqrt{2c_p(T_0^* - T_2)} = \sqrt{2c_p T_0^* \left(1 - \pi_2^{\frac{1-\gamma}{\gamma}} \right)} \qquad (5.21)$$

式(5.20)表明系统的温降与速度 U_2 没有关系(即与转速没有关系)。

在系统出口,气流的总温为

$$T_2^* = T_2 + \frac{U_2^2}{2c_p} \qquad (5.22)$$

因此整个热力过程中单位质量流量的功耗(规定外界对气流做功为正)为

$$W = c_p(T_2^* - T_0^*) = c_p \left(T_2 + \frac{U_2^2}{2c_p} - T_0^* \right) = c_p \left(T_0^* \pi_2^{\frac{1-\gamma}{\gamma}} + \frac{U_2^2}{2c_p} - T_0^* \right)$$

$$= c_p \left[\frac{U_2^2}{2c_p} - T_0^* \left(1 - \pi_2^{\frac{1-\gamma}{\gamma}} \right) \right] = c_p \left(\frac{U_2^2}{2c_p} - \frac{V_{2\phi}^2}{2c_p} \right) = \frac{1}{2}(U_2^2 - V_{2\phi}^2) \qquad (5.23)$$

式(5.23)表明系统功耗取决于转盘线速度 U_2 和气流膨胀速度 $V_{2\phi}$。 即当气流的膨胀速度 $V_{2\phi}$ 小于转子的线速度 U_2 时,气流的动能不足以登陆到转盘上与之共转,需要转盘对气流做功,最小的做功量即为两者动能之差。

5) 温降与功耗的关系

对于一个实际的预旋系统,假定转盘对气流的实际做功为 W,则由热力学第一

定律有

$$c_p T_0^* + W = c_p T_2^* \tag{5.24}$$

而在供气孔出口, 有

$$T_2^* = T_2 + \frac{U_2^2}{2c_p} \approx T_{2w}^* + \frac{U_2^2}{2c_p} \tag{5.25}$$

代入上式得预旋系统的实际温降 ΔT 为

$$\Delta T = T_0^* - T_{2w}^* = \frac{U_2^2}{2c_p} - \frac{W}{c_p} \tag{5.26}$$

上式表示预旋系统的实际温降等于从绝对坐标系到相对坐标系的相对动温 $\frac{U_2^2}{2c_p}$ 减去实际做功产生的温升 $\frac{W}{c_p}$ 。

式(5.26)表明在预旋系统中,采用各种措施增大系统温降与减小系统功耗是高度一致的。甚至可以说,预旋系统设计的实质就是如何提高做功效率、减小功耗,增大温降。

式(5.20)的理想温降还可以写成以下形式:

$$\Delta T_{\mathrm{id}} = \frac{V_{2\phi}^2}{2c_p} = \frac{U_2^2}{2c_p} - \frac{W_{\mathrm{id}}}{c_p} \tag{5.27}$$

上式表示预旋系统的理想温降等于从绝对坐标系到相对坐标系的相对动温 $\frac{U_2^2}{2c_p}$ 减去理想做功产生的温升 $\frac{W_{\mathrm{id}}}{c_p}$,与式(5.26)的结果是一致的。

定义预旋系统的温降效率 η_T :

$$\eta_T = \frac{\Delta T}{\Delta T_{\mathrm{id}}} \tag{5.28}$$

温降效率作为一个重要的评价指标,可以用于评价预旋系统设计的好坏。

5.1.3 预旋供气系统的分析与设计

1) 设计需求

一般要考虑: 高压引气口(系统进口)总压 P_0^* 及总温 T_0^* 、叶片供气孔(供气孔)供气静压 P_2 、供气流量 m_2 、半径位置 r_2 、转速 ω 、叶片数目 n_2 等。同时设计中还需要关注: 喷嘴内外封严结构和相邻腔腔压、轮缘封严结构、出口压力和最小流量要求、涡轮盘轴向力需求等。

2）基本分析

预旋供气系统的引气一般来自高压压气机出口,通过燃烧室内环和必要限流孔、管路和腔室到达预旋供气系统进口(喷嘴入口)。对于一台特定的发动机和特定的设计状态下,预旋供气系统进口的气流总压和总温是一定的,随预旋供气系统的结构形式、喷嘴半径位置等具体结构参数变化微小。在满足预旋供气系统出口供气压力和流量的前提下,通过改进预旋供气系统的结构形式来降低进口压力的幅度一般较小,不足以从更低压气机级引气来提高发动机的气动效率。

因此在本书的预旋供气系统设计过程中,认为同一个设计点的系统进口气流总温和总压是固定不变的。

预旋供气系统的出口位置,各研究者有不同的选取,有的选取在与叶片根部半径相等的盖板腔出口截面(径向),有的选取在供气孔出口截面(轴向),还有的选取在叶片冷气通道中的某个半径截面(径向)。本书将预旋供气系统的出口设置在轴向的供气孔出口。主要考虑是:预旋供气系统的主要功能之一是使气流登陆到转子上并与转子同速旋转,即气流的旋转比不再变化并恒定为 1。而在轴向的供气孔内,气流被强迫与转子同速旋转,除孔进口附近区域外旋转比都达到了 1,已完成预旋供气系统的共转任务,可以设定为预旋供气系统的出口。并且对于每个特定的涡轮来说,供气孔的半径位置也是固定的。

在实际发动机中,预旋供气系统出口的压力、流量等参数既与预旋供气系统内部的流动有关,也与下游涡轮转子叶片内部的流动相关。为比较不同结构预旋供气系统的优劣,本书将预旋供气系统出口的压力和流量都取为定值。研究表明在系统进口的气流总温和总压不变以及系统出口的静压和流量不变的条件下,预旋供气系统的温降以及系统的功耗都可以反映预旋供气系统内部的流动损失情况,进而作为预旋供气系统设计评价的指标。实际上,考虑到涡轮转子内部的流动情况以及冷却需求,预旋供气系统出口的压力以及流量变化也不会很大,取为定值也是合理的。

涡轮转子叶片冷却结构设计计算完成后会提出一个供气压力设计值需求。如果预旋供气系统设计不合理,使得系统出口压力低于这个设计值,就将导致转子叶片的冷气流量不够而使叶片过热;相反,如果预旋供气系统通过改进设计使出口压力高于这个设计值,涡轮转子叶片冷却设计者必须修改冷却结构来消耗掉这个过高的压力,否则叶片的冷气用量将超过设计值。这都是涡轮转子叶片冷却设计者不愿意接受的。

预旋供气系统的出口就是涡轮转子叶片的冷气进口,预旋供气系统提供的压力和冷气流量必须满足转子叶片内流通道的流阻和传热需求。对于一个已设计好的涡轮转子叶片来说,对冷气流量的需求一般有个设计值,流量低于这个设计值会导致叶片温度的升高,影响其可靠性和寿命;实际流量大于设计值会导致发动机总效率的降低,一般也是不允许的。

对预旋供气系统设计者来说,某个设计状态下的涡轮转速一般是不变的,因此本设计中的转子转速是固定值。在预旋腔中,既有静止壁面也有转动壁面,不可避免地存在一个内封严和一个外封严,外封严的泄漏流一般是流出预旋腔,这对进入接受孔的气流参数影响微小。内封严的泄漏流可能是流出预旋腔,也可能是流入预旋腔。如果泄漏流进入预旋腔,将使进入接受孔的气流温度升高,旋转比降低,显著降低预旋供气系统的降温效果。本书为简化起见,先在忽略内封严流的条件下进行设计计算,而后在此基础上考虑内封严流的影响。

被传输的冷气与转盘壁面之间的温差较小,而且冷气的质量流量很大,预旋供气系统中由于壁面传热引起的冷气温度变化往往较小,因此本设计忽略了壁面传热的影响。如果有相关传热的实验数据,可以对供气温度进行适当修正。

3) 不考虑封严流的设计计算

首先在不考虑预旋腔内外环封严泄漏流和掺混影响的情况下,进行预旋供气系统的设计计算。总的设计计算流路方向是从预旋供气系统出口到进口。

(1) 总体性能计算。

确定两个速度:

$$V_{2\phi} = \sqrt{2c_p T_0^* \left[1 - \left(\frac{P_0^*}{P_2} \right)^{\frac{1-\gamma}{\gamma}} \right]} , \ U_2 = \omega \cdot r_2 \tag{5.29}$$

$V_{2\phi}$ 为气流从进口总压 P_0^* 等熵膨胀到出口静压 P_2 时产生的速度,U_2 为供气孔处的转子线速度。

理想最小功耗:

$$W_{id} = \frac{1}{2} (U_2^2 - V_{2\phi}^2) \tag{5.30}$$

理想最大温降:

$$\Delta T_{id} = \frac{U_2^2}{2c_p} - \frac{W_{id}}{c_p} = \frac{V_{2\phi}^2}{2c_p} \tag{5.31}$$

判断:若 $V_{2\phi} < U_2$,预旋系统要消耗转子功,相当于压气机,适于采用低位预旋方案;

若 $V_{2\phi} > U_2$,预旋系统要对转子做功,相当于涡轮,适于采用高位预旋方案。

(2) 供气孔设计。

供气孔是动叶根部榫头与涡轮盘缘榫槽之间形成的气流通道,是一个异形孔,接近于轴向,其数目等于动叶数目 n_2。

供气孔的总面积 A_2 根据下式确定:

$$A_2 = \frac{m_2}{\rho_2 V_{x2}} \tag{5.32}$$

式中, m_2 为供气流量; ρ_2 为气流密度(由供气压力 P_2 和初估的供气温度 T_2 确定); V_{x2} 为初选的气流轴向速度。气流的轴向速度 V_{x2} 一般控制在 50 m/s 以内,并使气流的动压头控制在规定值(如 10 kPa)以内。在结构强度允许的情况下,供气孔的面积可以尽量大一些,以减小不必要的流动损失。供气孔的入口可进行倒圆或者倒角处理,如果进口的气流旋转比偏离 1.0 较大,还应设计导流槽。

根据供气孔的流量系数特性曲线(通过实验获得),确定供气孔的流量系数 C_{D2},影响供气孔流量的主要因素是气流攻角(旋转比)、入口倒圆/倒角等。再根据以下公式确定供气孔进口的气流相对总压。

流量系数 C_D 定义为

$$C_D = \frac{\dot{m}_{actual}}{\dot{m}_{id}} \tag{5.33}$$

孔理想质量流量定义为

$$\dot{m}_{id} = \frac{P_{2,rel}^* A_2}{\sqrt{R T_{2,rel}^*}} \sqrt{\left(\frac{2\gamma}{\gamma - 1}\right) \left[\left(\frac{P_2}{P_{2,rel}^*}\right)^{\frac{2}{\gamma}} - \left(\frac{P_2}{P_{2,rel}^*}\right)^{\frac{\gamma+1}{\gamma}} \right]} \tag{5.34}$$

式中, $\dot{m}_{actual}$ 为实际的供气质量流量 m_2; $\dot{m}_{id}$ 为供气孔理想质量流量; A_2 为供气孔的流通面积; R 和 γ 分别为气体常数和绝热指数; $P_{2,rel}^*$、 $T_{2,rel}^*$ 和 P_2 分别为供气孔进口相对总压、相对总温(可认为等于供气温度 T_2)和出口静压(等于供气压力),根据上述两式可以计算出供气孔入口相对总压 $P_{2,rel}^*$。如果供气孔入口旋转比 β_2 为 1,可近似认为供气孔入口静压 $P_{2'}$ 就等于相对总压 $P_{2,rel}^*$(严格意义上还要考虑轴向速度引起的总静压差异)。如果 β_2 不为 1,可根据相对速度计算出静压 $P_{2'}$。

(3) 接受孔设计。

接受孔为轴向或者径向的转动孔,其型式主要有:直孔、斜孔和叶型孔等,长径比一般小于 1,入口可以有倒圆或者倒角。接受孔的面积在盖板强度许可的情况下尽可能大,其最小流通面积应该保证气流动压不超过规定值(如 10 kPa),数目尽量与转子叶片的数目一致。

接受孔的设计原则是尽量不改变气流旋转比。如果接受孔入口旋转比在 1 附近,可采用直接受孔;如果旋转比偏离 1 较多,则采用斜接受孔,斜接受孔与轴向的角度可根据气流相对速度三角形确定。

根据接受孔的流量系数特性曲线(通过实验获得),确定接受孔的流量系数 C_{D1},影响计算孔流量的主要因素是气流攻角(旋转比)、入口倒圆/倒角、长径比等。由流量系数和接受孔出口静压,可以确定接受孔进口的气流相对总压。并由气流的速度(通过流量和旋转比确定)可以确定接受孔进口气流静压。

(4) 预旋喷嘴设计。

接受孔进口的静压即为预旋腔的静压。如果不考虑内封严进入预旋腔的气流掺混,以及预旋腔的静止摩阻,预旋腔的静压就认为等于预旋喷嘴出口的静压 P_1。首先根据性能要求、加工难度和成本,确定预旋喷嘴的结构型式和与轴向的偏转角度 θ。常见预旋喷嘴型式和特点如表 5.1 所示。

表 5.1　预旋喷嘴型式及其特点

喷嘴型式	偏转角/(°)	流量系数范围	落后角范围/(°)	适合半径/流量	尺寸精度要求	加工成本
直孔型	60~75	0.7~0.8	<0.5	高中半径 小流量	低	低
气动孔型	60~75	0.8~0.9	<0.5	高中半径 中小流量	低	低
弯片式	70~80	0.8~0.9	1.0~3.0	中低半径 大流量	较高	较高
叶片型	70~80	0.85~0.95	0.5~2.0	中低半径 大流量	高	高
叶孔型	70~80	0.85~0.95	<0.5	高中低半径 中大流量	高	高

根据预旋喷嘴的引气总压 P_0^*、总温 T_0^*、出口静压 P_1,以及该型预旋喷嘴的流量特性曲线或者实验数据,可以获得喷嘴在该参数下的流量系数 C_D,再根据流经喷嘴的实际流量 m,由下式可以计算出喷嘴喉部面积 A。

$$C_D = \cfrac{m}{P_0^* A \sqrt{\dfrac{2\gamma}{\gamma - 1} \dfrac{1}{RT_0^*} \left[\left(\dfrac{P_1}{P_0^*} \right)^{\frac{2}{\gamma}} - \left(\dfrac{P_1}{P_0^*} \right)^{\frac{\gamma+1}{\gamma}} \right]}} \tag{5.35}$$

根据喷嘴面积 A 再进一步确定喷嘴的数目(一般与动叶数目不相等),以及栅距、叶高等喷嘴的其他结构尺寸。

还需要根据喷嘴的进口总温、出口静压、流量、面积和预旋角度等计算得到喷嘴出口速度、周向速度及旋转比,如果该旋转比略大于接受孔进口的气流旋转比

β_1，设计比较合理，否则需要重新设计计算。

常采用预旋效率，作为评价喷嘴性能的参数指标：

$$\eta = \frac{V_\phi}{V_{\phi,\mathrm{id}}} = \frac{V_\phi/U}{V_{\phi,\mathrm{id}}/U} = \frac{\beta}{\beta_{\mathrm{id}}} \tag{5.36}$$

式中，V_ϕ 为喷嘴出口周向速度；$V_{\phi,\mathrm{id}}$ 为喷嘴出口理想周向速度；U 为转盘线速度；β 为喷嘴出口旋转比；β_{id} 为喷嘴出口理想旋转比，在喷嘴进出口压力一定的情况下，理想旋转比为定值。

理想周向速度 $V_{\phi,\mathrm{id}}$ 就是当预旋孔流量系数为 1，出气角度为 90°（周向）时的出口气流周向速度，数值上与喷嘴出口理想总速度 V_{id} 相等，再结合流量系数的定义式，则预旋效率的定义式可变换成以下形式：

$$\eta = \frac{V_\phi}{V_{\phi,\mathrm{id}}} = \frac{V\sin\theta}{V_{\mathrm{id}}} = C_D \cdot \sin\theta \tag{5.37}$$

式中，V 为喷嘴出口速度；θ 为喷嘴出口相对于轴线的气流角度。

结合式(5.16)，不考虑摩阻及传热条件下的实际温降的表达式可变换成以下形式：

$$\Delta T = \frac{U_1^2}{2c_p}\left[2\eta\beta_{\mathrm{id}} - \left(\frac{r_2}{r_1}\right)^2\right] \tag{5.38}$$

从上式可以看出，不考虑摩阻及传热条件下系统温降与喷嘴的预旋效率正相关，而预旋效率又取决于喷嘴的流量系数和出气角度，因此可以通过提高流量系数和增大出气角度来提高预旋效率，进而提高系统温降。

4) 考虑封严流的设计计算

(1) 考虑封严流时的预旋腔参数。

进入预旋腔的气流往往有两股，一股来自预旋喷嘴，另一股来自压气机出口篦齿封严流。两股气流的掺混会改变气流旋转比和温度。假设掺混过程保持周向动量不变，可写出：

$$m_p V_{\varphi p} + m_d V_{\varphi d} = (m_p + m_d)\overline{V_{\varphi 1}} \tag{5.39}$$

式中，$V_{\varphi p}$ 和 $V_{\varphi d}$ 分别代表喷嘴出口和封严流的周向速度；$\overline{V_{\varphi 1}}$ 为掺混后气流的周向速度。定义两股气流流量比为

$$\phi = \frac{m_d}{m_p} \tag{5.40}$$

则得

$$\overline{\beta_1} = \frac{\overline{V_{\varphi 1}}}{U_1} = \frac{1}{1 + \phi}\beta_{1p} + \frac{\phi}{1 + \phi}\beta_{1d} \tag{5.41}$$

式中，$\overline{\beta_1}$、β_{1p}、β_{1d} 分别是掺混后的旋转比、掺混前喷嘴出口的旋转比、掺混前封严流的旋转比，一般封严流的旋转比较喷嘴出口低得多，故掺混过程会使气流的旋转比降低。

设掺混过程中没有外加的能量，则可写出：

$$m_p c_p T_{tp} + m_d c_p T_{td} = (m_p + m_d) c_p \overline{T_{t1}}$$

$$\overline{T_{t1}} = \frac{1}{1 + \phi}T_{tp} + \frac{\phi}{1 + \phi}T_{td} \tag{5.42}$$

一般来说封严流将使预旋腔的掺混温度升高。考虑到封严流对预旋腔的静压影响性较小，在考虑掺混效应时，只要用掺混后的参数作为预旋腔的参数即可。

（2）考虑封严流时对结构参数的设计调整。

进入预旋腔的内环篦齿封严流将使预旋腔的旋转比降低，因此需要对接受孔的倾斜角度作相应调整。封严流将使预旋腔的掺混温度升高，因此需要对预旋温降计算作相应调整。

在保证叶片供气流量 m_2 不变的情况下，考虑流入和流出预旋腔的内外环篦齿封严流将使流过预旋喷嘴的流量改变，由于喷嘴的压比和流量系数不变，只需简单地根据流量的改变幅度对没考虑封严流时的喷嘴总面积作相应幅度的调整，并进一步对喷嘴的结构尺寸作相应调整。

5.2　减涡供气系统

发动机空气系统引气是通过一些开设在引气位置的孔或槽，从环形通道中提取空气，引气位置根据发动机总体方案布局可能分布在风扇鼓筒、中介支板机匣、压气机鼓筒及机匣、燃烧室机匣等位置，根据引气位置、引气要求等不同可能结合相应的辅助引气结构，如引气风斗、转换活门、减涡器等。引气形式可以是静压和总压，静压引气通常在引气位置开孔或槽便能实现，而总压引气通常正对气流开孔或采用风斗形式。

当引气位置在压气机鼓筒处时，气流需要沿径向向内通过由压气机盘壁所围成的共转盘腔，在此过程中气流受到径向科氏力、离心力和摩擦力等综合作用，会产生较大压力损失。若能减小这部分损失，一方面可以为后续元件提供更高压头的空气，另一方面也可以使得设计人员尽可能通过压气机更为靠前的几级来引气，进一步减小引气对发动机性能等的影响。

目前主流的技术手段就是采用减涡器,或者说减涡供气系统,它可以有效控制引气压力损失,在国内外航空发动机空气系统设计中得到了广泛应用。减涡供气系统降低引气损失的基本原理是:减小旋转盘腔内气流的转速,进而降低离心力与科氏力的影响,从而有效降低流动损失。主要的减涡供气系统包括了管式、喷嘴式、板式及各类混合式减涡器。

5.2.1　典型减涡供气系统结构和功能介绍

1) 管式减涡器

管式减涡器是通过一套安装于压气机盘腔引气流路中的径向管子将压气机叶片根部引出的空气导入压气机盘心通道,以降低气流在压气机旋转盘腔内的压力损失,如图 5.7 所示。管式减涡器在减小引气压力损失方面的性能表现优异,但因其结构特点,高速旋转的管子容易诱发振动,具有出现管子破裂的潜在风险。目前国内外针对管式减涡器的压损特性开展较多数值模拟和试验研究[6-8],结果表明其压力损失特性与转速、管内流量、管子数量、管长、直径等因素有关,在进行发动机设计时,需针对发动机总体方案进行综合考虑设计。

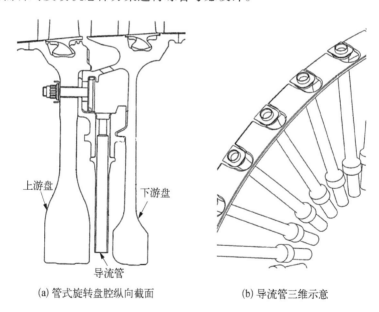

（a）管式旋转盘腔纵向截面　　　　　　（b）导流管三维示意

图 5.7　管式减涡器

2) 反旋喷嘴式减涡器

反旋喷嘴式减涡器由设置在压气机盘鼓上的一整圈类似喷嘴的导流孔组成,喷嘴的方向和盘旋转的方向相反,使气流经过反旋喷嘴从而达到去旋的效果,如图 5.8 所示。这种结构能减弱喷嘴下游的涡流发展,从而避免了强自由涡流的形成。

旋喷嘴式减涡器的优点是结构简单紧凑,但它的缺点是流动特性存在非单调性,当发动机在过渡态时,如果它刚好在非单调区工作,则会出现引气迟滞的现象,导致燃气入侵。因此,这种结构对空气系统设计的精细度有着较高的要求。

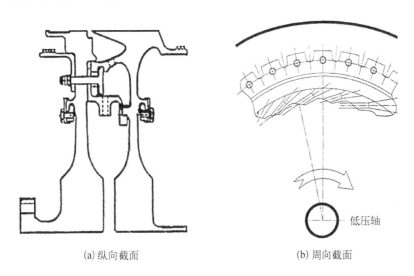

(a) 纵向截面　　　　　　　　(b) 周向截面

图 5.8　反旋喷嘴式减涡器

3）导流片式减涡器

导流片式减涡器由安装在压气机盘腔中的若干个导流片组成,导流片将压气机盘腔沿周向分隔成若干个扇形流动通道,如图 5.9 所示。空气从压气机叶片根部引出后,通过鼓筒上的小孔进入压气机盘腔,顺着导流片形成的径向通道流向压气机盘心通道。导流片的减阻机理与管式减涡器一致,通过限制气流的转速来减弱涡流的发展,有效地控制了强自由涡流的形成。导流片式减涡器具有结构简单

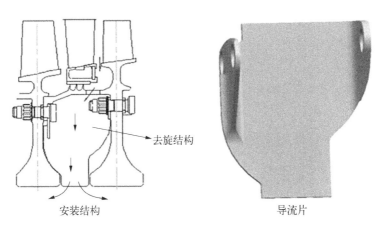

图 5.9　导流片式减涡器

可靠的优点,同时也有优秀的减阻性能,具有很好的工程应用潜力。

5.2.2　减涡供气系统内部流动机制

本小节将首先介绍与减涡供气系统相关的基本旋流理论,并介绍减涡器的载体——简单共转盘腔的内部流动理论,这是掌握减涡器流动机理的基础。之后将重点介绍反旋喷嘴式减涡器和管式减涡器的减阻机理与数学流动模型,这两类减涡器分别代表了两种最典型的减阻思路,目前其他类型的减涡器均是从这两种思路延伸而来。

1) 基本旋流理论

(1) 静止与旋转坐标系下的运动方程。

对于共转盘腔结构,使用静止坐标系与旋转坐标系下的流体运动方程(N-S方程)来分析相关问题各有其优势,这里首先分别给出不同坐标系下的流体运动方程。

动力黏度(dynamic viscosity) μ 为常数且不可压缩流体的 N-S 方程在静止笛卡儿坐标系下的表现形式为

$$\frac{\partial u}{\partial t} + \left(u\frac{\partial u}{\partial x} + v\frac{\partial u}{\partial y} + w\frac{\partial u}{\partial z} \right) = -\frac{1}{\rho}\frac{\partial p}{\partial x} + \frac{1}{\rho}\mu\left(\frac{\partial^2 u}{\partial x^2} + \frac{\partial^2 u}{\partial y^2} + \frac{\partial^2 u}{\partial z^2} \right) + \frac{1}{\rho}F_x \tag{5.43}$$

$$\frac{\partial v}{\partial t} + \left(u\frac{\partial v}{\partial x} + v\frac{\partial v}{\partial y} + w\frac{\partial v}{\partial z} \right) = -\frac{1}{\rho}\frac{\partial p}{\partial y} + \frac{1}{\rho}\mu\left(\frac{\partial^2 v}{\partial x^2} + \frac{\partial^2 v}{\partial y^2} + \frac{\partial^2 v}{\partial z^2} \right) + \frac{1}{\rho}F_y \tag{5.44}$$

$$\frac{\partial w}{\partial t} + \left(u\frac{\partial w}{\partial x} + v\frac{\partial w}{\partial y} + w\frac{\partial w}{\partial z} \right) = -\frac{1}{\rho}\frac{\partial p}{\partial z} + \frac{1}{\rho}\mu\left(\frac{\partial^2 w}{\partial x^2} + \frac{\partial^2 w}{\partial y^2} + \frac{\partial^2 w}{\partial z^2} \right) + \frac{1}{\rho}F_z \tag{5.45}$$

式中,u、v、w 分别表示 x、y、z 坐标轴方向的速度;t 表示时间;ρ 表示密度;μ 表示动力黏度;F 为体积力。在涡轮机械中,将坐标系从笛卡儿坐标变换为圆柱坐标可以更方便地进行旋转流动的分析。圆柱坐标系与笛卡儿坐标系之间的转换关系为 $x = r\cos\varphi$、$y = r\sin\varphi$、$z = z$,按照转换规则有柱坐标下的 N-S 方程表达形式为

$$\rho\left(\frac{\partial u_r}{\partial t} + u_r\frac{\partial u_r}{\partial r} + \frac{u_\varphi}{r}\frac{\partial u_r}{\partial \varphi} + u_z\frac{\partial u_r}{\partial z} - \frac{u_\varphi^2}{r} \right)$$

$$= -\frac{\partial p}{\partial r} + \mu\left(\frac{\partial^2 u_r}{\partial r^2} + \frac{1}{r}\frac{\partial u_r}{\partial r} - \frac{u_r}{r^2} + \frac{1}{r^2}\frac{\partial^2 u_r}{\partial \varphi^2} + \frac{\partial^2 u_r}{\partial z^2} - \frac{2}{r^2}\frac{\partial u_\varphi}{\partial \varphi} \right) + F_r \tag{5.46}$$

$$\rho\left(\frac{\partial u_\varphi}{\partial t} + u_r\frac{\partial u_\varphi}{\partial r} + \frac{u_r u_\varphi}{r} + \frac{u_\varphi}{r}\frac{\partial u_\varphi}{\partial \varphi} + u_z\frac{\partial u_\varphi}{\partial z}\right)$$

$$= -\frac{1}{r}\frac{\partial p}{\partial \varphi} + \mu\left(\frac{\partial^2 u_\varphi}{\partial r^2} + \frac{1}{r}\frac{\partial u_\varphi}{\partial r} - \frac{u_\varphi}{r^2} + \frac{1}{r^2}\frac{\partial^2 u_\varphi}{\partial \varphi^2} + \frac{\partial^2 u_\varphi}{\partial z^2} + \frac{2}{r^2}\frac{\partial u_r}{\partial \varphi}\right) + F_\varphi \quad (5.47)$$

$$\rho\left(\frac{\partial u_z}{\partial t} + u_r\frac{\partial u_z}{\partial r} + \frac{u_\varphi}{r}\frac{\partial u_z}{\partial \varphi} + u_z\frac{\partial u_z}{\partial z}\right)$$

$$= -\frac{\partial p}{\partial z} + \mu\left(\frac{\partial^2 u_z}{\partial r^2} + \frac{1}{r}\frac{\partial u_z}{\partial r} + \frac{1}{r^2}\frac{\partial^2 u_z}{\partial \theta^2} + \frac{\partial^2 u_z}{\partial z^2}\right) + F_z \quad (5.48)$$

旋转坐标系是非惯性坐标系,牛顿第二定律无法直接适用,旋转坐标系下的 N-S 方程需要按照向量转换规则来导出,在这一过程中会在方程里出现惯性力项来使牛顿第二定律成立。旋转坐标系下的相对速度向量与静止坐标系下速度向量的对应关系为

$$\boldsymbol{u} = \boldsymbol{u}_{\text{rot}} + (\boldsymbol{\omega} \times \boldsymbol{r}) \quad (5.49)$$

式中,用 $\boldsymbol{u}_{\text{rot}}$ 表示旋转坐标系下的相对速度向量;$\boldsymbol{\omega}$ 为旋转坐标系的转速;$\boldsymbol{r}$ 为位置向量从旋转坐标系原点指向目标点。

对任意一个静止坐标系下的向量 $\boldsymbol{X}$,在旋转坐标系下进行表示时有转换公式:

$$\left(\frac{\mathrm{D}\boldsymbol{X}}{\mathrm{D}t}\right)_{\text{station}} = \left(\frac{\mathrm{D}\boldsymbol{X}}{\mathrm{D}t}\right)_{\text{rotation}} + \boldsymbol{\omega} \times \boldsymbol{X} \quad (5.50)$$

那么,结合式(5.49)与式(5.50),对于速度向量来说,有如下变换:

$$\left(\frac{\mathrm{D}\boldsymbol{u}}{\mathrm{D}t}\right)_{\text{station}} = \left(\frac{\mathrm{D}\boldsymbol{u}_{\text{rot}}}{\mathrm{D}t}\right)_{\text{rotation}} + \frac{\mathrm{D}\boldsymbol{\omega}}{\mathrm{D}t} \times \boldsymbol{r} + 2\boldsymbol{\omega} \times \boldsymbol{u}_{\text{rot}} + \boldsymbol{\omega} \times (\boldsymbol{\omega} \times \boldsymbol{r}) \quad (5.51)$$

当转速是常量时,式(5.51)可简化为

$$\left(\frac{\mathrm{D}\boldsymbol{u}}{\mathrm{D}t}\right)_{\text{station}} = \left(\frac{\mathrm{D}\boldsymbol{u}_{\text{rot}}}{\mathrm{D}t}\right)_{\text{rotation}} + 2\boldsymbol{\omega} \times \boldsymbol{u}_{\text{rot}} + \boldsymbol{\omega} \times (\boldsymbol{\omega} \times \boldsymbol{r}) \quad (5.52)$$

那么,动力黏度为常数,不可压且转速为定值的流动问题,其 N-S 方程在绕 z 轴旋转的旋转圆柱坐标系下的表达为

$$\rho\left(\frac{\partial u_{r,\text{rot}}}{\partial t} + u_{r,\text{rot}}\frac{\partial u_{r,\text{rot}}}{\partial r} + \frac{u_{\varphi,\text{rot}}}{r}\frac{\partial u_{r,\text{rot}}}{\partial \varphi'} + u_{z,\text{rot}}\frac{\partial u_{r,\text{rot}}}{\partial z} - \frac{u_{\varphi,\text{rot}}^2}{r} - 2\omega u_{\varphi,\text{rot}} - \omega^2 r\right)$$

$$= -\frac{\partial p}{\partial r} + \mu\left(\frac{\partial^2 u_{r,\text{rot}}}{\partial r^2} + \frac{1}{r}\frac{\partial u_{r,\text{rot}}}{\partial r} - \frac{u_{r,\text{rot}}}{r^2} + \frac{1}{r^2}\frac{\partial^2 u_{r,\text{rot}}}{\partial \varphi'^2} + \frac{\partial^2 u_{r,\text{rot}}}{\partial z^2} - \frac{2}{r^2}\frac{\partial u_{\varphi,\text{rot}}}{\partial \varphi'}\right) + F_{r,\text{rot}}$$

$$(5.53)$$

$$\rho\left(\frac{\partial u_{\varphi,\text{rot}}}{\partial t} + u_{r,\text{rot}}\frac{\partial u_{\varphi,\text{rot}}}{\partial r} + \frac{u_{r,\text{rot}}u_{\varphi,\text{rot}}}{r} + \frac{u_{\varphi,\text{rot}}}{r}\frac{\partial u_{\varphi,\text{rot}}}{\partial \varphi'} + u_{z,\text{rot}}\frac{\partial u_{\varphi,\text{rot}}}{\partial z} + 2\omega u_{r,\text{rot}}\right)$$

$$= -\frac{1}{r}\frac{\partial p}{\partial \varphi'} + \mu\left(\frac{\partial^2 u_{\varphi,\text{rot}}}{\partial r^2} + \frac{1}{r}\frac{\partial u_{\varphi,\text{rot}}}{\partial r} - \frac{u_{\varphi,\text{rot}}}{r^2} + \frac{1}{r^2}\frac{\partial^2 u_{\varphi,\text{rot}}}{\partial \varphi'^2} + \frac{\partial^2 u_{\varphi,\text{rot}}}{\partial z^2} + \frac{2}{r^2}\frac{\partial u_{r,\text{rot}}}{\partial \varphi'}\right) + F_{\varphi,\text{rot}}$$

$$(5.54)$$

$$\rho\left(\frac{\partial u_{z,\text{rot}}}{\partial t} + u_{r,\text{rot}}\frac{\partial u_{z,\text{rot}}}{\partial r} + \frac{u_{\varphi,\text{rot}}}{r}\frac{\partial u_{z,\text{rot}}}{\partial \varphi'} + u_{z,\text{rot}}\frac{\partial u_{z,\text{rot}}}{\partial z}\right)$$

$$= -\frac{\partial p}{\partial z} + \mu\left(\frac{\partial^2 u_{z,\text{rot}}}{\partial r^2} + \frac{1}{r}\frac{\partial u_{z,\text{rot}}}{\partial r} + \frac{1}{r^2}\frac{\partial^2 u_{z,\text{rot}}}{\partial \varphi'^2} + \frac{\partial^2 u_{z,\text{rot}}}{\partial z^2}\right) + F_{z,\text{rot}} \quad (5.55)$$

式(5.53)~式(5.55)是在旋转坐标系下的表达,有关变量均是基于旋转坐标系的。静止坐标系与旋转坐标系下的速度关系已在式(5.49)中给出;旋转坐标系下的位置参数 r 和 z 与静止坐标系一样,角度参数 φ' 和静止坐标系的 φ 之间的关系为:$\varphi' = \varphi - \omega t$;旋转坐标系下的 z 方向体积力与静止坐标系下的相同 $F_{z,\text{rot}} = F_z$,而切向的体积力和径向体积力方向不同。

旋转坐标系下的 N-S 方程与静止坐标系下的方程相比,多出了 $2\omega u_{\varphi,\text{rot}}$、$2\omega u_{r,\text{rot}}$ 以及 $\omega^2 r$ 三项,前两项被称为科氏力项,分别作用于径向与切向;最后一项为离心力项,作用于径向。

（2）自由涡。

自由涡(free vortex)是开展旋转盘腔特别是减涡器的研究时经常用到的一种理论旋涡流动假设。流动特点为:流体微团绕某一外轴旋转,流线为同心圆,并且该流体微团并不绕其本身的轴旋转,即无黏流体做旋转流动。图5.10(a)给出了自由涡的简单示意,图中带箭头的圆形表示流体微团,箭头在整个流动过程中的方向没有发生变化,即流体本身是无黏的,也即是无旋的。

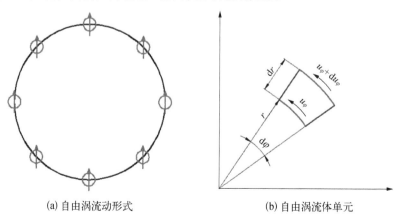

(a) 自由涡流动形式　　　　　　(b) 自由涡流体单元

图 5.10　自由涡流动模型示意

关于自由涡几个重要特性的描述从考虑如图 5.10(b)所示的流体单元开始，该流体单元位于圆柱坐标系的 $r-\varphi$ 平面上，由间距为 dr 的两条流线和两侧沿半径的线段围成。首先，自由涡只在切向方向有速度，因此按照环量的定义，该流体单元的环量为

$$\Gamma = (u_\varphi + du_\varphi)(r + dr)d\varphi - u_\varphi r d\varphi \tag{5.56}$$

将式(5.56)展开，并省略掉 3 阶以上的小量，有

$$\Gamma = (r u_\varphi + u_\varphi dr)d\varphi \tag{5.57}$$

进一步，按照斯托克斯定理可知，该流体单元的涡量应该为

$$\Omega_z = \frac{\Gamma}{r dr d\varphi} = \frac{u_\varphi}{r} + \frac{du_\varphi}{dr} \tag{5.58}$$

式中，用 Ω_z 表示 z 方向的涡量，而且因为自由涡流线为同心圆，因此 u_φ 仅在 r 方向变化，当 dr 和 $d\varphi$ 趋近于 0 时，式中 $\dfrac{du_\varphi}{dr}$ 一项即为 u_φ 在 r 方向的导数，又因为自由涡是无黏的无旋流动，因此

$$\frac{u_\varphi}{r} + \frac{du_\varphi}{dr} = 0 \tag{5.59}$$

积分上式可以获得

$$u_\varphi r = C \tag{5.60}$$

式中，C 被称为涡强，在任意半径处均为常数。而从此式也可知，自由涡的角动量沿半径方向是守恒的。

对于自由涡来说，其径向速度、径向体积力为零，黏性也为零，只有切向速度，即 $u_r = 0, u_z = 0, F_r = 0, \mu = 0$，代入静止圆柱坐标系下的运动方程(5.46)，有

$$-\rho \frac{u_\varphi^2}{r} = -\frac{\partial p}{\partial r} \tag{5.61}$$

式(5.61)描述了自由涡沿径向压力梯度与切向速度的关系，从物理角度考虑可以认为是该径向压力梯度提供的向心力维持了自由涡流体的旋转运动。

对于旋转中心在坐标原点的自由涡的流函数按照其定义可以表述为

$$\psi = \int \frac{\partial \psi}{\partial r}dr + \int \frac{\partial \psi}{\partial \varphi}d\varphi = \int u_\varphi dr + 0 = C \cdot \ln\left(\frac{r}{r_0}\right) \tag{5.62}$$

式中，r_0 表示流函数等于零的半径。

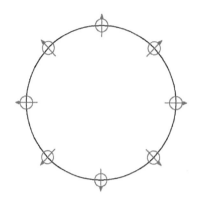

图 5.11　强制涡流动形式

（3）强制涡。

强制涡（forced vortex）是开展管、板以及复合式减涡器研究时经常用到的另外一种理论旋涡流动假设，做强制涡流动的流体意味着像"固体一样"在旋转，在有些国内文献中被称为"刚体运动"，在国外文献中通常被表述为"solid-body rotation"。图 5.11 给出了强制涡流动的示意，箭头表示微元体的朝向，可以看到微元体绕本身轴的转速与其绕外轴做圆周运动的转速相同，这意味着在强制涡形式的流动中，流体微元之间没有相对运动，也就是说微元体不受剪切应力的影响。

在强制涡中，流体受到的体积力有三种：科氏力、离心力以及使流体做加速旋转的外力。如果该强制涡的转速是恒定的，那么外力项为 0；如果流体相对旋转坐标系圆心没有位移，那么科氏力也为 0。三个体积力中的离心力是一定作用于流体的，其带来的离心加速度为 $\omega^2 r$。

强制涡中各流体微元的转速是一样的，记为 ω，那么各半径位置的强制涡切向速度为

$$u_\varphi = \omega r \tag{5.63}$$

又考虑到流体微元之间没有相对运动，描述强制涡径向受力平衡的运动方程可从式（5.46）简化为

$$\frac{\partial p}{\partial r} = \rho \frac{u_\varphi^2}{r} = \rho \omega^2 r \tag{5.64}$$

强制涡的流函数可通过定义推出：

$$\psi = \int \frac{\partial \psi}{\partial r} dr + \int \frac{\partial \psi}{\partial \varphi} d\varphi = \int \omega r dr + 0 = -\frac{1}{2} \omega r^2 + \text{Constant} \tag{5.65}$$

若 $r = 0$ 时，$\psi = 0$，那么式（5.65）中常数项为 0，得

$$\psi = -\frac{1}{2} \omega r^2 \tag{5.66}$$

式中，负号表示流函数的正负与转速相反。例如根据右手定则，当转速为正时，流动为逆时针方向，此时流函数为负值。

2）简单共转盘腔流动模型

带有径向进气的简单共转盘腔是最基础的径向引气单元，也是各类减涡器的

载体,掌握其内部流动机理是开展减涡器设计的基础。有关简单共转盘腔的流动模型的内容将首先从最基础的自由涡盘腔与强制涡盘腔模型开始,进而介绍 Hide 与 Owen 等所建立的源-汇盘腔模型。

（1）自由涡盘腔与强制涡盘腔模型。

下面给出自由涡假设与强制涡假设分别作用于旋转盘腔时的特征。由于自由涡与强制涡流动均为轴向(z 向)独立的,因此盘腔模型可以假设为二维平面,忽略壁面边界层的影响。

图 5.12 所示的理想二维盘腔外径为 b, 内径为 a, 以恒定的转速 ω 绕中心轴旋转,空气在内、外径之间的环形盘腔内流动。为了从更普遍的角度来说明问题,将表征盘腔内流动的主要参数做无量纲化:使用旋流数 β 替换切向速度 u_{φ},其物理含义为气流切向速度与盘腔固体壁面当地线速度的比值,见式(5.67);使用压力系数 C_p^* 替换压力 p,见式(5.68);使用无量纲半径 x 替换 r,其物理含义为当地半径与最大半径的比值,见式(5.69)。

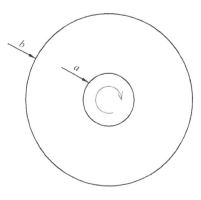

图 5.12　理想二维旋转盘腔

$$\beta = \frac{u_{\varphi}}{\omega r} \tag{5.67}$$

$$C_p^* = \frac{p}{\frac{1}{2}\rho\omega^2 b^2} \tag{5.68}$$

$$x = \frac{r}{b} \tag{5.69}$$

首先考虑腔内自由涡的流动情况,腔内流体切向速度和压力分别由式(5.60)、式(5.61)表示。将式(5.60)做无量纲化后有

$$\beta = cx^{-2} \tag{5.70}$$

式中, $c = u_{\varphi,b}/\omega b$ 表示盘腔最高位置的旋流数。进而将式(5.61)积分并无量纲化后有

$$C_p^* = -c^2 x^{-2} + \text{Constant} \tag{5.71}$$

再考虑腔内做强制涡流动时的情况,与上述处理方式相同,式(5.63)与式(5.64)无量纲化并积分后有

$$\beta = 1 \tag{5.72}$$

$$C_p^* = x^2 + \text{Constant} \tag{5.73}$$

式(5.70)~式(5.73)为描绘盘腔内自由涡与强制涡旋流数和压力系数的表达式。为方便对比,令 $x = 1$ 时, $C_p^* = 100$,即式(5.71)与式(5.73)中的常数 Constant 取值分别为 $100 + c^2$ 和99,这样两种流动假设模型的压力系数在最高半径处位于同一起点,然后绘制沿无量纲半径的旋流数与压力系数变化图线,如图5.13所示。

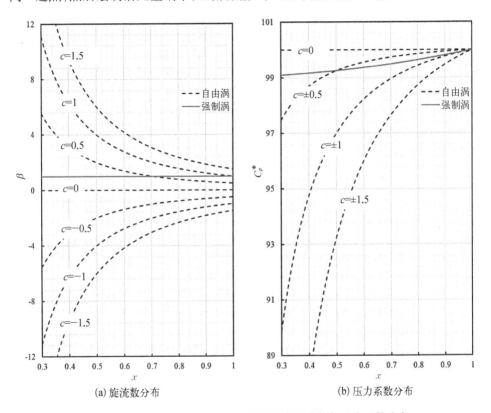

(a) 旋流数分布　　　　　　　(b) 压力系数分布

图5.13 自由涡与强制涡假设下的盘腔内旋流数与压力系数分布

图5.13(a)所示为二维旋转盘腔内旋流数的分布。自由涡流动形式下的旋流数与盘腔最高半径位置的旋流数 c 相关,因此在图中展示的是沿程旋流数 β 关于 c 的一组曲线。对于自由涡的旋流数来说,当 $c = 0$ 时自由涡消失,空气没有旋转。当 c 取绝对值相同、符号不同的一对数值意味着一对强度相同但旋转方向相反的自由涡。自由涡旋流数的绝对值随着半径的降低而迅速增大,当半径为0时,旋流数将会达到无穷大。而对强制涡来说,由于空气的转速与盘腔固体一致,因此其旋流数沿程恒定为1。

对比两者,当自由涡的最高半径旋流数 $|c| \geq 1$ 时,其沿程旋流数的绝对值将

一直大于强制涡的旋流数;而当 $|c| < 1$ 且 $c \neq 0$ 时,自由涡的沿程旋流数存在小于强制涡的情况,但是在 x 趋近于 0 的过程中,其仍然会超过强制涡,并趋近于无穷。强制涡旋流数与自由涡旋流数的交点仅存在于 $0 < c < 1$ 的情况下,此时可令式(5.70)与式(5.72)相等来求得,此时:

$$x = \sqrt{c} \tag{5.74}$$

图 5.13(b)所示为两种流动形式下旋转盘腔内压力系数 C_p^* 的沿程分布。由于自由涡旋流数的正负仅代表其旋转方向,对强度没有影响,因此首先可以看到具有相同旋流数绝对值的自由涡其沿程压力系数是一样的,而旋流数的绝对值越小,腔内沿程的压力变化就会越缓慢。同时也可以看到自由涡的压力系数沿半径减小的方向下降很快,在内径 a 趋近于 0 的过程中,压力系数趋向于负无穷,此时需要趋近于无穷的压力梯度来提供向心力才能在理论上维持气流自由涡形式的旋转。相对于自由涡而言,强制涡沿程压力系数的变化则要平滑很多,因为其沿程转速均为定值。与旋流数的规律类似,除起始点外,自由涡与强制涡压力系数之间的交点仅存在于 $|c| < 1$ 且 $c \neq 0$ 的情况下。

除压力的绝对值外,在工程设计中更关心的一点是压降的大小,也可以说是压力的沿程变化率。对式(5.71)与式(5.73)分别求导,有

$$C_{p,\text{free}}^{*\,\prime} = 2c^2 x^{-3} \tag{5.75}$$

$$C_{p,\text{forced}}^{*\,\prime} = 2x \tag{5.76}$$

以上两式分别描述了自由涡与强制涡压力系数的变化率,如图 5.14 所示。

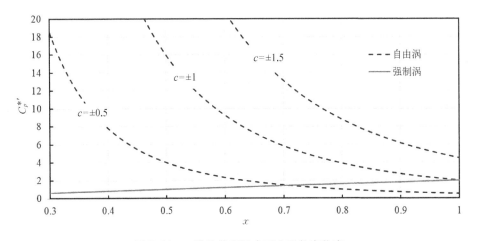

图 5.14 二维旋转盘腔内压力系数变化率

从图 5.14 可以清晰地看到,当入口处旋流数 $|c| < 1$ 时,自由涡在高半径段的区域内压降变化率是小于强制涡的,两者各自优势区间的分界点可以通过令式

(5.75)与式(5.76)相等来求解,此时 $x = \sqrt{c}$。从物理的角度可以很容易地理解两者之间的吻合原因:旋流数表征的是气流的无量纲切向速度,旋流数越大的时候,需要维持气流旋转所需的向心力越大,压力梯度也越大。在减涡器的工程设计中,可以利用这一特性在合适的半径点将盘腔内的自由涡转变成强制涡,来降低引气损失。

(2)旋转盘腔源-汇流动模型。

上述的自由涡与强制涡盘腔模型是真实盘腔内流动的两个极端特例,下面将介绍基于真实旋转盘腔的源-汇流动模型。

来自压气机动叶根部的引气流在进入盘腔前具有明显的切向速度,当来流经过鼓筒上的条缝或气孔进入盘腔时,其切向速度会明显地改变,这里通常用盘腔入口旋流数 c 来表征来流进入盘腔时的无量纲切向速度。

Hide[9]给出了径向入流等温盘腔中的典型的流动结构,如图5.15所示。由图可见,对于不同的入口旋流数值,盘腔内的流动结构有所不同。当 $c=1$ 时,盘腔内的流动结构由源区(source region)、埃克曼层(埃克曼 - type layer)、汇区(sink layer)和内部核心区(interior core)组成,如图5.15(a)所示。流体由入口进入空腔,在源区内沿半径向内流动,并逐渐被卷入两个埃克曼边界层中,在两个埃克曼边界层中流动,在汇区汇合,再经汇区流出空腔;当 $c<1$ 时,在源区内存在一驻点(stagnation point),驻点以内,气流沿盘面内流,而驻点以外,气流沿盘面外流,形成一个回流区。在源区、汇区和盘表面埃克曼层之间有一个无黏旋转流体的核心区,核心区内流体的径向和轴线速度接近零,其切向旋转速度比当地旋转盘的旋转速度大,数值与埃克曼层内流动相关。Owen将源区分成两部分,如图5.15(b)所示:

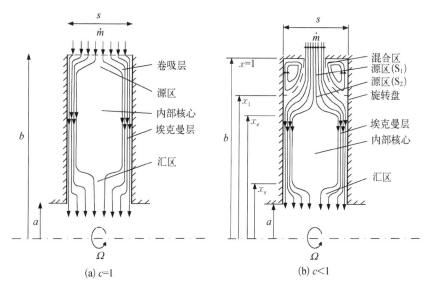

(a) $c=1$　　　　　　　　　(b) $c<1$

图5.15　径向入流旋盘腔等温腔典型流动结构[10]

对于区域 $S_1(1 > x > x_1)$，这里的当地旋流数 $\beta < 1$，这个区域存在回流区，盘面附近径向速度向外，盘心附近径向速度向内，称为外部源区；

对于区域 $S_2(x_1 > x > x_e)$，整个腔体范围内都是向内流动且 $\beta > 1$；该区域内的流体最终进入了转盘表面的边界层，这个区域可称为内部源区。

对于源区，定义其下边界在进入旋转腔的流体全部被卷入埃克曼层处 $(x = x_e)$。同时，假设源区内的流体沿径向的切向速度分布遵循"自由涡模型"，径向沿程角动量守恒。那么，通过对式(5.60)的简单变形，得到源区沿程旋流数的计算式：

$$\beta = \frac{u_\varphi}{\omega r} = c x^{-2} \tag{5.77}$$

对于核心区，Owen 等通过求解线性的埃克曼方程获得了表达其旋流数的计算式：

$$\beta = 1 - \lambda x^{-\alpha} \tag{5.78}$$

在层流状态时，$\lambda = (1/2\pi) C_w Re_\omega^{-1/2}$，$\alpha = 2$；湍流状态时，$\lambda = \text{sgn}(m) 2.22 \mid C_w \mid^{5/8} Re_\omega^{-1/2}$，$\alpha = 13/8$。注意，径向入流时流量 m 和流量系数 C_w 符号为负，出流时为正。核心区的上边界即是源区的下边界，因此两者之间的交界位置 x_e 可以令式(5.77)与式(5.78)相等来计算。

层流：

$$x_e = \left(c - \frac{1}{2\pi} \mid C_w \mid Re_\omega^{-\frac{1}{2}} \right)^{\frac{1}{2}} \tag{5.79}$$

湍流：

$$x_e = (c - 2.22 \mid C_w \mid^{\frac{5}{8}} Re_\omega^{-\frac{1}{2}} x_e^{\frac{3}{8}})^{\frac{1}{2}} \tag{5.80}$$

在上述 Owen 所建立盘腔内流动模型基础上，Firouzian 等利用流体显示技术、激光多普勒测速(laser Doppler anemometry，LDA)对旋转盘腔内的流动结构与径向沿程的空气切向速度进行了测量，如图 5.16 所示，图中白色烟雾代表空气的流动。在入流流量较低的情况下 $(C_w = 96$，$Re_\omega = 4 \times 10^4)$，盘腔内的流动完全呈

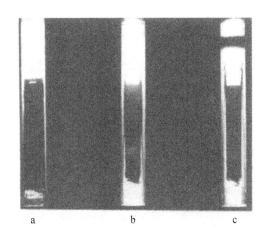

图 5.16　试验观察到的盘腔内流场结构

现出层流的特征：空气在高半径区域形成源区，并沿埃克曼层内流在盘腔低半径区域汇聚，在到达汇区后会沿埃克曼层有部分回流，埃克曼层间的黑色区域为核心区。试验观察到的流场结构非常符合 Hide 所建立的盘腔源-汇流动模型，而源区、核区的交界位置、盘腔沿程切向速度的分布也与 Owen 的线性理论模型结果非常吻合。

Firouzian 等进一步给出了基于 Owen 线性模型的盘腔内压降系数计算方法。对于线性埃克曼方程来说，非线性的惯性项被忽略，仅考虑维持流体旋转所造成的压力梯度，有

$$\frac{u_\varphi^2}{r} = \frac{1}{\rho}\frac{\partial p}{\partial r} \tag{5.81}$$

对上式求取定积分，可得到盘腔的压降系数 C_p：

$$C_p = 2\int_{x_a}^1 x\beta^2\,\mathrm{d}x \tag{5.82}$$

上式中压降系数 C_p 的定义为

$$C_p = \frac{\Delta p}{\frac{1}{2}\rho\omega^2 b^2} \tag{5.83}$$

将式(5.77)与式(5.78)代入式(5.82)进行求解，可以获得层流与湍流下盘腔内压降系数的计算公式。

层流：

$$C_p = (x_e^2 - x_a^2) + 4\mid\lambda_L\mid\ln(x_e/x_a) + \lambda_L^2(x_a^{-2} - x_e^{-2}) + c^2(x_e^{-2} - 1) \tag{5.84}$$

湍流：

$$C_p = (x_e^2 - x_a^2) + c^2(x_e^{-2} - 1) + 23.7\mid\lambda_T\mid^{\frac{5}{8}}(x_e^{\frac{3}{8}} - x_a^{\frac{3}{8}}) + 7.89\mid\lambda_T\mid^{\frac{1}{4}}(x_a^{\frac{-5}{4}} - x_e^{\frac{-5}{4}}) \tag{5.85}$$

式中，$\lambda_L = (1/2\pi)C_w Re_\omega^{-1/2}$；$\lambda_T = C_w/Re_\omega^{0.8}$。

式(5.84)与式(5.85)仅当 $x_e \geqslant x_a$（源区没有充满整个盘腔）时成立。在入流为大流量时，源区充满整个盘腔，可以直接应用自由涡模型，即

$$C_p = c^2(x_a^{-2} - 1) \tag{5.86}$$

式(5.84)与式(5.85)中如果令 $x_e = x_a$ 则等于式(5.86)。另一个情况是如果腔内流体做强制涡运动，则 $u_\varphi/\omega r = 1$，式(5.82)可以积分得

$$C_p = 1 - x_a^2 \tag{5.87}$$

以上通过线性埃克曼方程所推导出的一系列描述盘腔内切向速度与压降系数的计算公式被称为旋转盘腔的线性模型。

在线性模型的基础之上,Owen 等[10]进一步提出了通过非线性方程组所得到的盘腔内流场计算方法,改进了对核心区旋流数 β 的计算。

$$\beta(x) = \frac{u_\varphi}{\omega r} = 1 - \mathrm{sgn}(m) \left[\frac{30}{49\pi\alpha_o(\beta)\gamma_o(\beta)} \right]^{\frac{5}{8}} |\ \lambda_T\ |^{\frac{5}{8}} x^{\frac{-13}{8}} \tag{5.88}$$

式中,

$$\alpha_o(\beta) = 0.162(1 + 8\beta)^{\frac{1}{2}} (1 - 0.229\beta)^{\frac{-1}{2}} \tag{5.89}$$

$$\gamma_o(\beta) = 0.526(1 - 0.019\beta)^{0.3} (1 - 0.229\beta)^{0.1} (1 + 8\beta)^{-0.4} \times (1 + 1.608\beta)^{-0.8} \tag{5.90}$$

当 $\beta \approx 1$ 时,相当于线性的情况,式(5.88)退化成湍流状态下的式(5.78)。

压力系数的计算公式则为

$$C_{p,c} = c^2 (x_e^{-2} - 1) + 2\int_{x_a}^{x_e} x\beta^2(x)\,\mathrm{d}x \tag{5.91}$$

其中,代表源区下边界的 x_e 可以令式(5.88)与式(5.77)相等来计算获得。对于 $\beta(x) \leqslant 0$ 的情况,$\alpha_0(0)$ 和 $\gamma_0(0)$ 用于式(5.88)。

3) 反旋喷嘴流动模型

反旋喷嘴式减涡器是安装在盘腔内的一系列倾斜喷嘴,其基本结构已在图 5.8 中示出。反旋喷嘴式减涡器盘腔内的压力损失主要体现在两部分上,其一是空气在喷嘴下游共转盘腔内径向流动时的损失,其二是空气通过喷嘴时所产生的损失。

(1) 喷嘴下游盘腔内的损失。

在喷嘴下游盘腔内的流动机理与简单盘腔一致,上文所述的源-汇模型相关理论与计算方程仍然适用。反旋喷嘴的作用是降低气流通过喷嘴后的切向速度,降低盘腔最高半径的旋流数 c,进而起到控制盘腔内整体流速、降低损失的目的。图 5.17 显示出了由线性模型[式(5.85)]所计算得到的入口旋流数 c 对盘腔内压降系数 $C_{p,c}$ 的影响,可以看出,最高半径的旋流数 c 是影响盘腔内压降的一个非常关键的参数。

盘腔最高半径的旋流数 c 通常会受到转速、引气流量、预旋流以及鼓筒引气孔 (引气喷嘴) 长径比、倾斜角度等几何参数的综合影响。如果使用细长的喷嘴来替

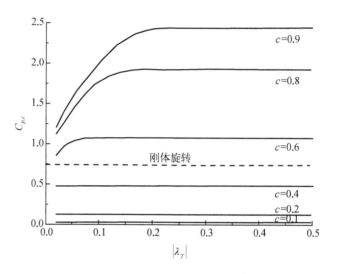

图 5.17 $C_{p,c}$ 在 c 不变的情况下随 $|\lambda_T|$ 的变化图

代鼓筒孔,如图 5.18 所示,那么空气在通过喷嘴时会得到充分的引导,此时通常可以忽略预旋流与长径比的影响。从理论上来说空气通过一个充分发展的喷嘴后,进口旋流数 c 可表示为

$$c = 1 - \frac{4\cos\theta}{\pi N}\left(\frac{b}{d}\right)^2 \frac{|C_w|}{Re_\omega} \tag{5.92}$$

式中,θ 表示喷嘴轴线与切向的夹角;N 表示喷嘴数量;d 表示喷嘴出口位置直径。

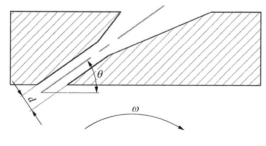

图 5.18 反旋喷嘴

实际上,即使知道了入口喷嘴的几何参数来计算进口旋流数,但是由于盘腔中有气流掺混存在,所以,真实的进口旋流数 c_{eff} 并不等于 c。

根据前面的论述,当 m 为正,$\dfrac{u_\theta}{\Omega r}$ 小于 1,这表明在源区的边界层存在径向出流。这种径向出流混合有从进口进来的入流,改变了入流的旋转系数。这种情况表示在图 5.19 中,其中,$\dot{m}_I$ 指的是盘腔进口处的质量流量,$\dot{m}_{ent}$ 指的是在 $r=b$ 处边界层里的质量流量。有如下假设：① 混合发生在一个薄层里（如 $r \approx b$）；② 外罩上的摩擦力矩与流经混合层流体的角动量改变率相等；③ 外罩上的剪切力 τ_ϕ 与转盘上 $r=b$ 处的相等。利用这些假设，可以得出公式：

$$M = (|\dot{m}_I| + 2\dot{m}_{ent}) \bar{V}_{\phi,o} b - (2\dot{m}_{ent} V_{\phi,ent} + |\dot{m}_I| V_{\phi,I}) b \tag{5.93}$$

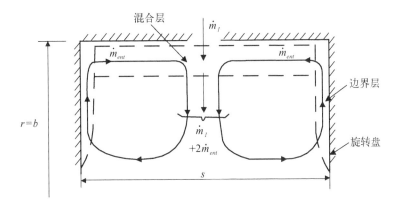

图 5.19　源区的合层

其中，下标 I 表示控制体进口处，o 表示出口，ent 表示盘上边界层所卷吸的流体。

Owen[10] 给出的理论分析的结果为

$$\frac{\dot{m}_{ent}}{\mu b} = f(\beta) Re_\omega^{\frac{4}{5}} \tag{5.94}$$

$$\frac{\tau_\phi}{\rho \Omega^2 b^2} = - g(\beta) Re_\omega^{\frac{-1}{5}} \tag{5.95}$$

$$\frac{u_{\theta,ent}}{\Omega b} = \frac{1}{6} + \frac{5}{6}\beta \tag{5.96}$$

其中，τ_ϕ 表示在转盘 $x=1$ 处剪切应力的切向分量，然后

$$f(\beta) = \operatorname{sgn}(1-\beta) 2.566 \alpha_o(\beta) \gamma_o(\beta) |1-\beta|^{\frac{8}{5}} \tag{5.97}$$

$$g(\beta) = \operatorname{sgn}(1-\beta) 0.0225 [1 + \alpha_o^2(\beta)]^{\frac{3}{8}} \gamma_o(\beta)^{\frac{-1}{4}} |1-\beta|^{\frac{8}{5}} \tag{5.98}$$

$\alpha_o(\beta)$ 和 $\gamma_0(\beta)$ 从式（5.98）和式（5.90）得出，β 从式（5.88）得出。

鼓筒上的动量矩为

$$M = - 2\pi b^2 s \tau_\phi \tag{5.99}$$

进口旋流数为

$$c = \frac{V_{\phi,l}}{\Omega b} \tag{5.100}$$

出口旋涡分数 c_{eff} 与 β 相等。因此,式(5.93)可以改写为

$$c_{\text{eff}} = \frac{c + \frac{1}{3}f(\beta) \mid \lambda_T^{-1} \mid + 2\pi g(\beta)G \mid \lambda_T^{-1} \mid}{1 + \frac{1}{3}f(\beta) \mid \lambda_T^{-1} \mid} \tag{5.101}$$

式中,G 表示盘腔间隙比,盘腔宽度除以盘腔外径($G = s/b$)。对于 $\beta \le 0$ 的情况,$f(\beta)$ 和 $g(\beta)$ 的值可用 $\beta = 0$ 代入式(5.101)来计算 c_{eff}。

根据式(5.101),对于 $-0.4 \le c \le 0.9$ 和 $G = 0.267$ 的情况,c_{eff} 随 $\mid \lambda_T \mid$ 的变化在图 5.20 中表示出来。从图中可以看出 $\mid c_{\text{eff}} > c \mid$,当 $\mid \lambda_T \mid \to 0$ 时,$c_{\text{eff}} \to 1$;当 $\mid \lambda_T \mid \to \infty$ 时,$c_{\text{eff}} \to c$。在 c 较小时,c_{eff} 随 $\mid \lambda_T \mid$ 的变化较剧烈。

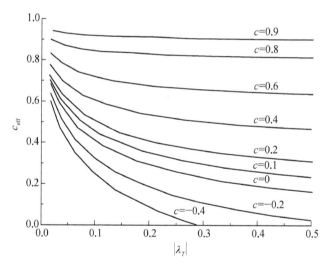

图 5.20　c_{eff} 在不同 c 情况下随 $\mid \lambda_T \mid$ 的变化

使用非线性模型[式(5.88)~式(5.91)],并且用 c_{eff} 代替 c,$C_{p,c}$ 随 $\mid \lambda_T \mid$ 的变化情况表示在图 5.21 中。需要注意,根据式(5.85)的线性解,可以得到相似的结果。从图 5.21 中可以看出,在 c 较小时,混合过程对压降系数有很大的影响。当 $\mid \lambda_T \mid$ 较小时,c_{eff} 会远远大于 c,图 5.21 中的压力系数明显大于图 5.17 中的值,并且每条曲线的转折点也能清楚地看到。图中显示 $C_{p,c}$ 可以减小到 0。例如,当 $c = -0.4$,$\mid \lambda_T \mid \approx 0.3$ 时,$C_{p,c} = 0$。$\mid c_{\text{eff}} \mid = 0$ 时 $C_{p,c}$ 也为 0。入流的反向旋转被混合过程中和,使得盘腔中的压力降可以忽略。

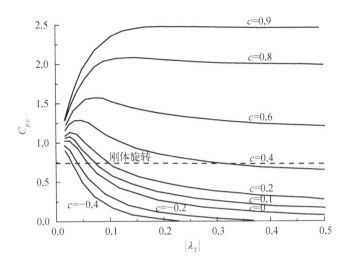

图 5.21　$C_{p,c}$ 在不同 c 情况下随 $|\lambda_T|$ 的变化

（2）空气通过反旋喷嘴的损失。

反旋喷嘴式盘腔内另外一部分重要的损失是空气通过喷嘴时产生的流动损失。图 5.22 所示为反旋喷嘴所处坐标系,喷嘴与坐标轴相对位置保持不变,绕 Z 轴以恒定的角速度 Ω 转动。当忽略了重力的影响后,描述此流动的运动平衡方程（Batchelor[11]）为

$$\boldsymbol{u} \times (\boldsymbol{\omega} + 2\boldsymbol{\Omega}) = - \nabla \left[\frac{1}{2} q^2 + \frac{p}{\rho} - \frac{1}{2} (\boldsymbol{\Omega} \times \boldsymbol{X})^2 \right] \quad (5.102)$$

式中, $\boldsymbol{\omega}$ 表示涡度,然后

$$\boldsymbol{X} = X\boldsymbol{i} + Y\boldsymbol{j} + Z\boldsymbol{k}$$

$$\boldsymbol{u} = u\boldsymbol{i} + v\boldsymbol{j} + w\boldsymbol{k}$$

$$q^2 = \boldsymbol{u} \cdot \boldsymbol{u}$$

如果考虑平衡方程(5.102)在速度方向上进行积分,那么科氏力项与涡度项可以忽略:

$$\frac{1}{2} q^2 + \frac{p}{\rho} - \frac{1}{2} (\boldsymbol{\Omega} \times \boldsymbol{X})^2 = \text{Constant}$$

$$(5.103)$$

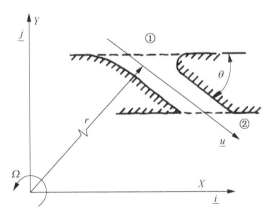

图 5.22　反旋喷嘴所处坐标系

对于空气通过旋转孔的流动过程,即从 r_1 流动到 $r_2(r^2 = X^2 + Y^2)$,应用方程(5.102)可以得

$$\frac{1}{2}{q_1}^2 + \frac{p_1}{\rho} - \frac{1}{2}(\Omega^2 r_1^2) = \frac{1}{2}{q_2}^2 + \frac{p_2}{\rho} - \frac{1}{2}(\Omega^2 r_2^2) \tag{5.104}$$

如果认为空气进入孔前的空间足够大，q_1 可近似看成是 0，那么

$$q_2 = \left[\frac{2(P_1 - P_2)}{\rho}\right]^{1/2} \tag{5.105}$$

式中，$P = p - \dfrac{1}{2}\rho\Omega^2 r^2$。

进一步考虑黏性的影响，需要引入流量系数 C_d 的定义：

$$C_d = \frac{q_2}{\left[2(P_2 - P_2)/\rho\right]^{1/2}} \tag{5.106}$$

对上式使用入口旋流系数 c 替代喷嘴出口速度 q_2，并变形后得

$$\frac{P_1 - P_2}{\dfrac{1}{2}\rho\Omega^2 r_2^2} = \left(\frac{1 - c}{C_d\cos\theta}\right)^2 \tag{5.107}$$

与盘腔内的压降系数 $C_{p,c}$ 类似，这里定义过孔压降系数 $C_{p,n}$ 来描述过孔的压力损失：

$$C_{p,n} = \frac{p_1 - p_2}{\dfrac{1}{2}\rho\Omega^2 r_2^2} \tag{5.108}$$

那么从方程(5.107)变形就可以得

$$C_{p,n} = \left(\frac{1 - c}{C_d\cos\theta}\right)^2 + \left(\frac{r_1}{r_2}\right)^2 - 1 \tag{5.109}$$

4）管式减涡器流动模型

管式减涡器是目前在航空发动机中应用最广泛的一类减涡器。该类减涡器通过在旋转盘腔中加装一系列的导流管，将盘腔内高半径区域自由涡形式的流动转变为强制涡，进而起到降低盘腔内沿程压力损失的作用。

管式减涡器盘腔的物理结构是相对复杂的，当前缺少相关的流动可视化试验对盘腔内的流场进行直接的观察。基于盘腔基本流动理论并结合 CFD 数值仿真与试验数据可以建立管式减涡器盘腔内的流动模型。

管式减涡器盘腔内的流场被导流管分割为三个区域，分别为在流体在进入导流管之前的源区、在导流管入口处的管口区以及在导流管内部的管区，如图 5.23

所示。CFD 计算结果表明,当空气进入盘腔后将沿径向内流,同时在高半径区域形成与简单盘腔类似的回流涡系,流场在导流管入口处收束后进入导流管继续内流,图中颜色表示空气入流径向速度,负值表示入流。

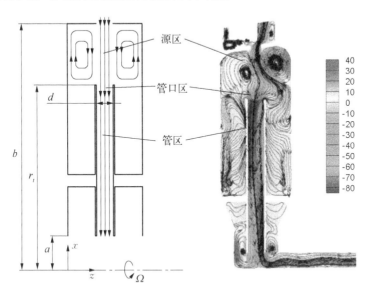

图 5.23　管式减涡器盘腔流场结构

对于管式减涡器盘腔的源区,定义其下边界位于导流管入口处,$r=r_t$,即当 $r_t<r<b$ 时为源区。在此处同样应用自由涡模型,那么描述其切向速度的公式为

$$V_\phi = c \cdot \omega b^2 r^{-1} \qquad (5.110)$$

对于管区,定义其上边界为导流管入口,$r=r_t$,即当 $a<r<r_t$ 时为管区。在此处应用强制涡模型,那么描述其切向速度的公式为

$$V_\phi = \omega r \qquad (5.111)$$

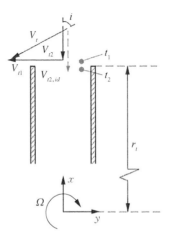

从式(5.110)与式(5.111)可以看出,管式减涡器盘腔内部流场的切向速度分布可以简单地看成是自由涡模型与强制涡模型的组合。

由于管口区所占空间较小,且流动复杂,难以对边界进行界定,因此这里不对管口区的径向范围进行定义,但是要特别区分空气进入导流管之前截面的速度以及刚进入导流管时的截面速度。管口区的空气速度如图 5.24 所示。

图 5.24　导流管入口处速度示意

对于空气进入导流管之前的截面,用 $V_{\phi,t1}$ 表示静止坐标系下的切向速度,用 V_{t1} 表示旋转坐标系下的相对切向速度,由于盘腔面积较大,这里不考虑此截面上可能存在的径向速度;对于空气刚进入导流管时的截面,定义其静止坐标系下的切向速度为 $V_{\phi,t2}$,径向速度为 V_{t2},而相对切向速度则为 0。总之,通过如下公式来描述此区域内的流场速度:

$$V_{t1} = V_{\phi,t1} - \omega r_t = (cb^2 r_t^{-2} - 1)\omega r_t \qquad (5.112)$$

$$V_{\phi,t2} = \omega r_t \qquad (5.113)$$

$$V_{t2} = \frac{4m}{n\pi d^2 \rho_{t1}} \qquad (5.114)$$

式中,m 表示质量流量;n 表示导流管数量;d 表示导流管内径;ρ_{t1} 则表示管口位置的空气密度。

进一步,定义导流管入口处的空气入射角计算公式为

$$i = \tan^{-1}(V_{t1}/V_{t2}) \qquad (5.115)$$

入射角是在旋转坐标系的视角下建立的,因此式中速度变量均为相对速度。这里,i 的符号表示偏转方向:正值表示偏转角度与旋转方向相同,负值表示相反方向。从 i 的定义可以看出,该值受空腔入口初始流动条件、转速、质量流量和管几何参数的影响,该值反映了这些参数对管入口流动状态的综合影响。理论上,入射角越大,管入口处的有效流动面积越小,这种效应导致流动分离和局部损失增加。

管式减涡器盘腔内的压降主要由三部分构成:① 维持流体做自由涡与强制涡旋转所需的压降;② 在导流管入口处因为速度突变以及局部损失所造成的压降;③ 在导流管内因为黏性耗散所造成的压降。忽略了盘腔内源区因非线性的对流项与黏性项所带来的压降,因为这两项与其他三项相比为小量。同时也忽略了管出口处的静压变化,默认为理想情况管出口的腔体空间足够大,管内的动压将会全部损失掉,而不会再带来静压的变化。

第一部分压降,维持流体在源区与管区分别做自由涡与强制涡旋转,压降与流体的切向速度之间仍然满足平衡方程(5.81)。盘腔内的流动过程考虑为绝热过程,$P_b v_b^k = P v^k$,并将式(5.110)与式(5.111)代入式(5.81)积分后得到该部分压降的计算公式:

$$\Pi_\omega = \left(\frac{P_b}{P_a}\right)_\omega = \left\{ 1 - \frac{\dfrac{1}{2}\omega^2[c^2 b^2(b^2 r_t^{-2} - 1) + (b^2 - a^2)]}{R_g T_b} \cdot \frac{k-1}{k} \right\}^{\frac{k}{1-k}}$$

$$(5.116)$$

这里使用了压比 Π_ω 来描述该部分压降。

第二部分压降发生于导流管入口处。在这里首先忽略管口处因流动分离导致的局部损失,建立理想情况下的能量守恒方程,有

$$T_{t1} + \frac{V_{t1}^{2}}{2C_p} = T_{t2} + \frac{V_{t2,\mathrm{id}}^{2}}{2C_p} \tag{5.117}$$

同时,对于绝热过程有

$$\frac{P_{t1}}{P_{t2}} = \left(\frac{T_{t1}}{T_{t2}}\right)^{\frac{k}{k-1}} \tag{5.118}$$

那么,管口处的压比可以从以上两式中导出:

$$\Pi_t = \frac{P_{t1}}{P_{t2}} = \left[1 - \frac{(k-1)\left[(V_{t2,\mathrm{id}})^{2} - V_{t1}^{2}\right]}{2kR_g T_{t1}}\right]^{\frac{k}{1-k}} \tag{5.119}$$

式中所出现的管口处静温 T_{t1} 可以同样使用绝热状态变化方程式(5.96)进行粗略估算,有

$$T_{t1} = T_b\left\{1 - \frac{\frac{1}{2}\omega^{2}\left[c^{2}b^{2}(b^{2}r_t^{-2} - 1)\right]}{R_g T_b} \cdot \frac{k-1}{k}\right\}^{\frac{-k^2}{(k-1)^2}} \tag{5.120}$$

那么在计算管口压降的公式(5.119)中,仅有理想状态下的参数 $V_{t2,\mathrm{id}}$ 是未知的。为了获得此参数的有效取值,需要引入速度系数 C_v 来进一步探究管口真实入流速度 V_{t2} 和理想入流速度 $V_{t2,\mathrm{id}}$ 之间的关系。速度系数的定义见下式,该系数通常用于小孔流动中来表明孔的流通能力,用于这里则是用于说明局部能量损失的相对大小,局部损失越小,C_v 越接近 1。

$$C_v = \frac{V_{t2}}{V_{t2,\mathrm{id}}} = \frac{V_{t2}}{\sqrt{\frac{2k}{k-1}R_g T_{t1}\left[1 - \left(\frac{P_{t1}}{P_{t2}}\right)^{\frac{1-k}{k}}\right] + V_{t1}^{2}}} \tag{5.121}$$

使用 C_v 代替 $V_{t2,\mathrm{id}}$,并引入 V_{t1} 与 T_{t1} 的具体表达后,得到了管口处局部损失的计算公式:

$$\Pi_t = \frac{P_{t1}}{P_{t2}} = \left[1 - \frac{(k-1)\left[\left(\frac{V_{t2}}{C_v}\right)^{2} - \omega^{2}r_t^{2}(cb^{2}r_t^{-2} - 1)^{2}\right]}{2kR_g T_b\left\{1 - \frac{\frac{1}{2}\omega^{2}\left[c^{2}b^{2}(b^{2}r_t^{-2} - 1)\right]}{R_g T_b} \cdot \frac{k-1}{k}\right\}^{\frac{-k^2}{(k-1)^2}}}\right]^{\frac{k}{1-k}} \tag{5.122}$$

式(5.122)右侧的未知变量为表征局部损失的速度系数 C_v。在工程中,快速获得 C_v 有效取值的方法是使用有关速度系数 C_v 和主要变量参数之间的经验关系式。速度系数表征的是管口处的局部损失大小,而局部损失是由流动分离引气的黏性耗散所造成,管入口前的流动状态、管径、转速、流量等参数都会给流动分离现象带来影响。入射角可以综合上述多参数的影响,作为描述速度系数的主要变量是非常合适的。图5.25给出了不同转速、管径、管个数下的管口处流动仿真模拟结果。图 5.25(a)、(b)、(c)三幅图表明入射角越大,速度系数越小;从图5.25(d)、(e)、(f)中可以看到,即使转速、管径、管数不同,但只要入射角接近,速度系数就会非常接近。

(a) 0.802−0.054−20, 14438 r/min
($i = -20.4°$, C_v=0.66)

(b) 0.848−0.054−20, 14438 r/min
($i = -27.3°$, C_v=0.60)

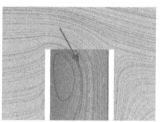

(c) 0.917−0.054−20, 14438 r/min
($i = -32.0°$, C_v=0.54)

(d) 0.756−0.066−20, 21657 r/min
($i = -9.6°$, C_v=0.79)

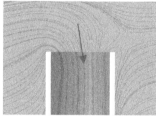

(e) 0.710−0.054−20, 7219 r/min
($i = -11.4°$, C_v=0.78)

(f) 0.756−0.054−10, 7219 r/min
($i = -12.0°$, C_v=0.78)

图 5.25　入射角与速度系数

进一步利用大量数值仿真数据给出了速度系数随管口入射角的变化规律,并拟合了两者之间的经验关系式,图5.26则示出了入射角对速度系数的影响规律,表明入射角的绝对值越大,速度系数越小。

$$C_v = f(i) = -0.000\ 119i^2 - 0.000\ 21i + 0.774 \tag{5.123}$$

第三部分压降则主要考虑导流管内部因摩擦带来的损失,所里可以将旋转管内的流动看成普通的管流来处理。计算管流摩擦损失的标准方程为

$$\frac{\Delta P}{\rho} = \tau\ \frac{(r_t - a)}{d}\ \frac{V_{t2}^{\ 2}}{2} \tag{5.124}$$

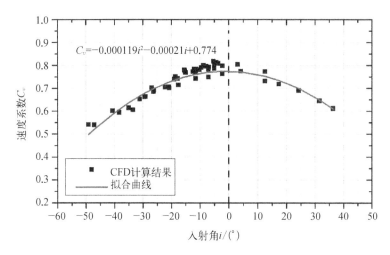

图 5.26 入射角与速度系数关系

式中，τ 表示流动摩擦损失系数，可以通过莫迪图来获取。将上式转化为压比的表达形式，有

$$\Pi_f = \left(\frac{P_{t2}}{P_a}\right)_f = \frac{2dR_gT_b}{2dR_gT_b - \lambda(r_t - a)V_{t2}^2} \quad (5.125)$$

那么，管式减涡器盘腔内压力损失的三个主要部分分别用 Π_ω、Π_t 和 Π_f 来表示，盘腔内的进出口总体压比则可以表达为

$$\Pi = \Pi_\omega \cdot \Pi_t \cdot \Pi_f \quad (5.126)$$

利用以上数学模型可以实现对管式减涡器盘腔内压力损失的快速计算，并提供对导流管数量、直径、长度的优化设计指导。

5.2.3 减涡供气系统的性能分析与空气系统匹配设计原则

前文介绍了各类减涡器的基本结构、减阻机理与流动数学模型，本节将进一步展开介绍各类减涡器的损失特性规律以及在设计中要遵守的基本原则。

1）反旋喷嘴式减涡器性能分析

反旋喷嘴式减涡器通过反向安装的喷嘴引导空气在盘腔内做相对负切向的流动来降低盘腔入口旋流数 c，然后进一步降低盘腔内压降。

图 5.27 给出了反旋喷嘴式减涡器盘腔与简单共转盘腔的压降系数随湍流参数变化时的试验数据，该数据来自南京航空航天大学江苏省航空动力系统重点实验室。从图中可以看到反旋喷嘴式减涡器可以非常有效地降低盘腔内的压降，在大部分工况范围内，反旋喷嘴式减涡器可以使腔内压降降低至只有简单盘腔的 1/3 甚至更多。但需要注意的是，盘腔内压降系数在低湍流参数工况范围内非单

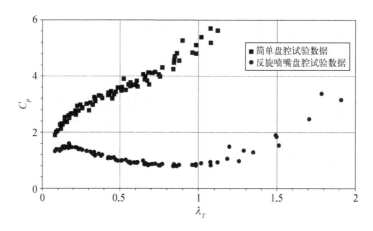

图 5.27　反旋喷嘴式减涡器与简单盘腔内压降系数对比

调变化的区域需要在空气系统设计中避开,这一点将在下文进行详细说明。

　　反旋喷嘴的反向引导效果,主要体现的参数是喷嘴出口处旋流数也就是盘腔入口旋流数 c,对喷嘴几何参数与气动参数的大小十分敏感。将描述反旋喷嘴出口旋流数 c 的式(5.92)进行变换,得到方程右边参数均为独立变量的形式:

$$c = 1 - \frac{4Q\cos\theta}{N\pi d^2 \omega b} \tag{5.127}$$

式中,Q 表示引气体积流量。从上式中可以看出,喷嘴与盘腔切向的夹角 θ 越小(意味着孔倾斜程度越高)或流量越大或喷嘴个数越少、喷嘴直径越小或转速越小或盘腔外径越小时,旋流数则越小;反之则有相反的规律。

　　Farthing 等[12]最先发现反旋喷嘴盘腔内的压降随流量的变化是非单调的,两者之间呈现出 S 型的对应关系。图 5.28 所示为喷嘴下游盘腔内的压降系数随流量系数的变化规律,而图 5.29 所示则为盘腔加喷嘴整体产生的压降系数随流量系数的变化。图中空心方块为试验数据,实线为 Owen 积分方法的数学求解结果,点划线为线性模型计算结果,虚线为非线性模型的计算结果。

　　喷嘴下游盘腔内的压降随流量变化有很强的非单调性,如图 5.28 所示,在某些压降区域内,一个压降甚至会对应三个不同的流量系数取值,这表明在较低流量范围内的,流量与压力之间的对应关系是不稳定的,而随着转速的升高,具有潜在不稳定性的流量范围也会增大。对于图 5.28 中所示的曲线自下而上来看,当流量系数为 0 时,理论上对应着盘腔内气流整体做强制涡流动时的压降;随着流量的升高,源-汇流动结构形成,并逐渐由源区挤压核心区,在此过程中盘腔内的压力呈现出上升的趋势并达到第一个拐点;随着流量的进一步增大,盘腔内的源区占据主导地位进而占据整个盘腔,同时受喷嘴反旋引导的影响,盘腔入口处有效旋流数 c_{eff}

下降,盘腔内压降随之降低,并在 $c_{eff} = 0$ 时达到第二个拐点,此时盘腔内整体压降达到最低;当流量继续增大时,喷嘴的反向引导效果进一步加强,此时 $c_{eff} < 0$,这意味着盘腔内空气在静止坐标系下来看其旋转方向与盘腔相反,盘腔内形成反向旋涡,并随着流量的增大而变强,这导致了压降的上升。

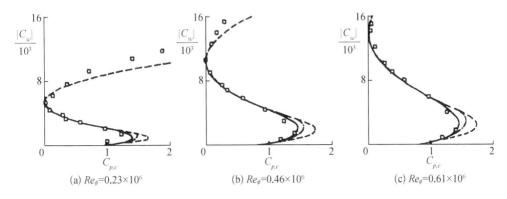

图 5.28 喷嘴下游盘腔内压降系数与流量系数的关系

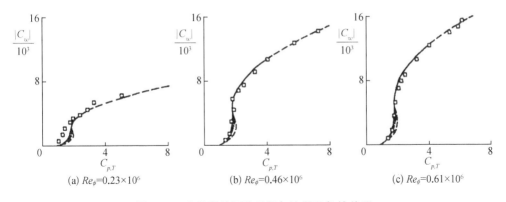

图 5.29 盘腔整体压降系数与流量系数的关系

而对于考虑了反旋喷嘴本身损失的盘腔整体压将变化特性来说,如图 5.29 所示,压降随流量的非单调变化特征相对盘腔内部较弱,这是因为喷嘴本身的压力损失随流量的增大是明显单调递增的,喷嘴与喷嘴下游盘腔的叠加压力损失变化特性相比单盘腔而言会平缓一些。

在空气系统设计中,反旋喷嘴盘腔内压降随流量的非单调变化特性需要重点关注。如果空气系统的性能曲线中包含有反旋喷嘴盘腔非单调变化的工况区间,那么有可能会在发动机过渡态过程中出现严重的内部空气引气迟滞。也即是说,在发动机转速升高、压比增大,需要大流量进行涡轮盘冷却的情况下,引气流量随压比的增长出现长时间的滞后,这将导致二次流空气的严重不足,引发燃气入侵。因此,喷嘴的几何参数需要配合结构强度需求、空气系统的整体引气需求以及反旋喷嘴的减阻性能来进行综合确定。匹配原则将在本节第五部分重点讨论。

2）管式减涡器性能分析

管式减涡器通过将盘腔内的自由涡转变成强制涡来降低空气转速,进而降低压降。

图 5.30 给出了管式减涡器盘腔与简单共转盘腔的压降系数随湍流参数变化时的试验数据,该数据来自南京航空航天大学江苏省航空动力系统重点实验室。可以看到,在所开展试验的工况下,管式减涡器盘腔内的压降系数仅有简单共转盘腔的一半左右,而该研究工况范围（$0.06 < \lambda_T < 0.6$）可以涵盖大部分典型发动机工况。

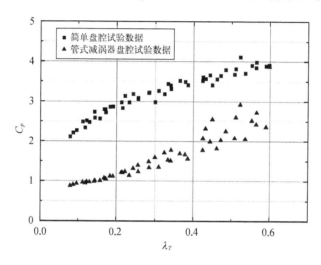

图 5.30　管式减涡器盘腔与简单盘腔压降对比

图 5.31 进一步给出了管式减涡器盘腔与简单盘腔内的静压沿程分布试验数据、CFD 计算数据与理论计算数据的对比。在进入导流管前,空气的沿程压降趋势与简单盘腔非常相似,而进入导流管后,管式减涡器盘腔内的压力变化要比简单盘腔平缓许多,因为导流管有效地限制了盘腔内空气旋涡的进一步发展。还可以看到,在管入口处存在压力的突降,这是因为管口处存在速度的迅速变化以及局部损失,本书的理论模型、仿真模拟以及试验均捕捉到了这一现象。管口处的压力突降对导流管流通面积与引气流量非常敏感,在某些大流量的极端工况下,甚至会占据盘腔内主要的压力损失部分。图 5.31 给出了通过 CFD 数值模拟获得的某导流管盘腔内不同流量工况下的压力分布,在大流量的工况下,盘腔内压降主要来自管口的损失。

管式减涡器盘腔内的压降随流量或转速的变化规律是单调递增的。流量越大,管口局部损失与沿程黏性损失均会增大;转速越大,盘腔内气流的转速也相应升高,压降增大。图 5.32 给出了导流管盘腔内压降随转速与流量变化的试验数据。

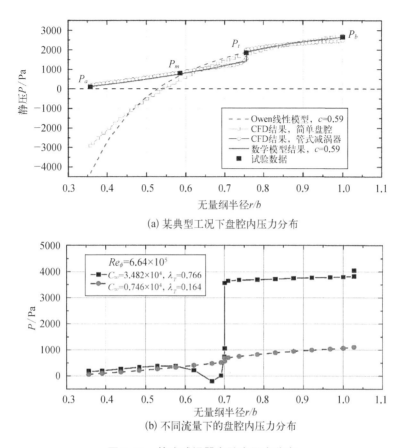

(a) 某典型工况下盘腔内压力分布

(b) 不同流量下的盘腔内压力分布

图 5.31 管式减涡器盘腔内压力分布

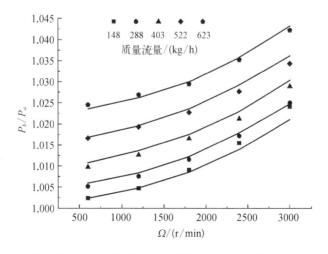

图 5.32 管式减涡器盘腔内压降随转速与流量的变化

对于管式减涡器的结构参数来说,导流管的长度(通常说的是管入口与出口的径向位置)决定了盘腔内做自由涡区域与强制涡流动区域的大小,而强制涡与自由涡有各自的优势区间范围。当旋流数小于1时,自由涡的压降低于强制涡,旋流数大于1时,自由涡的压降高于强制涡,这一特性可以在图5.13与图5.14中观察到。因此,在工程设计中应将导流管的入口放置在旋流数 $\beta = 1$ 的位置,这一位置对应的无量纲半径数值与入口旋流数 c 的平方根相等,即 $x = \dfrac{r}{b} = \sqrt{c}$。管出口则位于盘腔底部边缘,以最大限度地限制空气涡旋。图5.33(a)给出了不同管长下盘腔内压降变化规律。

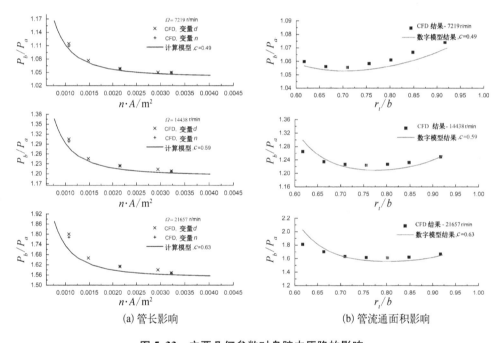

(a) 管长影响　　　　　　　　　　(b) 管流通面积影响

图5.33　主要几何参数对盘腔内压降的影响

导流管管径与管数通过共同影响导流管有效流通面积来进而影响盘腔内的压降。管流通面积越大,管口局部损失与沿程摩擦损失都会减小,因此盘腔损失也会减小。图5.33(b)示出了盘腔内压降随管面积的变化规律。

在进行导流管的几何设计时,应首先保证导流管具有合适的长度,管口处位于旋流数为1的位置,这样可以避免额外的启动损失,并保证具有最优的重量。而对于导流管引气面积(管径、管数)的设计,需要按照空气系统的需求来进行匹配。

3) 板式减涡器性能分析

板式减涡器的减阻机理与管式减涡器基本一致,通过阻碍空气旋涡的发展来降低盘腔内压降。不同的是,板式减涡器的板间空间较大,对旋涡的限制效果不如管式减涡器;相应的,其入口处局部损失则小于管式减涡器。

图 5.34 给出了管式减涡器与板式减涡器盘腔内压降系数随湍流参数变化的试验数据。可以看到,板式减涡器的减阻特性与管式减涡器十分接近,两者的压降对气动参数有很好的单调性。

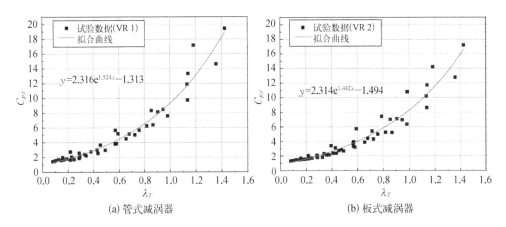

(a) 管式减涡器　　　　　　　　　(b) 板式减涡器

图 5.34　管式减涡器与板式减涡器特性对比

由于其安装特点,板式减涡器的导流板构型可以十分灵活。比如直板、带有倾角的直板、周向界面呈螺旋线型的弯曲板等,如图 5.35 所示。对于竖直安装的直板型减涡器来说,导流板的数量与长度是主要的结构影响参数。导流板起始位置处于旋流数为 1 的径向位置、出口位于盘腔底部边缘时,可以最有效地降低盘腔内的压降;导流板的数量越多,对盘腔的空间分割越细,越可以有效地限制空气涡旋,

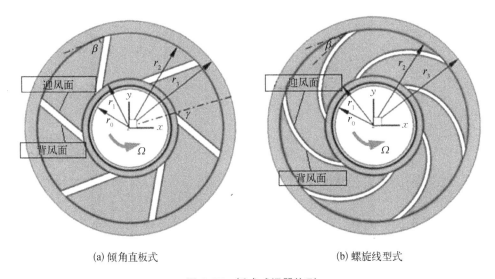

(a) 倾角直板式　　　　　　　　　(b) 螺旋线型式

图 5.35　板式减涡器构型

但具体数量的选取应同时参考空气系统引气需求以及结构与重量需求来考虑。图
5.36 详细给出了直板式减涡器主要结构参数对引气流量的影响规律。

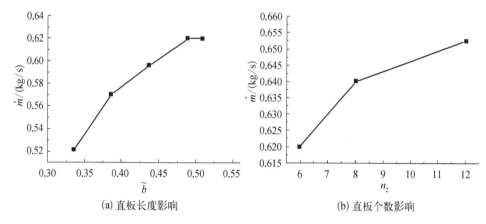

(a) 直板长度影响　　　　　　　　　　(b) 直板个数影响

图 5.36　直板式减涡器主要结构对引气量的影响规律

　　带有反旋倾斜角度的直板式减涡器以及反向旋转的螺旋线型板式减涡器可以
更有效地降低盘腔内的损失。反旋倾斜的直板可以更好地引导气流沿负切向运
动,降低其绝对涡旋速度,而反旋的螺旋线型的板式减涡器则可以进一步地降低导
流板与盘腔最高位置切向的交角,增强对气流的负切向引导作用,进而降低损失。
导流板与盘腔外缘切向的交角越小损失越小、板本身的曲率越小损失越小。但是
在工程设计时,针对板式减涡器的反旋倾角设计仍然要慎重,因为目前仍缺少相关
研究来说明该类结构的压降在随流量变化时的单调性。

　　针对典型的直板式减涡器,数值仿真给出的盘腔内流阻与主要结构参数和气
动参数的经验关系式,如下:

$$\frac{\Delta p}{0.5\rho V_{\text{in}}} = a_1 g C_w^{a_2 g Re_\omega + a_3} + a_4 g Re_\omega^{a_5} + a_6 g \left(\frac{L}{b}\right)^{a_7} \tag{5.128}$$

$$a_1 = 1.310 \times 10^6$$

$$a_2 = 2.885$$

$$a_3 = -1.312$$

$$a_4 = 9.79 \times 10^3$$

$$a_5 = -1.44 \times 10^{-5}$$

$$a_6 = -9.771 \times 10^3$$

$$a_7 = -1.907 \times 10^{-4}$$

其中,V_{in} 表示鼓筒孔的入流速度;L 为导流板长度。

4）反旋孔-管混合式减涡器性能分析

反旋孔-管混合式减涡器是一种新型的减涡结构,简化构型如图5.37所示。

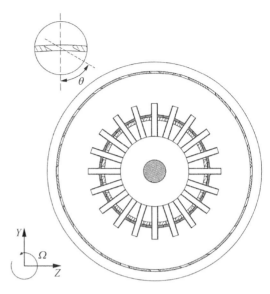

该类减涡结构同时利用了反旋喷嘴式减涡器与管式减涡器的优点,使用反旋鼓筒孔代替反旋喷嘴,并利用反旋结构降低旋流数的特点采用较短的导流管来进一步限制低半径区域的空气涡旋发展。导流管的强单调减阻特性大大减弱了反旋结构的非单调变化特点,同时反旋结构的反向引导作用允许在设计时采用更短的导流管,来获取更优的减阻效

图 5.37 反旋孔-管混合式减涡器

果,并降低了潜在的导流管震动破裂的风险。

来自南京航空航天大学江苏省航空动力系统重点实验室的试验数据(图5.38)表明,混合式减涡器的减阻性能明显优于传统管式减涡器,在湍流参数 $\lambda_T < 0.4$ 的情况下要优于反旋式减涡器。除此之外,还可以看到混合式减涡器相比于反旋式减涡器在单调性上具有明显的优势,这主要是因为混合式减涡器内部的导流管入口处局部压降随流量的变化具有非常强的单调递增性,这一点大大中和了反旋喷嘴的非单调变化特点。

图5.39进一步给出了混合式减涡器腔内压降与传统减涡结构的对比。混合

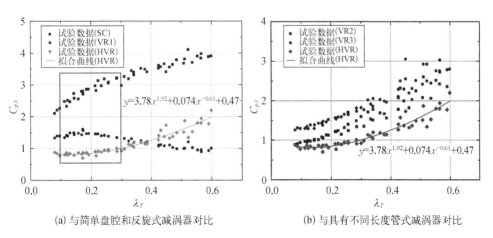

(a) 与简单盘腔和反旋式减涡器对比　　　　(b) 与具有不同长度管式减涡器对比

图 5.38 反旋孔-管混合式减涡器性能对比

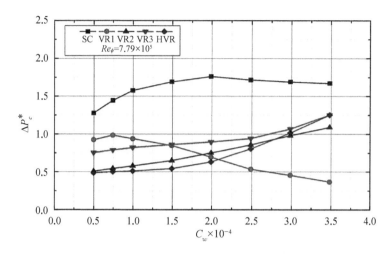

图 5.39　混合式减涡器腔内压降与传统结构对比

式减涡器的双重减阻结构可以最大限度地降低盘腔内的压降,并提高其压降随流量变化的单调性。

与传统减涡结构相比,混合式减涡器在最优化的结构设计上也非常简单。在设计中可以考虑使用长径比较大的反旋喷嘴来代替反旋鼓筒孔,进一步增强反旋结构的负切向引导作用。然后运用公式(5.101)求解有效的入口旋流系数 c_{eff},并进一步获得最佳导流管管长。通常来说,反旋喷嘴的倾斜角度越大,导流管的长度就可以越短,但仍需注意引导效果较强的反旋结构可能带来的非单调流动特性。对于喷嘴和导流管流通面积的设计,需要配合空气系统引气需求和结构强度需求来进行匹配。

5) 减涡器性能与空气系统的匹配

如图 5.40 所示,在空气系统中,进行内部引气的压气机动叶根部位置(下文称为源头区)压力记为 P_1,径向引气共转盘腔最低半径处压力记为 P_2,涡轮叶片根部(下文称为汇集区)压力记为 P_3。通常情况下,P_1 与 P_3 的数值在设计之初就已经

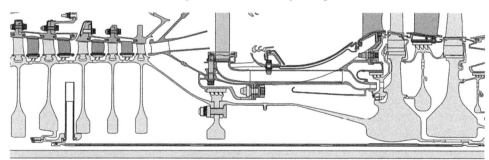

图 5.40　内部引气流路示意

确定,P_2 到 P_3 的压力变化被认为由沿程黏性损失带来的压降以及离心泵送效应带来的压升来组成,而这两部分压力变化通常可以使用相关一维网络程序计算,也认为已知。那么引气盘腔内的压比 P_1/P_2 也可认为是已知。

在空气系统设计中,通过一维网络计算程序可以获得不同 P_1/P_3 所对应的空气流量特性曲线,也即是 P_1/P_2 所对应的特性曲线,因为已知 P_1/P_3 就相当于已知 P_1/P_2,在这条曲线中,按照流量是否足够进行密封,可以从低到高分为三个区域:低流量范围对应的严重燃气入侵区域、中流量范围对应的燃气入侵区域以及高流量范围对应的无燃气入侵区域。图 5.41(a)所示为罗•罗公司的一维网格程序计算得到的某发动机在某飞行状态时空气系统的特性曲线,图中横坐标为流量。

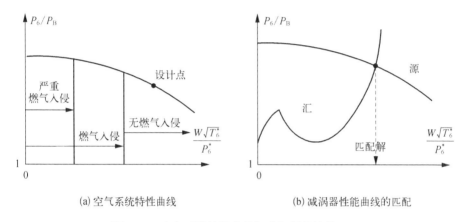

(a) 空气系统特性曲线　　　　　(b) 减涡器性能曲线的匹配

图 5.41　空气系统特性曲线与减涡器特性的匹配

空气系统的性能设计点,图中用设计点标出,必须位于无燃气入侵区域,且要留出足够的余量来保证某些突发情况。这意味着,所选减涡器的性能曲线与空气系统特性曲线必须在无燃气入侵区域有交点,这样减涡器才可以与空气系统需求相匹配。图 5.41(b)所示为反旋喷嘴式减涡器与空气系统的匹配,匹配解应位于无入侵区域。

在飞行器不同的飞行状态下,发动机的转速也是不同的,这使得减涡器的性能曲线和空气系统的特性曲线都在发生变化。为了避免空气系统引气流量的突变或迟滞,必须保证在每一个工作状态下,空气系统和减涡器之间有唯一的匹配解!对于管式或板式减涡器来说,其性能曲线是单调的,因此匹配解必然是唯一的。而对于使用了具有强非单调性的反旋结构减涡器盘腔来说,如果设计不当,则可能会出现多个解。图 5.42 所示为罗•罗公司某型发动机在不同工作状态下,空气系统与减涡器的匹配关系。图中变量 $\dfrac{NH}{\sqrt{T_6^*}}$ 是发动机转速的一种表达。

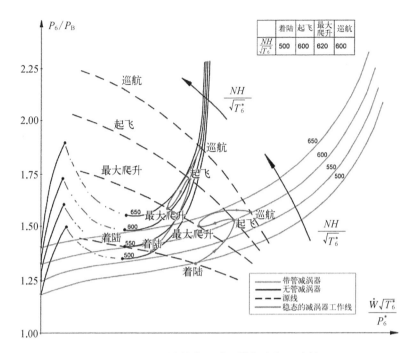

图 5.42   不同工作状态下减涡器与空气系统的匹配

从上图中可以看到,管式减涡器(绿色曲线)与空气系统在所有的工作状态下都有唯一的解,这是符合要求的。而对于反旋喷嘴式减涡器来说,在着陆和最大爬升两种工作状态下,反旋式减涡器的性能曲线与空气系统特性曲线不只有一个匹配解,这是非常危险的,会有可能导致燃气入侵的发生。

因此,在进行减涡器的结构设计时,比如减涡器的直径、个数、倾斜度等,需做到与空气系统的合适匹配,特别对于带有反旋结构的减涡器来说,所有工况下的匹配点一定要位于其性能曲线在高流量时的上升段,远离其非单调变化区间,来保证空气系统的可靠稳定性。

5.3   外部管路供气系统

空气系统最常见的供气方式是从压气机机匣上打孔,通过专门的供气管路为需要的位置提供空气。外部供气系统的功能包括:① 涡轮导叶等静止热端部件提供冷却空气;② 涡轮主动间隙控制系统提供冷却或加热气体;③ 进气道、短舱唇口等位置的防冰供气;④ 提供飞机用气。

5.3.1   热端部件冷却外部供气

为涡轮等热端部件提供冷却空气是空气系统的主要功能之一,通过外部管路为涡轮提供冷却空气是主要的实现方式之一。为了确保引气不对压气机主流周向均匀性产生不利的影响,通常需要在压气机侧设计专门的集气腔,集气腔通过引气缝从压气机主流均匀引气,然后再通过集气腔上的周向均布的若干个安装座,安装引气管进行引气。在涡轮侧,同样为了保证供气均匀性,需要设计专门的集气腔进行供气。管路管径的选择应尽可能选用标准的公制或英制管径,管路内气体流动马赫数应不超过 0.3。

5.3.2 涡轮主动间隙控制系统供气

涡轮主动间隙控制系统通常是从风扇外涵出口或高压压气机中间级引气,冷却或加热涡轮机匣。当前主流的民用大涵道比涡扇发动机均采用从风扇外涵引气的方式,下面主要以这种方式为例介绍涡轮主动间隙控制供气系统。

主动间隙控制供气需要通过专门的引气装置收集风扇外涵的总压,通常采用引气风斗、引气格栅或进气道的方式。引气风斗通过将总压收集装置布置在风扇外涵主流道中,提高总压收集效果,但是这种方式会显著影响风扇外涵主流,进而影响推力;另一种方式是引气格栅,通过将引气格栅安装在风扇外涵端壁位置,不进入主流,在收集总压的同时减小对主流的影响,但这种方式的总压收集效果不如引气风斗,图5.43 为某发动机涡轮主动间隙控制引气格栅案例;图 5.44 为另一种发动机的涡轮主动间隙控制引气装置案例。

图 5.43 某发动机主动间隙控制引气格栅图

主动间隙控制引气通过总压收集装置后,再经专门的供气管路、主动间隙控制阀门,进入涡轮机匣外侧的冷却管路。主动间隙控制阀门一般采用蝶阀的形式,由控制系统对蝶阀的开度进行控制,调节主动间隙控制冷气流量。

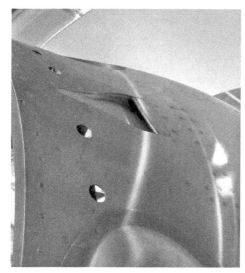

图 5.44　某发动机主动间隙　　　图 5.45　某发动机低压涡轮主动间隙
　　　　　控制引气口　　　　　　　　　　　控制冷却管路图

主动间隙控制冷却管路是围绕在涡轮机匣外侧的一圈管路,通过在管路上打孔,对涡轮机匣进行冲击冷却,实现主动间隙控制效果。如何设计冲击冷却的相关参数,包括冲击距离、冲击孔孔径、孔间距,是主动间隙控制系统的核心内容之一。图 5.45 为某发动机低压涡轮主动间隙控制冷却管路图。

5.3.3　防冰供气

防冰也是空气系统的主要功能之一,防冰供气通常从高压压气机中间级引气,通过管路、阀门系统,对易结冰位置加热进行防冰。可以对防冰供气管路进行隔热处理,以保证防冰效果。防冰供气阀可以采用定压阀的方式,即阀门出口为定压,阀门打开方式由控制系统进行控制。

5.3.4　飞机供气

飞机供气的主要功能是为客舱空调提供空气,对于民机来说是特别关键的一套系统。通常采用的方式是在慢车等低状态从压气机后几级引气,爬升、巡航等工况从压气机中间级引气。飞机供气通常需要确保恒定的空气流量,因此需要一套管路和阀门系统对供气量进行控制和切换。同时,飞机供气的空气品质是保证乘客身体健康的重要条件,因此适航规章供气品质有严格的要求,供气空气质量应满足 SAE ARP4418 的要求,如表 5.2 所示。依据 CCAR33.75 条款,“客舱用发动机引气中有毒物质浓度足以使机组人员或乘客失去能力”为危害性发动机后果,发生概率应小于 10^{-7}/发动机飞行小时。

表 5.2　SAE ARP4418 空气品质要求

化合物及相关的参考限制	密度/(mg/m³)	浓度/ppmV[①]
乙醛(prEN4618 限制)	18	10
丙烯醛(prEN4618 限制)	0.5	0.2
苯(prEN4618 限制)	3.2	1.0
二氧化碳(prEN4618 限制)	3 650	2 000
一氧化碳(prEN4618 限制)	17.8	12
甲醛(prEN4681 限制)	1.0	0.8
甲基乙基酮(prEN4618 限制)	598.5	200
未规定的、可呼入的颗粒物(NIOSH 限制)	5.0	
甲苯(prEN4618 限制)	153	40

① 1 ppmV 表示一百万体积中含 1 体积。

参考文献

[1]　DIDENKO R A, KARELIN D V, LEVLEV D G, et al. Pre-Swirl cooling air delivery system performance study[R]. ASME Paper, 2012－GT－68342, 2012.

[2]　SNOWSILL G D, YOUNG C. The application of CFD to underpin the design of gas turbine Pre-Swirl systems[R]. ASME Paper, 2006－GT－90443, 2006.

[3]　LEWIS P, WILSON M, LOCK G, et al. Effect of radial location of nozzles on performance of Pre-Swirl systems[R]. ASME Paper, 2008－GT－50295, 2008.

[4]　KARABAY H, CHEN J X, PILBROW R, et al. Flow in a cover-plate Pre-Swirl rotor-stator system[J]. Journal of Turbomachinery, 1999, 121: 160－166.

[5]　MIRZAMOGHADAM A V, RIAHI A, MORRIS M C. High pressure turbine low radius radial TOBI discharge coefficient validation process[R]. ASME Paper, 2011－GT－45113, 2011.

[6]　蔡超凡,罗翔.管式减涡器减阻特性数值模拟[C].北京:中国航空学会第十九届燃烧与传热传质学术交流会,2017.

[7]　杜禧,罗翔.管式减涡器减阻特性实验研究[C].北京:中国航空学会第十九届燃烧与传热传质学术交流会,2017.

[8]　GUNTHER A, UFFRECHT W, KAISER E, et al. Experimental analysis of varied vortex reducer configurations for the internal air system of jet engine gas turbines[R]. ASME Paper, 2008－GT－50738, 2008.

[9]　HIDE R. On source-sink flows in a rotating fluid[J]. Journal of Fluid Mechanics, 1968, 32 (4): 737－764.

[10]　OWEN J M. An approximate solution for the flow between a rotating and a stationary disk[J].

Journal of Turbomachinery, 1989, 111(3): 323 - 332.

[11] BATCHELOR G K. An introduction to fluid dynamics[M]. Cambridge: Cambridge University Press, 1967.

[12] FARTHING P R, CHEW J W, OWEN J M. The use of De-Swirl nozzles to reduce the pressure drop in a rotating cavity with a radial inflow[R]. ASME Paper, 1989 - GT - 184, 1989.

第 6 章
冷却元部件

6.1 叶片典型冷却方式

现代高性能航空发动机的涡轮进口燃气温度已经超过 2 000 K,已经明显超过其材料极限安全温度,为了确保涡轮部件长期安全工作于这样高温高压的极端工作环境,目前采用多种主动冷却技术,包括外部冷却和内部冷却。

6.1.1 典型外部冷却

气冷叶片最典型的外部冷却方式就是气膜冷却。气膜冷却技术就是在涡轮热端部件表面上开离散孔或缝,内部的冷气通过这些结构流出并在部件表面形成气膜层,将高温燃气与热端部件表面隔开,从而保护热端部件,图 6.1 展示了其原理。理想的气膜冷却效果是冷气从二维缝结构流出并均匀覆盖部件表面。但是受制于加工技术以及结构的限制,目前气膜冷却主要依靠热端部件表面的离散孔实现。气膜孔的冷却效果受到诸多因素影响,包括主流参数、冷却参数、气膜孔结构、旋转效应等,其设计需要根据热端部件当地的热负荷和温度分布合理布局。

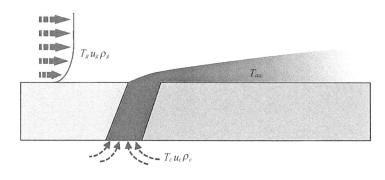

图 6.1 气膜冷却示意图

　　1) 气膜冷却效果评估方法

　　气膜冷却效率是衡量气膜覆盖部件表面好坏的重要指标。假设壁面绝热的条件下,冷气温度为 T_c,主流燃气温度为 T_g,那么部件表面的绝热温度分布比即气膜冷却效率,其定义如下:

$$\eta = \frac{T_g - T_{aw}}{T_g - T_c} \tag{6.1}$$

其中,主流燃气温度 T_g 在高马赫数条件下采用主流在部件壁面的当地恢复温度 T_r。冷气流出气膜孔后与主流进行掺混,气膜冷却效率反映了掺混后的流体在部件表面的温度分布。当 $\eta = 1$ 时,即壁面附近的流体温度与冷气一致,这是气膜冷却在壁面能达到的最好效果;当 $\eta = 0$ 时,即壁面附近的流体温度与主流温度一致,说明冷气完全没有覆盖壁面,对于冷却没有提供任何作用,这是气膜覆盖效果最差的情况。从另一个角度说,气膜冷却效率也是部件壁面附近冷气与主流掺混程度的指标。

　　由于气膜冷却的存在,热端部件附近的气体温度低于主流温度,因此当地的换热温度也会下降,这对于热端部件的冷却是有利的。但是,气膜的存在会增强壁面附近的扰动,导致当地换热系数增大,这对于热端部件的冷却是不利的。因此还需要考虑气膜冷却存在条件下的换热系数带来的影响。气膜冷却条件下当地换热系数可以定义为

$$h_f = \frac{q_f}{T_{aw} - T_w} \tag{6.2}$$

其中,q_f 是当地的热流密度;T_{aw} 和 T_w 分别是绝热壁温以及相同条件下的真实壁温。此外,没有气膜冷却条件下的当地换热系数:

$$h_0 = \frac{q_0}{T_g - T_w} \tag{6.3}$$

其中,q_0 是当地的热流密度;T_g 是主流温度(高马赫数条件下为对面的恢复温度);T_w 为真实条件下的壁温。

　　为了衡量气膜冷却对于热端部件冷却的作用,当地热流密度的减少量是比较合适的参数。联立公式(6.2)和公式(6.3)可以得到净热流密度减少量 NHFR:

$$NHFR = 1 - \frac{q_f}{q_0} = 1 - \frac{h_f}{h_0}\left(1 - \frac{\eta}{\phi}\right) \tag{6.4}$$

其中,$\phi = \dfrac{T_g - T_w}{T_g - T_c}$,一般称为综合冷却效率,代表耦合条件下热端部件表面的无量纲温度,在单纯的气膜冷却研究中一般可以取为 0.6。NHFR 可以较为清晰地描述

由于气膜冷却存在导致当地热流密度减少的程度。

2）典型气膜冷却结构

在气膜冷却研究初期,平板作为最简单、最容易实现和应用各种测试手段的实验平台,一直备受研究者们的青睐。通过对平板的气膜冷却的研究,学者们获得了冷却工质从气膜孔出流的流动机理及下游气膜冷却效率的分布特征。

Walters 等[1]运用数值模拟研究平板表面单排圆孔的气膜冷却。首先,孔出口截面上的速度和压力分布取决于两个基本要素:气膜孔内的流动和主流对射流的作用。气膜孔内存在沿孔轴向的射流及贴壁附近的反向对转涡对,这使得射流有从气膜孔前缘出射的趋势。在气膜孔出口处,由于主流的冲击作用,气膜孔前缘区产生高压区,气膜孔尾缘区产生低压区,压差的产生促使孔出口下游部分的冷却射流加速。两个要素的作用强度与吹风比和孔的长径比有关。在低吹风比时,孔内流动的影响较弱,孔出口截面的高射流速度区偏向孔的尾缘。随着吹风比增加,孔内流动的影响更明显,使冷却射流更倾向从气膜孔前缘出射。孔的长径比对射流在气膜孔内的发展程度有很大的影响,进而影响射流参数在气膜孔出口截面上的分布。射流进入主流后,受主流作用迅速趋向主流流动方向,在这一过程中就会产生流动分离、二次流动结构和扰动。射流结构中存在反向对转涡对,对气膜覆盖有不好的影响。随着射流向下游移动,射流受涡对的影响而脱离壁面。低吹风比时,射流动量较低,涡对紧贴壁面并快速消散,气膜可以很好地覆盖于壁面。随着吹风比的增加,射流动量增加,涡对的强度增加并脱离壁面,涡对消散速度减弱,射流脱离壁面。反向对转涡对的来源包括:气膜孔内的射流边界层、和主流与射流流向动量不同而产生剪切作用,其中前者占主导地位。Bernsdorf 等[2]采用粒子图像测速(particle image velocimetry, PIV)测试技术获得了气膜孔下游的气膜冷却结构,如图 6.2 所示,其结果也可清晰看到反向对转涡对的存在。同时,其结果指出随着吹风比的增加,主流来流边界层变薄,进而引起平均对流换热系数的增加。在保证吹风比不变的前提下,密度比增加,动量比随之减小,射流动量减弱,反向对转涡对的强度减弱。

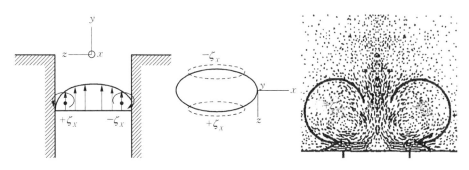

图 6.2　气膜孔内侧壁涡结构与射流结构中的反向涡对

为了削弱气膜孔出流后反向涡对对气膜覆盖效果的影响,部分学者研究了带复合角的气膜孔的气膜冷却效果。带复合角气膜孔指的是气膜孔在具有流向倾角的基础上,增加气膜孔与展向的夹角。Ekkad 等[3]在采用瞬态液晶测试技术测量了平板表面带复合角的气膜孔的气膜冷却效率分布,与其余不带复合角的圆孔的气膜冷却效率分布对比结果表明,带复合角气膜孔,气膜在展向上的分布更加均匀,气膜贴附效果更好。McGovern 等[4]和 Lee 等[5]的研究指出,无展向倾角的气膜孔的射流结构中存在反向对转涡对,随着复合角的引入并不断增加,在复合角气膜孔的前缘产生的涡结构的强度不断增加,反向对转涡对变得不对称,如图 6.3 所示,孔前缘区域产生的涡结构逐渐占据主导位置,进而减弱了反向对转涡对的影响,一定程度上抑制了射流分离。但是在高吹风比 2.0 时,射流动量过高,气膜依然会脱离壁面。

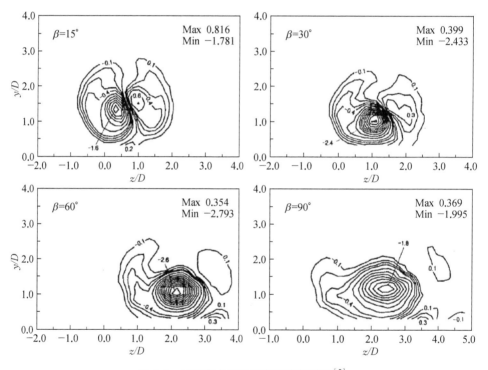

图 6.3　不同复合倾角气膜下游涡量图[5]

为了深入了解气膜冷却结构反向对转涡对的产生,以及气膜孔结构与反向对转涡对结构之间的关系,Haven 等[6]在平板表面实验研究了圆孔、不同长宽比的矩形孔、不同长轴方向的椭圆孔和正方形孔的气膜冷却流动结构。实验结果表明,气膜冷却结构沿流向存在双层涡对,如图 6.4 所示,其中底层涡对稳定存在,即反向对转涡对。反向对转涡对是由气膜孔内侧壁面附面层内的涡结构发展而来的,孔在宽边迎接主流时,反向对转涡对中心距越大,其对射流的作用越弱,气膜越不易脱离壁面;反之,则反向对转涡对的中心距越小,其对射流的作用越强,气膜越容易脱离壁面。顶层涡对由气膜孔内前缘壁面的附面层内的涡结构发展而来,该涡结构在主流的作用下,向下游偏转形成沿流向的涡对。该涡对的轴向取决于来流方向孔的投影距离。孔的短边迎接主流,会产生与底层同向的涡对,强化底层涡对的作用,加剧射流分离;孔的长边迎接主流,会产生同底层反向的涡对,削弱底层涡对的作用,抑制射流分离。孔内尾缘壁面边界层内同样存在涡结构,进入主流后同样会偏转到轴向,同前缘产生涡对的方式一样,涡对的方向与孔尾缘部位迎来流投影距离有关。这项研究十分系统,为之后异型孔的研究提供了理论依据。

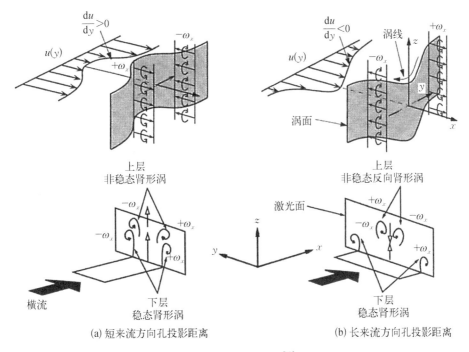

(a) 短来流方向孔投影距离　　　　　(b) 长来流方向孔投影距离

图 6.4　双层涡结构[6]

由 Haven 等[6]的研究可知,改变气膜孔出口结构,可以改变冷却射流的涡对结构,进而改善气膜冷却覆盖效果。目前主流的异型气膜孔包括流向扩张孔、扇形孔(改变孔出口结构,增加展向扩展角)、簸箕孔(扇形孔基础上增加流向扩张角),如图 6.5 所示。

流向扩张孔相比圆孔,孔出口区域的对流换热系数有所降低,但是下游对流换热系数的减小及整体气膜冷却效率的提高作用不明显。由前面介绍可知,圆孔的气膜冷却呈现双层反向对转涡对。簸箕孔射流则呈现上层对转涡对和下层反向对转涡对的气膜冷却结构,且下层反向对转涡间距较大,这对抑制射流分离有很好的作用。然而,高吹风比时,簸箕孔射流趋向于从孔的两侧流出,上层的对转涡对

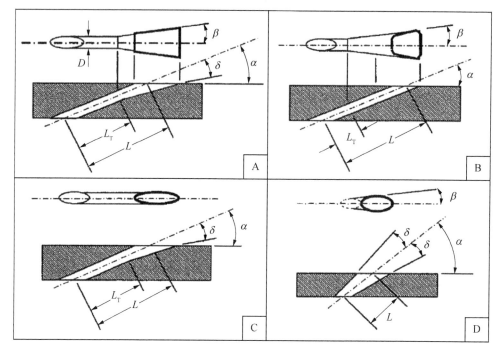

图 6.5   A 簸箕孔 B 扇形孔 C 流向扩张圆孔 D 圆锥孔[6]

会造成主流下洗入侵的可能。扇形孔的气膜冷却结构与簸箕孔类似,但是其上层涡结构不稳定甚至相互抵消,因此,高吹风比时,扇形孔的气膜冷却效果较好。针对扇形孔和簸箕孔的研究,当前主要集中于展向扩张角和流向扩张角的大小。展向扩张角可以提高气膜覆盖的稳定性,提高气膜冷却效率;流向扩张角会影响射流的涡结构。通过优化这两个参数,可以优化气膜冷却覆盖效果。

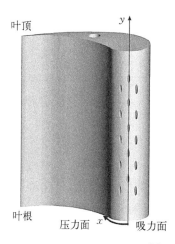

图 6.6   前缘气膜冷却结构[7]

涡轮叶片的前缘区域受主流燃气的直接冲击作用,区域大且具有很高的气动载荷和热载荷,因此对前缘区域采取气膜冷却至关重要,且难度较大。通常,涡轮叶片前缘区域会设计有 3~5 排圆柱型气膜孔,组成喷淋气膜冷却。影响涡轮叶片前缘区域气膜冷却效果的因素有很多,包括吹风比、主流湍流度、主流雷诺数、叶片上游的叶片后缘产生的不稳定尾流、密度比、气膜孔几何结构(气膜孔的位置、气膜孔倾角、气膜孔形状、气膜孔间距和气膜孔径)、叶片前缘外形、旋转效应和沙粒堵塞气膜孔等。

图 6.6 展示了典型的三排喷淋的涡轮前缘气膜冷却结构,Ahn 等[7]在旋转实验台上实验研究了前

缘区域的气膜冷却覆盖效果。三排气膜孔交错排列,中间一排位于前缘中线上,气膜孔沿径向且与壁面呈 20°出流角。实验吹风比为 0.5、1.0 和 2.0。实验转速分别为 2 400 r/min、2 550 r/min(设计工况)和 3 000 r/min,如图 6.7 所示。在较小吹风比时,气膜尾迹清晰独立且受主流影响较大,核心区气膜冷却效率较高。随着吹风比的增加,射流动量增加,气膜展向覆盖更广,核心区气膜冷却效率较低,气膜尾迹偏向于叶顶方向。在保证主流速度不变的情况下,增加涡轮转速会改变进气功效,进而改变前缘滞止线的位置。当转速偏低时,主流滞止线偏向叶片压力面侧,前缘中间排孔气膜尾迹偏向叶片吸力面;当转速接近设计工况要求时,主流滞止线几乎在中间一排气膜孔上,中间排孔的气膜被分散到吸力面侧和压力面侧;当转速高于设计工况要求时,主流滞止线偏向叶片吸力面侧,前缘中间排孔气膜尾迹偏向叶片压力面侧。压力面侧和吸力面侧的气膜冷却受主流进气攻角的影响小于中间排孔。

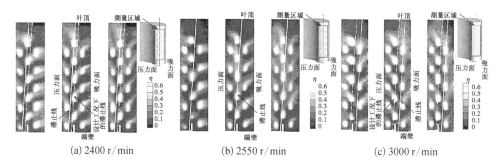

(a) 2400 r/min   (b) 2550 r/min   (c) 3000 r/min

图 6.7　不同转速对应气膜冷却效率及滞止线分布示意图[8]

每张图从左到右对应吹风比分别为 0.5、1.0 和 2.0

　　Mehendale 等[8]在静止叶栅中研究了主流雷诺数对前缘气膜冷却的影响,其结果指出,前缘的对流换热系数和气膜冷却效率随着主流雷诺数的增加而增加。Ou 等[9]的研究结果还指出,增加主流雷诺数可以使射流更有利于贴附于壁面,但是在高吹风比的条件下,高主流雷诺数对射流的压制作用不明显,因此在高吹风比条件下,主流雷诺数对气膜冷却效率的影响不大。Liu 等[10]的研究指出雷诺数对压力面气膜冷却效率几乎没有影响。

　　3)吸力面气膜冷却结构

　　Dring 等[11]在低速旋转涡轮实验台上研究了涡轮叶片吸力面上单个孔的气膜冷却效果。采用尾迹显色技术获得气膜覆盖范围,随后在气膜覆盖范围内布置热电偶阵,获得气膜覆盖范围内的叶片绝热壁面恢复温度,并换算出绝热气膜冷却效率,其结果如图 6.8 所示。结果指出,吸力面气膜尾迹较窄较直,在旋转状态下会稍微向叶顶方向偏转。Li 等[12]采用热色液晶显色示温技术,研究了吹风比、密度比和主流雷诺数对气膜冷却效果的影响。当吹风比从 0.5 增加至 1.7 时,吸力面上的气膜覆盖面积先增加后减小,吹风比为 1.2 时气膜覆盖面积最大。在吹风比超过 1.2 时,气膜覆盖宽度有所减小,明显可见气膜脱离壁面。气膜冷却效率也随着吹风比的增加先增大后减小,最大气膜冷却效率对应吹风比为 1.0。密度比和雷诺数实验结果指出,增大密度比和主流雷诺数均会增加气膜覆盖面积和气膜冷却效率。

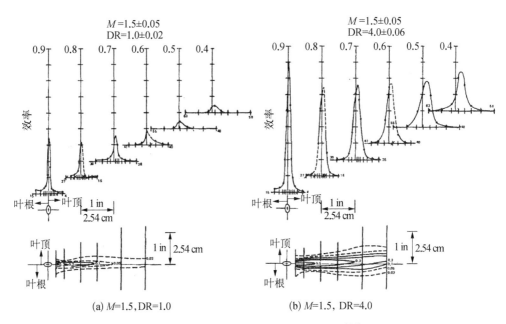

图 6.8　气膜尾迹和气膜冷却效率分布[11]

M 为吹风比;DR 为密度比;1 in = 2.54 cm

Zhou 等[13]研究了吸力面单排圆孔的气膜覆盖效果。叶片的内通道为简化处理后的圆柱型通道,气膜孔设置在吸力面沿流向 13.5% 的位置处,离前缘较近。结果表明沿叶高方向,气膜分布并不均匀,中间叶高的气膜覆盖效果和冷却效率较高。吸力面受通道涡和叶顶泄漏流的共同作用。受通道涡的作用,叶根部位的气膜向叶顶方向偏转,受叶顶泄漏流的影响,叶尖部位的气膜向也跟方向偏转,气膜尾迹的偏转降低了气膜冷却效率。对于中间叶高处的气膜,虽然不受通道涡和叶顶泄漏流的影响,但是在旋转状态下,受科氏力和离心力的共同作用,气膜尾迹会稍微偏向叶尖。

Gao 等[14]采用 PSP 压敏漆测试技术,在静止叶栅通道上研究了涡轮叶片吸力面和压力面的气膜冷却效果。其中,吸力面上布置有两排错排排列且带复合角的簸箕孔,气膜孔具有 45° 流向角和 45° 展向角。异型孔的展向扩张角度为 10°,前向扩张角度为 10°。研究内容包括上游尾迹相位和吹风比对气膜冷却效果的影响。尾迹相位包括如图 6.9 所示四种。图 6.10 展示了无来流尾迹情况下平均吹风比从 0.4 增加至 1.5 的过程中,叶片吸力面气膜冷却效率分布。吸力面具有顺压力梯度和流动加速度,使得射流更容易贴服于壁面,尾迹较长。气膜冷却效率随着吹风比的增加而增加。在最高吹风比 $M=1.5$ 时也未见射流分离的现象。气膜孔展向扩张 10° 使射流的出射范围也展向扩张 10°,因此减弱了主流和射流的相互作用。此外,前向扩张 10° 使射流更好地贴附于表面,避免了射流分离进入主流。由于孔出口的扩张设计,射流速度和动量都减弱,因此,射流更容易被主流压制在壁面。冷却射流受主流影响发生偏转。这种对气膜冷却效率有害的影响在端壁和叶顶清晰可见。从吸力面 x/C_x 约为 0.3 处开始,靠近叶根的通道涡和叶顶泄漏流的涡流动驱使射流流向中间叶高处,造成吸力面明显的收敛向中间叶高的射流尾迹。图 6.11 给出了吹风比为 0.9 时,四种相位对应气膜冷却效率分布。对比没有来流尾迹的情况,有来流尾迹会降低叶片表面气膜冷却效率。来流尾迹会加剧主流与射流的掺混,其中 0% 相位和 25% 相位尾迹对气膜冷却效率的影响更明显。来流尾迹的涡脱落增加了主流湍流度,造成主流和射流掺混加剧,因此,射流尾迹变短。吸力面上,25% 相位来流尾迹的影响较明显。尾流在吸力面上的传播可以通过尾缘附近的

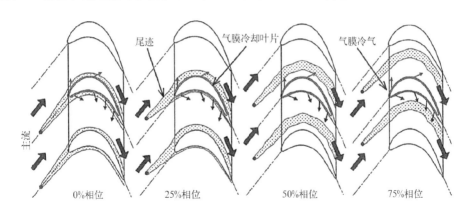

图 6.9　扰流棒位置及尾迹影响方案示意图

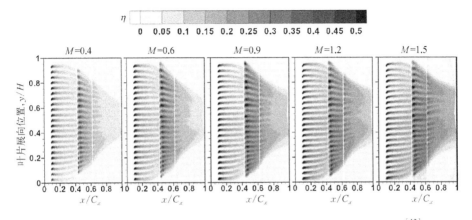

图 6.10　没有来流尾迹影响的吸力面不同吹风比的气膜冷却效率分布[13]

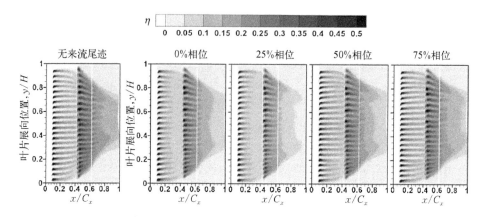

图 6.11 吹风比为 0.9 时,不同相位对应吸力面气膜冷却效率分布[13]

气膜冷却覆盖效果的减弱来评估。结果表明,二次流在一定程度上保护了冷却工质,使其不受来流主流的影响。因此,叶顶和叶根区域的气膜尾迹的变化较中间部位较弱。

4) 压力面气膜冷却结构

Dring 等[11]有关压力面的单气膜孔实验结果如图 6.12 所示。相比吸力面的

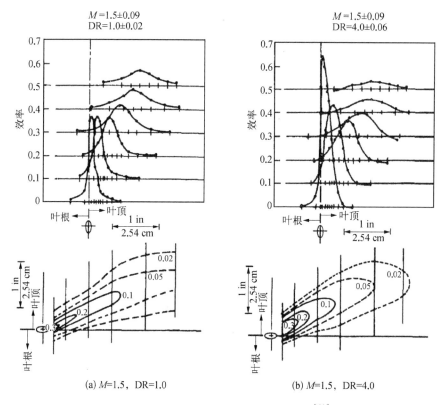

图 6.12 气膜尾迹和气膜冷却效率分布[11]

细、长且稍微偏转的尾迹,压力面的气膜尾迹则宽得多、带有一定的弯曲且明显偏向叶顶方向。Li 等[15]针对旋转状态下压力面单气膜孔实验也得出相似的结果,如图 6.13 所示。随着吹风比从 0.5 增加至 3.0 的过程中,气膜覆盖面积逐渐增加,尤其是在远离气膜孔的下游,较大吹风比时气膜覆盖更广的区域。

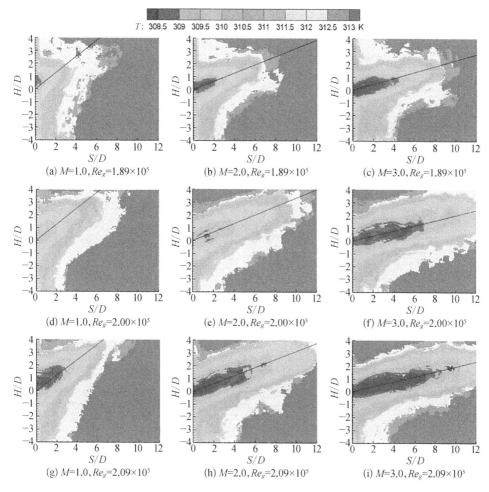

图 6.13 不同吹风比和雷诺数压力面气膜尾迹和气膜冷却效率分布[15]

针对压力面与吸力面气膜覆盖的差异,部分学者利用简化的带曲率模型展开详细的研究。Tani[16]发现,沿凹表面的边界层内,存在与边界层厚度尺寸相当直径的泰勒-格特勒涡,时有时无且在展向方向移动。泰勒—格特勒涡会加强冷却射流与主流的掺混,加快气膜的扩散。Schwarz 等[17]细致地研究了凹表面气膜覆盖效果。研究结果指出,当吹风比小于 1 时,气膜紧贴壁面,并在与主流快速掺混的过程中快速耗散。吹风比大于 1.5 时,较高的射流法向动量造成孔出口处的射流分离,中心线上气膜冷却效率降低,下游10~20倍孔径范围内,射流与主流掺混的同时,气膜再附着于壁面,气膜展向覆盖范围更广,气膜冷却效率快速升高,随后由于主流与射流掺混,气膜冷却效率再缓慢下降,其压力面气膜尾迹显示实验结果如图6.14所示,吹风比为0.4时,泰勒-格特勒涡影响较大,气膜尾迹波动剧烈;高吹风比为1.6时,尾迹波动情况有所缓解,尾迹范围变宽,尾迹相互接触并向下游延续。综上,当吹风比超过一个值后,射流在孔出口处分离,即孔出口区域存在获得最高气膜冷却效率的最佳吹风比。随着在远离气膜孔的下游,气膜再附着于壁面,同时高吹风比在通道内形成堵塞,因此在气膜孔下游12倍孔径以后,吹风比越高,气膜冷却效率越高。

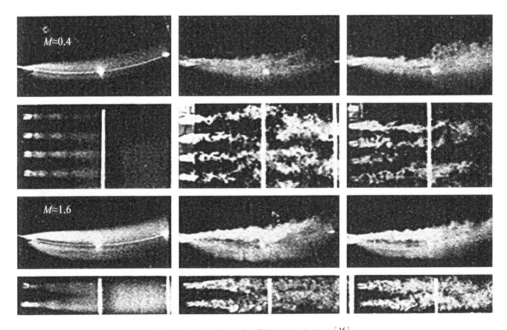

图6.14　凹表面气膜尾迹流动显示[16]

　　Gao等[18]在静止叶栅中研究了加错排列的压力面4排气膜孔的气膜冷却效果。结果如图6.15所示。随着吹风比从0.4增加至1.5,压力面的气膜冷却效率不断增加。孔出口的扩张设计降低了射流出射的速度和出口动量,气膜更好地附着于壁面。压力面气膜尾迹明显短于吸力面。压力面由于逆压力梯度,更易引起射流分离。因此,尽管压力面孔排数多,但是通常吸力面比压力面具有更好的气膜覆盖效果。冷却射流受主流影响发生偏转。通道涡始于压力面前缘,流向邻近的吸力面并在吸力面上旋转向上流动。在压力面上,角涡推动压力面冷却气向叶根区域流动。在压力面中间叶高处,射流随主流沿流向流动。然而,叶顶泄漏流推动冷气向叶顶流动。压力面气膜冷却效率同样受尾迹的影响而减弱,0%相位最为明显,如图6.16所示。

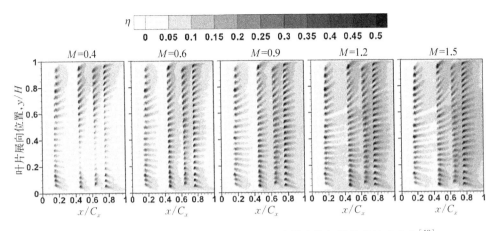

图 6.15　没有来流尾迹影响的压力面不同吹风比的气膜冷却效率分布[18]

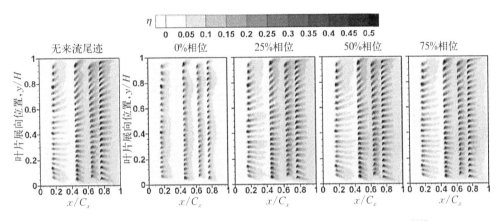

图 6.16　吹风比为 0.9 时,不同相位对应压力面气膜冷却效率分布[18]

6.1.2　典型内部冷却

1）冲击冷却

冲击冷却是对流冷却的一种形式,与其他冷却方法相比,冲击冷却是在提高叶片当地传热系数方面最有潜力的一种冷却结构。然而由于冲击冷却结构需要在叶片内腔壁面打孔,并且气流冲击到叶片内壁面会对叶片造成较大的冲击压力,这样就会削弱叶片结构强度。因此,在一些叶片热负荷很高的部位,一般将冲击冷却作为主要的冷却手段。一般来讲,冲击冷却多用于涡轮转子叶片前缘,因为涡轮叶片前缘直接并且最先受到高温燃气的冲击和影响,热负荷最高并且横截面较厚,是最适合布置冲击冷却的位置。

相比一般的强化对流冷却,最主要的差别就是气流通过叶片核心部位然后向径向偏转,通过一些小孔冲击到叶片内壁面上实现对叶片壁面降温的作用而不是

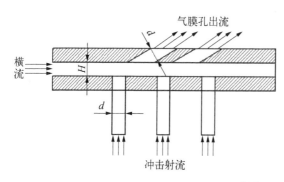

图 6.17　典型带横流冲击冷却模型示意图[19]

像简单对流冷却那样流过叶片内部若干部位然后直接流出带走热量。由于冲击冷却气流边界层最薄,换热效率最高,冷却效果最好。

冲击冷却换热效果与多因素有关。然而由于受到冲击腔内部气流所形成的横流作用,冲击冷却效果会受到一定程度的削弱。合理布置冲击冷却孔并且合理分配和充分利用冷气流实现最大冲击换热系数是值得研究的问题。冲击冷却结构也会用于叶片中部,如今,一些学者逐渐投入到将冲击冷却用于叶片尾缘的研究中。典型带横流冲击冷却模型示意如图 6.17 所示。

靶面平均 Nu 随冲击 Re_j 的增大而增大,随横流 Re_c 增大而增大。横流 Re_c 增大对靶面平均 Nu 的影响体现在两个方面:一是降低流体参考温度,这使得 Nu 存在增大的趋势;二是降低壁面热流,这使得 Nu 存在减小的趋势。Nu 的变化趋势由两方面影响的相对强弱决定。

冲击冷却还受冲击孔数目、排数及冲击孔排布等影响[20]。在冲击腔内沿流向布置多排冲击孔的冷却效果要优于单孔冲击的冷却效果。同时,在相同结构下,随着冲击雷诺数增大,对流换热是不断增强的。对于冲击腔内沿轴向多排冲击孔结构,在下游的冲击孔需要考虑横流的影响。上游横流对下游冲击射流的影响导致冲击靶面换热呈现复杂的变化规律。随着横流流量的增加,冲击核心区对流换热系数分布呈现先增大后减小的趋势。

研究学者[21]还对比了单排、双排和三排冲击效果。发现无论是单排孔冲击、双排孔冲击还是三排孔冲击,冲击射流雷诺数对冲击换热的效果影响都较为显著,随冲击射流雷诺数的增加换热效果变好。同时在横流与冲击射流密流比在 0～0.12 范围内时,研究区域的平均对流换热系数随着横流的增加而逐渐地减小。对于单排孔冲击,在横流与冲击射流密流比在 0～0.12 范围内时,横流对冲击核心区的对流换热影响不大;对于双排孔冲击,在横流与冲击射流密流比在 0～0.12 范围内时,上游孔射流冲击的核心区换热能力受横流的影响不大,下游孔冲击换热的强度有所削弱,并且下游孔的冲击中心点沿流向有所偏移;对于三排孔冲击,在横流与冲击射流密流比在 0～0.12 范围内时,上游孔射流冲击的核心区换热能力受横流的影响不大,中间孔冲击换热能力较无横流的情况有所削弱,下游孔受横流的影响最大,在冲击 Re 数和密流比相同时,下游孔冲击的中心点沿流向的偏移比中间孔更大,下游孔冲击换热的能力也比上游孔和中间孔弱。

对于旋转状态下前缘冲击加气膜复合换热,研究学者[22]发现旋转对冲击-气膜复合换热效果有很大影响,科氏力是使换热减弱的重要因素,在旋转状态下,吸力面和压力面换热表现出不同的规律。科氏力的主要作用是增加了射流的扩散率,对射流上下两侧旋涡的影响不大;当冲击方向与转轴有夹角时,科氏力的主要作用是使射流发生弯曲,致使背离弯曲方向的旋涡失稳和破裂,造成上下半区换热不均衡。三个射流角度示意如图 6.18 所示。在冲击角度 $\theta = 0°$ 时,科氏力的作用增加了射流的扩散率;在 $\theta = 30°$ 和 $\theta = 45°$ 时,科氏力的作用使得射流发生弯曲,冲击滞止点发生偏移,造成模型上下半区换热不均。随着旋转数的升高,冲击面平均换热逐渐减弱,平均 Nu 下降较为明显,而吸力面和压力面的换热变化相对不明显。

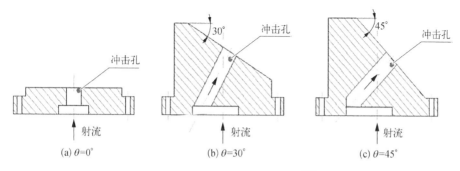

图 6.18 三个射流角度示意图[22]

针对叶片中弦区域采用冲击冷却时,研究学者一般将其简化为平板结构[23]。冲击-肋片复合冷却结构示意如图 6.19 所示。由于叶片中弦位置特殊,一般会在冲击靶面设置肋片、扰流柱等。随着肋高与冲击孔径之比 H/D 的增大,靶面平均 Nu 先增大后减小,$H/D = 1/3$ 时,取得最佳换热效果;肋间距对换热的影响主要体现在肋的位置对流动的扰动作用,$P/H = 10$ 时,对流动产生最佳影响,取得最佳换热效果;冲击靶面加肋并使之沿流向排布能够在提高换热效果的同时降低流阻。

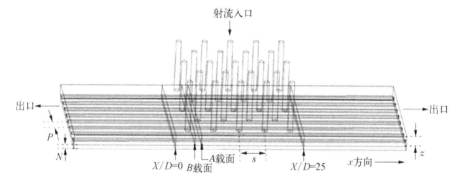

图 6.19 冲击-肋片复合冷却结构示意图[23]

2）带肋冷却通道

对于涡轮旋转叶片中弦区域的内部强化冷却，一般将其简化为蛇形通道[24]，为了增强换热，一般在其内部设置不同的肋结构，如对称直肋、交错直肋、非对称直肋、交错断 V 肋等。中部肋排列形式如图 6.20 所示。

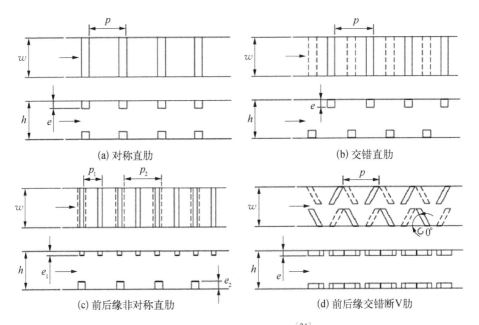

(a) 对称直肋　　　　　　　　　　　(b) 交错直肋

(c) 前后缘非对称直肋　　　　　　　(d) 前后缘交错断V肋

图 6.20　中部肋排列形式[24]

旋转引发的科氏力与离心浮升力的综合作用使得蛇形通道内不同流程呈现出不同的流动和换热特性。离心浮升力对流动与换热的影响与科氏力场的分布密切相关。对于径向出流通道，当科氏力的强度较弱或科氏力二次流未充分发展时，浮升力有削弱换热的作用。当科氏力的影响较强或科氏力二次流充分发展时，浮升力又将导致换热增强。在前后缘交错断 V 肋通道中，肋片诱发的截面二次流与科氏力诱发的截面二次流具有相似的双涡结构。从换热的角度看，前后缘非对称布局的交错断 V 肋通道明显优于传统的对称直肋通道。

交错肋[25]是肋型的一种，它是在通道两个相对的壁面上布置两列倾斜方向相反的斜肋所得。通常情况下，两壁面的肋倾斜角度相等，方向相反，也有上下肋倾斜角度不同的情况。交错肋通道结构如图 6.21 所示。对于交错肋通道，其结构参数一共有 7 个，分别为描述通道结构的通道宽度 W、通道高度 H、通道长度 L，以及描述肋结构的肋高度 e、肋宽度 t、肋间距 p 以及肋倾角 β。一旦这些参数确定，则交错肋通道可以唯一确定。当肋高 $e = H/2$ 时，上下两列肋片相接触，此时整个通道被肋片分割成许多小的网格，这是交错肋通道中的一种特殊形式，被称为网格通

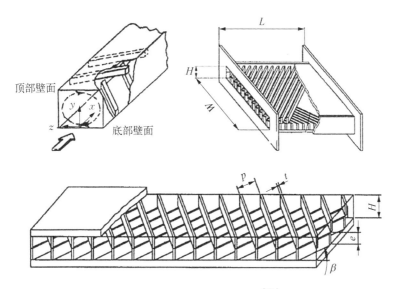

图 6.21　交错肋通道结构图[25]

道(latticework channel)。

　　上下交错的肋片形成许多副通道,冷却气流流入网格通道后,将沿着各副通道流动,在流至通道侧壁时则会发生 2β 的偏转,进而在通道内不断翻折,这样一来增加了冷却气体在通道内的流动距离,而且由于在侧壁气流发生大的翻折,形成的二次流可以对换热起到增强作用。图 6.22 给出了交错肋通道内部空气的流动情况。再者,由于通道被划分为很多小的网格,气流除了按照上述规律流动外,势必会在

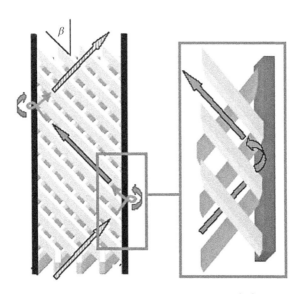

图 6.22　交错肋通道内部流动示意图[24]

各网格之间发生掺混,这样形成的不规则二次流也有助于破坏覆面层,增强换热效果。此外,大量的肋片也增加了通道内的换热面积,这对于通道内部的换热效果也起着积极的作用。

等截面通道和变截面通道的换热效果相对于光滑通道分别有了 4~6 倍和 7 倍的提高,变截面通道的换热效果优于等截面通道。等截面带肋通道和变截面带肋通道的流阻比光滑通道分别提高了 400 倍和 600 倍左右,变截面通道的流阻大于等截面通道。

交错肋通道相对于光滑通道的换热效果得到了很大的提高,同时也伴随着流阻的增大。带肋通道相对于光滑通道的换热强化比 Nu/Nu_0 为 5~9 倍,并且在低 Re 下换热强化效果更明显,随着 Re 增大,换热强化比逐渐减小。流阻方面,带肋通道的流阻系数是光滑通道的 2~20 倍,并且在低流量下($Re<15\,000$)流阻增加比 ξ/ξ_0 随 Re 增加而急剧增大。

3) 带扰流柱通道

受制于涡轮叶片外形,叶片尾缘场采用带扰流柱的冷却通道,该内部冷却结构具有如下几个鲜明的特点:① 柱肋扰流结构,为了在加强换热的同时提高支撑强度,涡轮叶片尾缘通道内大都采用高径比(扰流柱高度与直径的比)在 1.0 左右的扰流柱排;② 通道截面收敛,涡轮叶片在尾缘区域变窄变薄,故尾缘冷却通道呈现扁长且收敛的特性,通常简化成具有大宽高比特性的楔形截面冷却通道;③ 沿程侧向出流,尾缘冷却通道内的冷却气体在朝径向方向流动的同时,不断从侧面的出流孔排出用以保护转子叶片末端最薄的部分;④ 大通道安装角,受到叶片形状的限制,通道的对称面通常与旋转的前进方向有一个很大的夹角;⑤ 复杂的冷气进出口形式,叶片尾缘冷却通道常见有两种冷气入流形式,一种为叶片根部冷气入流(一腔结构),另一种是顶部侧向进气和底部径向进气(两腔结构),如图 6.23 所示。在出流形式上,一般为沿程侧向多处出流的劈缝或者半劈缝结构。

基于叶片尾缘内部冷却结构的上述特性,其内部冷却特性与扰流柱排[26-30]、侧向出流[31]、宽高比[32]以及旋转[33,34]等因素有关。

旋转条件下前缘和后缘的换热均有所提高,旋转对通道换热的影响较明显。尾缘柱肋结构会削弱旋转的效应,但在不同的周向位置上,旋转对于换热的影响有较大的差别。

Park 等[35]采用传质类比实验方法研究了 90°方位角下矩形截面柱肋通道(扰流柱流向、弦向间距与直径的比均为 2.5)内高径比 H/D(2~4 之间)对通道传质系数的影响,如图 6.24 所示。结果表明通道排平均舍伍德数随着高径比 H/D 的增大而增大,$H/D=3$ 和 $H/D=4$ 的情况比 $H/D=2$ 的情况舍伍德数约高 10% 和 35%。此后,Park 等[36]在上述基础上研究了斜柱对通道传质系数的影响。结果表明 60°倾角的斜扰流柱在静止和旋转情况下的传质系数均比 90°情况下小 15% 左右。由

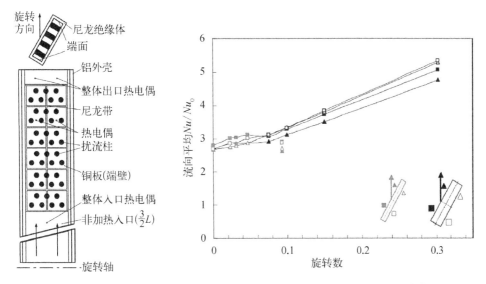

图 6.23　**Wright** 的实验中旋转对于大宽高比柱肋通道内换热的影响[34]

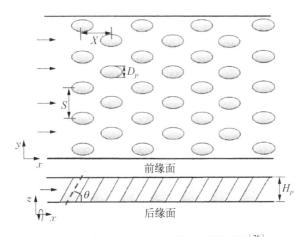

图 6.24　**Park** 实验中的倾斜扰流柱结构[36]

于斜扰流柱倾向前缘,前缘的传质情况比后缘强 10%~15%。

学者在研究宽高比为 $AR=4:1$ 通道内的换热现象时,观察到一个明显的临界旋转数,在临界点前后换热的变化规律完全不同[37]。Chang 等[38]在较大的旋转数与浮力数范围内研究了大宽高比($AR=8:1$)旋转矩形扰流柱通道内的换热特性($\beta=90°$)。结果表明后缘面换热随着旋转数的升高不断加强,前缘面则有明显的临界旋转数($Ro=0.1$)。在此临界点之前通道换热随旋转数增大而下降,之后则相反。在拟合的经验关联式中,作者依然按照惯用的方法将浮力数与旋转数这两个因素对换热的影响在一定程度上分离开来。

　　一个更加合理化的叶片尾缘结构模型是楔形通道,通道的横截面不再是矩形,而是楔形结构。如图 6.25 所示,Wright 等[39]研究了安装角为 135°情况下旋转光滑楔形径向出流通道内的换热实验研究,结果表明旋转数和浮力数依然是描述通道换热的理想参数。前缘(吸力面)比后缘(压力面)对于旋转的影响更为敏感,同时在前缘面还观察到一个明显的临界点,在临界旋转数前后,前缘面的换热大相径庭。

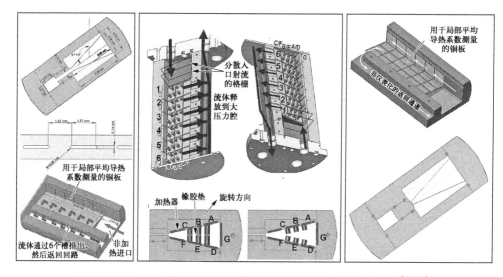

图 6.25　Texas A&M 对于旋转楔形通道内换热的系列实验研究[39,40]

　　在 Wright 的工作之后,Liu 等[40]研究了相同几何结构的楔形通道,几何方位角同样为 135°。但与之前不同的是,在楔形通道的侧面有一排侧向出流孔。结果表明,带侧向出流孔的冷却通道内的换热要强于之前研究模型的换热情况。由于侧向出流孔的原因,出流孔附近的区域换热明显强于远离出流孔位置的换热特性。前缘与后缘的换热均随着转速的提高而增大,临界旋转数和浮力数依然存在。此后,Liu 等[41]在上述通道中加入了肋结构,研究了旋转情况下带肋楔形通道内的流动与换热特性。柱肋冷却通道内的换热随着旋转的加强而加强,因为柱肋结构破坏了旋转导致的涡结构,通道内的二次流很大程度上受到了柱肋结构的影响。但是需要注意的是,为了得到很高的旋转数,对于经侧向出流孔流出的气体不得不进行收集从而给整个实验腔体增压,这样的做法导致尾缘的出口边界条件被改变,从而可能影响了最终的换热数据。

　　Rallabandi 等[42]在上述工作的基础上将光滑通道升级为带有柱肋冷却措施的楔形通道。几何方位角依然是 135°。结果表明,带有侧向出流的楔形柱肋冷却通道内的换热随着旋转的加强而加强,因为柱肋结构破坏了旋转导致的涡结构,通道内的二次流很大程度上受到了柱肋结构的影响。但是需要注意的是,为了得到很高的旋转数,对于经侧向出流孔流出的气体不得不进行收集从而给整个实验腔体增压,这样的做法导致尾缘的出口边界条件被改变,从而可能影响了最终的换热数据。

6.2　旋　转　件

典型的航空发动机空气系统中的旋转件主要为旋转盘腔,其内流旋转盘腔空气系统如图 6.26 所示。通常按照构成旋转盘腔的两个盘转速之比,来区分不同的旋转盘腔系统。如 Owen 等[43,44]将旋转盘腔冷却结构划分为转静系($\Gamma=0$)和旋转系($-1 \leqslant \Gamma < 0, 0 < \Gamma \leqslant 1$)两种,$\Gamma$ 是旋转盘腔的两个盘转速之比。例如,假设旋转盘前有一个静止罩,冷气通过静止罩射入,冷却旋转盘后流入腔或叶片。由于此时区域内只有部分固体边界是运动的,而其余边界则是静止的,称为转静系。若旋转盘前有一个与其一同旋转的盘(可以同向、异向或不同转速旋转),冷气在两个旋转盘间流动。此时整个系统以一定的角速度旋转,称为旋转系。

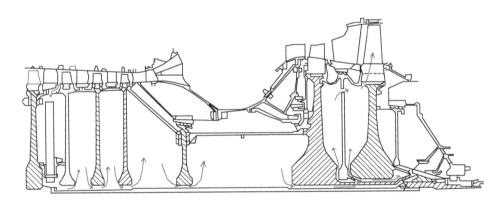

图 6.26　典型航空发动机旋转盘系统示意图

从图 6.26 中所显示的旋转盘腔结构可以看出,压气机盘腔基本都是旋转系,而涡轮盘腔结构中既有转静系,也有旋转系。

6.2.1　简单旋转盘

图 6.27 给出了几种简单旋转盘结构,其中(a)结构即是通常所说的自由盘(free disk)结构,旋转盘被置于自由空间中;(b)结构为静止盘,盘被设置于旋转流

体中;(c)结构为旋转盘,盘及其周边流体均处于旋转状态;(d)结构中旋转盘被置于射流中。

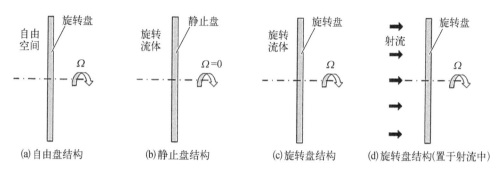

(a)自由盘结构   (b)静止盘结构   (c)旋转盘结构   (d)旋转盘结构(置于射流中)

图 6.27   简单旋转盘的几种不同结构

事实上,简单旋转盘结构在实际发动机空气系统中并不存在,但对其进行研究是一切旋转盘腔内流动和换热的研究基础和起点。从 20 世纪初普朗特提出边界层理论后,学者们就已开始了对简单旋转盘结构的研究,经过几十年的发展后,其理论体系已相当完备,研究结果经常被用于旋转盘腔内流动和换热的实验方法和计算程序的基础性验证。本节将以自由盘为例,来介绍相应的流动和换热机制。

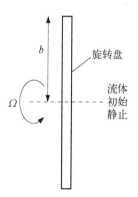

图 6.28   单个圆盘在初始静止的流场中旋转

一个在静止流体中旋转的转盘通常被称为自由盘。研究中,假设流体为黏性不可压的,转盘半径为 b,绕 z 轴以 Ω 的角速度旋转,忽略由转盘边缘对流场的影响。考虑到自由盘的对称性,通常只需研究转盘某一个的流动情形,如图 6.28 所示。

因为黏性作用,转盘表面将形成边界层,边界层内的流体在转盘的带动下进行旋转,同时在离心力的作用下流向四周。由于转盘旋转引起的径向出流叫作泵出流现象,在自由转盘情形中被叫作自由盘泵效应。离转盘较远的流体,由质量守恒条件,轴向流动到转盘中心并进入边界层进行补充。流体在边界层内的切向速度为 u_θ,考虑壁面的无滑移条件下,u_θ 的大小从壁面的转盘速度 ωr 变到边界层外自由流的速度 0。转盘的表面处和边界层以外的区域中,均认为其径向速度为 0。

显然转盘边界层内的流动可能是层流,也可能是湍流,具体流态是由惯性力和黏性力的相对大小确定的,该参数即为旋转雷诺数。

$$Re_{\omega,\text{local}} = x^2 Re_\omega = \left(\frac{r}{b}\right)^2 \frac{\rho \omega b^2}{\mu} = \frac{\rho \omega r^2}{\mu} \tag{6.5}$$

式中,x 是指该点离圆心距离 r 与半径 b 的比值。距离轴较近的流体很可能是层流,如果旋转角速度很大,即使在相对较小的半径处,流体也可能会变成湍流。

1) 自由盘的层流流动

自由盘的流动(定常轴对称)控制方程,在圆柱坐标系下,如下式所示:

$$\frac{\partial(ru_r)}{\partial r} + \frac{\partial(ru_z)}{\partial z} = 0 \tag{6.6}$$

$$u_r \frac{\partial u_z}{\partial r} + u_z \frac{\partial u_z}{\partial z} = -\frac{1}{\rho}\frac{\partial p}{\partial z} + v\left(\frac{\partial^2 u_z}{\partial r^2} + \frac{1}{\rho}\frac{\partial u_z}{\partial r} + \frac{\partial^2 u_z}{\partial z^2}\right) \tag{6.7}$$

此时的边界条件为

$$z = 0:\ u_r = 0, u_\theta = \omega r, u_z = 0 \tag{6.8}$$

$$z \to \infty:\ u_r = 0, u_\theta = 0 \tag{6.9}$$

其中,轴向速度在 Z 趋于无穷大时值不确定,此时应该是一个非零的负值,这主要是由于转盘泵效应引起的无穷远处流体的流动,其大小最终将由转盘的转速确定。

直接求解该方程比较困难,需要将其进一步转化为普通的可用数值或其他方法求解的一组微分方程。首先,从方程中可以看出,影响速度和压力的主要因素是转速 ω,流体运动黏性系数 v 以及空间位置 r、z 这四个影响因素。即

$$u_r = f_1(\omega, v, r, z) \tag{6.10}$$

$$u_\theta = f_2(\omega, v, r, z) \tag{6.11}$$

$$u_z = f_3(\omega, v, r, z) \tag{6.12}$$

$$p = f_4(\omega, v, r, z) \tag{6.13}$$

由于流体的周向和径向运动都是直接由转盘旋转引起的,可以假设这两个分速度正比于所在位置对应的圆盘切向速度,即

$$u_r = \omega r f_5 \tag{6.14}$$

$$u_\theta = \omega r f_6 \tag{6.15}$$

将上述两式代入连续方程,可得

$$\frac{\partial u_z}{\partial z} = -2f_7(\omega, v, z) \tag{6.16}$$

可知 u_z 与半径无关,则假设:

$$u_z = f_8(\omega, v, z) \tag{6.17}$$

将上式代入动量方程中第三个方程,则可得

$$\frac{1}{\rho}\frac{\partial p}{\partial z} = \nu \frac{\mathrm{d}^2 f_8}{\mathrm{d}z^2} - f_8 \frac{\mathrm{d}f_8}{\mathrm{d}z} = f_9(\omega,\nu,z) \tag{6.18}$$

因此,可以假定:

$$\frac{p - p_0}{\rho} = f_{10}(\omega,\nu,z) \tag{6.19}$$

利用 Π 定理,选 ω、ν 为量纲独立量,可得

$$\Pi_1 = \frac{u_r}{\omega r}, \Pi_2 = \frac{u_\theta}{\omega r}, \Pi_3 = \frac{u_z}{\sqrt{\omega \nu}}, \Pi_4 = \frac{p - p_0}{\rho \omega \nu}, \Pi_5 = z\sqrt{\frac{\omega}{\nu}} \tag{6.20}$$

因此得到:

$$\frac{u_r}{\omega r} = F\left(z\sqrt{\frac{\omega}{\nu}}\right) = F(z^*) \tag{6.21}$$

$$\frac{u_\theta}{\omega r} = G\left(z\sqrt{\frac{\omega}{\nu}}\right) = G(z^*) \tag{6.22}$$

$$\frac{u_z}{\sqrt{\rho \omega \nu}} = H\left(z\sqrt{\frac{\omega}{\nu}}\right) = H(z^*) \tag{6.23}$$

$$\frac{p - p_0}{\rho \omega \nu} = P\left(z\sqrt{\frac{\omega}{\nu}}\right) = P(z^*) \tag{6.24}$$

其中, $z^* = z\sqrt{\frac{\omega}{\nu}}$。

将上述公式代回可得

$$2F + H' = 0 \tag{6.25}$$

$$F^2 + F'H - F'' - G^2 = 0 \tag{6.26}$$

$$2FG + HG' - G'' = 0 \tag{6.27}$$

$$P' + HH' - H'' = 0 \tag{6.28}$$

边界条件为

$$Z^* = 0: F = 0, H = 0, G = 1, P = 0 \tag{6.29}$$

$$Z^* \to \infty: F = 0, G = 0 \tag{6.30}$$

这样可以得到一个常微分方程组。对这个方程进行分析求解还是比较难。冯·卡门求出来近似解如表6.1所示。

表 6.1　自由盘冯·卡门方程数值解

Z^*	u_r^*	u_θ^*	u_z^*	p^*	$\partial u_r^*/\partial z^*$	$\partial u_\theta^*/\partial z^*$
0	0	1	0	0	0.510 2	-0.615 9
0.1	0.046 2	0.938 6	-0.004 8	0.092 5	0.416 3	-0.611 2
0.2	0.083 6	0.878	-0.017 9	0.167 4	0.333 8	-0.598 7
0.3	0.113 3	0.819	-0.037 7	0.227 4	0.262	-0.580 3
0.4	0.136 4	0.762 1	-0.062 8	0.274 7	0.199 9	-0.557 7
0.5	0.153 6	0.707 6	-0.091 9	0.311 5	0.146 7	-0.532 1
0.6	0.166	0.655 7	-0.123 9	0.339 6	0.101 5	-0.504 7
0.7	0.174 2	0.606 7	-0.158	0.360 8	0.063 5	-0.476 4
0.8	0.178 9	0.560 5	-0.193 4	0.376 4	0.031 7	-0.447 6
0.9	0.180 7	0.517 1	-0.229 4	0.387 7	0.005 6	-0.419 1
1	0.180 2	0.476 6	-0.265 5	0.395 5	-0.015 7	-0.391 1
1.1	0.177 7	0.438 9	-0.301 3	0.400 8	-0.032 7	-0.364 1
1.2	0.173 7	0.403 8	-0.336 5	0.404 1	-0.046 1	-0.338 1
1.3	0.168 6	0.371 2	-0.370 7	0.405 9	-0.056 4	-0.313 3
1.4	0.162 5	0.341 1	-0.403 8	0.406 6	-0.064	-0.289 8
1.5	0.155 9	0.313 2	-0.435 7	0.406 6	-0.069 3	-0.267 7
1.6	0.148 7	0.287 5	-0.466 1	0.406 1	-0.072 8	-0.247
1.7	0.141 4	0.263 8	-0.495 2	0.405 3	-0.074 7	-0.227 6
1.8	0.133 8	0.241 9	-0.522 7	0.404 3	-0.075 4	-0.209 5
1.9	0.126 3	0.221 8	-0.548 7	0.403 1	-0.075 1	-0.192 7
2	0.118 9	0.203 3	-0.573 2	0.402	-0.073 9	-0.177 1
2.1	0.111 5	0.186 4	-0.596 2	0.400 8	-0.072 1	-0.162 7

Z^*	u_r^*	u_θ^*	u_z^*	p^*	$\partial u_r^* / \partial z^*$	$\partial u_\theta^* / \partial z^*$
2.2	0.104 5	0.170 8	−0.617 8	0.399 8	−0.069 8	−0.149 4
2.3	0.097 6	0.156 5	−0.638	0.398 7	−0.067 1	−0.137 1
2.4	0.091	0.143 3	−0.656 9	0.397 8	−0.064 3	−0.125 8
2.5	0.084 8	0.131 3	−0.674 5	0.397	−0.061 2	−0.115 3
2.6	0.078 8	0.120 2	−0.690 8	0.396 2	−0.058	−0.105 7
2.7	0.073 2	0.110 1	−0.706	0.395 5	−0.054 8	−0.096
2.8	0.067 8	0.100 8	−0.720 1	0.394 9	−0.051 7	−0.088 8
2.9	0.062 8	0.092 3	−0.733 2	0.394 4	−0.048 5	−0.081 4
3	0.058 1	0.084 5	−0.745 2	0.393 9	−0.045 5	−0.074 5
3.2	0.049 6	0.070 8	−0.766 8	0.393 2	−0.039 7	−0.062 5
3.4	0.042 2	0.059 4	−0.785 1	0.392 6	−0.034 3	−0.052 4
3.6	0.035 8	0.049 8	−0.800 7	0.392 2	−0.029 6	−0.044
3.8	0.030 4	0.041 7	−0.813 9	0.391 9	−0.025 3	−0.036 9
4	0.025 7	0.034 9	−0.825 1	0.391 7	−0.021 6	−0.030 9
4.5	0.016 8	0.022 5	−0.846	0.391 4	−0.014 4	−0.019 9
5	0.010 9	0.014 4	−0.859 6	0.391 2	−0.009 4	−0.012 8
5.5	0.007	0.009 3	−0.868 4	0.391 2	−0.006 2	−0.008 2
6	0.004 5	0.006	−0.874 1	0.391 2	−0.004	−0.005 3
7	0.001 9	0.002 5	−0.880 2	0.391 2	−0.001 7	−0.002 2
8	0.000 8	0.001	−0.882 7	0.391 1	−0.000 7	−0.000 9
9	0.000 3	0.000 4	−0.883 7	0.391 1	−0.000 3	−0.000 4
10	0.000 1	0.000 2	−0.884 2	0.391 1	−0.000 1	−0.000 2
∞	0	0	−0.884 5	0.391 1	0	0

通过这些结果可以发现,在无滑移边界条件下,和转盘表面相接触的流体,其

角速度和转盘相同,并且具有相同的向心加速度。当盘开始旋转时,沿圆周方向即会形成一个边界层。处于边界层内而不和表面接触的流体也开始进行旋转运动,但它的向心加速度就和盘表面的流体不同,并且有一个沿径向向外的分量。在边界层厚度之外,流体不做旋转,而且也没有维持径向流动的动力,因此径向速度和切向速度基本为零。由质量守恒定律可知,必定有一流体来补充径向外流,这就导致了流体从无穷远处沿 Z 方向流入边界层,在边界层内获得动量,然后沿径向流出。具体的无量纲速度分布如图 6.29 所示。

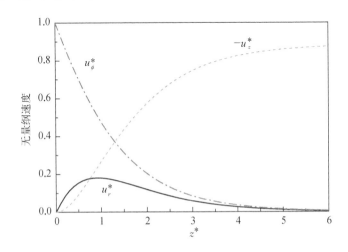

图 6.29 自由盘层流无量纲速度分量

通常将转盘边界层的厚度定义为:流体切向速度达到转盘速度的 1% 位置处,即 $u_\theta^* = 0.01\omega r$,该点与转盘的轴向距离。由前文中的数据,可知自由盘层流边界层的厚度,对应的 Z^* 值约为 5.5,因此自由盘层流的边界层厚度的表达式为

$$\delta \approx 5.5 \sqrt{\frac{\nu}{\omega}} \qquad (6.31)$$

如果流体的黏性系数很大,而转盘的转速较低,则由于转盘旋转而带动的流体边界层的厚度就很大;相反,如果流体的黏性系数很小,而转盘转速较大,则转盘表面的流体边界层就很薄。另外,由该式可知,转盘上的边界层厚度和半径无关。上述理论解只适用于无限大旋转盘,但如果旋转盘的半径 b 比边界层厚度 δ 大很多,盘缘的边界效应的影响就可以忽略,所得理论解可以近似适用,相应的 u_r^*、u_θ^* 的主要变化都发生在边界层区域内。

根据转盘表面的应力分布,即可进一步求出转盘旋转时的阻力矩,由于 τ_{zz} 垂直于转盘表面,不产生阻力矩;τ_{zr} 的方向与 r 一致,亦过 oz 轴,因此也不产生阻

力矩;只需计算 $\tau_{z\theta}$ 所产生的阻力矩即可。因此作用在半径 R 的圆盘单面的阻力矩为

$$M = -2\pi \int_0^b r^2 \tau_{z\theta} \mathrm{d}r \tag{6.32}$$

这里的 $\tau_{z\theta} = \mu \left(\dfrac{\partial u_\theta}{\partial z} \right)_{z=0}$，代表周向剪切应力。

$$\tau_{z\theta} = \rho r \nu^{\frac{1}{2}} \omega^{\frac{3}{2}} G'(0) \tag{6.33}$$

所以圆盘两面受到的力矩为

$$2M = -\pi\rho b^4 (\nu\omega^3)^{\frac{1}{2}} G'(0) = 0.615\,92\pi\rho b^4 (\nu\omega^3)^{\frac{1}{2}} \tag{6.34}$$

引入无量纲力矩系数,对于盘单个表面有

$$C_M = \frac{M}{\dfrac{1}{2}\rho\omega^2 b^5} = -\frac{\pi G'(0)\nu^{\frac{1}{2}}}{b\omega^{\frac{1}{2}}} = \frac{1.935}{\sqrt{Re_\omega}} \tag{6.35}$$

C_M 与 Re_ω 关系如图 6.30 所示,可见在层流范围内,理论力矩系数和实验值两者符合很好。

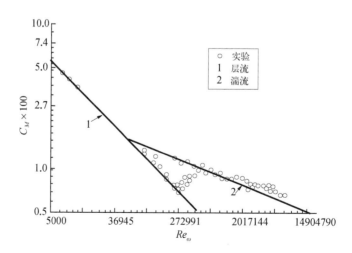

图 6.30　旋转盘圆盘力矩系数理论值与实验值的比较

对于旋转盘而言,单位时间内由于离心力的作用自圆盘一侧流出的流量 m_r 应该等于单位时间沿轴向方向流向转盘的流量 m_z,因此有

$$m_r = 2\pi b \int_0^\infty u_r\big|_{r=b} \mathrm{d}z = 2\pi b^2 \sqrt{\omega\nu} \int_0^\infty F(z^*)\,\mathrm{d}z^* \tag{6.36}$$

$$= 2\pi b^2 \sqrt{\omega\nu} \int_0^\infty \left[-\frac{\mathrm{d}H(z^*)}{2\mathrm{d}z^*} \right] \mathrm{d}z^* = 0.883\,8\pi b^2 \sqrt{\omega\nu}$$

$$m_z = -\pi b^2 u(\infty) = -\pi b^2 \sqrt{\omega\nu}\,H(\infty) = 0.883\,8\pi b^2 \sqrt{\omega\nu} \tag{6.37}$$

定义自由盘的流量系数或局部流量系数如下：

$$C_{w,fd} = \frac{m_{r=b}}{\mu b} \ \text{或} \ C_{w,fd,r} = \frac{m_r}{\mu r} \tag{6.38}$$

其中，$m_{r=b}$ 为转盘盘缘处的出流质量。可得自由盘的局部流量系数为

$$C_{w,fd,r} = \frac{m_r}{\mu r} = 2.779 \left[\left(\frac{r}{b} \right)^2 Re_\omega \right]^{0.5} = 2.779 Re_{\omega,r}^{0.5} \tag{6.39}$$

2）自由盘的湍流流动

旋转雷诺数数值较小时，旋转盘表面的流动是层流且随着旋转雷诺数的增大，流动变得很不稳定，出现小块的扰动或者持续的振荡旋涡。这种被扰动的流体，在当地旋转雷诺数增大到临界数值时会发展成为完全的湍流。

通过对一个旋转玻璃盘的实验观察，Gregory 等[45]发现，在当地雷诺数达到 $1.78\times10^5 \sim 2.12\times10^5$ 时，层流变得不稳定，层流转捩为螺旋旋涡，如图 6.31 所示。

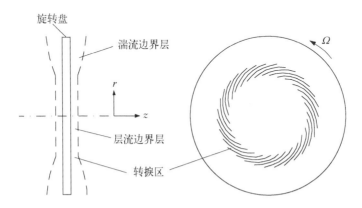

图 6.31　旋转盘的边界层示意图

层流转捩为完全的湍流发生在 Re_ω 达到 $2.7\times10^5 \sim 2.99\times10^5$ 时。当地雷诺数达到 7×10^5 时，流动才会完全变为完全的湍流。这些实验数据和理论研究结果最终确定，层流开始遭到破坏时的当地雷诺数值为 2×10^5。

$$Re_{\omega,\text{critical}} = \left(\frac{r}{b}\right)^2 \frac{\rho\omega r^2}{\mu} \approx 2 \times 10^5 \tag{6.40}$$

$Re_{\omega,\text{critical}}$ 表示临界雷诺数,是流动达到临界状况时的当地旋转雷诺数。所谓临界状态是指层流遭到破坏和湍流状态开始的交界点。具体的临界雷诺数值取决于当地的流体状态和表面的粗糙度。

对于湍流情况,假定边界层内速度分布为 1/7 次幂分布,即

$$u_r = a\omega r\left(\frac{z}{\delta}\right)^{\frac{1}{7}}\left(1 - \frac{z}{\delta}\right), z \leqslant \delta \tag{6.41}$$

$$u_\theta = \omega r\left[1 - \left(\frac{z}{\delta}\right)^{\frac{1}{7}}\right], z \leqslant \delta \tag{6.42}$$

并引用半经验壁面摩擦关系式:

$$\tau_{r,0} = 0.0225\rho U_0^2\left(\frac{\nu}{U_0\delta}\right)^{\frac{1}{4}}\frac{a}{\sqrt{1 + a^2}} \tag{6.43}$$

$$\tau_{\theta,0} = -0.0225\rho U_0^2\left(\frac{\nu}{U_0\delta}\right)^{\frac{1}{4}}\frac{a}{\sqrt{1 + a^2}} \tag{6.44}$$

式中, $U_0 = \omega r\sqrt{1 + a^2}$, a 为待定常数。

将上述方程代入边界层积分方程式,整理后得到:

$$\frac{\mathrm{d}\delta}{\mathrm{d}r} + \left(3 - \frac{K_3}{K_1 a^2}\right)\frac{\delta}{r} = -0.0225\left(\frac{1 + a^2}{K_1 a}\right)^{\frac{3}{8}}\left(\frac{v}{\omega r\delta}\right)^{\frac{1}{4}} \tag{6.45}$$

$$\frac{\mathrm{d}\delta}{\mathrm{d}r} + 4\frac{\delta}{r} = -0.0225\left(\frac{1 + a^2}{K_2 a}\right)^{\frac{3}{8}}\left(\frac{v}{\omega r\delta}\right)^{\frac{1}{4}} \tag{6.46}$$

式中, $K_1 = \dfrac{343}{1\,656}$, $K_2 = \dfrac{49}{720}$, $K_2 = \dfrac{1}{36}$。 求解该方程组,可得

$$a = 0.1620 \tag{6.47}$$

$$\delta = 0.5261 r\left[Re_\omega\left(\frac{r}{b}\right)^2\right]^{-\frac{1}{5}} \tag{6.48}$$

可见,对于湍流边界层而言,边界层厚度随着半径 r 的 0.6 次幂增加,而层流边界层厚度则为常数。因此:

$$\tau_{\omega r} = 0.004\,32\rho\omega^2 r^2 Re_{\omega}^{\frac{1}{5}} \tag{6.49}$$

$$\tau_{\omega\theta} = -0.026\,67\rho\omega^2 r^2 Re_{\omega}^{-\frac{1}{5}} \tag{6.50}$$

又因边界层内质量流量为

$$\dot{m}_0 = 2\pi r\rho \int_0^{\delta} u_r \mathrm{d}z \tag{6.51}$$

因此得

$$\overline{m_0} = \frac{49\pi}{60} r\rho a\delta(u_{\theta,0} - u_{\theta,\infty}) \tag{6.52}$$

对于静止流体中的旋转盘来说，$u_{\theta,0} = \omega r$，$u_{\theta,\infty} = 0$，则有

$$\overline{m_0} = \frac{49\pi}{60}\rho\omega r^2 a\delta = 0.218\,6\rho\omega r^3 Re_{\omega}^{-\frac{1}{5}} \tag{6.53}$$

上式两边除以 μr 可以得到无量纲形式：

$$\frac{\overline{m_0}}{\mu r} = 0.218\,6(x^2 Re_{\omega})^{0.8} \tag{6.54}$$

当 r 等于转盘半径 b 时，则有

$$C_w = 0.218\,6Re_w^{0.8} \tag{6.55}$$

根据无量纲力矩系数的定义，可得圆盘一侧的无量纲力矩系数为

$$C_M = \frac{M}{\dfrac{1}{2}\rho\omega^2 b^5} = 0.073Re_w^{-\frac{1}{5}} \tag{6.56}$$

在高旋转雷诺数情况下，该式明显小于 Bayley 和 Owen[46] 实验所得数据。

Dorfman 给出了旋转雷诺数 $10^4 \sim 10^9$ 范围内，圆盘一侧的力矩系数的表达式：

$$C_M = 0.491[\lg(Re_{\omega})]^{-2.58},\ 1\times10^4 \leqslant Re_{\omega} \leqslant 1\times10^9 \tag{6.57}$$

对于在空气中旋转的转盘，Bayley 和 Owen[46] 给出了旋转雷诺数在 4.2×10^6 附近时 C_M 的表达式：

$$C_M = 0.065\,5Re_{\omega}^{-0.186} \tag{6.58}$$

罗翔、张达[47] 等测量了单侧光滑自由盘表面的扭矩值，并总结了自由盘无量

纲力矩系数的经验关系式:

$$C_M = 0.109 Re_\omega^{-0.222}, \quad 1.761\,06 \leqslant Re_\omega \leqslant 4.581\,06 \tag{6.59}$$

需要注意的是,在转盘的加工过程中,使用材料以及加工方式的不同,会使得盘表面存在着不同的粗糙度。当转盘壁面的粗糙微元低于流体边界层内的黏性底层的厚度时,盘壁面可近似认为是水力光滑的,此时壁面粗糙度对剪切应力的影响很小,即对边界层附近流动也基本没有影响。壁面粗糙度的影响因素,除壁面上本身的粗糙单元的高度外,还有附近流体的流动状态。为方便起见,定义粗糙度参数 k^+ 量化定义壁面粗糙度:

$$k^+ = \rho k_s u_\tau / \mu \tag{6.60}$$

其中,k_s 为粗糙元高度;u_τ 为摩擦速度;粗糙度参数 k^+ 主要用来表征粗糙单元高度与黏性底层相对关系,利用粗糙度参数可以大致量化对应三种粗糙度类型,具体划分为: $k^+ \leqslant 5$ 为气动光滑;$5 < k^+ \leqslant 70$ 为过渡区;$k^+ > 70$ 为完全粗糙。转盘壁面粗糙度的改变对于扭矩系数有着较大的影响,在完全粗糙壁面(粗糙度参数 $k^+ = 201$),此时转盘扭矩系数为气动光滑情况的 2 倍。

3) 自由盘表面的传热特性

对于旋转盘换热,通常盘面热流密度 q_w 定义为

$$q_w = -\lambda \left(\frac{\partial T}{\partial z} \right)_{z=0} \tag{6.61}$$

式中,λ 为导热系数。局部努赛特数定义为

$$Nu = \frac{r q_w}{\lambda (T_w - T_\infty)} = \frac{h_r r}{\lambda} \tag{6.62}$$

对于转盘高速旋转时,转盘与表面流体进行摩擦产生的热量将会加热转盘表面边界层内的流体。如果壁面为绝热,此时壁面相接触的流体温度则称为绝热壁温。绝热壁温 $T_{0,ad}$ 定义如下:

$$T_{0,ad} = T_\infty + R \frac{\omega^2 r^2}{2 C_P} (1 - \beta)^2 \tag{6.63}$$

这里的 R 为温度恢复系数,其值大小与 Pr 相关。对于层流而言,R 的大小为 $Pr^{1/2}$;对于湍流而言,则为 $Pr^{1/3}$。β 为旋流系数,它的定义如下:

$$\beta = \frac{u_{\theta,\infty}}{\omega r} \tag{6.64}$$

当转盘高速度旋转时,如果考虑摩擦作用,与盘面相接触流体的温度-绝热壁

温 $T_{0,ad}$ 通常大于换热的参考温度 T_∞。那么决定换热大小和方向的温差实际上为 $T_w - T_{0,ad}$，而不是 $T_w - T_\infty$。对于非绝热的圆盘如果 $T_w > T_{0,ad}$，转盘将会被冷却。如果 $T_{0,ad} > T_w > T_\infty$，圆盘将会被"冷的"流体加热，这样上式定义的努赛特数将会变成负数。为了避免这种情况出现，使用 $T_w - T_{0,ad}$ 替代 $T_w - T_\infty$ 重新定义努赛特数：

$$Nu^* = \frac{rq_w}{\lambda(T_w - T_{0,ad})} \tag{6.65}$$

平均努赛特数可以定义为

$$Nu_{\mathrm{av}} = \frac{rq_{w,\mathrm{av}}}{\lambda(T_w - T_\infty)_{\mathrm{av}}}, \quad Nu_{\mathrm{av}}^* = \frac{rq_{w,\mathrm{av}}}{\lambda(T_w - T_{0,ad})_{\mathrm{av}}} \tag{6.66}$$

其中，$q_{w,\mathrm{av}}$ 为径向加权平均热流密度；$(T_w - T_\infty)_{\mathrm{av}}$ 和 $(T_w - T_{0,ad})_{\mathrm{av}}$ 分别为径向加权平均温差。不管采用哪种参考温度，盘面与流体之间的换热量始终是不变的，因此 Nu_{av} 和 Nu_{av}^* 之间的关系为

$$Nu_{\mathrm{av}}(T_w - T_\infty)_{\mathrm{av}} = Nu_{\mathrm{av}}^*(T_w - T_{0,ad})_{\mathrm{av}} = \frac{rq_{w,\mathrm{av}}}{\lambda} \tag{6.67}$$

在已知自由盘层流流动结构的情况下，如果假定流体是常物性的，则可以求解能量方程获得温度分布。

假定盘面温度分布为

$$T_w(x) = T_{\mathrm{ref}} + T_n x^n \tag{6.68}$$

式中，T_{ref}、T_n、n 为常数，$x = r/b$。对于自由盘，如果假定 $T_{\mathrm{ref}} = T_\infty$，则关于盘面的 Nu 分布公式为

$$Nu = c(x^2 Re_\omega)^{\frac{1}{2}} \text{ 或 } Nu_{\mathrm{av}} = cRe_\omega^{\frac{1}{2}} \tag{6.69}$$

其中，c 值随着 Pr 和 n 值而变化，详见表 6.2。

表 6.2　系数 c 值随 Pr 和 n 值关系

Pr	$n = -3$	$n = -2$	$n = -1$	$n = 0$	$n = 1$	$n = 2$	$n = 3$
0.1	-0.043 8	0	0.039 9	0.076 6	0.110 4	0.141 7	0.170 9
0.5	-0.211 3	0	0.159 0	0.262 3	0.353 1	0.428 7	0.493 5
0.71	-0.295 2	0	0.189 3	0.325 9	0.431 9	0.518 5	0.591 8
1.0	-0.407 4	0	0.235 2	0.396 2	0.518 0	0.615 9	0.698 2

Pr	$n=-3$	$n=-2$	$n=-1$	$n=0$	$n=1$	$n=2$	$n=3$
2.0	-0.769 2	0	0.348 2	0.565 3	0.722 6	0.846 6	0.949 8
5.0	-1.715	0	0.544 5	0.853 3	1.070	1.238	1.377
10.0	-3.057	0	0.736 8	1.134 0	1.408	1.621	1.796

从表中可以看出,当 $n=2$ 时,这是航空发动机盘腔比较常见的温度分布。当 $n=0$ 时,则代表着整个旋转盘是等温分布。$n=-2$ 时,可以看到 $c=0$,意味着盘面处于绝热状态,和流体之间没有换热。而 $n<-2$ 时,c 值出现负值,可以理解为冷流体流过热圆盘的情况:在转盘中心处,盘面温度高于流体温度,但随着半径的增加,转盘温度迅速降低,甚至低于流体温度,导致流体向盘面传热。同时这也说明不仅流动是影响换热系数的重要因素,而且固体壁面的温度分布也是影响换热系数分布的一个因素。

例如,对于一个直径为 457 mm 的圆盘。盘面温度为均匀分布,对于 $Re_\omega < 2 \times 10^5$ 时,有

$$Nu_{\mathrm{av}} = 0.36 Re_\omega^{\frac{1}{2}} \tag{6.70}$$

这个表达式相对于 $Pr=0.71$,式(6.69)给出的值高约 10%。

赵熙[48]研究了热边界条件对旋转盘面换热影响规律,同时也给出了盘面温度分布为多项式时盘面 Nu 的推导方法。Dorfman 等[49]给出自由盘面换热的近似解为

$$Nu = 0.026\ 7 \left(\frac{n+2.6}{4.6}\right)^{\frac{1}{5}} Pr^{\frac{3}{5}} (x^2 Re_\omega)^{\frac{4}{5}} \tag{6.71}$$

$$Nu_{\mathrm{av}} = \frac{n+2}{n+2.6} Nu_b \tag{6.72}$$

式中,Nu_b 为 $x=1(r=b)$ 时的值。Owen[50]测量了直径为 762 mm 的圆盘平均努赛特数。工况范围为 $2 \times 10^5 < Re_\omega < 4 \times 10^6$,相应的 Nu 表达形式为

$$Nu_{\mathrm{av}}^* = 0.017\ 1 Re_\omega^{0.814} \tag{6.73}$$

6.2.2　转静系旋转盘

简单转静系是发动机转静系旋转盘腔冷却结构中最基本的结构,其特点是分别具有零路或一路轴(或周期性)对称的冷气入流和出流,并且入流通常没有预

旋。图 6.32 为几种常见简单转静系简化结构示意图。需要说明,开式转静系与闭式转静系的区别是,在转静腔外缘有无封严用的环罩。若无为开式,若有则为闭式。此外,图 6.32 各结构中均没有轮毂部分,对于带有轮毂的转静系,如轮毂处存在冷气的进口或出口,本书将其统称为低位进气或出气。

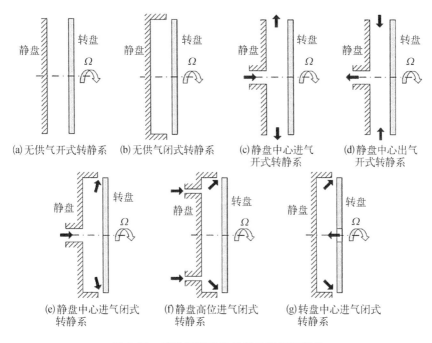

图 6.32　简单转静系结构的几种不同结构

图 6.32 中(a)、(c)、(d)三种开式转静系和(b)结构的闭式转静系主要应用于早期的涡轮发动机中,其中(d)结构可模拟压气机盘的抽气过程。而(e)和(f)两种带供气的闭式转静系在现代发动机中应用很多,这两种结构下冷气由中心或高位进口流入转静腔内,冷却转盘后再由盘缘封严间隙流出。(g)结构多用于低压涡轮下游盘腔的冷却和封严。

由于简单转静系结构的冷却方案比较单一,其对轮盘内的温度水平和温度梯度的调节能力有限,故目前只应用于发动机内低压涡轮盘以及高压压气机盘的空气系统中,而对于高压级涡轮盘的冷却,则多使用复杂结构形式的转静系来实现。

复杂转静系的基本特征是转静腔有多路轴(或周期性)对称的冷气入流和(或)出流,通常用于高压涡轮盘腔的冷却、封严和为叶片提供冷气;此外,在冷气进口处常带有预旋喷嘴,其目的一方面用以降低涡轮盘面或涡轮盘缘叶片冷气接收孔处冷气的相对总温,另一方面是可减小接收孔处冷气的压力损失。图 6.33 所示为几种目前常见的复杂转静系简化结构,这些结构在高压涡轮盘空气系统中经常遇到。

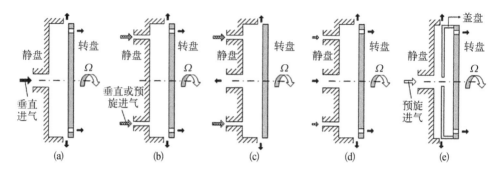

图 6.33 复杂转静系结构的几种不同结构

首先,从气路布置上看,图 6.33 中(a)、(b)两结构均有一路进气和两路出气,其中(a)为中心进气,(b)为高位进气,两者的两个出口分别为盘缘封严出口和转盘上的叶片冷气接收孔出口。这两个结构的冷却效果相比,采用(a)结构时轮盘能获得较低的平均温度水平,但径向温度梯度较大,而(b)结构的情况则相反。

(c)结构具有高位一路进气、盘缘封严和中心两路出气,其目的是为使轮盘获得较低的温度水平和温度梯度,这与(d)结构按两路进气、两路出气的布置目的相同,但(c)结构中心出流冷气在离心力的作用下阻力损失较大。值得指出的是,对于多路进气和(或)多路出气结构,由于腔内存在入流掺混和(或)出流分流,因此在考察其流动和换热规律时还将涉及确定换热系数的参考温度即"三温度问题"和(或)各出口流量分配等问题。

其次,从进气方式上看,图 6.33 中(a)结构为垂直进气方式;(b)、(c)、(d)结构可采用垂直进气或预旋进气方式;而(e)结构则只采用预旋进气方式。如前所述,采用预旋的目的主要是提高冷气品质,尤其是对供叶片冷却使用的冷气,预旋可显著提高叶片的冷却效果。对于主要为叶片或榫槽提供冷气的预旋进气结构转静系,可分为直接供气预旋系统(direct-transfer preswirl system)和盖盘预旋系统(cover-plate preswirl system),本章 6.2 节中给出了详细介绍,这里就不再赘述。

1) 基本控制方程

对于转静系旋转盘腔结构,采用静止圆柱坐标系来描述腔内流动和换热的控制方程较为方便。设 u_r、u_θ、u_z 分别代表 r、θ、z 方向上的速度分量,τ 为时间,ρ、μ、λ、c_p 分别为流体的密度、动力黏度、导热系数、定压比热容,则在圆柱坐标系下描述转静系内可压流流动与换热的守恒形式分量控制微分方程组如下。

（1）连续方程。

$$\frac{\partial \rho}{\partial \tau} + \frac{\partial(r\rho u_r)}{r\partial r} + \frac{\partial(\rho u_\theta)}{r\partial \theta} + \frac{\partial(\rho u_z)}{\partial z} = 0 \tag{6.74}$$

（2）动量方程。

$$\frac{\partial(\rho u_r)}{\partial \tau} + \frac{\partial(\rho r u_r u_r)}{r\partial r} + \frac{\partial(\rho u_\theta u_r)}{r\partial \theta} + \frac{\partial(\rho u_z u_r)}{\partial z}$$

$$= \rho F_r - \frac{\partial p}{\partial r} + \frac{2\partial}{r\partial r}\left[\mu r \frac{\partial u_r}{\partial r}\right] + \frac{\partial}{r\partial \theta}\left[\mu\left(\frac{\partial u_r}{r\partial \theta} + \frac{\partial u_\theta}{\partial r} - \frac{u_\theta}{r}\right)\right] + \frac{\partial}{\partial z}\left[\mu\left(\frac{\partial u_r}{\partial z} + \frac{\partial u_z}{\partial r}\right)\right]$$

$$- \frac{2\mu}{r}\left(\frac{\partial u_\theta}{r\partial \theta} + \frac{u_r}{r}\right) + \rho \frac{u_\theta^2}{r} - \frac{2}{3}\frac{\partial}{\partial r}(\mu \nabla \cdot \boldsymbol{V}) \tag{6.75}$$

$$\frac{\partial(\rho u_\theta)}{\partial \tau} + \frac{\partial(\rho r u_r u_\theta)}{r\partial r} + \frac{\partial(\rho u_\theta u_\theta)}{r\partial \theta} + \frac{\partial(\rho u_z u_\theta)}{\partial z}$$

$$= \rho F_\theta - \frac{\partial p}{r\partial \theta} + \frac{\partial}{r\partial r}\left[\mu r\left(\frac{\partial u_\theta}{\partial r} + \frac{\partial u_r}{r\partial \theta} - \frac{u_\theta}{r}\right)\right] + \frac{\partial}{r\partial \theta}\left[\mu\left(\frac{2\partial u_\theta}{r\partial \theta} + \frac{2u_r}{r}\right)\right]$$

$$+ \frac{\partial}{\partial z}\left[\mu\left(\frac{\partial u_\theta}{\partial z} + \frac{\partial u_z}{r\partial \theta}\right)\right] - \frac{\mu}{r}\left(\frac{\partial u_r}{r\partial \theta} + \frac{\partial u_\theta}{\partial r} - \frac{u_\theta}{r}\right) - \rho \frac{u_r u_\theta}{r} - \frac{2}{3}\frac{\partial}{r\partial \theta}(\mu \nabla \cdot \boldsymbol{V}) \tag{6.76}$$

$$\frac{\partial(\rho u_z)}{\partial \tau} + \frac{\partial(\rho r u_r u_z)}{r\partial r} + \frac{\partial(\rho u_\theta u_z)}{r\partial \theta} + \frac{\partial(\rho u_z u_z)}{\partial z}$$

$$= F_z - \frac{\partial p}{\partial z} + \frac{\partial}{r\partial r}\left[\mu r\left(\frac{\partial u_r}{\partial z} + \frac{\partial u_z}{\partial r}\right)\right] + \frac{\partial}{r\partial \theta}\left[\mu\left(\frac{\partial u_\theta}{\partial z} + \frac{\partial u_z}{r\partial \theta}\right)\right] + \frac{\partial}{\partial z}\left[2\mu\left(\frac{\partial u_z}{\partial z}\right)\right]$$

$$- \frac{2}{3}\frac{\partial}{\partial z}(\mu \nabla \cdot \boldsymbol{V}) \tag{6.77}$$

以上动量方程中，F_r、F_θ、F_z 分别为 r、θ、z 方向的彻体力，p 为流体压力，此外有

$$\nabla \cdot \boldsymbol{V} = \frac{1}{r}\frac{\partial}{\partial r}(r u_r) + \frac{1}{r}\frac{\partial u_\theta}{\partial \theta} + \frac{\partial u_z}{\partial z} \tag{6.78}$$

（3）能量方程。

$$\frac{\partial(\rho c_p t)}{\partial \tau} + \frac{\partial(\rho c_p r u_r t)}{r\partial r} + \frac{\partial(\rho c_p u_\theta t)}{r\partial \theta} + \frac{\partial(\rho c_p u_z t)}{\partial z}$$

$$= \frac{\partial}{r\partial r}\left(r\lambda \frac{\partial t}{\partial r}\right) + \frac{\partial}{r\partial \theta}\left(\lambda \frac{\partial t}{r\partial \theta}\right) + \frac{\partial}{\partial z}\left(\lambda \frac{\partial t}{\partial z}\right) + \phi + \beta T \frac{Dp}{D\tau} \tag{6.79}$$

上式未考虑辐射和内热源。式中 t 为流体温度；β 为容积膨胀系数，对理想气体 $\beta = 1/T$（T 为热力学温度），对不可压流 $\beta = 0$；ϕ 为耗散函数，且有

$$\varphi = 2\mu\left\{\left(\frac{\partial u_r}{\partial r}\right)^2 + \left(\frac{\partial u_\theta}{r\partial\theta} + \frac{u_r}{r}\right)^2 + \left(\frac{\partial u_z}{\partial z}\right)^2\right\}$$
$$+ \mu\left\{\left(\frac{\partial u_z}{r\partial\theta} + \frac{\partial u_\theta}{\partial z}\right)^2 + \left(\frac{\partial u_r}{\partial z} + \frac{\partial u_z}{\partial r}\right)^2 + \left(\frac{\partial u_r}{r\partial\theta} + \frac{\partial u_\theta}{\partial r} - \frac{u_\theta}{r}\right)^2 - \frac{2}{3}(\nabla\cdot\boldsymbol{V})^2\right\}$$

$$(6.80)$$

上述方程组有 u_r、u_θ、u_z、p、t、ρ、μ、λ、c_p 九个未知数，而方程共有五个，要使方程组封闭还必须给出流体物性参数 ρ、μ、λ、c_p 的确切关系式。通常旋转盘腔内流体为空气，可看作是理想气体，密度与温度及压力的关系可由状态方程给出：

$$\rho = \frac{p}{RT} \tag{6.81}$$

此处 R 为气体常数。而动力黏度、导热系数、定压比热 c_p 随温度的变化关系可采用 Sutherland 公式或其他关系式。

对于大多数盘腔问题的研究中，可以将动量传递和能量传递过程看作轴对称和稳态的，因此在上述方程中关于 θ 坐标分量导数均为 0，同时方程中的时间导数项也为 0：$\frac{\partial}{\partial\theta} = \frac{\partial}{\partial\tau} = 0$。在这种情况下，同时忽略彻体力和黏性耗散，物性参数为常数，则上述的控制方程将有下列形式：

$$\frac{\partial(ru_r)}{\partial r} + \frac{\partial(ru_z)}{\partial z} = 0 \tag{6.82}$$

$$u_r\frac{\partial u_r}{\partial r} + u_z\frac{\partial u_r}{\partial z} - \frac{u_\theta^2}{r} = -\frac{1}{\rho}\frac{\partial p}{\partial r} + \nu\left(\frac{\partial^2 u_r}{\partial r^2} + \frac{1}{r}\frac{\partial u_r}{\partial r} - \frac{u_r}{r^2} + \frac{\partial^2 u_r}{\partial z^2}\right) \tag{6.83}$$

$$u_r\frac{\partial u_\theta}{\partial r} + u_z\frac{\partial u_\theta}{\partial z} + \frac{u_r u_\theta}{r} = \nu\left(\frac{\partial^2 u_\theta}{\partial r^2} + \frac{1}{r}\frac{\partial u_\theta}{\partial r} - \frac{u_\theta}{r^2} + \frac{\partial^2 u_\theta}{\partial z^2}\right) \tag{6.84}$$

$$u_r\frac{\partial u_z}{\partial r} + u_z\frac{\partial u_z}{\partial z} = -\frac{1}{\rho}\frac{\partial p}{\partial z} + \nu\left(\frac{\partial^2 u_z}{\partial r^2} + \frac{1}{r}\frac{\partial u_z}{\partial r} + \frac{\partial^2 u_z}{\partial z^2}\right) \tag{6.85}$$

$$u_r\frac{\partial t}{\partial r} + u_z\frac{\partial t}{\partial z} = a\frac{1}{r}\frac{\partial}{\partial r}\left(r\frac{\partial t}{\partial r}\right) + a\frac{\partial^2 t}{\partial z^2} \tag{6.86}$$

对于在大空间旋转的单盘，或者具有较大转静间隙的转静系盘腔系统，边界层以外的黏性和湍流影响可以忽略。动量方程可以进一步变化，下标 ∞ 表示远离盘

处的流动。如果下标 ∞ 改为 c,则可以表示转静盘腔中旋转核心的流动。相应的动量方程变为

$$u_{r,\infty} \frac{\partial u_{r,\infty}}{\partial r} + u_{z,\infty} \frac{\partial u_{r,\infty}}{\partial z} - \frac{u_{\theta,\infty}^2}{r} = -\frac{1}{\rho} \frac{\partial p_\infty}{\partial r} \tag{6.87}$$

$$u_{r,\infty} \frac{\partial u_{\theta,\infty}}{\partial r} + u_{z,\infty} \frac{\partial u_{\theta,\infty}}{\partial z} + \frac{u_{r,\infty} u_{\theta,\infty}}{r} = 0 \tag{6.88}$$

$$u_{r,\infty} \frac{\partial u_{z,\infty}}{\partial r} + u_{z,\infty} \frac{\partial u_{z,\infty}}{\partial z} = -\frac{1}{\rho} \frac{\partial p_\infty}{\partial z} \tag{6.89}$$

2）边界层方程

边界层理论最早由德国学者普朗特在 1904 年提出,他认为沿固体壁面的流动,可分成两个区域:边界层内和边界层外。在边界层以内的流体是黏性流体,可用纳维-斯托克斯方程描述;在边界层以外的流体,可视为理想流体,不用考虑其黏性。通常,如果流体与盘面之间存在速度差,转盘表面也将存在边界层。

根据边界层理论,如果两盘的间距远小于其半径,假定:速度分量 u_z 的大小远小于其他两个分量;任何变量(除了压力)沿着盘法向的变化率比其沿着盘径向和切向的变化率大得多;压力只沿半径方向变化。除了盘表面的边界层外,基本可以认为腔内流动是无黏的,由前面讨论的无黏方程组进行求解。对于边界层内的流动,可以从上一节中的方程组进一步推导出动盘或静盘表面的边界层方程组。需要注意的是,该边界层方程组不一定适用于外罩或旋转轴位置。

边界层内,可以采用量级分析的方法,由于边界层的厚度 δ 远远小于圆盘的半径 r,因此式(6.90)~式(6.94)中只保留 z 方向的导数,即只保留平行于盘面的黏性应力。同样的,对于热流而言,只保留沿着 z 方向的热流变化。因此边界层内的方程组如下:

$$\frac{\partial u_r}{\partial r} + \frac{u_r}{r} + \frac{\partial u_z}{\partial z} = 0 \tag{6.90}$$

$$u_r \frac{\partial u_r}{\partial r} + u_z \frac{\partial u_r}{\partial z} - \frac{u_\theta^2}{r} = -\frac{1}{\rho} \frac{\partial p}{\partial r} + \frac{1}{\rho} \frac{\partial}{\partial z}\left(\mu \frac{\partial u_r}{\partial z}\right) \tag{6.91}$$

$$u_r \frac{\partial u_\theta}{\partial r} + u_z \frac{\partial u_\theta}{\partial z} + \frac{u_r u_\theta}{r} = \frac{1}{\rho} \frac{\partial}{\partial z}\left(\mu \frac{\partial u_\theta}{\partial z}\right) \tag{6.92}$$

$$\frac{\partial p}{\partial z} = 0 \tag{6.93}$$

$$u_r \frac{\partial T}{\partial r} + u_z \frac{\partial T}{\partial z} = \frac{1}{\rho C_p} \frac{\partial}{\partial z}\left(\lambda \frac{\partial T}{\partial z}\right) + \frac{\mu}{\rho C_p}\left[\left(\frac{\partial u_r}{\partial z}\right)^2 + \left(\frac{\partial u_\theta}{\partial z}\right)^2\right] \qquad (6.94)$$

根据边界层理论,在整个边界层内压力 p 沿 z 方向不变。因此,对在大空间旋转的单个转盘或静盘来说,边界层内 $p = p_\infty$ 总是成立,p_∞ 为远离转盘或静盘处的压力;而对转静系统盘腔来说,可以用 p_c 来代替 p_∞,p_c 为无黏旋转核心处的压力。

由上面的公式可以看到,当流体远离旋转盘时,流动是无黏的,式右端包含 $\frac{\partial p}{\partial r}$ 的项可以用 $-\frac{u_{\theta,\infty}^2}{r}$ 或 $-\frac{u_{\theta,c}^2}{r}$ 代替,因此控制方程可以写为

$$\frac{\partial}{\partial r}(ru_r) + \frac{\partial}{\partial z}(ru_z) = 0 \qquad (6.95)$$

$$\frac{\partial}{\partial r}(ru_r^2) + \frac{\partial}{\partial z}(ru_ru_z) - u_\theta^2 = -u_{\theta,\infty}^2 + \frac{r}{\rho}\frac{\partial}{\partial z}\left(\mu \frac{\partial u_r}{\partial z}\right) \qquad (6.96)$$

$$\frac{\partial}{\partial r}(r^2 u_r u_\theta) + \frac{\partial}{\partial z}(r^2 u_z u_\theta) = \frac{r^2}{\rho}\frac{\partial}{\partial z}\left(\mu \frac{\partial u_\theta}{\partial z}\right) \qquad (6.97)$$

$$\frac{\partial}{\partial r}(ru_r T) + \frac{\partial}{\partial z}(ru_z T) = \frac{r}{\rho C_p}\frac{\partial}{\partial z}\left(\lambda \frac{\partial T}{\partial z}\right) + \frac{r}{\rho C_p}\mu\left[\left(\frac{\partial u_r}{\partial z}\right)^2 + \left(\frac{\partial u_\theta}{\partial z}\right)^2\right] \qquad (6.98)$$

对于不可压流,可以用总焓 H 代替方程式中的 T,但仅在边界层内 $|u_z| \ll (u_r^2 + u_\theta^2)^{\frac{1}{2}}$ 成立,则有

$$H = C_p T + \frac{1}{2}(u_r^2 + u_\theta^2) + \frac{p}{\rho} \qquad (6.99)$$

$$\frac{\partial}{\partial r}(ru_r H) + \frac{\partial}{\partial z}(ru_z H) = \frac{r}{\rho}\frac{\partial}{\partial z}\left(\lambda \frac{\partial H}{\partial z} + \mu \frac{\partial u_r}{\partial z}u_r + \mu \frac{\partial u_\theta}{\partial z}u_\theta\right) \qquad (6.100)$$

3) 埃克曼边界层方程

埃克曼(Ekman)边界层理论最早是由瑞典科学家沃恩·华费特·埃克曼(Vagn Walfrid Ekman)在研究洋流流动时提出,通常可以认为是旋转边界层的一部分。在埃克曼边界层内,流体中科氏力和黏性力相平衡。在旋转坐标系下(角速度为 ω),边界层方程组可以简化为

$$-2\omega v = \frac{1}{\rho}\frac{\partial \tau_r}{\partial z} \qquad (6.101)$$

$$2\omega u = \frac{1}{\rho}\frac{\partial \tau_\theta}{\partial z} \tag{6.102}$$

对于层流而言，有

$$\tau_r = \mu\frac{\partial u}{\partial z}, \tau_\theta = \mu\frac{\partial v}{\partial z} \tag{6.103}$$

沿边界层积分，可以得到盘面处的剪切力切向分量 $\tau_{\theta,0}$ 和边界层内当地质量流量 $\dot{m}_0$ 的关系，这里假定边界层外径向速度分量为 0，有

$$\dot{m}_0 = 2\pi\rho r\int_0^\infty u\mathrm{d}z \tag{6.104}$$

该式可以进一步简化为

$$\frac{\tau_{\theta,0}}{\rho\omega^2 b^2} = -\frac{1}{\pi}Re_\omega^{-1}\frac{\dot{m}_0}{\mu r} \tag{6.105}$$

其中，Re_ω 是旋转雷诺数 $\left(Re_\omega = \dfrac{\rho\omega r^2}{\mu}\right)$。

4）积分方程组

对于边界层方程组，可以在边界层中通过对 z 求积分得到一系列的常微分方程。边界层的厚度为 δ，通常是半径 r 的函数，积分方程的边界层条件为

$$z = 0: u_r(0) = 0,\ u_\theta(0) = u_{\theta,0},\ u_z(0) = 0,\ T(0) = T_0,\ \tau(0) = \tau_0 \tag{6.106}$$

$$z = \delta: u_r(\delta)\to 0,\ u_\theta(\delta)\to u_{\theta,\infty},\ u_z(\delta)\to u_{z,\infty},\ T(\delta)\to T_\infty,\ \tau(\delta)\to 0 \tag{6.107}$$

其中，对旋转盘有 $u_{\theta,0} = \omega r$，对静止盘有 $u_{\theta,0} = 0$。

（1）动量积分方程。

将式（6.106）~式（6.107）从 $z = 0$ 到 $z = \delta$ 积分，得到：

$$\frac{\mathrm{d}}{\mathrm{d}r}\left(r\int_0^\delta u_r\mathrm{d}z\right) + ru_{z,\infty} = 0 \tag{6.108}$$

$$\frac{\mathrm{d}}{\mathrm{d}r}\left[r\int_0^\delta u_r^2\mathrm{d}z - \int_0^\delta(u_\theta^2 - u_{\theta,\infty}^2)\mathrm{d}z\right] = -\frac{r}{\rho}\tau_{r,0} \tag{6.109}$$

$$\frac{\mathrm{d}}{\mathrm{d}r}\left(r^2\int_0^\delta u_r u_\theta\mathrm{d}z\right) + r^2 u_{\theta,\infty}u_{z,\infty} = -\frac{r}{\rho}\tau_{\theta,0} \tag{6.110}$$

边界层内的质量流率为

$$\dot{m}_0 = 2\pi\rho r \int_0^\delta u_r \mathrm{d}z \tag{6.111}$$

$$u_{z,\infty} = -\frac{1}{2\pi\rho r}\frac{\mathrm{d}\dot{m}_0}{\mathrm{d}r} \tag{6.112}$$

因此,上式变形为

$$\frac{\mathrm{d}}{\mathrm{d}r}\left[r\int_0^\delta u_r^2 \mathrm{d}z - \int_0^\delta (u_\theta^2 - u_{\theta,\infty}^2)\mathrm{d}z\right] = -\frac{r}{\rho}\tau_{r,0} \tag{6.113}$$

$$\frac{\mathrm{d}}{\mathrm{d}r}\left[r^2\int_0^\delta u_r(u_\theta - u_{\theta,\infty})\mathrm{d}z\right] + \frac{\dot{m}_0}{2\pi\rho}\frac{\mathrm{d}}{\mathrm{d}r}(ru_{\theta,\infty}) = -\frac{r^2}{\rho}\tau_{\theta,0} \tag{6.114}$$

在边界层外没有轴向入流和出流,以及边界层外无旋的情况下,上式左端第二项可以省略。但对于旋转盘腔而言,通常不能省略。

求解积分方程时,可以假设速度具有以下解的形式:

$$u_r = a(r)[u_{\theta,0}(r) - u_{\theta,\infty}(r)]f(\zeta), \ 0 \leqslant \zeta \leqslant 1 \tag{6.115}$$

$$u_\theta = u_{\theta,0}(r) - [u_{\theta,0}(r) - u_{\theta,\infty}(r)]g(\zeta), \ 0 \leqslant \zeta \leqslant 1 \tag{6.116}$$

其中,$a(r)$ 是待求函数,ζ 是无量纲轴向距离:

$$\zeta = \frac{z}{\delta} \tag{6.117}$$

在边界层内 $(0 \leqslant z \leqslant \delta)$,恰当选取 $f(\zeta)$、$g(\zeta)$ 可以对速度型 u_r 和 u_θ 很好地近似。边界条件变为

$$f(0) = f(1) = g(0) = 0, \ g(1) = 1 \tag{6.118}$$

大多数情况下,$u_{\theta,0}(r)$ 为已知量。对于单个盘在无限大流体中旋转情况(自由盘情况),$u_{\theta,\infty}$ 也可以认为是已知的。那么通常假设:

$$\tau_{r,0} = -a\tau_{\theta,0} \tag{6.119}$$

盘表面的摩擦力矩 M 为

$$M = -2\pi\int_a^b r^2\tau_{\varphi,0}\mathrm{d}r = \int_a^b \dot{m}_0 \frac{\mathrm{d}}{\mathrm{d}r}(ru_{\varphi,\infty})\mathrm{d}r + K_v Z \tag{6.120}$$

其中,K_v 是速度形状因子,定义为

$$K_v = \frac{\int_0^\delta u_r(u_\theta - u_{\theta,\infty})\mathrm{d}z}{(u_{\varphi,0} - u_{\varphi,\infty})\int_0^\delta u_r \mathrm{d}z} \tag{6.121}$$

Z 是角动量损失,定义为

$$Z = b[u_{\theta,0}(b) - u_{\theta,\infty}(b)]\dot{m}_0(b) - a[u_{\theta,0}(a) - u_{\theta,\infty}(a)]\dot{m}_0(a) \quad (6.122)$$

对于边界层外存在流体类似固体旋转的情况,可以看到,盘上的无量纲剪力、旋转雷诺数和无量纲质量流量存在着某种联系,即

$$\frac{\tau_{\theta,0}}{\rho\omega^2 b^2} = -\frac{1}{\pi}K_w Re_\omega^{-1}\frac{\dot{m}_0}{\mu r} \quad (6.123)$$

其中,K_w、K_v 为

$$K_w = \left(1 + \frac{1}{2}\frac{r}{\dot{m}_0}\frac{d\dot{m}_0}{dr}\right)K_v\frac{(u_{\theta,0} - u_{\theta,\infty})}{\omega r} + \frac{u_{\theta,\infty}}{\omega r} \quad (6.124)$$

$$K_v = \frac{\int_0^1 f(\zeta)[1 - g(\zeta)]d\zeta}{\int_0^1 f(\zeta)d\zeta} \quad (6.125)$$

可以用不同的形式来表示 $f(\zeta)$、$g(\zeta)$,对于湍流,最常用的 1/7 幂定律,即

$$f(\zeta) = \zeta^{1/7}(1 - \zeta), g(\zeta) = \zeta^{1/7} \quad (6.126)$$

5) 封闭转静盘腔系统分析

无供气封闭的转静系流动和换热一直是大量的理论和实验研究的课题,其结构如图 6.32(b)所示。Batchlor 模型认为由于没有外部供气,静子边界层内的流体在泵效应作用下卷吸进入转子边界层并在高半径处流出,然后轴向流动后又进入静子的边界层,如图 6.34 所示。当转静间隙较大时,两盘边界层是分开的;若转静间隙足够大,则与自由盘情况类似;若转静间隙足够小,两边界层将发生相互作用并会出现库塔流动特点。

Daily 和 Nece[51]通过实验研究发现根据转静间隙比 G(即转静间隙与转盘半径之比)和旋转雷诺数 Re_ω,腔内流动分为四个区:

(1) 小 G、低 Re_ω 时的层流库塔流动区;

(2) 大 G、低 Re_ω 时的层流流动区;

(3) 小 G、高 Re_ω 时的湍流库塔流动区;

(4) 大 G、高 Re_ω 时的湍流流动区。

对于小间隙混合边界层的层流,即流态一,圆盘表面的无量纲力矩系数如下:

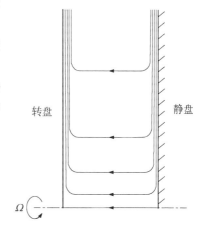

图 6.34　转静盘腔流动的 Batchlor 模型

$$C_m = \pi G^{-1} Re_\omega^{-1} \qquad (6.127)$$

对于大间隙分离边界层的层流,即流态二,圆盘表面的无量纲力矩系数如下:

$$C_m = 1.85 G^{0.1} Re_\omega^{-0.5} \qquad (6.128)$$

对于小间隙混合边界层的湍流,即流态三,圆盘表面的无量纲力矩系数如下:

$$C_m = 0.040 G^{-\frac{1}{6}} Re_\omega^{-\frac{1}{4}} \qquad (6.129)$$

对于大间隙分离边界层的湍流,即流态四,圆盘表面的无量纲力矩系数如下:

$$C_m = 0.051\,0 G^{0.1} Re_\omega^{0.2} \qquad (6.130)$$

上述方程的适用范围为 $1 \times 10^3 < Re_\omega < 1 \times 10^7$ 和 $0.012\,7 < G < 0.217$。四个流动区域的分区位置如图 6.35 所示。

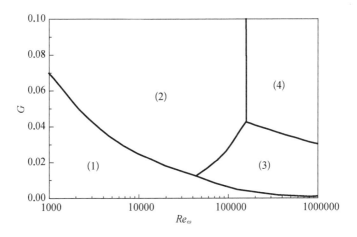

图 6.35 封闭转静腔内的流动特征

(1) 层流,小间隙;(2) 层流,大间隙;(3) 湍流,小间隙;(4) 湍流,大间隙

Schouveiler 等[52]用流动可视化和超声波测速法观察了在封闭盘腔中旋转盘和静止盘之间流体不稳定性,研究中发现了转捩的两个场景:对于分离边界层,观察到静盘边界层处出现环形和螺旋形不稳定波纹,意味着发生了转捩;对于混合边界层,少量的湍流斑和螺旋流动出现在层流区域,其数量随旋转雷诺数逐渐增加。

一些流动结构如静止和非静止的环形流动、螺旋流动以及波湍流,在某些流动状态下,可以共存。

(1) 对于大的间隙比,$0.071\,4 \leqslant G \leqslant 0.142\,9$,这个不稳定的流态序列是:基本层流;环形流动;环形流动和螺旋流动的共存(图 6.36);螺旋流动。

(2) 对于中等的间隙比,$0.017\,9 < G < 0.071\,4$,这个不稳定的流态序列是:基本

层流;螺旋流动;向外移动的螺旋流动、静止的螺旋流动和向内移动的环形流动的共存。

（3）对于小的间隙比,$0.0071 \leqslant G \leqslant 0.0179$,这个不稳定的流态序列是：基本层流;螺旋流动;螺旋流动和孤立波的共存;螺旋流动、孤立波和湍流斑的并存;湍流斑。

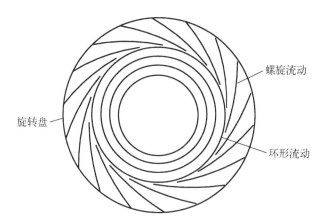

图 6.36　环形流动和螺旋流动的共存状态
($G = 0.1145$, $Re_{\omega} = 2.09 \times 10^{4}$)

对于换热研究,Nikitenko 等[53]测量了直径为 600 mm 转盘表面的换热系数规律。转静腔内是空气,转盘和静盘都是等温盘,实验范围为 $0.018 \leqslant G \leqslant 0.085$,$Re_{\omega} \leqslant 10^{6}$,最终得到努赛特数分布如下：

$$层流: Nu = 0.675(x^{2}Re_{\omega})^{0.5} \tag{6.131}$$

$$湍流: Nu = 0.0217(x^{2}Re_{\omega})^{0.8} \tag{6.132}$$

从式(6.131)和式(6.132)可以发现转静间隙 G 并没有对换热规律有影响。将上两式与自由盘的结果对比,当 $Pr = 0.71$ 和 $n = 0$ 时,层流值比自由盘结果大80%,湍流值则大 12%。同时,Nikitenko 等也给出了静盘表面的换热公式：

$$层流: Nu = 0.364(x^{2}Re_{\omega})^{0.5} \tag{6.133}$$

$$湍流: Nu = 0.0178(x^{2}Re_{\omega})^{0.8} \tag{6.134}$$

Shchukin 和 Olimpiev[54]对无外加供气封闭系统的平均 Nu 进行了实验研究。该实验对静盘进行加热,使得空气和转盘之间的温差维持在 270℃ 到 500℃ 之间,转盘的径向温度分布为 r^{n},其中 $0<n<0.6$。实验在转捩区($10^{5}<Re_{\omega}<10^{6}$)和湍流区($10^{6}<Re_{\omega}<3\times10^{6}$)内进行,间隙比维持在 $G = 0.0646$。该实验得到在 $n = 0.25$ 的温度场时,湍流区的平均 Nu 经验关系式为

$$Nu_{av,turb}^{*} = 0.0168Re_{\omega}^{0.8} \tag{6.135}$$

针对图 6.35 的区域(1)和(3),由于两盘的间距 s 很小,限制流体的径向流动和轴向流动。Owen 和 Rogers[43]在文献给出了这两个区域的局部 Nu 和平均 Nu 的经验关系式。区域(1)的努赛特数与无量纲间隙比呈反比,而与转速无关:

$$区域(1): Nu_r = \frac{1}{G} \frac{r}{b} = \frac{r^{*}}{G} \tag{6.136}$$

$$Nu_{av} = \frac{1}{G} \tag{6.137}$$

其中, $r^{*} = \dfrac{r}{b}$。

$$区域(3): Nu_r = 0.01176(r^{*})^{1.75}G^{-0.25}Re_{\omega,r}^{0.75} \tag{6.138}$$

$$Nu_{av} = \frac{0.0308}{\pi}G^{-0.25}Re_{\omega}^{0.75} \tag{6.139}$$

当两盘的间距增大到一定程度时,在静子和转子壁面上形成两个独立的边界层。在无外部供气的情况下,流体离开转子边界层,沿周向罩流向静子。Dorfman 等[49]给出了区域(2)和(4)的局部 Nu 经验关系式,但实验的间隙比 G 并未详细给出,并且在关系式中没有包含 G,因此,该经验关系式有效性的范围未能确定。Daily 和 Nece[51]则给出了区域(2)和(4)的平均 Nu 经验关系式。具体如下:

$$区域(2): Nu_r = 0.922Re_{\omega,r}^{0.5} \tag{6.140}$$

$$Nu_{av} = \frac{2}{\pi}\left(\frac{G}{2}\right)^{0.1}Re_{\omega}^{0.5} \tag{6.141}$$

$$区域(4): Nu_r = 0.0251Re_{\omega,r}^{0.8} \tag{6.142}$$

$$Nu_{av} = \frac{0.0545}{\pi}\left(\frac{G}{2}\right)^{0.1}Re_{\omega}^{0.8} \tag{6.143}$$

随着间隙比 G 和(或)旋转雷诺数 Re_{ω} 的增加,该系统的流动情况将与自由盘在静止空气中的流动相类似,静盘的影响可忽略。转盘表面温度场按抛物线分布: $T(r) = T_0 + c \cdot r^2$,其中 c 为常数。

6.2.3　旋转系盘腔

典型的旋转系盘腔结构如图 6.37 所示,a_1、a_2 为封闭旋转腔,该模型更多应用于理论研究,早期设计的航空发动机具有这种结构,现在并不多见;b_1、b_2、d_1、d_4、

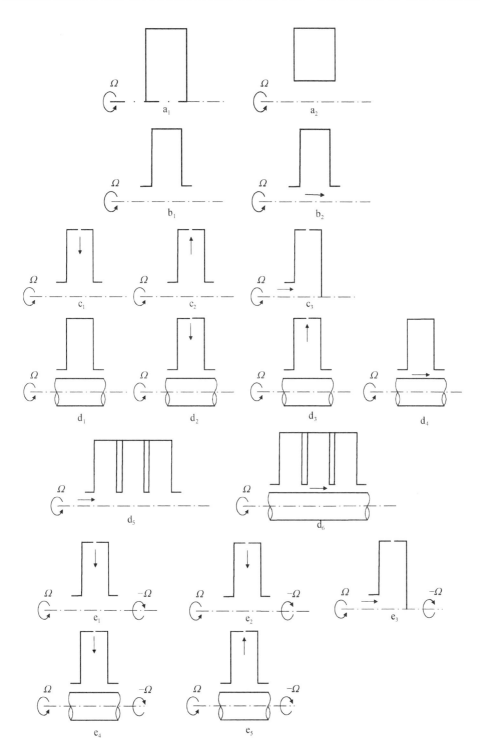

图 6.37 典型旋转系模型

d_5、d_6 为具有轴向贯通流的旋转腔,该模型可以简化模拟压气机中的多级盘间的流动;c_1、d_2 为径向内流的旋转腔,该模型可以简化模拟压气机级间的径向引气过程;c_2、c_3、d_3 为轴向或径向进气、径向出流的旋转腔,该模型可以简化模拟典型涡轮盘间流动;$e_1 \sim e_6$ 为两盘反转的旋转腔,该模型可以简化模拟对转轮盘间的流动。

旋转封闭腔在等温条件下,浮升力为零,即腔内流体处于刚体转动状态,相对于转盘,流体速度处处为零。在非等温情况下,在由旋转引起的浮升力作用下,热盘壁面附近的流体将由盘缘流向盘心,而冷盘壁面附近的流体将由盘心流向盘缘,形成腔内的环流。同时,由于流体的这种径向流动,必然受到科氏力的作用,热盘表面的热流体向心流动,必然引起与转向同向的切向科氏力,使冷流体逆转向加速。于是旋转腔内的环流将发生扭曲,出现螺旋状流动。

一般情况下,热盘附近的热流体获得顺转向的切向速度,引起的径向科氏力是沿半径正向的,它会抵抗流体的向心流动,而冷盘附近的流体将相反,即径向科氏力在封闭非等温腔中一般与浮升力方向相反,这将导致涡破裂现象的发生。

对于旋转系盘腔结构,采用旋转圆柱坐标系来描述腔内流动和换热的控制方程则比静止坐标系更为方便。假设参考坐标系的旋转轴为 z 轴,旋转速度为 ω,则三个速度分量可以表示为 (u,v,w),与静止坐标系中的速度分量关系如下:

$$u = u_r, v = u_\theta - \omega r, w = u_z \tag{6.144}$$

层流工况下,可以得到以下的表达形式:

$$u \frac{\partial u}{\partial r} + u \frac{\partial u}{\partial z} - \frac{v^2}{r} - 2\omega v - \omega^2 r = -\frac{1}{\rho} \frac{\partial p}{\partial r} + v\left(\frac{\partial^2 u}{\partial r^2} + \frac{1}{r} \frac{\partial u}{\partial r} - \frac{u}{r^2} + \frac{\partial^2 u}{\partial z^2}\right) \tag{6.145}$$

$$u \frac{\partial v}{\partial r} + w \frac{\partial v}{\partial z} + \frac{uv}{r} + 2\omega u = v\left(\frac{\partial^2 v}{\partial r^2} + \frac{1}{r} \frac{\partial v}{\partial r} - \frac{v}{r^2} + \frac{\partial^2 v}{\partial z^2}\right) \tag{6.146}$$

$$u \frac{\partial w}{\partial r} + w \frac{\partial w}{\partial z} = -\frac{1}{\rho} \frac{\partial p}{\partial z} + v\left(\frac{\partial^2 w}{\partial r^2} + \frac{1}{r} \frac{\partial w}{\partial r} + \frac{\partial^2 w}{\partial z^2}\right) \tag{6.147}$$

式(6.145)和式(6.146)中的项 $-2\omega v$ 和 $2\omega u$ 是科氏力在径向和切向上的投影。同时,$\omega^2 r$ 项是离心力在径向上的投影。

当速度分量 u、v、w 和其一阶导数相对于旋转速度 ωr 是个小量时,也就是动量方程中的惯性力项小于科氏力项时,动量方程可以进一步进行简化:

$$-2\omega v = -\frac{1}{\rho} \frac{\partial}{\partial r}\left(p - \frac{1}{2}\omega^2 r^2\right) + v\left(\frac{\partial^2 u}{\partial r^2} + \frac{1}{r} \frac{\partial u}{\partial r} - \frac{u}{r^2} + \frac{\partial^2 u}{\partial z^2}\right) \tag{6.148}$$

$$2\omega u = v\left(\frac{\partial^2 v}{\partial r^2} + \frac{1}{r} \frac{\partial v}{\partial r} - \frac{v}{r^2} + \frac{\partial^2 v}{\partial z^2}\right) \tag{6.149}$$

$$0 = -\frac{1}{\rho}\frac{\partial p}{\partial z} + v\left(\frac{\partial^2 w}{\partial r^2} + \frac{1}{r}\frac{\partial w}{\partial r} + \frac{\partial^2 w}{\partial z^2}\right) \tag{6.150}$$

如果黏性力可忽略,通常可近似用于描述地球自转。在此情形下,式(6.148)~式(6.150)及连续方程式(6.13)可导出以下结果:

$$u = 0, \frac{\partial v}{\partial z} = 0, \frac{\partial w}{\partial z} = 0 \tag{6.151}$$

这就是所谓的泰卜定理(Taylor-Proudman theorem),所有的变量独立于 z 轴。

1) 径向出流的旋转腔

径向出流的情况通常发生在涡轮盘腔内,沿径向向外流动的冷气用于冷却共转的涡轮盘。根据来流进入盘腔的方向不同分为径向进口和轴向进口两种情况,其研究模型分别如图6.38(a)、(b)所示。

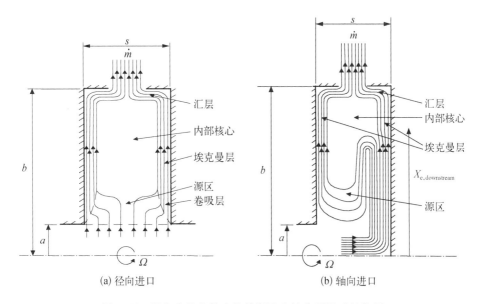

(a) 径向进口   (b) 轴向进口

图 6.38 径向出流旋转盘腔等温腔内的典型流动结构图

对径向出流旋转盘腔各表面的温度相同的情况,Owen 和 Pincombe[55]、Chew 等[56]分别从理论、实验和数值模拟方法得到层流时盘腔内的流动结构,如6.38所示;Owen 等[57]、Long 和 Owen[58]、Morse[59]、Ong 和 Owen[60,61]、Iacovides 和 Theofanopoulos[62]则在旋转盘腔内为层流和湍流流动时都发现了和上述层流时相同的流动结构。

因此,径向出流旋转盘腔内层流和湍流时具有相同的流动结构,并且可以分为四个流动区域。

（1）源区。源区定义为一个区域，在这个区域中流体进入盘腔后再流向转盘表面边界层中。对于旋转腔，所谓的"层"的概念并不适合，这是因为在旋转腔中的入流在分开并进入两层埃克曼层之前占有腔内相当大的部分。

（2）埃克曼层。进入腔体的流体被逐步地从源区卷吸入盘表面的边界层中。一旦腔中所有的流体进入边界层后，不再有流体进入的定常边界层则被称为埃克曼层。埃克曼层这个术语也用于大气边界层的一部分，该部分的特点是分子黏性力可以忽略，但湍流黏性力、科氏力和气压梯度力同等重要。

（3）汇流层。汇流层是腔中两个盘边界层流汇合进入出口的区域。

（4）内部核心区。两个旋转盘边界层中间的无黏流区域，该区域的流体径向和轴向速度分量为零。

对于图 6.38(a) 所示的径向进口，盘腔内的流动结构关于中平面 $z = s/2$ 对称。流体在 $r = a$ 处进入盘腔后被卷吸入边界层中。当所有的来流被卷吸入转盘表面的边界层时，边界层变为非卷吸的埃克曼层。在盘罩附近，埃克曼层中的流体流入汇区，流体的速度重新分布，然后经过盘罩上的条缝或气孔流出盘腔。源区、两转盘表面的埃克曼层和汇区共同包裹着环形的内部核心区。

对于图 6.38(b) 所示的轴向进口，大部分来流冲击下游盘，之后沿径向向外流动形成圆形壁面射流。该壁面射流流入埃克曼层后在某一径向位置，部分射流离开下游盘表面，沿径向向内流动并最终被卷吸入上游盘的埃克曼类型层中。

盘腔内流动结构一个重要的参数是源区径向尺寸。Owen 和 Pincombe[55] 的流场显示结果表明源区的径向尺寸随流量系数的增大而增大，随旋转雷诺数的增大而减小。应当注意到，由于（对于给定的 Re_ω）源区域的大小随 C_w 增大而增大，当 C_w 达到一个比较大的值时，源区域充满整个腔体，此时没有埃克曼层和内部核心区，流动结构有明显不同。

定义 x_e 为源区的无量纲半径尺度，$x_e = r_e/b$ 为源区的半径高度。流体在 $x_1 = a/b$ 处流入腔体，当 $x = x_1$ 时，β 的值（$\beta = u_\theta/\Omega r$）为 $\beta = \beta_1$。从理论研究和实验研究两方面定量给出了径向进口，径向出口的层流和湍流时源区尺寸的计算式分别如下：

$$层流：x_e = 0.424 C_w^{1/2} Re_\omega^{-1/4} \tag{6.152}$$

$$湍流：x_e = 0.137 C_w^{5/13} Re_\omega^{-4/13} \tag{6.153}$$

源区内层流到湍流的转捩发生在旋转雷诺数满足条件 $x^2 Re_\omega \approx 2 \times 10^5$ 时。

此外，Owen 和 Pincombe[55] 的观察结果还显示轴向来流在某些工况下的中心射流出现非轴对称的波动，并导致源区的不稳定流动。Owen 和 Pincombe[63] 在之前研究轴向通流的时候也曾经观察到这种现象，并认为是射流的涡破裂导致该现象出现。Chew 等[56] 采用 Navier-Stokes 求解器对轴向来流为层流时的流动进行数值模拟研究时也发现了与上述实验相同的源区不稳定性。

在对埃克曼层的研究中，Owen 和 Pincombe[55]、Owen 等[57]发现边界层中的转捩发生在径向雷诺数 $Re_r = 180$ 时，并且在埃克曼类型层中可能出现湍流向层流的反向转变，这一点与径向入流不同。Emilia 等[64]的数值模拟研究结果表明是源区的不稳定流动影响了埃克曼层中层流与湍流的转捩。此外，研究表明埃克曼类型层中的流动具有一定的不稳定性，并且呈正弦波动特性。

对于轴向入流的情况，当流体通过上游盘中心进入盘腔，流动结构取决于腔内质量流量的大小。对于小流量情况下，旋涡会突然破裂，中心射流失去了轴对称结构，且流体被平均卷吸进两个转盘。在这种情况下，式（6.152）和式（6.153）为源区区域大小提供了合理的估计。

对于大流量情况，当流体均匀地撞击下游盘，下游盘上的源区半径范围的估计可以通过假设所有流体都被卷吸进下游盘中来得到。对于层流，在下游盘上源区位置由下式给出：

$$x_e = \sqrt{\frac{C_w}{2.779Re_\omega^{0.5}}} = 0.600C_w^{0.5}Re_\omega^{-0.25} \tag{6.154}$$

对于湍流，源区位置为

$$x_e = \left(\frac{C_wRe_\omega^{4/5}}{0.2186}\right)^{5/13} = 1.795C_w^{5/13}Re_\omega^{-4/13} \tag{6.155}$$

适用范围为 $950 < C_w < 6\,600, 10^5 < Re_\omega < 10^6$。

当径向出流的流量比较小时，在汇区会出现盘腔外面的气流入侵的现象，Owen 等[57]的流场显示结果观察到了汇区的入侵现象，入侵现象使得其径向延伸距离无法估算。没有发生入侵时，汇区的尺寸同样难以测量，不过流动结构研究结果显示肯定其要比源区小得多。

内部核心区以低于转盘的转速旋转，其中的径向速度和轴向速度几乎为零。针对内部核中切向速度沿径向分布，可以采用线性理论来估算。假设内部核中的无量纲切向速度为 β_{lin}。当 $\tilde{k} = 0.5$ 时，

$$层流时：\beta_{lin} = 1 - \frac{0.1592}{x^2}C_wRe_\omega^{-1/2} \tag{6.156}$$

$$湍流时：\beta_{lin} = 1 - \frac{2.221}{x^{13/8}}C_w^{5/8}Re_\omega^{-1/2} \tag{6.157}$$

可以证明，当径向雷诺数 $Re_r = 179.6$ 时，上述两式相等，该值也可作为层流和湍流的转捩标准。

如果采用积分理论来估算旋转核心的无量纲切向速度,作为层流和湍流转捩标准的 Re_r 值,取决于当地罗斯比数 Ro_L,定义为

$$Re_r = \frac{c_w}{2\pi x}, \quad Ro_L = \frac{c_w}{4\pi Re^{1/2}x^2} \tag{6.158}$$

Ong 和 Owen[61] 给出了 Re_r 随 Ro_L 的变化的拟合关系式:

$$Re_r = 182 - 282Ro_L + 696Ro_L^2 - 686Ro_L^3 \tag{6.159}$$

当 $Ro_L \to 0$, Re_r 的"临界值"为 180,这与线性理论估算的结果一致。随着 Ro_L 的增加, Re_r 的临界值降低。对于层流和湍流的情况,所有的计算曲线的渐近线都很快与线性理论曲线接近。尽管普遍认为仅当 $\beta \approx 1$ 时线性理论适用,但从研究结果看,对于 $\beta \geq 0.3$ 的层流和湍流,线性理论曲线都与非线性计算结果一致。

当径向出流旋转腔的两转盘为非对称加热时,盘腔内的流动结构会受到明显的影响。Owen 和 Onur[65]、Long 等[66] 观察到四种流动状态,其划分取决于径向罗斯比数 Ro_r 值:

(1) 当 Ro_r 很大时,源区充满整个旋转腔;

(2) 随着 Ro_r 的减小,盘腔内出现发展中的埃克曼类型层;

(3) 进一步减小 Ro_r,盘腔内出现充分发展的埃克曼层,源区的尺寸出现震荡;

(4) Ro_r 继续减小,盘腔内出现混乱无序的流动,以至于无法区分内部核心区、源区和埃克曼层。

Owen 和 Onur[65] 发现第三种流动状态的源区似乎以转盘转速的 70% 速度摆动,并且由一种状态向另一种状态的转变会出现滞后,其滞后规律与角速度是增大还是减小有关。Long 等[66] 采用数值模拟方法研究发现这是由于流体从热盘到冷盘表面的轴向迁移造成的。

对于详细的换热规律研究,分为两转盘对称加热以及两转盘非对称加热两种情形。对径向进口的情况,研究结果表明 Nu 的大小强烈受到盘面温度分布的影响。在源区,努塞特数随半径的增大而增大;在埃克曼层中,努塞特数随半径增大而减小;在汇区,由于流体离开转盘的边界层,努塞特数急剧下降。对轴向进口的情况,Chew[67] 的研究结果表明盘腔内的换热更加复杂,在下游盘表面出现的壁面射流能显著增强盘面的换热。

当盘腔内的流动为湍流时,Owen 和 Rogers[44] 给出的研究结果表明,如果盘腔内存在内部核心区,局部努塞特数沿径向的分布情况与层流时相同,存在一个最大值;如果盘腔内不存在旋转核心,局部努塞特数随半径增大而增大,并且随 C_w 和 Re_ω 的增大而增大。当局部冷气温度超过盘面温度时,局部努塞特数变为负值。研究结果还给出两点重要的结论:压缩性对局部努赛特数的影响很小,在数值计

算中考虑耗散作用是很必要的。

关于盘面温度分布对局部努赛特数的影响,Northrop 和 Owen[68]采用精确控制盘面温度的方法,得到盘面温度随半径上升、盘面等温及盘面温度随半径下降不同工况下,局部努塞特数的分布。Owen 和 Rogers[44]进一步指出,在源区内,温度分布对局部努赛特数的影响可以忽略。在埃克曼类型层中,在给定无量纲径向位置 x 处,局部努赛特数随 dT_w/dx 的增大而增大,这是由于较大的 dT_w/dx 条件下,流体在流线方向上接触到更热的盘面。

对两转盘为非对称加热的情形,Long 和 Owen[58]通过理论和实验研究获得了下游盘(径向进口时为右转盘)加热,盘面温度沿径向增大时,径向进口和轴向进口时盘面的局部努塞特数分布。研究结果与 Northrop 和 Owen[68]的结论相似,即在源区中,Nu 随半径的增大而增大;在埃克曼层中,Nu 随半径的增大而减小。事实上,当两转盘为非对称加热时,盘腔内的流动结构也会受到明显的影响。Owen 和 Bilimoria[69]、Owen 和 Onur[65]、Long 等[66]观察到四种流动状态,其划分主要取决于 C_w 和 Re_ω。

(1) 当 C_w 很大,源区充满整个旋转腔。此时平均努赛特数 Nu_{av} 随 C_w 的增大而增大,但本质上与 Re_ω 无关。

(2) 随着 C_w 的减小,盘腔内出现发展中的埃克曼层。此时平均努赛特数随 C_w 和 Re_ω 增大而增大。

(3) 进一步减小 C_w,盘腔内出现充分发展的埃克曼层,源区的尺寸出现震荡。此时随 Re_ω 增加,平均努赛特数增长速率逐步降低。

(4) C_w 继续减小,盘腔内出现混乱无序流动,以至于无法区分内部核心区、源区和埃克曼层。此时浮升力主导盘腔内的换热,平均努赛特数取决于格拉晓夫数 Gr_b。

Gr_b 定义式如下:

$$Gr_b = \frac{\beta_v \Delta T \omega^2 b^4}{v^2} \tag{6.160}$$

2) 径向入流的旋转盘腔

(1) 带径向入流的转静系。

径向入流的转静系通常发生在涡轮盘腔中,气流由高半径向低半径流动,最后从静盘中心附近流出,如图 6.39 所示。径向入流的转静系盘腔的流动也可以分为这四种,不同的流动结构分界不一样。对于流态①,小间隙层流,Owen 等[44]提出了一个评价指标:

$$\varphi = \frac{GC_w}{2\pi Re_s^2} \tag{6.161}$$

其中,

$$Re_s = \frac{\omega s^2}{v} = G^2 Re_\omega, \ G = \frac{s}{b} \tag{6.162}$$

按照 ϕ 值的相对大小,可以分为三种流动形态:① 当 ϕ 值大于 1/60 时,径向入流的惯性力的作用能够克服转盘离心力的作用,直接从外缘流入中心的出口,不会出现回流区域,如图 6.39(c) 所示;② 当 ϕ 值介于 0 和 1/60 之间时,腔内出现回流,部分流体的惯性力不能克服转盘离心力的作用,在转盘表面由径向内流转变为径向外流,不能流入静盘中心出口。当 ϕ 值越接近 1/60 时,回流区域越小,而越接近 0 值,回流区域越大,如图 6.39(b) 所示;③ 当 ϕ 值等于 0 时,可以看到回流区充满了整个盘腔。这时的流体惯性力恰好与转盘离心力平衡,此时进入腔内的流体直接被转盘泵出腔外,没有流体进入转盘中心出口,如图 6.39(a) 所示。

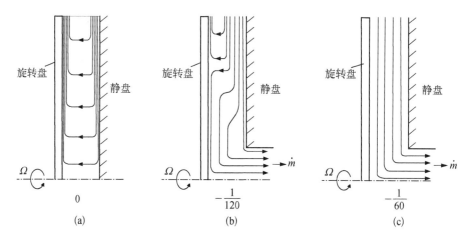

图 6.39　径向入流转静系流动特点

该种情况下圆盘表面的无量纲力矩系数可以用下式:

$$C_m = \pi G^{-1} Re_\omega^{-1} \tag{6.163}$$

对于小间隙湍流的情况(流态①),Dorfman 通过求解积分方程获得了无量纲力矩系数,发现无量纲力矩系数和腔内 z/s 等于 0.5 时的无量纲 β 值相关。对于两种特殊情况,$\lambda_0 = 0 (C_w = 0, \beta = 0.5)$ 和 $\lambda_0 \to \infty (C_w \to \infty, \beta = 0)$ 的无量纲力矩系数为

$$C_m = 0.021 G^{-0.25} Re_\omega^{-0.25}, \ \lambda_0 \to 0 \tag{6.164}$$

$$C_m = 0.0707 G^{-0.25} Re_\omega^{-0.25}, \ \lambda_0 \to \infty \tag{6.165}$$

其中,$\lambda_0 = C_w Re_\omega^{-3/4}$。

对于大间隙情况,则存在无黏核心区,在转盘和静盘表面才存在径向入流。对于层流和湍流,具有相类似的流动形态,如图 6.40 所示。

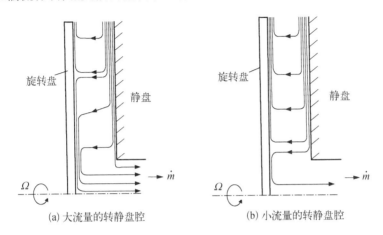

(a) 大流量的转静盘腔   (b) 小流量的转静盘腔

图 6.40　大流量和小流量的转静盘腔流动形态

径向内流在入口处的旋转对入口附近的流动影响较大,但当入流到达转子中心附近时这种影响就消失了。通过求解边界层积分方程,确定了盘腔内无回流区域的最小径向无量纲入流流量。

对于径向平衡的边界层方程是

$$u_r \frac{\partial u_r}{\partial r} + u_z \frac{\partial u_r}{\partial z} - \frac{u_\theta^2}{r} = -\frac{1}{\rho}\frac{\partial p}{\partial r} + \frac{\mu}{\rho}\frac{\partial^2 u_r}{\partial z^2} \tag{6.166}$$

在转盘上有,$u_r = 0$ 和 $u_\theta = \Omega r$。假设 u_r 在考虑的区域内是一个定值,那么 $\partial u_r / \partial z = 0$ 给出:

$$-\Omega^2 r = -\frac{1}{\rho}\frac{\partial p}{\partial r} + \frac{\mu}{\rho}\frac{\partial^2 u_r}{\partial z^2} \tag{6.167}$$

对于在边界层之间的非黏性流动:

$$u_r \frac{\partial u_r}{\partial r} - \frac{u_\theta^2}{r} = -\frac{1}{\rho}\frac{\partial p}{\partial r} \tag{6.168}$$

如果通过边界层的流体流量忽略,那么有

$$u_r = \frac{\dot{m}}{\rho A} = \frac{\dot{m}}{\rho \times 2\pi r s} \tag{6.169}$$

把 u_r 代入式(6.168)中:

$$\frac{\dot{m}}{2\pi\rho rs} \times \frac{\dot{m}}{2\pi\rho r^2 s} - \frac{u_\theta^2}{r} = -\frac{1}{\rho}\frac{\partial p}{\partial r} \tag{6.170}$$

替代式(6.166)中的压力梯度条件有

$$-\Omega^2 r = -\frac{1}{r}\left(\frac{\dot{m}}{2\pi\rho rs}\right)^2 - \frac{u_\theta^2}{r} + \frac{\mu}{\rho}\frac{\partial^2 u_r}{\partial z^2} \tag{6.171}$$

经整理有

$$\frac{\dot{m}}{2\pi\rho rs} = \sqrt{\Omega^2 r^2 - u_\theta^2 + \frac{\mu r}{\rho}\frac{\partial^2 u_r}{\partial z^2}} \tag{6.172}$$

$$\frac{\dot{m}}{b^2\rho\Omega s} = 2\pi\left(\frac{r}{b}\right)^2 \sqrt{1 - \frac{u_\theta^2}{\Omega^2 r^2} + \frac{\mu r}{\rho\Omega^2 r^2}\frac{\partial^2 u_r}{\partial z^2}} \tag{6.173}$$

$$\frac{\dot{m}/\mu b}{(\rho\Omega b^2/\mu)(s/b)} = 2\pi\left(\frac{r}{b}\right)^2 \sqrt{1 - \left(\frac{u_\theta}{\Omega r}\right)^2 + \frac{b^2}{\Omega r(\rho\Omega b^2/\mu)}\frac{\partial^2 u_r}{\partial z^2}} \tag{6.174}$$

或者

$$\frac{C_w}{Re_\omega G} = 2\pi x^2 \sqrt{1 - \beta^2 + \frac{b}{x\Omega Re_\omega}\frac{\partial^2 u_r}{\partial z^2}} \tag{6.175}$$

如果假定在转盘上 $\partial^2 u_r/\partial z^2$ 总是有一个负值，那么在式(6.175)平方根下的式子的最大可能值是单值。也就是说，此时有

$$\frac{C_\omega}{Re_\omega G} = 2\pi \tag{6.176}$$

当 $| C_w = 2\pi GRe_\omega |$ 时，通常认为腔内无回流区。但实验提出了更小流量就可以实现无回流，即

$$C_w = GRe_\omega \tag{6.177}$$

在式(6.177)适用条件为

$$0.004 \leqslant G \leqslant 0.06 \tag{6.178}$$

$$0 \leqslant | C_w | \leqslant 1 \times 10^4 \tag{6.179}$$

$$0 < Re_\omega < 4 \times 10^6 \tag{6.180}$$

对于径向入流盘腔而言，增加流量或者增加旋转雷诺数可以增加力矩系数，然

而增加间隙却有相反的作用。但在低转速或高流量的情况下,改变转静轴向间隙对力矩系数的影响作用减弱。Graber 等[70]对径向入流的转静盘上的扭矩进行测量。研究发现,随着流速的增加,在静盘上的扭矩系数趋向一个定值。然而,随着入流流量增加,发现转盘上的扭矩持续减小。通常测得静盘上的扭矩比转盘上的扭矩低。

Daily 等[71]得出了对于 $G = 0.0276$、0.069 和 0.124 并且有回流的转-静盘腔的力矩系数关系式:

$$C_m = 0.051G^{0.1}Re_\omega^{-0.2}(1 + 13.9\beta^* \lambda_T G^{-1/8}) \qquad (6.181)$$

其中,

$$2 \times 10^6 < Re_\omega < 1 \times 10^7 \qquad (6.182)$$

$$0 < \lambda_T < 0.06 \qquad (6.183)$$

(2)径向入流旋转腔。

径向内流旋转盘腔属于典型的旋转系问题,通常用于压气机盘腔引气段,作为空气系统的起始段。其简化模型可以用(c_1 和 d_2)来表示。来流在进入盘腔前具有明显的切向速度,该值由预旋系数 $c(c = u_\theta/\Omega_r)$ 表征。当来流经过盘罩上的条缝或气孔进入盘腔时,其切向速度会明显地改变,此时用有效预旋系数 c_{eff} 来表征来流进入盘腔时的切向速度。

具体的流场结构、控制方程和相关分析,可以详见 5.2 节减涡供气系统中的相关介绍。

6.2.4 自然对流占主导地位的旋转盘腔的

1)自然对流作用下的旋转盘腔内的非定常流型

自然对流的通常定义是指参与换热的流体由于各部分温度不均匀而形成密度差,从而在重力场或其他力场中产生浮升力所引起的对流换热现象。由于航空发动机的高速旋转,如高压压气机转速能够达到 15 000 r/min,因此在旋转盘腔内部离心力场远大于重力场,成为诱导浮升力的主因。在航空发动机内部的大部分盘腔里,由于有冷气的作用,流体的惯性力远大于浮升力的作用,自然对流现象不明显。但是在压气机盘腔结构中,由于流体通常较少流入旋转腔,如图 6.41 所示,再加上温度分布不一致,使浮升力对腔内流动产生较大的影响。

图中所示的压气机内部盘腔的流动通常称为轴向通流旋转腔,此类问题的研究主要以下几个简化模型为主,如图 6.42 所示。这两个模型共同的特点是具有旋转的两个盘和外罩,冷气沿轴向流入后并轴向流出。不同之处是 6.42(a)图中中心没有旋转轴,6.42(b)图中中心带有一个旋转轴。

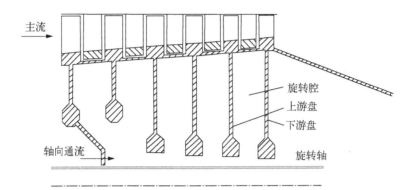

图 6.41 典型压气机盘腔结构

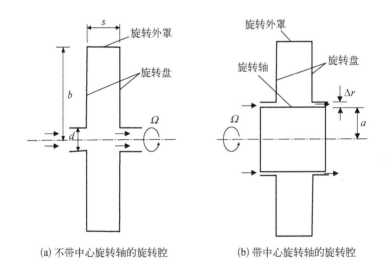

(a) 不带中心旋转轴的旋转腔   (b) 带中心旋转轴的旋转腔

图 6.42 旋转腔模型

而在发动机涡轮部件中,会出现图 6.43 中的封闭旋转腔,可以简化为图 6.44 中的简化结构。图中所示的一个封闭圆筒腔和一个环形空腔,它们有旋转盘和外环,其中环形腔在内径上有内环,都以相同角速度旋转。封闭圆筒和环形腔对应的是简化的压气机和涡轮模型。

描述轴向通流旋转腔的无量纲参数有: 旋转雷诺数 Re_ω,其定义见式(6.89)。轴向雷诺数 Re_z:

$$Re_z = \frac{WL}{v} \qquad (6.184)$$

其中,W 为平均速度,$W = \dot{m}/\pi a^2 \rho$;L 为特征长度,对于图 6.42(a)$L = d$,对于图 6.42(b),$L \approx \Delta r$。

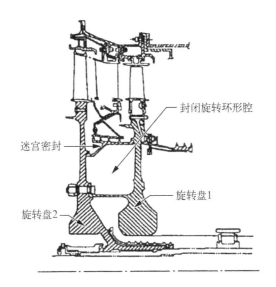

图 6.43 航空发动机中的封闭腔结构

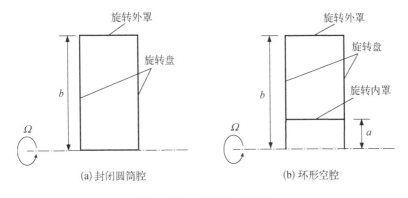

图 6.44 封闭旋转腔模型

旋转格拉晓夫数表示离心浮升力与黏性力平方之比:

$$Gr_\omega = \frac{\beta \omega_0^2 (T_H - T_C) b^4}{v^2} \tag{6.185}$$

式中的气体的膨胀系数,定义为

$$\beta = -\frac{1}{\rho} \left(\frac{\partial \rho}{\partial T} \right)_p \tag{6.186}$$

若将气体当作完全气体来处理,则 $\beta = \frac{1}{T}$。

可以对旋转格拉晓夫数进一步变形:

$$Gr_\omega = \left(\frac{\omega_0 b^2}{v}\right)^2 \beta(T_H - T_C) = Re_\omega^2 \beta(T_H - T_C) \tag{6.187}$$

其中,T_H 和 T_C 分别代表热表面和冷表面的温度。可见,旋转格拉晓夫数由旋转雷诺数和相对温差组成,分别反映了旋转以及温差对浮升力的贡献。

罗斯比数 Ro,反映进气平均速度与转盘最大旋转速度之比,定义为

$$Ro = \frac{W}{\omega a} = \frac{Re_z}{Re_\omega} \frac{b^2}{La} \tag{6.188}$$

努塞特数 Nu,表示转盘壁面处流体无量纲温度梯度。在其他条件相同时,努塞特数 Nu 的数值反映了转盘表面对流换热系数的大小。定义为

$$Nu = \frac{qL}{k\Delta T} \tag{6.189}$$

针对图 6.44 所示的封闭旋转腔,在稳定状态下的等温腔或环,其中所有表面的温度和流体温度相等,并且在腔中不存在流体的相对运动,流体做刚体转动。而对于非等温流动,向心加速度和密度变化产生了浮力。浮力会引起边界表面的流体运动,边界取决于几何和加热状态。对于轴向方向有热通量,即两个盘温度不同的情况,在温度高的盘附近流动是径向向内的,在温度较低的盘附近流动是径向向外的,如图 6.45(a)和图 6.45(b)所示。在没有中心轴的旋转腔中,在靠近旋转轴线附近有一个额外的回流区,但在环形腔中这个回流区是不存在的。

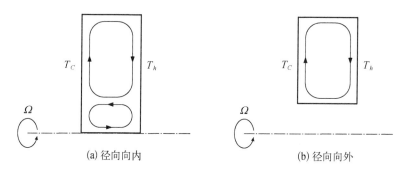

图 6.45　封闭旋转腔流动结构

Bohn[72]研究有径向热通量的旋转腔,在内外圆周面有温度差,发现了一系列气旋(低压)和反气旋(高压)回流。由 King 等[73]进行的封闭环形腔数值研究,当外径表面温度高于内径面的情况下,也发现了类似 Rayleigh-Bénard 流动,存在气旋和反气旋涡流,如图 6.46 和图 6.47 所示。

King 等[73]对封闭旋转腔内浮升力诱导的流动进行了研究。加热旋转腔的盘或盘外罩可以发生浮力诱导的流动。对于外圆柱表面比内圆柱表面热的封闭式旋

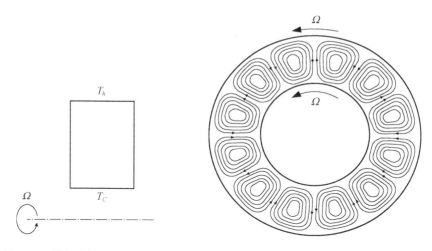

图 6.46　封闭旋转腔温度边界图　　图 6.47　封闭旋转腔中的类 Rayleigh-Bénard 流动

转腔(或密封环),计算的流动结构类似静止水平密封腔内的 Rayleigh-Bénard 对流,如图 6.48 和图 6.49 所示。

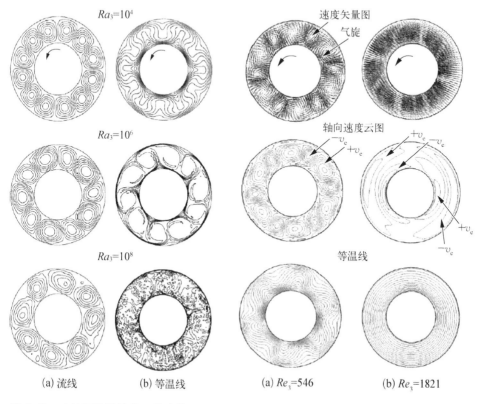

图 6.48　中轴面位置处的二维计算结果　　图 6.49　三维计算结果

在 $a/b = 0.5$ 的腔内,瑞利数达到 10^9 时,二维 Navier-Stokes 方程的非定常解表明在 $r - \theta$ 平面产生正旋和反正旋涡对。计算得到流线显示存在有明显的涡对,随着瑞利数的增加,涡对数目开始减小。对于大的瑞利数,等温线显示环腔中的温度分布是混乱的,认为是由流动结构的振荡引起的。

对于轴向通流旋转腔,对于等温的情况下,最基本的流动结构是轴对称的,如图 6.50 所示。但是这种流动是不稳定的,某些情况下旋涡会破裂导致腔内出现非对称流动。如果两盘处于不同的温度下,则非对称流动占主导地位。

Farthing 等[74]利用激光照射流动可视化和激光多普勒测速(LDA)技术研究了当腔体 $a/b \approx$ 0.1 时不加热(等温)和加热条件下的流动结构。等温条件下一系列流动结构如图 6.51 所示。

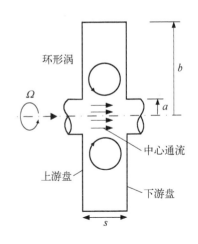

图 6.50 等温情况下的轴向通流旋转腔轴对称流场

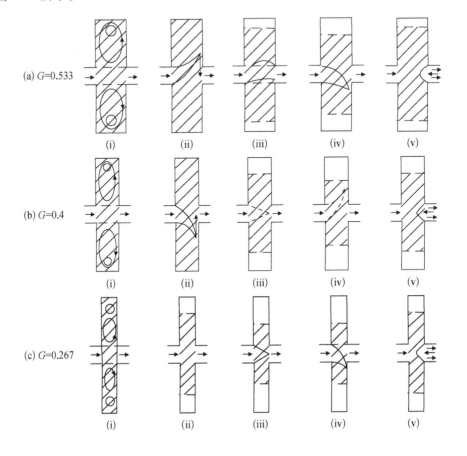

(a) G=0.533

(i)　(ii)　(iii)　(iv)　(v)

(b) G=0.4

(i)　(ii)　(iii)　(iv)　(v)

(c) G=0.267

(i)　(ii)　(iii)　(iv)　(v)

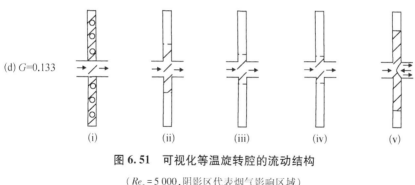

(d) $G=0.133$

(i)　　(ii)　　(iii)　　(iv)　　(v)

图 6.51　可视化等温旋转腔的流动结构

（Re_z = 5 000,阴影区代表烟气影响区域）

	（ⅰ）	（ⅱ）	（ⅲ）	（ⅳ）	（ⅴ）
Ro	∞	25	4	2	1

对于无旋流动,$Ro = \infty$,通流产生了一个或多个轴对称的环形涡流。旋涡的数量取决于间隙比。旋转有抑制环形涡流和使中心通流失稳的作用,进而使中心射流的运动产生了改变,其特征是若干个轴对称和非轴对称旋涡的破裂。

对于湍流($Re_z > 2\,000$),在恒定的间隙比下随着罗斯比数的下降(从 100 左右至小于 1)存在四个独立的旋涡破裂的流态。按照罗斯比数下降的顺序,依次命名为:流态 1a、流态 2a、流态 1b、流态 2b。这些旋涡破裂模式的特征如下:① 非轴对称涡破裂;② 轴对称涡破裂。

1a. 在一定 Rossby 数下非轴对称涡破裂伴随着通流的旋进运动。

2a. 轴对称涡破裂伴随着偶尔的振荡。

1b. 非轴对称涡破裂伴随着偶尔射流偶尔侵入腔内。

2b. 轴对称涡破裂伴同时在射流下游边界出现反向流动。

在旋转盘温度高于通流空气的温度时,则产生非轴对称浮力驱动的流动。当盘处于加热状态,Farthing 等[74] 发现更多的通流更深地侵入旋转腔的外侧。对旋转腔($G = 0.124$ 和 0.267)进行流场研究,其具有随半径增大而减小的表面温度分布。在 r_ϕ 平面流动结构示意如图 6.52 所示。

可以看到流动通过了一个径向臂进入腔体后,在高半径处分叉,形成了正旋流区(旋转方向与腔旋转方向相同)和反旋流区(旋转方向与腔旋转方向相反)。而在表面温度梯度随半径增大的旋转腔中,几乎不可能得到清晰的流动结构照片。显然有更多的中心通流侵入旋转腔,更高的流动速度导致流动结构不清晰,特别是靠近外罩的区域。

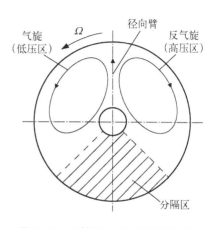

图 6.52　旋转腔加热时的流动结构

这种流动结构的差异可以定性地用离心力场中温度分层来解释：表面和流体的温度差随半径增大而减小可以导致稳定的温度分层结构。对于表面和流体的温度差随半径增大而增大则导致不稳定的温度分层，半径越大混合越剧烈。这表明加热的腔体产生的浮力引起中心通流失稳。浮力是否占主导地位，具体取决于腔体几何形状以及物理参数，例如轴向和旋转雷诺数。

Bohn 等[75]进行了流动可视化研究以及盘与盘罩换热的测量。应用激光多普勒测速（LDA）技术进行了流动显示，结果表明腔内存有极为复杂的涡系。在六种不同的实验工况下得到了相似的流动现象：① 流动结构是可以复现的，在腔内周期性运动；② 涡结构的旋转速度约为腔体旋转速度的 0.88~0.9；③ 虽然实验工况不同，仍然获得了与 Farthing 等[74]相似的结果，存在一个径向臂，一对旋涡区，并且存在一个向心流动区；另外，换热实验表明，在相同的 Re、Gr 下，压力以及旋转速度对换热的影响不大。

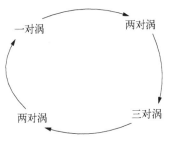

图 6.53　流动结构的周期性变化示意图

Bohn 等[76]又在同一实验台上进行了更加细致的流动可视化研究，并与数值计算结果进行了比较。实验中由激光提供片光源，氯化铵作为示踪粒子，低转速下使用照相机进行拍照。实验结果显示腔内的整个流动结构与腔体的旋转方向相反，并且涡的数量在一对、两对和三对之间交替变化，如图 6.53 所示。捕获到的涡的序列和持续时间如表 6.3 所示。

表 6.3　涡的序列以及持续时间

涡 序 列	持 续 时 间
1	$11t$
2	$13t$
3	$5t$
4	$5t$
5	$5t$
6	$10t$
7	$10t$
8	$10t$
9	$11t$

其中涡序列 3、4、5 以及涡序列 6、7 的发展过程如图 6.54 和图 6.55 所示。在实验的同时,又使用内部的基于时间推进算法的 CFTflow 程序进行了三维数值模拟。得到了与实验十分相似的流动结构,由于在所研究的工况中,Gr/Re_z^2 等于 1.725,所以离心力诱导的浮升力不能忽略,也将其加入到了模拟程序中。与未加入离心浮升力的结果相比可以发现:腔内的涡是由离心力诱导的浮升力产生的,涡的数目以及强度主要受科氏力控制。

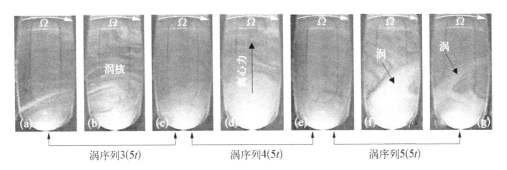

图 6.54　涡序列 3、4、5 的演化过程(实验结果)

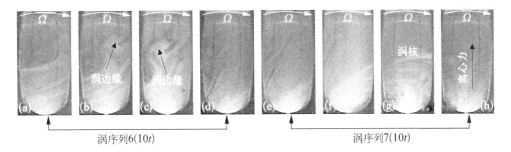

图 6.55　涡序列 6、7 的演化过程(实验结果)

Long 等[77]对模拟高压压气机内冷系统的多级盘腔进行了研究,使用激光多普勒测速(LDA)技术测量了腔内的轴向、切向以及径向速度。实验发现:腔内的轴向速度和径向速度接近为 0,盘孔和轴之间的环形间隙对切向速度的径向分布影响很大。对于窄的环形间隙($dh/b = 0.092$),无量纲切向速度 $u_\theta/\omega r$ 随半径的增大而增大,其值从低半径位置处的 $u_\theta/\omega r < 1$ 增大到高半径处的 $u_\theta/\omega r = 1$;对于宽的环形间隙($dh/b = 0.164$),无量纲切向速度 $u_\theta/\omega r$ 随半径的增大而减小,其值从低半径位置处的 $u_\theta/\omega r > 1$ 减小到高半径处的 $u_\theta/\omega r = 1$;获得的切向速度频谱表明,$r - \theta$ 面内存在有旋转方向相反的涡对。

Owen[78]第一次将远离平衡态的热力学第二定律应用于旋转盘腔内浮升力诱导的流动。指出腔内的这些流动其自身具有自组织系统的特性,最可能达到具有最大熵增的宏观态,并推导出了封闭腔与非封闭腔下的熵产率 σ 方程。旋转腔内的流动可能存在有许多个准稳态的宏观态。对于封闭腔,最大的 σ 值相应于最大的换热率;对于非封闭腔,最大的 σ 值相应于最大的热、功之和。封闭腔内,更加倾向于产生圆形的涡,而不是非圆形的涡,并且涡对数 N 随腔体半径比 a/b 的变化而变化。

Habraken 等[79]对旋转腔内流动的稳定性进行了研究。认为科氏力和离心力诱导的浮升力是导致流动失稳的主要因素。Johnson 等[80]在普惠公司联合技术中心完成了航空发动机多级压气机的流动和换热实验,使用水流进行模拟。实验显示了盘腔内的流动状态,同时验证了模型实验中所发现的流动非定常特征。模拟了五级压气机盘的真实实验件,得到了不同工作状态下对流换热效果的差异。结果表明:腔内正的径向密度梯度会使流动趋于稳定,换热减弱。

田淑青等[81]使用三维稳态方法模拟了加热旋转腔内的非稳态流动。结果表明腔内的流动为存在气旋区与反气旋区的非轴对称结构,并且流动结构不是单一的,共捕获到了四种流动形式:一对涡、两对涡、三对涡以及四对涡,整个结构以低于腔的旋转速度旋转。腔内的流动可以分为两个区域:高半径为离心力场下的 Rayleigh-Bénard 流动和低半径处的强迫对流。离心浮升力是导致流动不稳定的主要因素。随着旋转雷诺数和格拉晓夫数增大,涡对的数目减小,自然对流增强,强迫对流减弱。当轴向雷诺数增大时,情况相反。

2) 自然对流作用下的旋转盘腔换热

Bohn 等[82-84]针对于封闭腔的轴向传热(热量从加热盘到冷盘),重新定义了旋转雷诺数:

$$Re_{\omega 2} = \frac{\omega r_m s}{v} \tag{6.190}$$

其中,s 为轴向间隙;r_m 为平均半径,$r_m = 1/2(a+b)$。

针对于径向传热(热量从高半径热的外罩向内传递给低半径冷的内鼓筒),其旋转雷诺数定义为

$$Re_{\omega 3} = \frac{\omega r_m b(1 - x_a)}{v} \tag{6.191}$$

其中,$x_a = a/b$。

针对于轴向传热和径向传热,分别定义了两种格拉晓夫数:

$$Gr_{\omega 2} = \frac{\omega^2 r_m (s)^3}{v^2} \beta (T_H - T_C) \tag{6.192}$$

$$Gr_{\omega 3} = \frac{\omega^2 r_m (b - a)^3}{v^2} \beta (T_H - T_C) \tag{6.193}$$

相应的努赛特数定义为

$$Nu_2 = \frac{q_{av}s}{k(T_H - T_C)} \qquad (6.194)$$

$$Nu_3 = \frac{q_{av}b\ln(b/a)}{k(T_H - T_C)} \qquad (6.195)$$

式中,q_{av} 是平均热流。

对于轴向传热,Bohn 等得到相应的实验关系式如下,适用条件为 $G = 0.5$、$x_a = 0.52$、$2\times10^8 < Ra_2 < 5\times10^{10}$:

$$Nu_2 = 0.346Ra_2^{0.124} \qquad (6.196)$$

Ra 为瑞利(Rayleigh)数,定义为

$$Ra = Gr \cdot Pr \qquad (6.197)$$

对于径向传热情况(盘此时绝热),实验范围为 $10^7 < Ra_3 < 10^{12}$,共做了三种几何结构。

A 结构(轴对称环形腔,$G = 0.34$,$x_a = r_a/b = 0.35$):

$$Nu_3 = 0.266Ra_3^{0.228} \qquad (6.198)$$

B 结构(轴对称环形腔,$G = 0.5$,$x_a = 0.52$):

$$Nu_3 = 0.317Ra_3^{0.211} \qquad (6.199)$$

C 结构(由 8 个 45°分段组成的环形腔,$G = 0.5$,$x_a = 0.52$):

$$Nu_3 = 0.365Ra_3^{0.213} \qquad (6.200)$$

需要注意的是,对于相似的条件,径向传热的努赛特数大于轴向传热的努赛特数。King 等指出,径向温度梯度更容易引起正旋和反旋涡对的不稳定。

Sun 等[85] 对重力场以及离心力场下的自然对流进行了 CFD 数值模拟。在 Ra 数为 10^{10} 的量级下(接近航空发动机高压压气机盘腔中的 Ra 值),模拟的换热结果与实验结果吻合较好。CFD 结果显示:与重力场驱动的对流换热相比,旋转环腔内的换热有所减弱。腔内存在有大尺度、不稳定和低频率的湍流结构。由于大尺度的流动结构的存在,导致盘表面的平均换热随时间变化很大。对 45°的环段区间和 360°的整环模型的模拟结果得出,两者的平均换热水平相差很小。

对于轴向通流旋转腔,Owen 和 Bilimoria[69] 及 Owen 和 Onur[86] 对紊流条件下的下游加热盘进行了换热实验。结果表明盘面换热受 Re_z、Re_ω、Gr 及盘面温度分布的影响,当 Re_z 很小时,浮升力的影响显著,换热主要通过自然对流进行;而在进

气流量较大、盘腔转速较高的情况下,盘腔内的流动和换热主要取决于罗斯比数。

Farthing 等[74]实验研究了轴向通流旋转盘腔内的换热。其中一个实验旋转腔几何尺寸参数为:内径 $a = 45$ mm,外径 $b = 426$ mm,相应的间隙比为 $G = 0.138$。实验的无量纲参数范围为:$0.25 \leqslant \beta\Delta T \leqslant 0.3, 2 \times 10^4 \leqslant Re_z \leqslant 1.6 \times 10^5, 2 \times 10^5 \leqslant Re_\omega \leqslant 5 \times 10^6$。对不同的盘表面温度分布进行了实验研究,有盘表面温度随半径的增大而升高以及盘表面温度随半径的增大而降低两种情况。同时也对"对称加热"(两个盘具有相同的温度分布)和"非对称加热"(一个盘的温度比另一个高)的情况进行了研究。另一个实验旋转腔尺寸相对较小,内径 $a = 38.1$ mm,外径 $b = 381$ mm,相应的间隙比为 $G = 0.267$,并且带有一个直径为 25 mm 的中心旋转轴,在此实验台上,只有下游盘能够被加热,研究了盘表面温度沿半径增大的情况。实验结果表明:对于对称加热的旋转腔,两个盘具有相同的局部 Nu 径向分布,辐射热损失很小。对于盘面温度沿半径增大,局部 Nu 随着半径的增大而增大,并且始终为正数(这说明热量是从盘传向周围的空气)。对于盘面温度沿半径减小情况,局部 Nu 随着半径的增大而减小,并且当无量纲径向位置 $X(=r/b) > 0.7$ 时变为负数。

对于对称加热情况,两个盘都具有随半径增加而增大的相似温度分布,在 $G = 0.138$ 时,得到相应的传热关系式:

$$Nu_4 = 0.005\ 4Re_z^{0.30} Gr_4^{0.25} \tag{6.201}$$

式中的 Gr_4 和 Nu_4 的定义为

$$Gr_4 = \frac{\omega^2 r(b-r)^3}{v^2}\beta(T_0 - T_I) \tag{6.202}$$

$$Nu_4 = \frac{q_0(b-r)}{k(T_0 - T_I)} \tag{6.203}$$

其中,T_0 为盘面温度;T_I 为系统入口温度。

对于非对称加热的盘腔,加热盘的局部 Nu 不论是大小还是径向分布都与对称加热腔体时的相似,对于不加热盘,Nu 的径向分布与对称加热时的相似,但数值比对称加热时的小。非对称加热时的辐射换热很大,与对流换热大小相当。

比较两个不同腔体获得的结果表明,中心轴的出现以及间隙比的变化(从 $G = 0.138$ 变化到 0.267)对 Nu 的影响不大。

Tucker 等[87]研究了冷气轴向贯通流动旋转腔内气体的径向和周向瞬时温度变化。热边界条件为:盘表面温度沿半径增加且不加热外罩、盘表面温度沿半径减小且不加热盘罩,以及加热盘罩不加热盘。这些理想化的条件分别代表发动机加速后、减速后以及加速过程中的情况。结果表明腔内气体的径向以及周向温度分布都强烈地受盘表面温度分布的影响。当盘被加热时,腔内气体的周向温度变化明显,流动具有显著的三维特性。当盘罩被加热而盘不加热时,没有观察到周向温度的变化。实验还根据测量的温度推导出了角速度比 ω_c/ω 随 $\beta\Delta T_{max}$ 的变化情况。

Kim 等[88]对轴向通流旋转腔的局部对流换热系数进行了测量。实验结果表明:在旋转的情况下,随着旋转雷诺数的增大,低半径处的局部努赛特数先减小而后增大,高半径以及靠近盘罩处的局部努赛特数单调增大。旋转雷诺数一定时,努赛特数随着轴向雷诺数的减小而减小。对高半径以及腔外罩而言,等热流时的努赛特数要大于等壁温时的努赛特数。低半径处的情况相反。当轴向雷诺数一定时,盘加热条件对努赛特数的影响随着旋转雷诺数的增大而减小;当旋转雷诺数一定时,盘加热条件对努赛特数的影响随着轴向雷诺数的增大而增大。盘的面积加权平均努赛特数随着轴向雷诺数的增加而增大。当轴向雷诺数一定时,下游盘以及外罩的平均努赛特数大于上游盘。在高进气雷诺数时,平均努赛特数随着旋转雷诺数的增加先减小而后增大。而在低进气雷诺数时,平均努赛特数随着旋转雷诺数的增加单调增大。$Re_z = 25\,000$ 时,上、下游盘的局部努赛特数与 Farthing 等[74]的实验结果吻合得很好。但是,这两种实验结果均低于数值平板的自然对流关系式;Farthing 等[74]的实验数据大致平行于层流自然对流经验关系式,而此实验中的结果平行于湍流自然对流经验关系式。外罩的努赛特数也要低于下表面加热平板时的自然对流经验关系式。

Long 等[89]对旋转腔中两个盘具有相同温度分布时的换热进行了实验研究。盘表面温度随半径增大而增大。研究发现,间隙比对腔体内的无量纲温度似乎没有太大的影响。使用测量的腔体内气体温度以及换热来估计中心贯通流进入腔体的比例(进入腔内的射流流量占总射流量的百分比),得出间隙比对此比例的影响较小。当罗斯比数 $Ro<1$ 时,此比例约为 50%,当罗斯比数 $Ro>10$ 时,这一比例减小到 10% 左右。

Long 等[90]对冷气轴向通流加热旋转腔进行的层流数值模拟表明,盘表面的温度分布对局部 Nu 也有着重要的影响。随着最大盘表面温度点的径向外移,周向平均 Nu 为负值的区域减小。下游盘附近的环流使得低半径处的换热得到增强。Owen 等[91]的实验结果表明,在进口雷诺数低的情况下,浮力诱导的流动对换热的影响比较明显,测量的 Nu 随着无量纲径向位置以及旋转雷诺数的增大而增大;在进口雷诺数高的情况下,低半径处的换热明显增强,换热主要受轴向通流支配。

对于旋转腔外罩的换热研究,Long[92]测量了轴向通流旋转腔内的流体温度以及盘罩的换热。在腔体中轴面($z=s/2$)上安装了三个热电偶,以此来测量腔内的气体温度。在盘罩内表面的 $z=s/2$、$z=s/3$ 处安装有两个热流计,来测量盘罩的换热。结果表明腔内的气体温度主要受盘表面温度分布的影响。在盘罩附近,无量

纲腔内气体温度 θ_{cav} [$\theta_{cav} = (T_{s,av} - T_{cav})/(T_{s,av} - T_c)$，$T_{s,av}$ 为盘面平均温度，T_{cav} 为腔内气体温度，T_c 为冷气入口温度] 随轴向雷诺数 Re_z、旋转雷诺数 Re_ω 的变化没有一致的规律，随 Ro 的变化也如此。典型的 θ_{cav} 的平均值为：盘表面温度沿半径增大时，$\theta_{cav} = 0.43$；盘表面温度沿半径减小时，$\theta_{cav} = 0.70$；不加热盘加热盘罩时，$\theta_{cav} = 0.75$。对沿半径增大的温度分布，三个热电偶记录得到相似的周向温度变化，周向温度变化一般在 5~10℃ 的范围内，同腔内气体与冷气进口温度间的温差比起来很小。

当使用腔内的气体温度来作为 Nu 和 Gr 的参考温度时，盘表面的温度分布对盘罩的换热影响很小。此时盘罩上的努赛特数与格拉晓夫数的关系式类似水平平板的自然对流换热关系式：

$$Nu_{sh} = 2^{(1-3n)} C_0 Pr^n Gr_{sh}^n \qquad (6.204)$$

其中，特征长度为 $\dfrac{s}{2}$。

对于层流流动：$2.2 \times 10^4 \leqslant Gr_{sh}Pr \leqslant 8 \times 10^6$，$C_0 = 0.54$，$n = 1/4$。

对于湍流流动：$8 \times 10^6 \leqslant Gr_{sh}Pr \leqslant 1.6 \times 10^9$，$C_0 = 0.15$，$n = 1/3$。

实验还表明 Ro 对盘罩的换热也有一定的影响。当 $2 \leqslant Ro \leqslant 4$ 以及 $Ro \geqslant 20$ 时，盘的换热明显增强；$2 \leqslant Ro \leqslant 4$ 时，相对应发生了涡破碎；$Ro \geqslant 20$ 时，中心射流起主导作用，直接影响着盘罩的换热。

Alexiou 等[93] 对多级旋转腔中盘和锥形罩的换热进行了测量。结果表明，锥形外罩的换热主要受两种机理控制：当 $Ro/(\beta\Delta T)^{1/2} < 6$ 时，换热主要受旋转诱导的自然对流控制；当 $Ro/(\beta\Delta T)^{1/2} > 6$ 时，换热主要受中心射流控制。在旋转诱导换热情况下，锥形外罩的换热与中心轴旋转方向有关：轴与腔同向旋转比反向旋转具有更高的换热系数。而在中心射流控制换热情况下，则转向与换热关系不大。实验得到的经验关系式为

$$Nu = 0.0243 Re_z^{0.086} (Re_\omega^2 \beta\Delta T)^{0.326} x^{-1.89} (x^{-1} - 1)^{-0.022}, \quad Ro < 3.5 \qquad (6.205)$$

$$Nu = 8.93 \times 10^{-5} Re_z^{1.301} x^{-3.523}, \quad Ro > 3.5 \qquad (6.206)$$

其中，$x = r/b$。

Long 等[77] 对多级旋转盘腔盘罩的换热进行了测量。实验结果表明：盘罩的换热受旋转诱导的自然对流影响，主要取决于盘罩的格拉晓夫数，而轴向雷诺数的影响较小。可以用浮力数 Bo 来区分不同的流动状态，浮力数的定义如下：

$$Bo = \frac{Re_\omega^2 \beta\Delta T}{Re_z^2} \qquad (6.207)$$

对于旋转腔中的自然对流和强迫对流,由于腔的几何结构不同,很难给出一个具体的浮力数来区分两者。但可以确定的是当 $Bo \gg 1$ 时,自然对流主导了换热;而 $Bo \ll 1$ 时,则意味着强迫对流主导了换热。

6.2.5 旋转盘腔的空气系统元件建模

正如前文中所介绍的,网络法是将空气系统的各个典型流动结构看作一个元件,元件与元件之间用节点相连接,这样整个空气系统就组成了一个由各种元件和节点组成的网络。在这个网络中元件的进出口节点也表示元件在空气系统中的位置。航空发动机盘腔,是空气系统的主要组成部分,其准确计算具有重要的意义。空气系统的计算有多种算法,本节重点对旋转盘腔的一维化工作进行介绍。

旋转盘腔的一维化过程,主要是反映了盘腔中的旋涡特性。建立的一维模型允许通过改变流量来改变该特性,并用来估算盘的风阻温升、切向速度和涡压力梯度等。为了整合到流体网络,一维模型应该能够计算腔内低半径压力(p_1)和高半径压力(p_2),通常指进出口压力,以及平均温度($\overline{T}$)。进出口的流量通常认为是已知的,它们通过上下游边界条件获得,或空气系统隐式计算得到。

假定理想气体,平均腔压变化率通过质量守恒得到:

$$\frac{\mathrm{d}\overline{p}}{\mathrm{d}\tau} = \frac{R\overline{T}}{V_{cv}}(\dot{m}_{\mathrm{in}} - \dot{m}_{\mathrm{out}}) + \frac{\overline{p}}{\overline{T}}\frac{\mathrm{d}\overline{T}}{\mathrm{d}\tau} \tag{6.208}$$

其中,τ 为时间;$\dot{m}_{\mathrm{in}}$ 和 $\dot{m}_{\mathrm{out}}$ 为进出口流率;V_{cv} 为盘腔体积;$\overline{p}$ 和 $\overline{T}$ 为腔内平均静压和静温。该方程考虑了平均物性的变化,忽略物性的空间不均匀性。

能量守恒可写为

$$\frac{\mathrm{d}\overline{T}}{\mathrm{d}\tau} = \frac{1}{m_{cv}\left(\overline{T}\dfrac{\mathrm{d}c_v}{\mathrm{d}T} + c_v\right)}\left[\dot{m}_{\mathrm{in}}c_{p,\mathrm{in}}T_{o,\mathrm{in}} - \dot{m}_{\mathrm{out}}c_{p,\mathrm{out}}T_{o,\mathrm{out}} - c_v(\overline{T})\overline{T}(\dot{m}_{\mathrm{in}} - \dot{m}_{\mathrm{out}}) + Q_{\mathrm{net}}\right]$$

$$\tag{6.209}$$

式中,m_{cv} 为腔内气体质量,等于 $\dfrac{\overline{p}V_{cv}}{R\overline{T}}$;$c_p$ 和 c_v 分别为比定压热容和比定容热容;$T_{o,\mathrm{in}}$ 和 $T_{o,\mathrm{out}}$ 分别为进出口总温;Q_{net} 为风阻加热或表面传热量。式(6.209)只考虑平均物性,忽略物性在空间上非均匀的变化。

为了封闭模型,假定腔内流体完全混合,出口温度为腔内平均温度,忽略盘风阻和换热作用。因此有

$$T_{o,\mathrm{out}} = \overline{T} \tag{6.210}$$

如果腔内的传热和风阻较小,因此忽略掉,见式(6.211)。需要注意在小流量情况下,由于没有考虑到散热情况(如壁面的导热通常忽略),腔内温度会超温。

$$Q_{\text{net}} = 0 \tag{6.211}$$

$$Q_{\text{net}} = \sum M_d \omega_d + \sum h_{\text{av}} A_s (T_s - T_{\text{ref}}) \tag{6.212}$$

式中,T_s 是面积加权的平均表面温度;T_{ref} 是流体参考温度;h_{av} 是表面的平均传热系数,通常由经验公式计算。

盘腔内径向压力分布依赖于切向速度分布。旋转切向速度通过角动量守恒进行计算,如下式:

$$\frac{\mathrm{d}}{\mathrm{d}\tau}\left[\rho u_\theta \left(\frac{1}{n+3}\right)\left(\frac{r_2^{n+3} - r_1^{n+3}}{r_2^n}\right)\right] = \frac{1}{2\pi s}\left(\sum M_d + \sum M_s - F_{\text{out}} - F_{\text{in}}\right) \tag{6.213}$$

式中,r_1 和 r_2 分别为腔的内半径和外半径;n 为旋涡指数,当腔内为强迫涡时,$n=1$,当腔内为自由涡时,$n=-1$;s 为外罩宽度;M_d 和 M_s 分别为盘和外罩作用给流体的力矩;F_{out} 和 F_{in} 分别为流出和流入盘腔的角动量通流。

转盘或静盘的力矩模型如下:

$$M_d = \int_{r_1}^{r_2} \frac{\mathrm{d}M_d}{\mathrm{d}r}\mathrm{d}r \tag{6.214}$$

$$\frac{\mathrm{d}M_d}{\mathrm{d}r} = \frac{5}{2}KC_{m,\text{disk}}\rho r^4 \omega^2 \mathrm{sgn}(\omega) \tag{6.215}$$

$$C_{m,\text{disk}} = 0.073 Re_{\omega_d}^{-0.2} \tag{6.216}$$

式(6.215)和式(6.216)来自自由盘的结果。非自由盘的模型由因子 K 进行修正。式(6.215)中的 ω 为相对转速,为转盘角速度减去流体的角速度,如果流体为强迫涡,ω 为常数,一般情况下有

$$\omega(r) = \omega_d - K_\theta r^{n-1} \tag{6.217}$$

对于 $n=1$:

$$M_d = KC_{m,\text{disk}}\frac{1}{2}\rho\omega^2(r_2^5 - r_1^5) \tag{6.218}$$

对于 $-1 \leqslant n < 1$:

$$M_d = KC_m^* \frac{1}{2}\rho\omega_2^2 r_2^5 \tag{6.219}$$

$$C_m^* = C_{m,\text{disk}}(a+1)\left(\frac{\omega_d - \omega_2}{\omega_2}\right)^2 \times \left(\frac{\text{sgn}(\omega_2)F\left(\dfrac{\omega_2}{K_\theta}, \dfrac{\omega_d}{K_\theta}\right) - \text{sgn}(\omega_1)F\left(\dfrac{\omega_1}{K_\theta}, \dfrac{\omega_d}{K_\theta}\right)}{\left(\dfrac{\omega_d - \omega_2}{K_\theta}\right)^{a+3}}\right)$$

$$(6.220)$$

其中,

$$F(x,y) = y^2 \frac{(y-x)^{a+1} - y^{a+1}}{a+1} - 2y \frac{(y-x)^{a+2} - y^{a+2}}{a+2} + \frac{(y-x)^{a+3} - y^{a+3}}{a+3}$$

$$(6.221)$$

$$a = \frac{6-n}{n-1} \tag{6.222}$$

ω_1 和 ω_2 为 r_1 和 r_2 处的相对速度,由式(6.217)计算。

外罩力矩模型为

$$M_s = K_s C_D \frac{1}{2}\rho\omega|\omega|(2\pi s_\omega r_2^4) \tag{6.223}$$

$$C_D = 0.031(2\pi Re_\omega)^{-1/7} \tag{6.224}$$

式(6.223)和式(6.224)中的阻力系数值是通过对平板的动量积分和1/7次率速度型推导而出。s_ω 为旋转外罩宽度。

出口半径为 r 处的角动量流为

$$F_{\text{out}} = \dot{m}_{\text{out}} K_\theta r^{n+1} \tag{6.225}$$

其中,K_θ 为 $u_{\theta,\text{out}}/r_2^n$,$u_{\theta,\text{out}}$ 为出口处的切向速度。

入口角动量流是流量的函数,适用于任何预旋或反旋喷嘴,可用下式表示:

$$F_{\text{in}} = \dot{m}_{\text{in}} u_{\theta,\text{in}} r \tag{6.226}$$

通常,在模型计算中流体切向速度和入口处的切向速度存在不连续。可以认为在稳态情况下,这种不连续是由盘风阻造成的。根据式(6.225)和式(6.226),进出口切向速度差同流体所受到的力矩直接相关,如下:

$$(u_{\theta,\text{out}} - u_{\theta,\text{in}}) = \frac{\sum M_d + \sum M_s}{\dot{m} r_2} \tag{6.227}$$

对于 $n = -1$:

$$\frac{\text{d}}{\text{d}t}(\rho u_\theta) = 0$$

但对于自由涡,很少或几乎没有风阻,则不存在不连续。角动量从入口半径到出口半径保持守恒。

当获得旋涡切向速度后,可以作为已知条件来计算盘腔内的压比,其模型为

$$\frac{u_\theta^2}{r} = \frac{R\overline{T}}{p}\frac{\mathrm{d}p}{\mathrm{d}r} \tag{6.228}$$

从 r_1 到 r 积分,可得

$$\frac{p}{p_1} = \exp\left[\frac{K_\theta^2}{2nR\overline{T}}(r^{2n} - r_1^{2n})\right] \tag{6.229}$$

如果令 $r = r_2$,可以得到腔内压比 p_2/p_1。

由式(6.229)可以进一步推导出平均压力比 $\overline{p}/p_1$:

$$\frac{\overline{p}}{p_1} = \frac{2}{1 - (r_1/r_2)}\left(\frac{u_{\theta,\mathrm{out}}}{\sqrt{R\overline{T}}}\right)^{-2/n} \times \exp\left[\frac{-1}{2n}\left(\frac{u_{\theta,\mathrm{out}}}{\sqrt{R\overline{T}}}\right)^2\left(\frac{r_1}{r_2}\right)^{2n}\right] \int_{\left(\frac{u_{\theta,\mathrm{out}}}{\sqrt{R\overline{T}}}\right)^{\frac{1}{n}}\frac{r_1}{r_2}}^{\left(\frac{u_{\theta,\mathrm{out}}}{\sqrt{R\overline{T}}}\right)^{1/n}} \exp\left(\frac{r^{*2n}}{2n}\right) r^* \,\mathrm{d}r^* \tag{6.230}$$

通过计算 p_2/p_1 和 $\overline{p}/p_1$,可以得到压力 p_2 和 p_1,$\overline{p}$ 由式(6.230)计算。

该模型应用空气系统时,变量 $\dot{m}_{\mathrm{in}}$、$\dot{m}_{\mathrm{out}}$、$\dot{T}_{o,\mathrm{in}}$、$u_{\theta,\mathrm{in}}$、ω_d、K、K_s 和几何条件作为已知条件。这些变量可以从入口条件,出口条件和盘腔的几何定义耦合获得。另外,对于非稳态计算,则要求得到 $\overline{P}$、$\overline{T}$ 和 $u_{\theta,\mathrm{out}}$ 的初始条件。涡旋指数 n 可以作为已知变量,对于光滑表面的盘腔,n 为湍流参数的函数,盘腔内的旋涡可以从 $\lambda_T = 0$ 时的强迫涡 $n = 1$ 光滑变化到 $\lambda_T \gg 0$ 时的自由涡 $n = -1$。

6.3 静 子 件

6.3.1 涡轮导向叶片冷却供气流路

涡轮导向叶片由上缘板、叶身和下缘板组成,其冷却供气流路按照满足缘板和叶身的冷却需求设计。单级高压涡轮导向叶片或双级高压涡轮第一级导向叶片冷却供气流路的引气位置基本都选择燃烧室内外环腔(图 6.56)。为了实现导向叶片上缘板和下缘板的冷却需要,分别从燃烧室外环腔和内环腔引气,涡轮导向叶片缘板的冷却一般采取在缘板的内外侧安装冲击盖板,在盖板上开冲击孔,气流经盖板冲击孔冲击冷却缘板后,从缘板气膜孔排出,在缘板燃气侧表面形成气膜冷却(图 6.56)。根据叶身冷却方案,一般有两种供气流路,一种是叶身冷却空气全部

从燃烧室外环腔引出,从导向叶片上端进入叶片内腔,另一种是分别从燃烧室内、外环腔引气,同时从导向叶片上端和下端进入叶片内腔。双级高压涡轮的第二级导向叶片和低压涡轮导向叶片冷却空气一般从高压压气机中间级引出,经过专门设置的引气管路系统供入导向叶片外环集气环腔,然后从叶片上端进入叶片内腔。

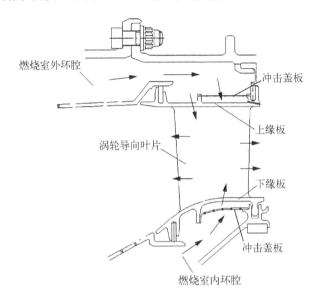

图6.56　涡轮导向叶片供气流路示意图

6.3.2　涡轮机匣冷却供气流路

涡轮机匣作为涡轮静子件中用于发动机承力系统的重要构件,主要由机匣和外环组成,承受机械负荷、气体压力和热负荷。涡轮机匣与工作叶片叶尖之间的距离叫涡轮工作间隙。在发动机工作时,因转子部件和机匣的热响应速率及所承受机械载荷差异,造成转子与机匣径向变形不协调,转子与机匣之间的变形出现相对差异,为了控制机匣的变形,维持小的涡轮工作间隙,需要引入冷气降低涡轮机匣的温度,并且通过控制冷却空气的流量或温度来调整机匣的热膨胀量。另外,在对涡轮叶片进行冷却时,需要从风扇或高压压气机抽取空气,涡轮机匣承担着为冷却空气提供气流通道的角色,以形成一个有效的冷却系统。因此涡轮机匣内部流动通道是整个发动机空气系统的一部分,为冷却空气提供气流流动通道。

高压涡轮机匣的冷却空气一般引自燃烧室外环腔的二股气流。低压涡轮机匣的冷却空气则引自高压压气机中间级,具体引气位置需根据发动机结构方案和几何尺寸确定,初始设计阶段,需根据传热设计目标,参考工作经验,预先选定位置,然后对冷却引气流量和压力进行初步估算。以此为基础,把初步估算的值作为换热边界条件的初值,通过近似计算方法完成关键零部件的热分析,基于热分析结果,判断引气位置和参数的合理性。在确定引气位置后,通过设置的引气管路引至低压涡轮机匣集气腔中,涡轮机匣通过设置环道、缝隙及孔组织气流采用对流、冲击的方式对涡轮机匣组件进行冷却(图6.57和图6.58),保证涡轮机匣组件在材料允许的温度范围内工作。

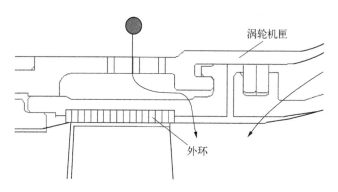

图6.57　典型的高压涡轮机匣和外环冷却流路

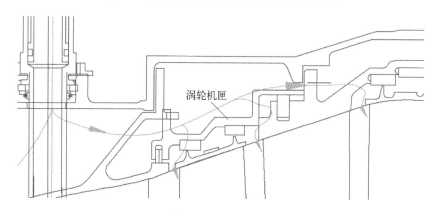

图6.58　典型的低压涡轮机匣冷却流路

　　涡轮外环位于发动机涡轮机匣和涡轮转子叶片之间,一般通过挂钩安装于机匣内部,需与燃气直接接触,其作用是减少流动和保护发动机机匣免受高温流场侵蚀。由于其工作换机温度极高,为了平衡受热变形和安装更换方便,故将整个涡轮外环块分解为数个小块,称为外环块。涡轮外环的冷却结构通常分为两种:用来阻隔高温燃气与部件表面换热的外部冷却结构,以及用来强化冷气空气与部件内表面换热的内部冷却结构,如图6.59所示。外部冷却主要指气膜在部件表面,形成气膜以防止高温燃气烧蚀外环外表。内部冷却是在外环内部设计一些通道,使从压气机引入的冷却气体在通道内流动吸热,达到降低外环温度的目的。机匣和外环的冷却还应考虑热变形控制,以保证外环与转子叶片之间的间隙匹配。涡轮机匣冷却流路的设计要充分考虑机匣装配组件之间的间隙,通过设置封严装置来

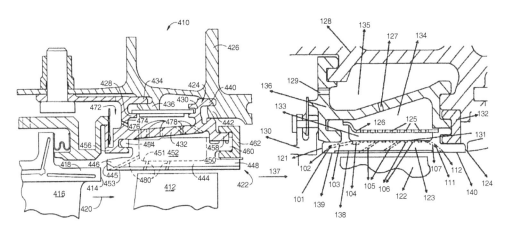

图 6.59　两种典型的涡轮外环冷却结构图

尽可能减少冷却空气向主流道的泄漏。

　　主动间隙控制是目前机匣冷却设计中的一个热点问题。通过多年的研究,国内外研究者提出了各种不同的间隙主动控制技术,包括直接机械控制方法、机匣整体位移方法、热变形控制方法等。目前大涵道比涡扇航空发动机上采用的叶尖间隙控制绝大多数都是基于可控热变形方案,即在不同飞行状态下用不同温度的气流对涡轮机匣及涡轮外环支撑件进行冲击冷却,还会采用主动间隙控制方法,即根据发动机的工作状态,人为控制机匣的膨胀量,以改变涡轮机匣的热膨胀量,从而达到在不同状态下保证最佳的叶尖间隙控制。主动间隙控制方法通常是在涡轮机匣外面加上数圈冷气管,按预定调节规律改变冷却空气的供应量和温度,主动间隙控制冷气管示意如图 6.60 所示。其中的冷却空气一般从低压压气机的合适位置抽取,为了能够准确地

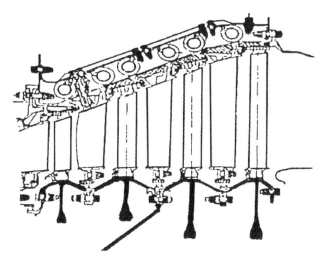

图 6.60　主动间隙控制冷气管示意图

调节冷却空气的供气量,需要掌握冷却空气在整个流路中的流动阻力,因此主动间隙控制系统中的流动控制问题也是空气系统分析中的一个重要任务。

6.4　热　交　换　器

先进航空发动机涡轮前温度的升高,大大增加了涡轮叶片等高温部件的热负荷,同时压缩比升高将导致冷却空气温度升高,冷却品质下降。为了满足冷却需要,势必要求从压气机出口引出更多的冷却空气,然而过量空气引出将导致发动机性能下降,会抵消涡轮前温度和增压比提升带来的收益。

而目前涡轮叶片的冷却技术几乎达到极致,涡轮材料的耐温能力在短期内也不可能实现很大的突破,因此冷冷却空气(cool cooling air, CCA)技术被学界提出,见图6.61,CCA技术是在航空发动机上安装热交换器,使用外涵空气或者航空燃料预先将用来冷却高温部件的冷却空气进行冷却,从而达到提高冷却空气冷却品质的目的。

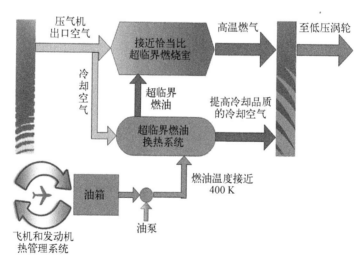

图6.61　航空发动机 CCA 燃油冷却系统示意图

热交换器冷却方式还可用于冷却封严气体,对于目前的中等参数发动机,由于对支点封严压力的需求,往往需要采用较高一级的压气机级引气来对发动机后部较高腔压的支点进行封严。相比于现有两路引气的支点增压系统,采用封严气体主动冷却系统可只保留高压引气气路,简化支点增压系统,减轻发动机轴承及滑油系统的热负荷。

在以上两类航空发动机热交换器应用中,若利用燃油热沉对高压气进行冷却,燃料在进入燃烧室之前吸收热量,燃烧室整体温升提高,整机机组效率提升;燃料吸收热量后,温度升高,进入了超临界状态,其物理性质发生显著变化,表面张力消失、扩散能力增强,燃烧效率得以提高。借鉴于热交换器在地面燃气轮机中的典型应用,热交换器还可作为航空发动机的间冷器和回热器以提高其热力循环效率。主流气体通过间冷器与外涵空气进行热交换,空气温度降低后进入高压压气机,增加进气流量,可以减小压气机的压缩功。同时通过回热环节,回收涡轮出口排气的热量,增大能量的利用率。

燃油滑油散热器或者空气滑油散热器被应用于航空发动机内冷却润滑系统中的高温滑油,以确保滑油系统能够将足够数量和黏度适当的润滑油连续不间断地供给到发动机轴承腔内轴承与齿轮的啮合处,完成润滑作用,保证以机械传动为基础的航空发动机的动力传输。

此外,在常规涡轮发动机的压气机前加装预冷热交换器,可用以冷却进气道中的气流,使其温度下降,扩展涡轮发动机的可工作范围。尤其是为满足未来超高马赫数飞行的军用目的,伴随着超高飞行速度而来的进气道超温问题十分严峻,因此,需采用进气预冷热交换器实现组合动力发动机进气温度冷却,进而优化整机热力循环。

由上述热交换器在飞行动力系统中的典型应用可以看出,热交换器已成为先进航空发动机热力循环优化、系统级性能提升和能量高效管理等关键技术不可或缺的核心部件,因此热交换器的设计与研发必将成为未来航空发动机的核心技术之一。为使读者对于热交换器的原理及应用形式有简单的了解,本章将从热交换器类型、热交换器热力设计、航空发动机用热交换器具体应用形式、典型航空发动机用热交换器热力特性、热交换器性能评价方法等几个方面做简要的介绍。

6.4.1 热交换器类型

随着科学技术的发展,能量的需求也越来越大。为了满足不同的生产要求,适应不同的换热条件,多种形式的热交换器被设计出来用以匹配各种工业部门的生产过程,每种结构的热交换器都有各自的特点和适用范围。不同的热交换器大致可以按照以下几个方面来进行分类:用途、流动形式、紧凑程度、传热方式、结构、流体相态、温度。

1) 按用途分类

按用途分类有预热器、冷却器、冷凝器、蒸发器等。

预热器在工业中多见于燃煤电站锅炉,用尾部烟气余热将进入锅炉前的空气预热至较高温度,提高锅炉热交换性能,降低能耗。冷凝器可用于液体或气体的冷却,如空调冰箱内空冷式冷凝器。蒸发器可分为燃烧式蒸发器和非燃烧式蒸发器,多为管式热交换器。

2) 按流动形式分类

顺流式:两种流体流动方向相同[图 6.62(a)]。

逆流式：两种流体流动反向相反[图 6.62(b)]。

错流式：两种流体的流动方向垂直[图 6.62(c)]。

混流式：两种流体流动过程中既有顺流也有逆流[图 6.62(f)和(g)]。

此外，当错流式的交叉次数超过四次时，可将总的流动趋势看作顺流或逆流[图 6.62(d)和(e)]。

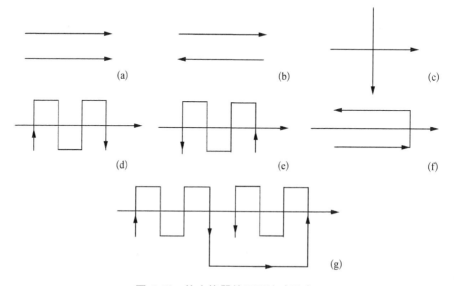

图 6.62　热交换器的不同流动形式

3）按紧凑程度分类

紧凑式热交换器的单位体积传热面积更高，多用于对尺寸和重量有要求的地方，在航空航天领域发挥着重要的作用。紧凑式热交换器一方面是减少换热单元的几何尺寸，如减小管径，使几何上更紧凑；另一方面是在两种流体换热系数小的那一侧采用扩展表面，提高换热性能。紧凑式热交换器的换热效率很高，除用于航空航天领域，也广泛用于能量密集型工业。

4）按传热方式分类

按照热量传递方式进行分类，热交换器可分为混合式、间壁式、蓄热式三类。

混合式：利用两种流体直接接触掺混进行热量交换，也称作直接接触式热交换器，此类热交换器设计的核心思路是增大两种流体的接触面积，因此可在设备中增加填料或者把液体类流体喷成细滴，例如冷却塔和气体冷凝器。

间壁式：用固体壁面将冷热流体分隔开，两种流体在壁面两侧流动而不直接接触，通过壁面导热和流体与壁面的对流换热实现热量交换。

蓄热式：又称回热式热交换器，通过固体壁面构成蓄热体，热流体首先流过壁面，将热量储存在固壁内，之后冷流体流过壁面被加热，循环往复，使之达到热量传递的目的。如炼铁厂的热风炉,锅炉的中间热式空气预热器。

5) 按结构分类

在混合式、间壁式、蓄热式三种类型中,间壁式热交换器应用最为广泛,研究经验和分析方法也最为全面,结构类型也最多。本小节主要介绍不同结构的间壁式热交换器。间壁式热交换器可分为管式热交换器、套管式热交换器、板式热交换器、延展表面热交换器等。

(1) 管式热交换器。

管式热交换器包括管壳式热交换器、套管式热交换器、蛇管式热交换器等。管壳式热交换器是工业中应用最广泛的一种热交换器。管壳式热交换器(图 6.63)主要由壳体、管束、管板、封头等部分组成,壳体多为圆筒状,内部设置有平行的管束,管束两端固定在管板上。两种流体在管内外通过管壁进行热量交换,管内流体的行程称为管程,管外流体的行程称为壳程。为了提高管外流体的对流换热系数,可在壳体内安装一定数量的挡板,可以是与管束平行的隔板或与管束垂直的折流板,使管外流体在壳体内多次曲折流动,增大流体速度和湍动程度。流体每通过管束一次称为一个管程,每通过壳体一次称为一个壳程。其中折流板是使管外流体沿同一方向蛇形错流,而与管束平行的隔板是使管外流体来回流动,因此折流板看作单程,平行管束隔板看作多程。同样可以在两端封头内安装纵向挡板,将管束分为若干组,使管内流体来回流经管程,管内空间也即为多程。

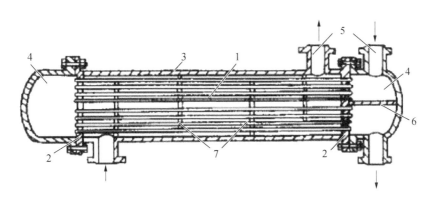

图 6.63　管壳式热交换器

1—管束;2—管板;3—壳体;4—封头;5—接管;6—分程隔板;7—折流板

管壳式热交换器根据结构的不同也可分为固定管板式、U 形管式、浮头式和填料函式四种类型。在管壳式热交换器中,管侧和壳侧流体温差很大时,热交换器内部会出现较大的热应力,可能会使热交换器内部结构出现损坏或松脱,当管束和壳体温差超过 50℃时需要采取相应的温差补偿措施,如在壳侧附加膨胀圈、采用 U 形管热交换器或浮头式热交换器等。当两种流体温差不大时,可采用有补偿圈的固定管板式热交换器,其结构较简单、质量小、成本低,但是清洗困难,不适用于易结垢的流体;U形管热交换器管束由U字弯管组成,弯曲端可自由伸缩不受壳体影响,但是管程不易清洗,适用于洁净流体;浮头式热交换器一端封头处可轴向自由浮动而且管束可以从壳内抽出进行清洗,但是结构比较复杂,金属消耗量大;填料函式热交换器不常用,实际就是浮头露在壳体外侧的浮头式热交换器。

(2) 套管式热交换器。

套管式热交换器(图6.64)是将不同直径的管子制成同心套管,用U形弯头连接,结构简单,内管和外管内流体可以以纯顺流或纯逆流的方式流动,传热系数较大,传热效果较好,缺点是体积较大,不适宜换热面积大的情况。蛇管式热交换器有沉浸式蛇管热交换器(图6.65)和喷淋式蛇管热交换器(图6.66)。沉浸式热交换器多由金属直管弯曲成蛇形并沉浸在容器中的液体内,也有螺旋形,结构简单,便于维修,可用于腐蚀性流体,缺点是管外传热系数小;喷淋式热交换器将蛇形管排列固定在钢架上,管内为热侧,冷却水在管外从上方均匀淋下,使热流体冷却或冷凝,换热系数比沉浸式大,也可用于腐蚀性流体。

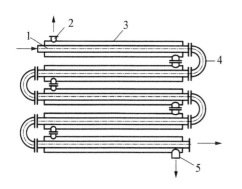

图6.64 套管式热交换器

1—内管;2,5—接口;3—外管;4—U形肘管

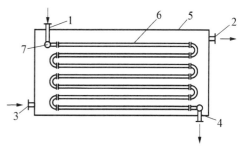

图6.65 沉浸式热交换器

1~4—流体进出口;5—液池;6—换热管;7—分配管

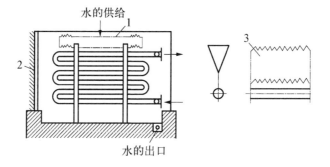

图6.66 喷淋式热交换器

1—槽;2—百叶窗;3—槽的零件

（3）板式热交换器。

板式热交换器(图 6.67)有普通板式热交换器、螺旋式板式热交换器和板壳式热交换器。板式热交换器的应用不如管式热交换器广泛,有自身的优点和缺点。一般的板式热交换器通常由许多相互接触的波纹状或凹凸形的金属板焊接而成,相邻的金属板用密封垫片压紧,每块板的四角都有圆孔,形成流体通道。板式热交换器传热系数比管壳式热交换器高,其波纹板互相交错使内部流体形成复杂的三维流动,形成湍流。

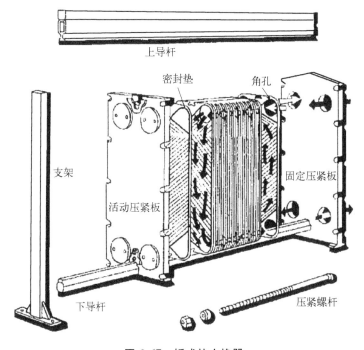

图 6.67　板式热交换器

板式热交换器结构紧凑,占地面积小,单位体积换热面积为管壳式热交换器的2~5 倍;当换热需求改变时只需要改变波纹板数量,方便快捷;便于清洗维修,质量小且价格低;相对于管壳式热交换器来说热损失小,不需要隔热层。但同时板式热交换器内部容积小,不适用于大的换热工况,且由于内部构造原因压力损失大,板间通道狭小容易堵塞。螺旋板式热交换器是由螺旋形传热板焊接而成的板式热交换器,两条金属板围绕中心卷曲成螺旋状,板间距离固定并进行焊接。与普通板式热交换器原理相同,流体在螺旋形通道内旋转流动产生离心力形成二次流动,促进较低雷诺数下湍流发生,比管壳式热交换器传热效果好,传热系数更大。板壳式热交换器是板式热交换器和管壳式热交换器的结合体,用薄板焊接形成的狭小流道代替传热管,由板管束和壳体两部分组成,截面一般为圆形,也有矩形和六边形。

板壳式热交换器的适用性不如板式热交换器和管壳式热交换器高,但是结构更紧凑,节省了材料,换热效率更高。近年来板式热交换器也在朝着紧凑的方向发展,一些微通道板式热交换器逐渐成为研究的热门。

(4)延展表面热交换器。

延展表面热交换器是强化换热技术发展在热交换器设计里的体现,也是紧凑式热交换器的重要表现形式。管翅型紧凑式热交换器广泛应用于航空航天领域,其体积小,质量小,换热效率高,成为许多学者研究的热门。管翅型紧凑式热交换器主要包括管翅式热交换器和板翅式热交换器。管翅式热交换器,又称为翅片管热交换器,主要由基管和翅片构成。基管类型有圆管、椭圆管、扁平管等,翅片类型(图6.68)主要有横翅和竖翅两大类,横翅的种类较多,又有单独翅片和整体翅片的不同类型。

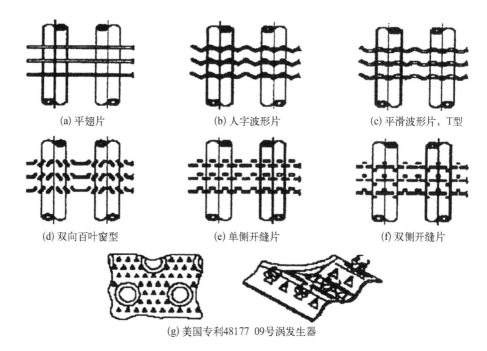

(a) 平翅片   (b) 人字波形片   (c) 平滑波形片,T型

(d) 双向百叶窗型   (e) 单侧开缝片   (f) 双侧开缝片

(g) 美国专利48177 09号涡发生器

图 6.68　不同类型的翅片

管翅式热交换器多用于某一侧换热系数比另一侧小得多的情况,且翅片也多设计在换热系数小的那一侧。对横翅来说,整体式大套片,即若干根管子与同一个整体翅片连接的结构更加紧凑,而单独的翅片管表面更粗糙,对流体的扰动更好。从结构设计方面来说,单独翅片管的翅片类型有螺旋形、平直环形等;整体大套片有平直翅片、波纹翅片等;除此之外,有开缝翅片、百叶窗翅片等间断翅片类型,目的是对流体产生扰流,破坏边界层,增强换热效果,还发展出带涡发生器的翅片,产

生横向涡和纵向涡来强化换热。在航
空航天领域,对热交换器的紧凑高效
也有了更高的要求,管翅式热交换器
也越来越向着更小尺度的方向发展。

板翅式热交换器(图 6.69)通常
由隔板、翅片、封条、导流片组成,钎焊
形成块状芯体,再加上封头、接管、支
撑就组成了板翅式热交换器。板翅式
热交换器中,翅片是主要的换热元件,
占据了大部分的换热面积,由于翅片
不是直接换热,也称作二次换热面,除
此之外翅片也为各层之间起到支撑
作用。

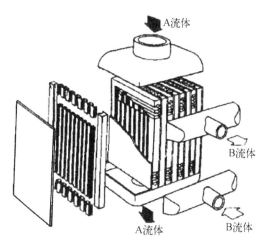

图 6.69　板翅式热交换器

板翅式热交换器的翅片几何形状有平直矩形、锯齿形、波纹形、百叶窗形、钉头
形、针形等,平直翅片主要作用是增大传热面积,而其他不同形状的翅片除了扩大
传热面外,还对流体起到扰动作用,破坏边界层。板翅式热交换器的优点是扩展表
面的热力性能高,单位体积的换热面积大,热交换器重量轻,热效率高,紧凑性好,
可用于多相流和多过程换热。但是板翅式热交换器结构复杂,通道小,不适合用于
污垢多的场合,而且要考虑流体振动的影响。

总的来说,管翅式和板翅式热交换器等紧凑式热交换器扮演着越来越重要的
角色,研究几何参数对其流动换热的影响以及准确的经验公式对设计此类热交换
器以及强化换热技术的发展具有重要的意义。

6) 按流体相态分类

气-液热交换器:大部分气-液热交换器都是紧凑式热交换器,有光管热交换
器和管翅式热交换器,管内液体,管外气体,气体横掠过管束芯体换热。气侧热阻
较大,换热系数低,可增加翅片来强化换热。

液-液热交换器:液-液热交换器多为管壳式热交换器,两种液体都泵送入热
交换器进行强迫对流换热,换热效率较高。

气-气热交换器:在运输行业、航空航天领域都有使用,如中间冷却器、后冷却
器等。由于气侧换热系数低,也会采用翅片来强化换热。

7) 高温高压热交换器

高温高压热交换器在某些化工产业和航空航天领域发挥着重要的作用,多为
管壳式热交换器,但是对结构有了一定的改进,对材料和制造工艺的要求也更高。
对高温高压热交换器来说,结构设计会直接影响到热交换器的寿命。管板往往会
加工得很厚,但同时与管束的连接和热应力也成为需要考虑的问题,因此要合理设

计管板厚度。高温高压热交换器对温度、腐蚀、强度的要求更高,多采用耐火耐热材料做衬里,还要考虑腐蚀问题。

除高温高压热交换器外,工业炉也是常见的高温热交换器,广泛地应用于机械工厂。工业炉对压力的要求不高,密封要求也没有高温高压管壳式热交换器那么严格,可分为金属质和陶质热交换器。金属质热交换器结构紧凑、气密性好,耐热不如陶质热交换器,而陶质热交换器导热性超差、气密性也不够好,因此两者有各自的应用环境。高温热交换器有针形管热交换器、整体式对流热交换器、辐射式热交换器以及几种不同类型组合而成的组合式热交换器,尽管都有各自的适用场合,但有一些共同考虑的问题,如气流速度、通道形状、材料使用范围等。

8) 热管热交换器

热管热交换器起初用于航天系统的热控制,目前已经广泛用于余热回收、计算机、雷达等领域。热管是热管热交换器的基本元件,与普通的换热管无异,内部构造却有所不同。从传热特征来看,热管(图 6.70)沿轴向可以分为蒸发段、绝热段、冷凝段。主要是在全封闭的真空管内,蒸发段受热使毛细材料的工质蒸发,蒸汽流向冷凝段,在冷凝段被冷却凝结成液态,再沿多孔材料靠毛细力的吸引或者自身重力流回蒸发段。由于汽化潜热很大,很小的温差就能传递大量的热量,换热效率很高。热管热交换器内有多根热管,通过中间隔板固定在壳体内部,隔板与蒸发段、冷凝段以及壳体内腔分别构成冷热流体的通道,冷热流体在通道中横掠热管管束实现热量传递。热管热交换器的中隔板可以使冷热流体完全分开,单根热管的破损不影响热交换器运行,可用于危险系数较高的场合。热管热交换器按形式分,有整体式热管热交换器、分离式热管热交换器、回转式热管热交换器和蜗壳热管热交换器等。按功能分,热管热交换器可分为:气-气式、气-汽式、气-液式、液-液式、液-气式。

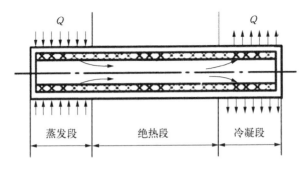

图 6.70   热管示意图

6.4.2   热交换器热力设计

热交换器的热力设计是热交换器设计的基础,本节主要通过换热的设计步骤校核、热交换器的基本方程式、对数平均温差法、传热有效度法、温度影响的流体物性修正和典型热交换器流动阻力计算这几个方面对热交换器的热力设计内容进行了阐述。

1）热交换器的设计步骤及校核

通过前人的一些总结，对于热交换器的设计有下面一些主要的步骤：

（1）换热机理的评价；

（2）选择热交换器类别；

（3）确定结构细节，选择传热表面几何结构；

（4）确定尺寸和布置参数，以及一些约束要求；

（5）进行初步的热力设计，确定近似尺寸；

（6）详细设计；

（7）校检设计结果；

（8）根据实际情况对设计结果进行优化；

（9）对热交换器一些特殊管束的流体诱发振动进行校检；

（10）校检无误之后进行机械设计；

（11）最后估算所需费用，完成热交换器在商品上的设计。

校核问题是指对一个现有的热交换器或已经确定了尺度的热交换器确定其运行状况下的传热和压降特性。这里以某紧凑式热交换器设计为例，简单分析一下至少一侧介质的两种流体直接传热方式的紧凑式热交换器的校核问题。对于紧凑式热交换器，一般用 $\varepsilon - NTU$ 方法进行校核，校核分析的基本步骤如下：

（1）确定传热表面的几何结构参数；

（2）确定流体的热物理特性；

（3）确定雷诺数；

（4）确定传热表面的特征参数传热因子 j 和摩擦系数 f；

（5）对随温度变化的流体物性进行修正；

（6）确定传热膜系数；

（7）确定翅片效率和总的表面效率；

（8）确定导热热阻；

（9）确定总传热系数；

（10）确定 NTU 数、C^* 和热交换器效率 ε；

（11）通过上述参数的获取，最后确定热交换器的传热量、出口温度和两侧压降。

2）热交换器的基本方程式

对于热交换器的热力计算，其基本方程式为传热方程式和热平衡方程式。此外，还有传热系数 K 的确定。

（1）传热方程式。

传热是热流体将热量通过某固定壁面传给冷流体的过程，传热时的基本方程式即为传热方程式，表示为

$$Q = \int_0^A k\Delta t \mathrm{d}A = KA\Delta T_m \tag{6.231}$$

式中，Q 为传热量，单位是 W；k 为热交换器任一微元传热面积上的表面传热系数，单位是 W/（$m^2 \cdot K$）；$\mathrm{d}A$ 为微元传热面积，单位是 m^2；Δt 为在该微元面积上冷、热流体之间的温差，单位是 K；K 为平均表面传热系数，单位是 W/（$m^2 \cdot K$）；ΔT_m 为对数平均温差，单位是 K。

（2）热平衡方程式。

在忽略热损失的情况下，根据热量平衡，热流体降温所释放的热量应与冷流体升温所吸收的热量相等，表达关系式如下：

$$Q = \dot{m}_1 c_{p1}(t_1' - t_1'') = \dot{m}_2 c_{p2}(t_2'' - t_2') \tag{6.232}$$

式中，$\dot{m}$ 为流体的质量流量，单位是 kg/s；c_p 为流体的比定压热容，单位是 J/（kg·℃）。

（3）传热系数 K 的确定。

在热交换器设计时，主要的困难在于确定传热系数。其主要获取方式有：① 选取经验关系式，经验关系式大多为已有的结构下热交换器进行大量实验的情况下通过大量的实验数据拟合得到的，故选取经验关系时需特别注意所选用关系式的适用范围；② 实验测定，通过实验测定的传热系数相对比较靠谱，不但可以为设计提供依据，并且可以了解所设计热交换器的性能，但值得注意的是实验所测得的数值只能在与实验条件相同情况下使用；③通过计算，此种情况适用于缺乏合适的经验数值或者需要知道比较准确的数值时。此外，决定传热系数数值的因素有：热交换器两侧流体的物性、热交换器两侧流道结构和传热过程的类型。

对于一个已知的传热过程，传热系数 K 的数值与选取的热交换器的基准传热面积有关。通常面临两种情况的选择：① 对于热交换器两侧均为平壁，两侧的传热面积相等，故总传热系数的数值以任一侧为基准均相等；② 对于圆管壁或带有扩展表面的壁面，其传热面积沿热流方向变化，在分别选取热交换器内外传热面积作为基准时，其传热系数的数值是不同的。综上，在给出总传热系数的同时，必须标明计算该传热系数时所选用的基准传热面。

例如，某紧凑式空-油热交换器采用的是细圆管，在此给出圆管中总传热系数的计算关系式。细圆管的内、外径分别为 d_i 和 d_0，长为 L，基于换热管外表面积的总传热系数 K_{f0} 可以表示为

$$\frac{1}{K_{f0}} = \frac{1}{\alpha_i}\frac{d_0}{d_i} + \frac{d_0}{2\lambda}\ln\frac{d_0}{d_i} + \frac{1}{\alpha_0} \tag{6.233}$$

而基于换热管内表面积的总传热系数 K_{fi} 可以表示为

$$\frac{1}{K_{fi}} = \frac{1}{\alpha_o}\frac{d_i}{d_o} + \frac{d_i}{2\lambda}\ln\frac{d_o}{d_i} + \frac{1}{\alpha_i} \tag{6.234}$$

3) 对数平均温差法

流体在逆流和顺流情况下,对数平均温差可表示为

$$\Delta t_m = \frac{\Delta t_{\max} - \Delta t_{\min}}{\ln\dfrac{\Delta t_{\max}}{\Delta t_{\min}}} \tag{6.235}$$

单纯的逆流或者顺流在工程应用中仅占少数,大多数的管壳式热交换器中两侧流体并非简单的逆流或顺流情况,实际上两流体的流向,是比较复杂的多程流动,或是相互垂直的交叉流动。故热交换器传热的好坏,除考虑温度差的大小外,还需要考虑影响传热系数的多种因素以及热交换器的结构是否紧凑合理等。

因而在工程分析中,对于这些复杂的流动形式,如错流、折流等,通常采用图算法,也可通过方程式进行计算,方法如下:

(1) 先按逆流计算对数平均温差 $\Delta t_{m逆}$;

(2) 然后求平均温差补偿系数 φ(查相应的图线):

$$\varphi = f(P, R)$$

$$P = \frac{t_2 - t_1}{T_1 - t_1} = \frac{冷流体温升}{两流体最初温差}$$

$$R = \frac{T_1 - T_2}{t_2 - t_1} = \frac{热流体温降}{冷流体温升} \tag{6.236}$$

(3) 求平均传热温差 $\Delta t_m = \varphi\Delta t_{m逆}$。

平均温差补偿系数 $\varphi < 1$,其关系式可根据流动形式从《热交换器设计手册》中查取。

4) 传热有效度法

为了便于计算,可以将上面的有量纲参数组合成无量纲参数,从而减小变量数目,便于研究热交换器的性能,同时这些无量纲参数具有容易理解的物理意义。因而针对平均温差法的缺点,努谢尔特提出了传热有效度-传热单元数法(ε-NTU),简称传热单元数法。由于绘制图线和使用的方便,又发展了温度效率-传热单元数法(ε-NTU),两者在具体处理上略有差别。

热交换器的有效度 ε 由下式定义:

$$\varepsilon = \frac{\text{实际传热量}}{\text{理论最大可能量}} = \frac{(t' - t'')_{\max}}{t_1' - t_2'} \qquad (6.237)$$

式中,分母表示流体在热交换器中可能发生的最大温度变化,不论何种热交换器不可能超过 $t_1' - t_2'$,分子表示热流体或者冷流体在热交换器中换热过程中实际的温度变化,下角标 max 表示两者中的较大者,故热交换器的换热量可表示为

$$Q = \varepsilon(\dot{m}c_p)(t_1' - t_2')_{\min} \qquad (6.238)$$

求得 Q 后,两种流体的出口温度 t_1'' 和 t_2'' 就可以方便地从热平衡式求得。当引入 $NTU = KA/(mc_p)_{\min}$ 这一成为传热单元数的无因次参数后,根据推导就可求出 ε 和 NTU 之间的关系式。

对于 $\varepsilon - NTU$ 法,无量纲参数的定义如下。

(1)传热有效度 ε:

$$\varepsilon = \frac{\text{流体实际温升(或温降)}}{\text{理论最大可用温差}} = \frac{t' - t''}{t_1' - t_2'} \qquad (6.239)$$

$$Q = \varepsilon_1 (Gc_p)_1 (t_1' - t_2') \qquad (6.240)$$

(2)传热单元数 NTU:

$$NTU_1 = \frac{KA}{(\dot{m}c_p)_1} = \frac{t_1' - t_1''}{\Delta t_m} \qquad (6.241)$$

$$NTU_2 = \frac{KA}{(\dot{m}c_p)_2} = \frac{t_2'' - t_2'}{\Delta t_m}, NTU_1 = R_2 NTU_2 \qquad (6.242)$$

(3)热容量比 R:

$$R_1 = \frac{(\dot{m}c_p)_1}{(\dot{m}c_p)_2} = \frac{t_2'' - t_2'}{t_1' - t_1''} \qquad (6.243)$$

$$R_2 = \frac{1}{R_1} \qquad (6.244)$$

(4)ε、NTU 及 R 之间的关系:

$$\varepsilon = f(NTU, R) \qquad (6.245)$$

流体的流动形式不同,热交换器性能也不同。因而在不同流型下,描述热交换器性能的各无因次量之间具有不同的函数关系。温度效率 ε 一般是传热单元数 NTU、热容流量比 R 和流动形式的函数。不同情况下温度效率 ε 与传热单元数 NTU、热容流量比 R 的关系已导出了计算公式,并绘制成线图,供设计时使用。线

图对冷、热流体均适用。在使用时应注意各图所对应的热交换器类型,同时图中参数均需对应同一流体。对于不同类型的热交换器,温度效率与传热单元数之间的关系可查阅有关手册或专著。

5) 温度影响的流体物性修正

当进行热交换器的热力计算时,如果涉及的温度偏差比较大时,流体的物性会有明显的变化,如果这时候再用恒流体物性去计算一些热力学参数如传热因子 j 和摩擦因子 f,结果会有相当大的偏差,因此需要对受温度影响的流体物性进行修正。主要采用物性比的方法,即流体的所用物性参数是根据流体主体平均温度来计算的,然后把所用的影响因素归到一个函数中,进行流体物性的修正。

(1) 气体。

对于气体,黏度、导热系数和密度都随温度变化较大,是绝对温度 T 的函数,它们一般随着温度升高而升高。气体的物性随温度影响可以用以下公式来修正:

$$\frac{Nu}{Nu_{cp}} = \frac{St}{St_{cp}} = \left(\frac{T_w}{T_m}\right)^n \tag{6.246}$$

$$\frac{f}{f_{cp}} = \left(\frac{T_w}{T_m}\right)^k \tag{6.247}$$

其中,下标 cp 表示所指的恒定物性变量和所有的温度是绝对的。上述两个公式中所有的物性都是通过主流流体的平均温度(下标 m)来计算的,指数值 n 和 k 取决于流体的流动范围,也就是层流和湍流,T_w 为壁温。

对于层流来说,n 和 k 的取值为

$$n = 0.0, k = 1.00, 1 < \frac{T_w}{T_m} < 3(\text{加热}), \ n = 0.0, k = 0.81, 0.5 < \frac{T_w}{T_m} < 1(\text{冷却})$$

对于湍流来说,当气体加热时,可以使用下列关联式:

$$Nu = 5 + 0.012Re^{0.89}(Pr + 0.29)\left(\frac{T_w}{T_m}\right)^n \tag{6.248}$$

$$k = -\left[\lg\lg\left(\frac{T_w}{T_m}\right)\right]^{0.25} + 0.3 \tag{6.249}$$

上述公式的使用范围为:$0.6 < Pr < 0.9, 10^4 < Re < 10^6, 1 < \frac{T_w}{T_m} < 5, L/D_h > 40$。

此外,$k = -0.10(1 < T_w/T_m < 2.4)$。当气体冷却时,$k = 0.0$ 及 $m = -0.10$。

(2) 液体。

对于液体,黏度 μ 随温度变化较大,所以温度影响因素修正可以表示为下面的公式:

$$\frac{Nu}{Nu_{cp}} = \left(\frac{\mu_w}{\mu_m}\right)^k \tag{6.250}$$

$$\frac{f}{f_{cp}} = \left(\frac{\mu_w}{\mu_m}\right)^m \tag{6.251}$$

对于层流来说,当流体通过圆管,流体加热和冷却时,指数 k 和 m 可以用以下的值:

$$k = -0.14, m = 0.58, \frac{\mu_w}{\mu_m} < 1(加热), \quad k = -0.14, m = 0.54, \frac{\mu_w}{\mu_m} > 1(冷却)$$

对于湍流来说,指数 k 和 m 可以用以下的值:

$$k = -0.11, 0.8 < \frac{\mu_w}{\mu_m} < 1(加热), \quad k = -0.254, 0 > \frac{\mu_w}{\mu_m} > 1(冷却)$$

上述两个公式的使用范围为:$2 \leqslant Pr \leqslant 140, 10^4 \leqslant Re \leqslant 1.25 \times 10^5$。

$$m = 0.25, 0.35 < \frac{\mu_w}{\mu_m} < 1(加热), \quad m = 0.24, 2 > \frac{\mu_w}{\mu_m} > 1(冷却)$$

上述两个公式的适用范围为:$1.3 \leqslant Pr \leqslant 10, 10^4 \leqslant Re \leqslant 2.3 \times 10^5$。

当液体加热时,摩擦系数 f 与黏度 μ 的修正关系式如下:

$$\frac{f}{f_{cp}} = \frac{1}{6}\left(7 - \frac{\mu_w}{\mu_m}\right), 0.35 < \frac{\mu_w}{\mu_m} < 1 \tag{6.252}$$

上式的适用条件为:$1.3 \leqslant Pr \leqslant 10, 10^4 \leqslant Re \leqslant 2.3 \times 10^5$。

6)典型热交换器流动阻力计算

热交换器内流动阻力引起的压降,是衡量运行经济效果的一个重要指标。如果压降大,消耗的功率多,就需要配备功率较大的动力设备来补偿因压力降低所消耗的能量。因此,对热交换器的流动阻力进行计算是很有必要的。

热交换器的流动阻力可分两部分:流体与壁面间的摩擦阻力;流体在流动过程中由于方向改变或速度突然改变所产生的局部阻力。下面对管壳式热交换器和热管式热交换器的流动阻力计算进行阐述。

(1)管壳式热交换器的流动阻力计算。

对于管壳式热交换器,其管程阻力和壳程阻力必须分别计算,由于阻力的单位可表示成压力的单位,故一般用压降 ΔP 表示。如果阻力过大,超过允许的范围时,则需要进行修改。管壳式热交换器允许的压降如表 6.4 所示。

表 6.4　管壳式热交换器允许的压降范围

热交换器的操作压力/Pa	允许的压降/Pa
$P < 10^5$（绝对压力）	$\Delta P = 0.1P$
$P = 0 \sim 10^5$（表压）	$\Delta P = 0.5P$
$P > 10^5$（表压）	$\Delta P < 5 \times 10^4$

　　管程阻力计算。管壳式热交换器的管程阻力包括沿程阻力、回弯阻力和进、出口连接管阻力三部分,即

$$\Delta P_t = \Delta P_i + \Delta P_r + \Delta P_N \tag{6.253}$$

其中,ΔP_t 表示管程总阻力;ΔP_i 表示沿程阻力;ΔP_r 表示回弯阻力;ΔP_N 表示进、出口连接管阻力,单位都是 Pa。

　　沿程阻力 ΔP_i 可用下式计算:

$$\Delta P_i = 4f_i \frac{L}{d_i} \frac{\rho u_t^2}{2} \phi_i \tag{6.254}$$

其中,f_i 表示范宁摩擦系数;d_i 表示圆管内径;L 表示管程总长;ρ 表示管内流体在平均温度下的密度;u_t 表示管内流体流速;ϕ_i 表示管内流体黏度校正因子,当 $Re > 2\,100$ 时,$\phi_i = \left(\dfrac{\mu}{\mu_w}\right)^{-0.14}$,$Re < 2\,100$ 时,$\phi_i = \left(\dfrac{\mu}{\mu_w}\right)^{-0.25}$。

　　回弯阻力用下式计算:

$$\Delta P_r = 4 \frac{\rho u_t^2}{2} Z_t \tag{6.255}$$

其中,Z_t 为管程数。

　　进、出口连接管程阻力的计算公式为

$$\Delta P_N = 1.5 \frac{\rho u_n^2}{2} \tag{6.256}$$

　　当压降较大时,进、出口连接管压降相对较小,可忽略不计。

　　壳程阻力计算。对于相同的雷诺数,壳程摩擦系数大于管程摩擦系数,因为流过管束的流动有加速、方向变化等。但是壳程的压降不一定大,因为压降与流速、水力直径、折流板数、流体密度等有关,所以在同样的雷诺数下,壳程压降可能比管程低。壳程阻力可用以下公式计算。

　　顺列管束:

$$\Delta P_s = 0.66 Re^{-0.2} \rho u_{max}^2 \left(\frac{\mu}{\mu_w} \right)^{0.14} N \tag{6.257}$$

错列管束：

$$\Delta P_s = 1.5 Re^{-0.2} \rho u_{max}^2 \left(\frac{\mu}{\mu_w} \right)^{0.14} N \tag{6.258}$$

其中，N 表示流体横掠过的管排数目；u_{max} 表示最窄流通截面处的流速。

（2）热管式热交换器的流动阻力计算。

热管式热交换器的流动阻力计算是指热管外的流体流过热管管束时的流动阻力计算。它是检验热交换器设计是否合理的标准之一，同时可用它来计算所需流体机械的功率和容量。显然，流体阻力的大小与流体流速关系最为密切，还与热管元件外形、管束排列及间距大小等有关。

流体横掠光滑管束时，流体阻力公式为

$$\Delta P = 0.334 C_f n \frac{G_{max}^2}{2\rho} \tag{6.259}$$

其中，G_{max} 表示最小流通截面处质量流速；n 表示流动方向的管排数；C_f 为修正系数；ρ 为流体密度。

流体横掠错排翅片管束时，流体阻力公式为

$$\Delta P = f_s \frac{n G_{max}^2}{2\rho} \tag{6.260}$$

其中，摩擦系数 f_s：

$$f_s = 37.86 \left(\frac{d_0 G_{max}}{\mu} \right)^{-0.316} \left(\frac{s_1}{d_t} \right)^{-0.927} \left(\frac{s_1}{s_3} \right)^{0.515} \tag{6.261}$$

其中，s_3 表示管束三角形排列的三角形斜边长；d_t 为翅根直径。上式的使用范围为：$Re = 2\,000 \sim 5\,000$；$s_1/d_t = 1.8 \sim 4.6$；s_1 及 $s_3 = 42.85 \sim 114.3$ mm；管子外径 $d_0 = 18.6 \sim 41.0$ mm；翅片管直径 $d_f = 40 \sim 65$ mm；翅片间距 $s = 3.11 \sim 4.03$ 片/cm。

6.4.3　航空发动机用热交换器具体应用形式

1）气-气热交换器

空气是飞行器在大气层内飞行时能无限利用且无须自带的冷却介质，将气-气热交换器应用于需要降低航空发动机内气体温度的场合，可以提高发动机整机效率，极大缓解高速飞行器面临的热防护问题。

工业上空气-空气热交换器一般用于工业过程中废热的回收利用，热废气如果直接排放到环境中,其热能未得到有效利用,运用空气-空气换热装置,通过热废气预热低温新鲜空气,可以节省能源成本和降低二氧化碳的排放。但是工业用空气-空气热交换器一般使用温度低,使用压力低,气体流速慢;由于安装空间限制较小,热交换器紧凑度不高,体积较大,质量较大;地面状态为静状态,对热交换器结构强度考虑较少。气-气热交换器应用于航空发动机背景时,要求热交换器必须具有高效低阻紧凑轻质的特点,所以其设计方法和设计理念与工业用热交换器有很大的区别,接下来将对文献中出现的一些航空发动机用气-气热交换器做介绍。

　　俄罗斯 AL-31F 发动机是一款先进的第四代歼击机飞行动力装置,其高、低压涡轮的 4 排叶片均为气冷式叶片,并已成功将外涵空气-空气热交换器应用于高温涡轮导向叶片冷却空气的预冷(图 6.71),该热交换器采用跨流管簇式紧凑结构,约占内涵流量 8.9%的冷却空气自燃烧室机匣外壁处引出,经设置在外涵流路中的空气-空气冷却器冷却,可使冷却空气降温 125~210 K,从而可以对涡轮导向叶片进行有效冷却,通过很小的压降损失,换来了不错的冷却效果。

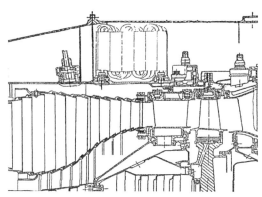

图 6.71　AL-31F 发动机空气-空气热交换器

　　北京航空航天大学闻洁团队研究设计了一种用于冷却发动机封严气体的蛇形管式空气-空气热交换器(图6.72),该热交换器由 40 根外径 5 mm、壁厚 0.3 mm 的 304 不锈钢管组成,质量为 2.04 kg,可在特定情况下将高压压气机出口空气温度降低 200 K。另外,该团队也设计加工了一种与前者结构类似但蛇形管弯曲程数为 3 的空气-空

图 6.72　蛇形管式空气-空气热交换器

气热交换器,沿外涵空气流动方向同时布置有 4 根蛇形换热管,管内外空气局部错流,总体逆流换热。热交换器质量为 1.48 kg,利用发动机外涵低温空气可将流量 0.05 kg/s,温度 530 K 的高温空气冷却 200 K,实验数据表明用 Žukauskas 关系式预测管外换热性能的偏差较大,原因是该换热结构中包含的大量弯头结构使得换热形式不再是纯粹的流体横掠管束换热,而变为大部分的直管段横掠管束与小部分弯头区带倾斜角的掠过管束换热的结合。

2)气-燃油热交换器

气-气热交换器具有工质来源广泛、不需要额外携带冷却剂的优点,在特定的应用场景中能较好地适应任务需求,完成热量能量合理再分配的任务,然而,由于空气作为换热介质本身存在热容低、密度低、气-固壁-气的换热系数相对不高的缺点,其在某些场景下的应用受到限制。

我国最常使用的航空燃料是 RP-3,常温常压下是液体,密度约为 780 kg/m³,是同状态下空气的约 600 倍;比定压热容约为 2 100 J/(kg·K),是同状态下空气的 2 倍,并且随着温度压力的升高会达到更高的倍数;根据具体工况不同,气-固壁-燃油的总传热系数一般比气-固壁-气的总传热系数大 1~2 个数量级。燃油作为工质时,较高的密度能够让热交换器的结构更加紧凑;较大的热容能够减小工质需求量,减小阻力;较高的换热系数则让气-燃油能够胜任高热负荷冷却任务。以上特点使得燃油作为换热介质在提升热交换器冷却能力方面有很大的优势,基于这种思路设计的热交换器就是气-燃油热交换器。

除此之外,气-燃油热交换器在其他多个方面也具有非常明显的优势。首先从热力循环的角度,燃油在进入燃烧室前吸收冷却空气热量,自身温度升高,使得机组热效率提升;其次,燃油吸热后温度上升进入超临界状态,物理性质发生显著变化,表面张力消失、扩散能力增强,燃油直接以近气体形态在燃烧室内与空气进行掺混,燃烧效率将得以大幅提升;再次,气-燃油热交换器可布置在发动机内部,不会对外涵空气流动造成影响,有利于发动机的气动性能。

相较于传统工业用气-液热交换器,航空发动机用气-燃油热交换器有自己的一些特点。第一,由于工质密度大且一般流量较小,为提高换热能力以减小换热面积,气-燃油热交换器的换热单元水力直径往往较小,达到 0.5~5 mm,该范围已经属于微小尺度范围,紧凑式热交换器在传热性能上出现了一些受到尺度效应影响的特点;第二,燃油作为冷却工质在超临界压力下吸热升温时热物性变化剧烈,使得传统的热交换器设计方法中对各种定性温度和平均温度选取的不准确性弊端暴露;第三,燃油作为一种有机工质,在高温下会产生结焦,一方面引起换热工质物理化学特性变化,进而导致传热特性变化,另一方面结焦沉积在换热单元固壁上,有可能导致固壁热阻变化,进而影响到气-燃油热交换器的换热效率,甚至安全性。虽然目前航空发动机气-燃油热交换器还未有在具体型号发动机上成功应用的公开报道,但是针对前面提及的问题,国内外均开展了一些相关研究。

在微小尺度换热单元的实验研究方面,普渡大学 Mudawar 提出了一种用于高超声速飞行器涡轮发动机的轻质高效错流式微小通道空气-燃油热交换器(图6.73),并对其换热性能进行了理论分析和实验验证。该热交换器换热单元中低温燃油在微尺寸方通道内部流动,方通道宽为 0.254 mm,高为 0.762 mm,方通道上表面制造有垂直于通道方向的高度逐渐减小的间断矩形肋,空气在通道外沿垂直于通道方向即沿矩形肋长度方向与燃油错流换热,诸多换热单元沿周向排列成两圈,对整个空气-燃油热交换器而言,空气从径向进气,被抽吸轴向出气,燃油从外圈进入,内圈流出。作者用理论推导的方式,详细阐述了通道外部带有高度变化的间断肋结构时内外流体在通道两侧交错流换热的方式,得到了热交换器错流换热子模型、微小通道内部流动子模型、热阻网络子模型以及换热系数和肋效率的计算关联式模型,结合上述模型可以预测两侧流体的出口温度和换热量。对换热单元实验件进行了热动力性能验证试验,结果表明模型预测与实验结果之间符合良好,为不同尺寸和设计包线航空发动机用气-燃油热交换器的设计提供了支撑。

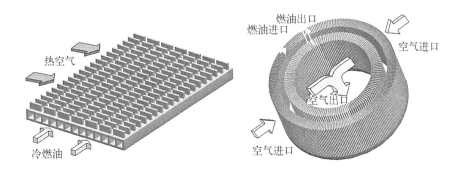

图 6.73　微通道燃油-空气热交换器

REL 公司提出了一种协同吸气式火箭发动机(synergetic air breathing rocket engine,SABRE)概念,它的核心部件是预冷器(图 6.74),管内冷却介质为液氦。在飞行速度为马赫数 5 时,初期设计目标是预冷器可以在 0.01 秒内将 400 kg/s 的来流空气从 1 000℃ 冷却至 -140℃,换热功率可达 400 MW。SABRE 的空气/氦预冷热交换器的设计采用直径 0.96 mm,壁厚 40 μm 的微细薄壁管作为换热管,数千根渐开线形状的

图 6.74　SABRE 发动机预冷器模型

微细换热管沿轴向相互平行的焊接在处在不同径向位置的一对进出油支管上形成预冷单元,数十个预冷单元在周向上均匀分布并焊接在一对进出油总集管上构成最终的预冷器,空气从微细换热管的微小间隙中沿径向掠过,液氦在圆管内从内径集管沿渐开线流向外径集管,与来流空气局部错流,总体逆向流动换热。2019年10月,REL公司在美国科罗拉多州航空航天港TF2试验站成功完成了"佩刀"发动机验证机全尺寸预冷却器(HTX)样机在马赫数5条件下的高温考核试验。根据试验结果,HTX样机将超过1 000℃的高温气流在0.05秒的时间内冷却到了约100℃。

由于气侧热阻在气-燃油热交换器总热阻中占比最大,为增强总传热系数,增加热交换器紧凑度,北京航空航天大学闻洁团队设计加工并实验研究了一种航空发动机CCA技术用翅片管式气-燃油热交换器(图6.75),介绍了运用对数平均温差法设计该翅片管式热交换器的流程,并对蛇形管束结合大套片的焊接工艺进行了分解与阐述。热交换器加工成型后对其进行了泄露耐压堵塞检测,在保证安全可用条件下完成了热交换器冷态流阻实验和热动力性能实验。实验结果表明,该热交换器质量为1.207 kg,传热面积密度为697 m^2/m^3。根据冷态流阻实验值随流量变化与文献关联式之间的相似趋势,得到了管内外侧流动阻力的修正因子。在选取管内换热关联式为Gnielinski公式的前提下,通过热阻分离方法得到了翅片管热交换器管外对流换热系数。

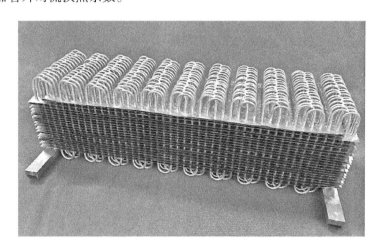

图6.75　CCA用翅片管式气-燃油热交换器

3)燃油-滑油热交换器

在航空发动机众多子系统中,滑油系统扮演着为发动机内部散热、润滑的角色,其基本功用是:当发动机工作时,连续不断地将足够数量和黏度的清洁滑油输送到发动机各传动部件的轴承和传动齿轮的啮合处进行润滑,以减少机件的磨损,并带走摩擦所产生的热量。燃油-滑油热交换器是滑油的冷却部件,在滑油系统中采用航空煤油热沉来降低滑油温度,具有体积小、结构紧凑的特点。以下将对文献中一些燃油-滑油热交换器的设计方法及性能验证研究做出简要介绍。

Moon 等介绍了 Exergy LLC 公司生产的 00256－04 型燃油-滑油热交换器(图 6.76),其结构是壳管式,材质为不锈钢,热交换器外径为 38 mm,传热管外径为 2.4 mm,长为 254 mm,共 91 根管,壳侧没有折流板,根据燃油的除冰/除水需要,流动形式可以在顺流和逆流之间切换。

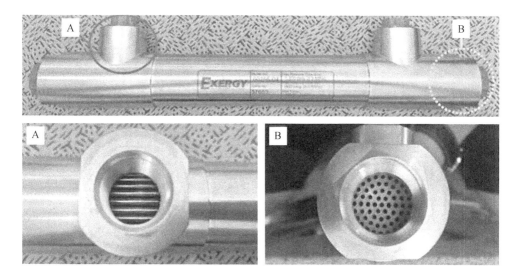

图 6.76　管壳式燃油-滑油热交换器模型

谷俊对壳管式燃油-滑油热交换器换热特性进行了建模和仿真,并通过实验进行验证。热交换器芯体为五管程、六壳程结构,RP－3 号燃油走管侧,4050 号滑油走壳侧(图 6.77)。管侧为湍流(Re 大于 10 000 时),采用 Sieder-Tate 关联式;壳侧有折流板,流动形式非常复杂,既有轴向的流动,又有横掠管束的流动,作者列出了两种经典的壳侧换热关联式 Kern 和 Bell-Delaware,在其基础上提出分段模型,按照轴向流动和横掠流动各自所占区域的比例,来计算总的换热系数。相较于经典关联式,分段模型表现出了更好的预测精度,与实验数据的最大偏差为 3%。

4) 间冷器与回热器

间冷器与回热器目前主要研究集中在地面燃气轮机,针对航空发动机较少。间冷器位于低压压气机和高压压气机之间,通过某种冷源吸热可降低空气进入高压压气机时的温度,从而减小高压压气机的压缩耗功,提高整个机组的比功率;同时高压压气机的出口温度也相应降低,回热器两侧空气和燃气的温度差增大,这样低压涡轮出口的燃气热量通过回热器传递给高压压气机出口空气,高温空气进入

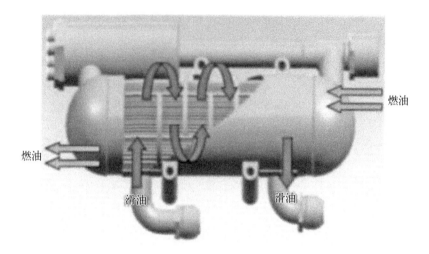

图 6.77　某型燃油-滑油热交换器结构

燃烧室后充分燃烧,可以用更少量的燃油产生更大的热量,有效地提高发动机燃烧效率,降低发动机耗油率。间冷回热燃气轮机突出的优点是其不仅在设计工况下热效率高、功率大,而且克服了简单循环燃气轮机在低工况下经济性变差的弱点。另外,间冷回热循环的燃气轮机比简单循环的燃气轮机具有更高的可靠性、低噪声以及低排气红外特征等优点。

　　间冷回热技术在燃气轮机上已成功应用,主要代表有美国阿夫柯·莱卡明公司研制的 M1A1 坦克用回热燃气轮机 AGT1500、格鲁曼/罗·罗公司合作研制的英国皇家海军 Type45 型 D 级驱逐舰用间冷回热燃气轮机 WR-21、美国通用公司研制的发电用间冷燃气轮机 LMS100(图 6.78)等。

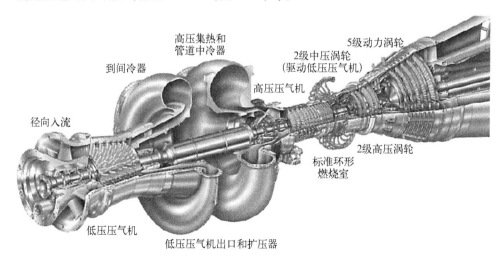

图 6.78　LMS100 间冷燃气轮机

MTU 公司研发了一种新型椭圆管束式空气-空气热交换器用于转子齿轮传动涡扇发动机的尾气回热器(图 6.79)。高压压气机出口空气被用于回收发动机高温尾气中的余热,经过精心的设计,热交换器达到了较高的换热效率和最小的空气压力损失。热交换器的应用不仅使得发动机节省了能量,提高了效率,还减少了氮氧化物排放和噪声污染。

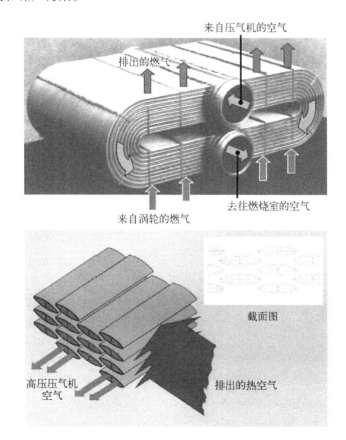

图 6.79 MTU 公司椭圆管束式空气-空气回热器

6.4.4 典型航空发动机用热交换器热力特性

本节列举了 3 款北京航空航天大学分布式能源与热管理团队独立自主研制的航空发动机用燃油-空气换热器,并展示了热交换器热动力试验性能曲线和公式。为了方便描述,按结构特点将 3 款热交换器分别称为蛇管 2.2 热交换器、蛇管 1.8 热交换器和膜片管 1.8 热交换器,对三个热交换器的流动换热性能将在下面几节中进行讨论。

1) 蛇管 2.2 热交换器

蛇管 2.2 热交换器主要由若干根外径为 2.2 mm,壁厚为 0.2 mm 的不锈钢管弯制焊接组成。设计加工完成后,对其进行打压以及检堵试验,试验表明无泄露和堵塞问题,蛇管2.2热交换器可满足实验要求,进行了热交换器热力性能实验。

（1）换热特性。

图6.80为蛇管2.2热交换器$\varepsilon\text{-}NTU$示意图。可以看出蛇管2.2热交换器的实验ε值与按纯逆流热交换器计算所得曲线符合较好,证明该热交换器两种工作流体之间的温差基本是按纯逆流时的负指数形式变化的,所以在用对数平均温差法设计热交换器时,两种流体间平均温差可以按逆流时平均温差计算。

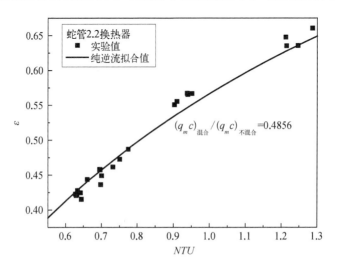

图 6.80　蛇管 2.2 热交换器 $\varepsilon\text{-}NTU$ 图

在原始的设计中,蛇管2.2和1.8热交换器管外换热的计算公式为流体横掠顺排管束的茹卡乌斯卡斯公式:

$$Nu = 0.52Re^{0.5}Pr_f^{0.36}(Pr_f/Pr_w)^{0.25},10^2 < Re < 10^3 \tag{6.262}$$

$$Nu = 0.27Re^{0.63}Pr_f^{0.36}(Pr_f/Pr_w)^{0.25},10^3 < Re < 2 \times 10^5 \tag{6.263}$$

然而,拟合茹氏公式的原始数据均是来自$\Phi6$ mm以上直管管束的管外换热实验,所以不太适合于$\Phi2.2$ mm和$\Phi1.8$ mm这种带弯头的微细蛇管管排,实验换热量和校核换热量偏差稳定在10%左右。需要通过实验数据重新分别拟合出适用于蛇管2.2和1.8热交换器的管外换热经验关系式。

考虑到物性参数及其随温度变化对换热带来的影响,拟合公式中乘$(Pr_f/Pr_w)^{0.25}$项加以修正,关于Pr项指数,根据文献中的分析计算和实验研究结果,横向绕流圆柱体平均换热时,指数值一般为$0.33\sim0.43$,随湍流度的增大数值增大。本书中对蛇管2.2和1.8热交换器管外换热经验关系式的拟合中,Pr项指数值参考茹氏公式,取为 0.36。

进行完蛇管 2.2 热交换器实验后,按实验热平衡误差不大于 5%,总共筛选出23 个有效的实验点,对它们进行了换热分析并拟合公式。依据实验结果,采用威尔逊图解法,得出适用于蛇管 2.2 热交换器的管外换热经验关系式为

$$Nu = 0.246Re^{0.6178}Pr_f^{0.36}(Pr_f/Pr_w)^{0.25} \tag{6.264}$$

式中,$1\,320.57 < Re < 6\,419.28$,$0.678 < Pr < 0.697$。

$S_1 = 5$ mm,$S_2 = 6$ mm,横向间距比 $S_1/d = 2.27$,纵向间距比 $S_2/d = 2.73$,沿流向 44 排。

在雷诺数 Re 计算中,特征尺寸为管外径;流速取管束中最小截面处的平均流速;定性温度为流体进出口平均温度。

拟合结果如图 6.81 所示。从图中可以看出,实验 Nu 明显小于茹氏公式计算出 Nu,拟合曲线和实验点之间符合良好,所有实验点均落在拟合曲线 ±5% 误差带里,拟合误差小,拟合公式可信度高。

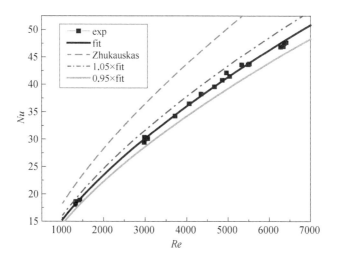

图 6.81　蛇管 2.2 热交换器 Nu - Re 图

(2) 气侧流阻特性。

由图 6.82 可以看出,蛇管 2.2 热交换器管外空气侧流阻随空气流量的增加而增大,符合物理实际和理论预测,但由于数据点较少,较密集,导致增加趋势近似于线性而不是理论上的近似二次方曲线型。

蛇管 2.2 和 1.8 热交换器的管外侧流阻计算公式来自适合椭圆管流阻公式:

$$\Delta P = K \cdot \left(\frac{\rho u^2}{2}\right) \tag{6.265}$$

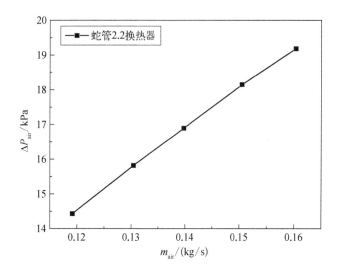

图 6.82　蛇管 2.2 热交换器气侧流阻随空气流量变化图

其中，

$$K = N \cdot 0.38 \cdot \left(\frac{S_1}{d_s} - 1 \right)^{-0.5} \cdot (\psi - 0.94)^{-0.59} \cdot Re^{-0.2/\psi^2} \qquad (6.266)$$

$$\psi = \frac{S_1 - d_s}{S_2 - d_l} \qquad (6.267)$$

式中，S_1 为横向节距；S_2 为流向节距；d_s、d_l 分别为椭圆管短轴和长轴长（对于圆管两者相等）；N 为流向管子排数；Re 计算中特征尺寸为管外径；流速取管束中最小截面处的平均流速；定性温度为流体进出口平均温度。

参考流体错流流过光滑圆管管束的流动阻力公式形式，假设适合于蛇管 2.2 热交换器的管外流动阻力公式为

$$\Delta P = a Re^{-0.2} \rho u_{\max}^2 (\mu/\mu_w)^{0.14} N \qquad (6.268)$$

进行完蛇管 2.2 热交换器实验后，总共筛选出 23 个有效的实验点，对其进行了拟合，得出适用于蛇管 2.2 热交换器的管外流动阻力关系式为

$$\Delta P = 1.0035 Re^{-0.2} \rho u_{\max}^2 (\mu/\mu_w)^{0.14} N, 1\,320.57 < Re < 6\,419.28 \qquad (6.269)$$

$S_1 = 5\ \mathrm{mm}$，$S_2 = 6\ \mathrm{mm}$，$S_1/d = 2.27$，$S_2/d = 2.73$，沿流向 44 排。

从图 6.83 可以看出新拟合公式相比于之前所用公式能够更好地描述空气流过蛇管 2.2 热交换器时的管外流体流阻变化。

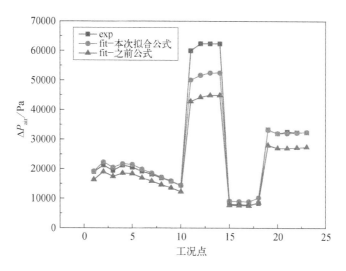

图 6.83　蛇管 2.2 热交换器空气侧差压拟合结果比较

2）蛇管 1.8 热交换器

蛇管 1.8 热交换器主要由若干根外径为 1.8 mm,壁厚为 0.2 mm 的不锈钢管弯制焊接组成。设计加工完成后,对其进行打压以及检堵实验,实验表明无泄露和堵塞问题,蛇管 1.8 热交换器可满足实验要求,进行了热交换器性能实验。

（1）换热特性。

图 6.84 为蛇管 1.8 热交换器 ε-NTU 示意图。可以看出蛇管 1.8 热交换器的实验 ε 值与按纯逆流热交换器计算所得曲线符合较好,证明该热交换器两种工作流体之间的温差基本是按纯逆流时的负指数形式变化的,所以在用对数平均温差

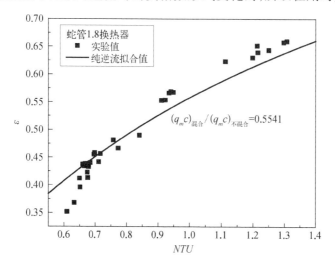

图 6.84　蛇管 1.8 热交换器 ε-NTU 图

法设计热交换器时,两种流体间平均温差可以按逆流时平均温差计算。

进行完蛇管 1.8 热交换器实验后,总共筛选出 32 个有效的实验点,对它们进行了换热分析并拟合公式。依据实验结果,采用威尔逊图解法,得出适用于蛇管 1.8 热交换器的管外换热经验关系式为

$$Nu = 0.203Re^{0.639\,04}Pr_f^{0.36}(Pr_f/Pr_w)^{0.25} \tag{6.270}$$

式中,$1\,047.47 < Re < 5\,249.33$,$0.678 < Pr < 0.696$。

$S_1 = 4 \text{ mm}$,$S_2 = 5 \text{ mm}$,$S_1/d = 2.22$,$S_2/d = 2.78$,沿流向 40 排。

Re 计算中,特征尺寸为管外径;流速取管束中最小截面处的平均流速;定性温度为流体进出口平均温度。

拟合结果如图 6.85 所示。从图中可以看出,实验 Nu 明显小于茹氏公式计算出 Nu,拟合曲线和实验点之间符合良好,所有实验点均落在拟合曲线±5%误差带里,拟合误差小,拟合公式可信度高。

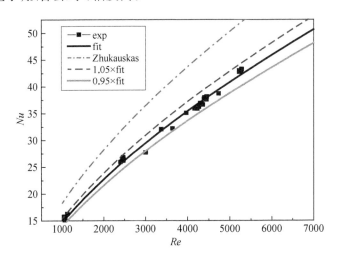

图 6.85　蛇管 1.8 热交换器 $Nu - Re$ 图

(2)气侧流阻特性。

由图 6.86 可以看出,蛇管 1.8 热交换器管外空气侧流阻随空气流量的增加而增大,符合物理实际和理论预测,但由于数据点较少,较密集,导致增加趋势近似于线性而不是理论上的近似二次方曲线型。

进行完蛇管 1.8 热交换器实验后,总共筛选出 32 个有效的实验点,对其进行了拟合,得出适用于蛇管 1.8 热交换器的管外流动阻力关系式为

$$\Delta P = 1.336\,1Re^{-0.2}\rho u_{max}^2(\mu/\mu_w)^{0.14}N,\ 1\,047.47 < Re < 5\,249.33 \tag{6.271}$$

$S_1 = 4 \text{ mm}$,$S_2 = 5 \text{ mm}$,$S_1/d = 2.22$,$S_2/d = 2.78$,沿流向 40 排。

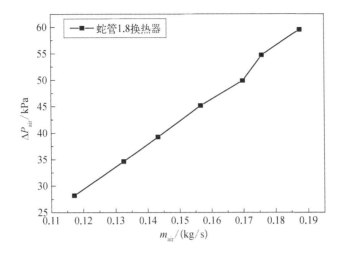

图 6.86 蛇管 1.8 热交换器气侧流阻随空气流量变化图

从图 6.87 可以看出新拟合公式相比于之前所用公式能够更好地描述空气流过蛇管 1.8 热交换器时的管外流阻变化。Re 计算中特征尺寸为管外径;流速取管束中最小截面处的平均流速;定性温度为流体进出口平均温度。

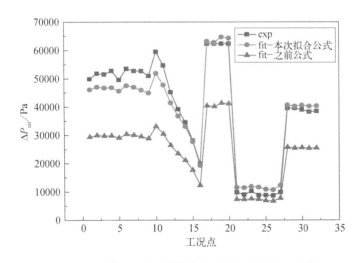

图 6.87 蛇管 1.8 热交换器空气侧差压拟合结果比较

3）膜片管 1.8 热交换器

膜片管 1.8 热交换器主要由若干根外径为 1.8 mm,壁厚为 0.2 mm 的不锈钢管弯与厚度 0.1 mm 的不锈钢薄片贴合焊接组成。设计加工完成后,对其进行打压以及检堵实验,实验表明无泄露和堵塞问题,膜片管 1.8 热交换器可满足实验要求,进行了热交换器性能实验。

（1）换热特性。

图 6.88 为膜片管 1.8 热交换器 $\varepsilon - NTU$ 示意图。可以看出膜片管 1.8 热交换器的实验 ε 值与按纯逆流热交换器计算所得曲线符合较好,证明该热交换器两种工作流体之间的温差基本是按纯逆流时的负指数形式变化的,所以在用对数平均温差法设计热交换器时,两种流体间平均温差可以按逆流时平均温差计算。

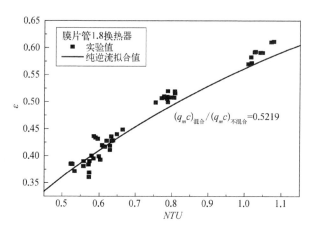

图 6.88   膜片管 1.8 热交换器 $\varepsilon - NTU$ 图

设计膜片管 1.8 热交换器时的管外换热公式来源于文献对于 Φ32 mm 膜片直管管束的管外换热实验研究。

$$Nu = 0.219\ 5Re^{0.626\ 5}Pr^{0.33}$$

$$Re = (3.6 \sim 11) \times 10^4, S_1/d = 4.82, S_2/d = 1.41 \qquad (6.272)$$

该公式不适合于 Φ1.8 mm 这种有弯头的小管径膜片管束的换热,并且实验中管外 Re 范围也不在该公式 Re 适合范围之内。实验数据表明对于该热交换器,实验换热量和校核换热量之间的偏差在-50%左右,需要通过实验数据重新拟合出适用于膜片管 1.8 热交换器的管外换热经验关系式。

考虑到物性参数及其随温度变化对换热带来的影响,拟合公式中乘 $(Pr_f/Pr_w)^{0.25}$ 项加以修正,关于 Pr 项指数,根据文献中的分析计算和实验研究结果,对于横向绕流圆柱体平均换热,指数值一般为 0.33~0.43,并随湍流度的增大数值增大。考虑到膜片管不仅有流体绕流圆管,还同时有顺流平板的特性,本书中对膜片管 1.8 热交换器管外换热经验关系式的拟合中,Pr 项指数值取为 0.33。

进行完膜片管 1.8 热交换器实验后,总共筛选出 50 个有效的实验点,对它们进行了换热分析并拟合公式。依据实验结果,采用威尔逊图解法,得出适用于膜片管 1.8 热交换器的管外换热经验关系式为

$$Nu = 0.227\ 5Re^{0.658\ 4}Pr_f^{0.33}(Pr_f/Pr_w)^{0.25} \qquad (6.273)$$

3 201<Re<16 783，S_1 = 3.2 mm，S_2 = 9 mm，横向间距比 S_1/d = 1.78，纵向间距比 S_2/d = 5。Re 计算中特征尺寸为当量直径 $d_{当} = \dfrac{4 \times 自由容积}{冲刷容积}$，流速取管束中最小截面处的平均流速；定性温度为流体进出口平均温度。

拟合结果如图 6.89 所示。从图中可以看出，实验 Nu 明显地大于楚洁品公式计算出 Nu，原因可能是膜片管 1.8 热交换器的 S_1/d 要显著小于楚洁品公式中的值，横向间距紧凑，并且热交换器蛇管管排相比于直管管排多出了弯头部分，增强了流体绕流和掺混，两种原因均加强了换热；拟合曲线和实验点之间符合良好，绝大部分实验点均落在拟合曲线±5%误差带里，拟合误差小，拟合公式可信度高。

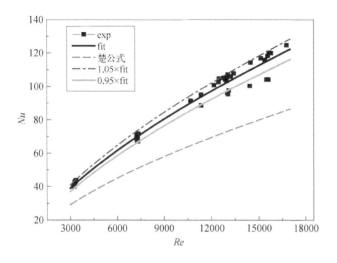

图 6.89　膜片管 1.8 热交换器 $Nu-Re$ 图

（2）气侧流阻特性。

由图 6.90 可以看出，膜片管 1.8 热交换器管外空气侧流阻随空气流量的增加而增大，且增加趋势近似于二次多项式型，符合物理实际和理论预测。

膜片管 1.8 热交换器的管外侧流阻计算公式来自楚洁品关于 Φ32 mm 膜片直管管束的管外流动换热实验研究：

$$E_u = 0.713\,6Re^{-0.831\,6}，E_u = \Delta P / \frac{1}{2}\rho u^2 z \tag{6.274}$$

$$Re = (0.36 \sim 1.1) \times 10^5，S_1/d = 4.82，S_2/d = 1.41$$

Re 计算中特征尺寸为当量直径 $d_{当} = \dfrac{4 \times 自由容积}{冲刷容积}$，流速取管束中最小截面处的平均流速；定性温度为流体进出口平均温度。

进行完膜片管 1.8 热交换器实验后，总共筛选出 50 个有效的实验点，对其进

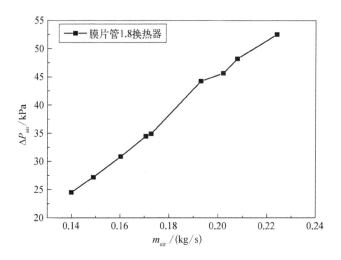

图6.90 膜片管1.8热交换器气侧流阻随空气流量变化图

行了拟合,得出适用于膜片管1.8热交换器的管外流动阻力关系式为

$$\Delta P = 0.693\,7Re^{0.024\,46}\frac{1}{2}\rho u_{\max}^2 N \tag{6.275}$$

$3\,201 < Re < 16\,783, S_1 = 3.2\ \text{mm}, S_2 = 9\ \text{mm}, S_1/d = 1.78, S_2/d = 5$

Re 计算中特征尺寸为当量直径 $d_{当} = \dfrac{4 \times 自由容积}{冲刷容积}$,流速取管束中最小截面处的平均流速;定性温度为流体进出口平均温度。

图6.91可以看出新拟合公式能够很好地描述空气流过膜片管1.8热交换器

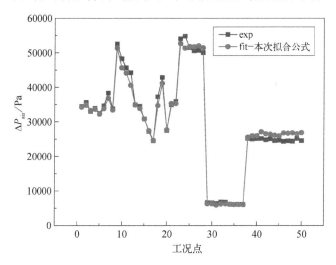

图6.91 膜片管1.8热交换器空气侧差拟合结果比较

时的管外流阻变化。

6.4.5 热交换器性能评价

一台符合实际应用需求又较为完善的热交换器应满足几项基本要求：① 保证满足生产过程中所要求的热负荷；② 强度足够及结构合理；③ 便于制造、安装和检修；④ 经济上合理。在符合这些要求的前提下，尚需衡量热交换器技术上的先进性和经济上的合理性问题，即所谓热交换器的性能评价问题，以便确定和比较热交换器的完善程度。广义地说，热交换器的性能含义很广，有传热性能、阻力性能、机械性能、经济性等。用一个或多个指标从一个方面或几个方面来评价热交换器的性能问题一直是许多专家长期以来在探索的问题。本节对现在已在使用和正在探索中的一些性能评价方法及其所使用的性能评价指标作一简单综述，旨在给予读者较广泛的了解，以便选取或探讨新的方法。

1）热交换器的单一性能评价法

长期以来，对于热交换器的热性能，采用了一些单一性能的热性能指标如：

（1）冷、热流体各自的温度效率，$E_c = \dfrac{\text{冷流体温升}}{\text{两流体进口温度差}}$，$E_h = \dfrac{\text{热流体温降}}{\text{两流体进口温度差}}$；

（2）热交换器效率（即有效度），$\varepsilon = \dfrac{Q}{Q_{\max}}$；

（3）传热系数，K；

（4）压降，ΔP。

由于这些指标直观地从能量的利用或消耗角度描述热交换器的传热和阻力性能，所以给实用带来方便，易为用户所接受。但是，从能量合理利用的角度来分析，这些指标只是从能量利用数量上，并且常常是从能量利用的某一个方面来衡量其热性能，因此应用上有其局限性，而且可能顾此失彼。例如，热交换器效率 ε 高，只有从热力学第一定律说明它所能传递的热量的相对能力大，不能同时反映出其他方面的性能。比如通过增加传热面积或提高流速的方法可以提高 ε 值，但如果不同时考虑它的传热系数 K 或流动阻力 ΔP 的变化，就很难说明它的性能改善得如何。因此，在实际应用中，对于这种单一性能指标的适用已有改进，即同时应用几个单一性能指标，以达到较为全面地反映热交换器热性能的目的。

2）传热量与流动阻力损失相结合的热性能评价法

单一地或同时分别用传热量和流动压力降的绝对值的大小，难以比较不同热交换器之间或热交换器传热强化前后的热性能的高低。比较科学的方法应该是把这两个量相结合，采用比较这些量的相对变化的大小。为此，有学者提出以消耗单位流体输送机械功率 N 所得传递的热量 Q，即 Q/N 作为评价热交换器性能的指标。它把传热量与阻力损失结合在一个指标中加以考虑了，但不足之处是该项指标仍只是从能量利用的数量上来反映热交换器的热性能。

热交换器换热过程中的能量损失包含两个方面：一是推动流体流动达到一定速度时所消耗的动力；二是温差传热的不可逆损失。当扩大传热面及采用其他强化措施后，可以减少温差传热的不可逆损失，但此时流动阻力必然增加，而且阻力系数随着换热系数的增加而显著提高，于是有学者提出了 $\left(\dfrac{N_u}{N_{u_o}}\right)\Big/\left(\dfrac{\zeta}{\zeta_o}\right)$ 作为评价强化传热方法的准则，这个准则数越大，强化性能越好。也有学者从相同输送功率下热量传递大小的观点出发，提出了 $\left(\dfrac{N_u}{N_{u_o}}\right)\Big/\left(\dfrac{\zeta}{\zeta_o}\right)^{1/3}$ 准则，该准则简单直观便于操作，且能较准确地反映强化传热的性能。

3）熵分析法

从热力学第二定律可知，对于热交换器中的传热过程，由于存在着冷、热流体间的传热温差以及流体流动中的压力损失，必然是一个不可逆过程，也就是熵增过程。这样，虽然热量与阻力是两种不同的能量形态，但是都可以通过熵的产生来分析它们的损失情况。Bejan 提出了以熵产单元数 N_s 作为评价指标。N_s 定义为热交换器由于不可逆性产生的熵增与两种流体中热容量较大的一个的比值，即

$$N_s = \frac{\Delta S}{(mc_p)_{\text{max}}} \tag{6.276}$$

在热交换器中存在两种损失，即热损失和机械损失，它们能量形态虽然不同，但从热力学角度都可用熵产表示，则上式可转换为

$$N_s = \frac{m}{\rho q_e}\left(\frac{-\,\mathrm{d}P}{\mathrm{d}x}\right) + \frac{\Delta T}{T}\left(1 + \frac{\Delta T}{T}\right) \tag{6.277}$$

式中，q_e 为单位长度的传热量；T 为流体绝对温度；ΔT 为流体与壁面的温差。公式第一项表示因压降造成的熵增，第二项表示因温差造成的熵增。显然 ΔT 与 ΔP 的增加，都会引起 N_s 增加，若 N_s 为零，则表示理想的可逆过程。使用熵产单元数，一方面可以用来指导热交换器设计，使它更接近于热力学上的理想情况；另一方面可以从能源合理利用角度来比较不同形式热交换器传热和流动性能的优劣。通过熵分析法，采用热性能指标 N_s，把 ΔT 及 ΔP 造成的影响统一到一个参数上，将热交换器性能评价指标从能量数量提高到能量质量上评价，是一个重要进展。但是由于熵产单元数定义式不够完善，因传热量小也可导致总熵产小，且 N_s 并未表示出由于摩阻与温差而产生的不可逆损失与获得的可用能之间的正面关系，使得在确定热交换器性能和比较不同热交换器性能时存在一定的局限性。

4）烟分析法

从能源合理利用的角度对热交换器的热性能进行评价,还可以应用烟分析法。烟效率定义为

$$\eta_e = \frac{E_{2,o} - E_{2,i}}{E_{1,i} - E_{1,o}} \qquad (6.278)$$

式中,$E_{1,i}$、$E_{1,o}$ 分别为热流体流入和流出的总烟;$E_{2,i}$、$E_{2,o}$ 分别为冷流体流入和流出的总烟。

烟效率可以表达为三种效率的乘积:

$$\eta_e = \eta_t \eta_{e,T} \eta_{e,P} \qquad (6.279)$$

其中,$\eta_t = Q_2/Q_1$,为热交换器的热效率,是冷流体吸热量 Q_2 与热流体放热量 Q_1 之比,反映了热交换器的保温性能。

$$\eta_{e,T} = \frac{1 - \dfrac{T_o}{\overline{T_2}}}{1 - \dfrac{T_o}{\overline{T_1}}} \qquad (6.280)$$

$$\eta_{e,P} = \frac{1 - \varepsilon_2}{1 - \varepsilon_1} \qquad (6.281)$$

式中,$\eta_{e,T}$ 及 $\eta_{e,P}$ 分别为热交换器的温度烟效率与压力烟效率;T_o 是环境温度;$\overline{T_1}$、$\overline{T_2}$ 分别为冷热流体的平均温度;ε_2 为由于流动阻力引起的冷流体烟损失与它吸收的热流烟之比;ε_1 为由于流动阻力引起的热流体烟损失与它放出的热流烟之比。

$(1 - \eta_{e,T})$ 反映了因冷流体吸热平均温度与热流体放热平均温度不同而引起的烟耗损;$(1 - \eta_{e,P})$ 反映了因冷、热流体流动阻力引起的烟耗损。烟效率类似熵产单元数那样从能量的质量上综合考虑传热和流动的影响,而且也能用于优化设计。所不同的是,熵分析法是从能量的损耗角度来分析,希望 N_s 越小越好,而烟分析法是从可用能的被利用角度来分析,希望 η_e 越大越好。

5）纵向比较法

随着传热技术的发展,热交换器日益向体积小、质量小的方向发展,同时在提高效率的前提下,要求操作费用降低。传热强化的结果,必然带来材料消耗的增加及运行维修费用的提高等问题。Webb 在综合分析的基础上,提出了一套较为完整的性能评价判据(performance evaluation criteria, PEC),即维持输送功率、传热面积、传热负荷三因素中的两因素不变,比较第三因素的大小以评定传热性能的好坏。该准则根据强化目的分类,对各项性能进行比较,可以分别对具体方面求出结

果,从比较结果可以对热交换器的几何结构作出评价。总体来说,这一方法是按照强化传热目的分类,进行单项性能的比较法,比较结果明确,具有一定的实用价值,但还不够全面。

6) 考虑紧凑轻质特性的评价准则

对于航空发动机应用背景下的热交换器,由于安装空间及质量的限制,高效低阻紧凑轻质是热交换器应有的特点。热交换器高效低阻的特性可以用一般热交换器评价方法中的热交换器效率 ε、传热系数 K 及压降 ΔP 等评价,热交换器紧凑轻质的特性通常用紧凑度及功重比描述。

紧凑度(比表面积)$\beta = \dfrac{F}{V}$ $(\mathrm{m^2/m^3})$。其中,F 表示换热面积,V 表示所占体积,β 的物理含义是单位体积内的换热面积。热交换器按紧凑性的分类如图 6.92 所示。

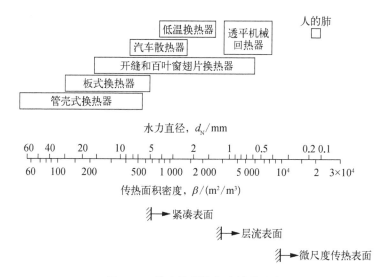

图 6.92　热交换器按紧凑性的分类

功重比 $= Q/W(\mathrm{kW/kg})$。其中,Q 表示换热量,W 表示热交换器质量,功重比的物理含义是单位质量的热交换器可以传输热量的大小。

参考文献

[1] WALTERS D K, LEYLEK J H. A detailed analysis of film-cooling physics: part I—streamwise injection with cylindrical holes[J]. Journal of Turbomachinery, 2000, 122(1): 102 – 112.

[2] BERNSDORF S, ROSE M G, ABHARI R S. Experimental validation of quasisteady assumption in modeling of unsteady film-cooling[C]. Reno: ASME Turbo Expo 2006: Power for Land, Sea, and Air, 2006.

[3] EKKAD S V, ZAPATA D, HAN J C. Heat transfer coefficients over a flat surface with air and CO_2 injection through compound angle holes using a transient liquid crystal image method[J].

Journal of Turbomachinery, 1997, 119(3): 580 - 586.

[4] MCGOVERN K T, LEYLEK J H. A detailed analysis of film cooling physics: Part II—compound-angle injection with cylindrical holes[J]. Journal of Turbomachinery, 2000, 122 (1): 113 - 121.

[5] LEE S W, KIM Y B, LEE J S. Flow characteristics and aerodynamic losses of film-cooling jets with compound angle orientations[C]. Houston: Proceedings of the ASME 1995 International Gas Turbine and Aeroengine Congress and Exposition, 1995.

[6] HAVEN B A, YAMAWAKI S, MAYA T, et al. Anti-kidney pair of vortices in shaped holes and their influence on film cooling effectiveness[C]. Orlando: Proceedings of the ASME 1997 International Gas Turbine and Aeroengine Congress and Exhibition, 1997.

[7] AHN J, SCHOBEIRI M T, HAN J C, et al. Effect of rotation on leading edge region film cooling of a gas turbine blade with three rows of film cooling holes[J]. International Journal of Heat and Mass Transfer, 2007, 50(1 - 2): 15 - 25.

[8] MEHENDALE A B, HAN J C. Influence of high mainstream turbulence on leading edge film cooling heat transfer[J]. Journal of Turbomachinery, 1992, 114(4): 707 - 715.

[9] OU S, RIVIR R B. Leading edge film cooling heat transfer with high free stream turbulence using a transient liquid crystal image method[J]. International Journal of Heat and Fluid Flow, 2001, 22(6): 614 - 623.

[10] LIU C, ZHU H, FU Z, et al. The effects of inlet Reynolds number, exit Mach number and incidence angle on leading edge film cooling effectiveness of a turbine blade in a linear transonic cascade[C]. Montreal: ASME Turbo Expo 2015: Turbine Technical Conference and Exposition, 2015.

[11] DRING R P, BLAIR M F, JOSLYN H D. An experimental investigation of film cooling on a turbine rotor blade[J]. Journal of Engineering for Power, 1980, 102(1): 81.

[12] LI H, HAN F, WANG H, et al. Film cooling characteristics on the leading edge of a rotating turbine blade with various mainstream Reynolds numbers and coolant densities [J]. International Journal of Heat and Mass Transfer, 2018, 127: 833 - 846.

[13] ZHOU Z Y, LI H W, WANG H C, et al. Rotating film cooling performance of the hole near the leading edge on the suction side of the turbine blade [C]. Pittsburgh: ASME 2018 International Mechanical Engineering Congress and Exposition, 2018.

[14] GAO Z, NARZARY D P, HAN J C. Film-Cooling on a gas turbine blade pressure side or suction side with compound angle shaped holes[J]. Journal of Turbomachinery, 2007, 131 (1): 569 - 579.

[15] LI G Q, DENG H W, XIAO J. Experimental investigation of rotating single-hole film cooling performance on suction side of a turbine blade[J]. Journal of Aerospace Power, 2010, 25 (4): 780 - 785.

[16] TANI I. Production of longitudinal vortices in the boundary layer along a concave wall[J]. Journal of Geophysical Research, 1962, 67(8): 3075 - 3080.

[17] SCHWARZ S G, GOLDSTEIN R J. The Two-Dimensional behavior of film cooling jets on concave surfaces[J]. Journal of Turbomachinery, 1989, 111(2): 124 - 130.

[18] GAO Z, NARZARY D P, HAN J C. Film cooling on a gas turbine blade pressure side or

suction side with axial shaped holes[J]. International Journal of Heat & Mass Transfer, 2008, 51(9-10): 2139-2152.

[19]   李浩. 横流影响下冲击气膜复合冷却实验研究[D]. 北京: 北京航空航天大学, 2011.

[20]   谭屏. 导管冲击+气膜出流流动换热数值研究[D]. 北京: 北京航空航天大学, 2010.

[21]   王智勇. 带横流影响的导管冲击流动换热实验研究[D]. 北京: 北京航空航天大学, 2010.

[22]   谷振鹏. 旋转状态下叶片前缘冲击加气膜复合换热效果的实验研究[D]. 北京: 北京航空航天大学, 2011.

[23]   孙文超. 冲击复合冷却结构的流动和换热研究[D]. 北京: 北京航空航天大学, 2011.

[24]   刘传凯. 旋转蛇形通道内冷气流动与换热机理研究[D]. 北京: 北京航空航天大学, 2006.

[25]   秦岭. 交错肋通道换热和流阻特性的实验研究[D]. 北京: 北京航空航天大学, 2006.

[26]   CHYU M, HSING Y, SHIH T I P, et al. Heat transfer contributions of pins and endwall in pin-fin arrays: effects of thermal boundary condition modeling[J]. Journal of turbomachinery, 1999, 121: 257.

[27]   METZGER D, BERRY R, BRONSON J. Developing heat transfer in rectangular ducts with staggered arrays of short pin fins[J]. Journal of Heat Transfer, 1982, 104: 700.

[28]   METZGER D, HALEY S. Heat transfer experiments and flow visualization for arrays of short pin fins[C]. London: ASME 1982 International Gas Turbine Conference and Exhibit, 1982.

[29]   VANFOSSEN G. Heat transfer coefficients for staggered arrays of short pin fins[R]. NASA STI/Recon Technical Report, 1981.

[30]   VANFOSSEN G. Heat transfer coefficients for staggered arrays of short pin fins[J]. NASA STI/Recon Technical Report N, 1981, 81: 13302.

[31]   UZOL O, CAMCI C. Heat transfer, pressure loss and flow field measurements downstream of staggered two-row circular and elliptical pin fin arrays[J]. Journal of Heat Transfer, 2005, 127: 458.

[32]   WILLETT F T, BERGLES A E. Heat transfer in rotating narrow rectangular pin-fin ducts[J]. Experimental Thermal and Fluid Science, 2002, 25(7): 573-582.

[33]   LEE E, WRIGHT L M, HAN J C. Heat transfer in rotating rectangular channels with V-shaped and angled ribs[J]. Journal of Thermophysics and Heat Transfer, 2005, 19(1): 48-56.

[34]   WRIGHT L M, LEE E, HAN J C. Effect of rotation on heat transfer in rectangular channels with pin-fins[J]. Journal of Thermophysics and Heat Transfer, 2004, 18(2): 263-272.

[35]   PARK J S, KIM K M, LEE D H, et al. Heat transfer on rotating channel with various heights of pin-fin[C]. Berlin: ASME Turbo Expo 2008: Power for Land, Sea, and Air, 2008.

[36]   PARK J S, KIM K M, LEE D H, et al. Heat transfer in rotating channel with inclined pin-fins[C]. Berlin: ASME Turbo Expo 2008: Power for Land, Sea, and Air, 2008.

[37]   ZHOU F, LAGRONE J, ACHARYA S. Internal cooling in 4 : 1 AR passages at high rotation numbers[J]. Journal of Heat Transfer, 2007, 129(12): 1666-1675.

[38]   CHANG S W, LIOU T M, YANG T L, et al. Heat transfer in radially rotating pin-fin channel at high rotation numbers[J]. Journal of Turbomachinery, 2010, 132(2): 021019.

[39]   WRIGHT L M, LIU Y H, HAN J C, et al. Heat transfer in trailing edge, wedge-shaped cooling channels under high rotation numbers[J]. Journal of Heat Transfer, 2008, 130(7): 135-145.

[40] LIU Y H, HUH M, WRIGHT L M, et al. Heat transfer in trailing edge, wedge shaped cooling channels with slot ejection under high rotation numbers[C]. Berlin: Turbo Expo: Power for Land, Sea, and Air, 2008.

[41] LIU Y H, HUH M, HAN J C. High rotation number effect on heat transfer in a trailing edge channel with tapered ribs[J]. International Journal of Heat and Fluid Flow, 2012, 33(1): 182-192.

[42] RALLABANDI A P, LIU Y H, HAN J C. Heat transfer in trailing edge wedge-shaped pin-fin channels with slot ejection under high rotation numbers[C]. Glasgow: Turbo Expo: Power for Land, Sea, and Air, 2010.

[43] OWEN J M, ROGERS R H. Flow and heat transfer in rotating-disk systems, volume 1: Rotor-stator systems [M]. New York: John Wiley & Sons Inc., 1989.

[44] OWEN J M, ROGERS R H. Flow and heat transfer in rotating-disc systems, volume 2: rotating cavities [M]. New York: John Wiley & Sons Inc., 1995.

[45] GREGORY R D. The spinning circular disc with a radial edge crack: an exact solution[J]. International Journal of Fracture, 1989, 41(1): 39-50.

[46] BAYLEY F J, OWEN J M. The fluid dynamics of a shrouded disk system with a radial outflow of coolant[J]. Journal of Engineering for Gas Turbines & Power, 1970, 92(3): 335-341.

[47] 张达. 转静系盘腔内风阻及温升特性研究[D]. 北京: 北京航空航天大学, 2014.

[48] 赵熙. 复杂涡轮盘腔内流动与换热研究[D]. 北京: 北京航空航天大学, 2012.

[49] DORFMAN A S, LIPOVETSKAYA O D. Heat transfer to an isothermal flat plate in turbulent flow of a liquid over a wide range of prandtl and reynolds numbers[J]. Journal of Applied Mechanics & Technical Physics, 1976, 17(4): 530-535.

[50] OWEN J M. Fluid flow and heat transfer in rotating disc systems[M]// Heat and Mass Transfer in Rotating Machinery. New York: Springer-Verlag, 1984: 81-103.

[51] DAILY J W, NECE R E. Chamber dimension effects on induced flow and frictional resistance of enclosed rotating disks[J]. Journal of Fluids Engineering, 1960, 82(1): 217.

[52] SCHOUVEILER L, LEGAL P, CHAUVE M P. Instabilities of the flow between a rotating and a stationary disk[J]. Journal of Fluid Mechanics, 2001, 443: 329-350.

[53] KAPINOS V M, NIKITENKO N I. Heat transfer in a channel with an unheated length[J]. International Journal of Heat and Mass Transfer, 1963, 6(4): 271-276.

[54] SHCHUKIN V K, OLIMPIEV V V. Heat transfer of disc rotating in a housing with transitional and turbulent boundary layers[J]. Aviatsionnaia Tekhnika, 1975, 18(3): 105-110.

[55] OWEN J M, PINCOMBE J R. Velocity measurements inside a rotating cylindrical cavity with a radial outflow of fluid[J]. Journal of Fluid Mechanics, 1980, 99(1): 111-127.

[56] CHEW J W, OWEN J M, PINCOMBE J R. Numerical predictions for laminar source-sink flow in a rotating cylindrical cavity[J]. Journal of Fluid Mechanics, 2006, 143: 451-466.

[57] OWEN J M, PINCOMBE J R, ROGERS R H. Source-sink flow inside a rotating cylindrical cavity[J]. Journal of Fluid Mechanics, 1985, 155: 233-265.

[58] LONG C A, OWEN J M. Transient analysis of heat transfer in a rotating cavity with a radial outflow of fluid[C]. San Francisco: The 8th International Conference, 1986.

[59] MORSE A P. Numerical prediction of turbulent flow in rotating cavities [J]. Journal of

Turbomachinery, 1988, 110(2): 202 − 212.

[60] ONG C L, OWEN J M. Prediction of heat transfer in a rotating cavity with a radial outflow[J]. Journal of Turbomachinery, 1989, 113(1): 115 − 122.

[61] ONG C L, OWEN J M. Computation of the flow and heat transfer due to a rotating disc[J]. International Journal of Heat & Fluid Flow, 1991, 12(2): 106 − 115.

[62] IACOVIDES H, THEOFANOPOULOS I P. Turbulence modeling of axisymmetric flow inside rotating cavities[J]. International Journal of Heat and Fluid Flow, 1991, 12(1): 2 − 11.

[63] OWEN J M, PINCOMBE J R. Vortex breakdown in a rotating cylindrical cavity[J]. Journal of Fluid Mechanics, 1979, 90(1): 109 − 127.

[64] DEL ARCO E C, MAUBERT P, RANDRIAMAMPIANINA A, et al. Spatio—temporal behaviour in a rotating annulus with a source—sink flow[J]. Journal of Fluid Mechanics, 1996, 328(11): 271 − 296.

[65] OWEN J M, ONUR H S. Convective heat transfer in rotating cylindrical cavity[J]. Asme Transactions Journal of Engineering Power, 1983, 105(105): 265 − 271.

[66] LONG C A, MORSE A P, ZAFIROPOULOS N. Buoyancy-affected flow and heat transfer in asymmetrically heated rotating cavities[J]. Journal of Turbomachinery, 1995, 117(3): 461 − 473.

[67] CHEW J W. Computation of convective laminar flow in rotating cavities[J]. Journal of Fluid Mechanics, 2006, 153(153): 339 − 360.

[68] NORTHROP A, OWEN J M. Heat transfer measurements in rotating-disc systems part 1: the free disc[J]. International Journal of Heat & Fluid Flow, 1988, 9(1): 19 − 26.

[69] OWEN J M, BILIMORIA E D. Heat transfer in rotating cylindrical cavities[J]. Journal of Mechanical Engineering Science, 1977, 19: 175 − 187.

[70] GRABER D J, DANIELS W A, JOHNSON B V. Disc pumping test report[R]. AFWAL − TR − 87 − 2050, 1987.

[71] DAILY J W, ERNST W D, ASBEDIAN V V. Enclosed rotating discs with superposed throughflow: mean steady and periodic unsteady characteristics of induced flow[R]. MIT Department of Civil Engineering, Hydrodynamics Laboratory Report, 1964.

[72] BOHN D. Experimental and theoretical investigations of heat transfer in closed gas-filled rotating annuli II[J]. Journal of Turbomachinery, 1996, 118(1): 11.

[73] KING M P, WILSON M, OWEN J M. Rayleigh-Benard convection in open and closed rotating cavities[J]. Journal of Engineering for Gas Turbines and Power, 2007, 129(2): 305 − 311.

[74] FARTHING P R, LONG C A, OWEN J M, et al. Rotating cavity with axial throughflow of cooling air: flow structure[J]. Journal of Turbomachinery, 1992, 114(1): 237 − 246.

[75] BOHN D E, DEUTSCH G N, SIMON B, et al. Flow visualisation in a rotating cavity with axial throughflow[C]. Munich: ASME Turbo Expo 2000: Power for Land, Sea, and Air. American Society of Mechanical Engineers, 2000.

[76] BOHN D, REN J, TUEMMERS C. Investigation of the unstable flow structure in a rotating cavity[C]. Barcelona: Asme Turbo Expo: Power for Land, Sea, and Air, 2006.

[77] LONG C A, MICHE N, CHILDS P. Flow measurements inside a heated multiple rotating cavity with axial throughflow[J]. International Journal of Heat & Fluid Flow, 2007, 28(6):

1391 – 1404.

[78] OWEN J M. Thermodynamic analysis of buoyancy-induced flow in rotating cavities [C]. Montreal: ASME Turbo Expo 2007: Power for Land, Sea, and Air, 2007.

[79] HABRAKEN S, GALVEZ E J, ANDREWS D L, et al. Stability properties of a rotating astigmatic optical cavity [J]. Proceedings of SPIE — The International Society for Optical Engineering, 2009, 7227: 72270H.

[80] JOHNSON B V, LIN J D, DANIELS W A, et al. Flow characteristics and stability analysis of variable-density rotating flows in compressor-disk cavities [J]. Journal of Engineering for Gas Turbines and Power, 2004, 128(1): 118 – 127.

[81] 田淑青,陶智,丁水汀,等. 轴向通流旋转盘腔内类 Rayleigh-Benard 对流稳定性研究[J]. 热科学与技术,2003(3): 260 – 265.

[82] BOHN M S. Experimental study of three-dimensional natural convection high-rayleigh number [J]. Journal of Heat Transfer, 1983, 106(2): 339.

[83] KIRKPATRICK A T, BOHN M S. High-Rayleigh-number natural convection in an enclosure heated from below and from the sides [C]. Seattle: Proceedings of the National Academy of Sciences of the United States of America, 1983.

[84] BOHN M S, ANDERSON R. Temperature and heat flux distribution in a natural convection enclosure flow[J]. Journal of Heat Transfer, 108(2): 471 – 475.

[85] SUN Z, KIFOIL A, CHEW J W, et al. Numerical simulation of natural convection in stationary and rotating cavities[C]. Vienna: ASME Turbo Expo 2004: Power for Land, Sea, and Air, 2004.

[86] OWEN J M, ONUR H S. Convective heat transfer in rotating cylindrical cavity[J]. Asme Transactions Journal of Engineering Power, 1983, 105(105): 265 – 271.

[87] TUCKER P G, LONG C A. Fluid temperature distributions in a rotating cavity with an axial throughflow[J]. International Communications in Heat and Mass Transfer, 1998, 25(4): 511 – 520.

[88] KIM S Y, HAN J C, MORRISON G L, et al. Local heat transfer in enclosed Co-rotating disks with axial throughflow[J]. Journal of Heat Transfer, 1994, 116(1): 66 – 72.

[89] LONG C A, TUCKER P G. Shroud heat transfer measurements from a rotating cavity with an axial throughflow of air[J]. Journal of Turbomachinery, 1994, 116(3): 1 – 13.

[90] LONG C A, TUCKER P G. Numerical computation of laminar flow in a heated rotating cavity with an axial throughflow of air[J]. International Journal of Numerical Methods for Heat & Fluid Flow, 1994, 4(4): 347 – 365.

[91] OWEN J M, POWELL J. Buoyancy-Induced flow in a heated rotating cavity[J]. Journal of Engineering for Gas Turbines & Power, 2006, 128(1): 297 – 305.

[92] LONG C A. Disk heat transfer in a rotating cavity with an axial throughflow of cooling air[J]. International Journal of Heat and Fluid Flow, 1994, 15(4): 307 – 316.

[93] ALEXIOU A, HILLS N J, LONG C A. Heat transfer in high-pressure compressor gas turbine internal air systems: a rotating disc-cone cavity with axial throughflow[J]. Experimental Heat Transfer, 2000, 13(4): 299 – 328.

第7章

空气系统详细设计

在航空发动机中，内部空气系统是一个十分重要又极其复杂的系统。它对发动机的总体性能、热端部件及轴承的工作可靠性和寿命等方面，都有很大的影响。因此有必要对其进行精确的、系统的设计和计算分析，以抽取最少的空气来保证热端部件的冷却、轴承腔的滑油封严和转子轴向力平衡的要求。在第二章中，针对空气系统的设计及分析方法进行了介绍，本章将针对空气系统的详细设计及分析内容进行阐述。

7.1 空气系统架构设计

7.1.1 功能及物理架构

空气系统架构设计的核心在于流路设计。流路设计通常需要参考成熟发动机，考虑系统引气位置和排气方式的选择、总体与部件"框架"方案结构的特点和几何尺寸、流路的调节与控制、冷却空气的降温和增压，以及冷却空气防尘与除尘等事项，根据实际发动机的需求，与发动机总体和各部件系统进行反复的协调和迭代，这种协调和迭代会贯穿整个发动机设计的全过程。

从系统功能的角度上来说，通常希望空气系统的功能架构和物理架构能较好地——对应，即每一条实现空气系统功能的物理流路应尽可能独立，相互之间不发生影响，互相之间的交界面尽可能少，这样的设计通常是较好的设计。

根据本机的需求，确定空气系统的功能要求，建立空气系统功能架构图（图7.1），注意部分功能在架构上可能会交互影响。功能架构应大致确定完成各主要功能的冷却空气来源和用量。

参照参考样机的空气系统流路和本机的空气系统功能构架，建立空气系统原理图（图7.2）。空气系统原理图应在物理上将空气系统流路划分为几个功能子系统，实现空气系统的功能要求。

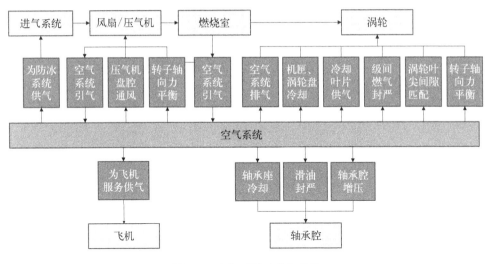

图 7.1　空气系统功能架构图

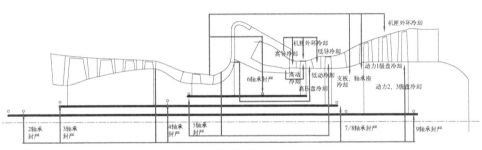

图 7.2　空气系统原理图

7.1.2　功能要素

在需求分析中,我们仅简要明确了空气系统应当具备怎样的功能,但对这些功能设计的要素并未详细说明。一个空气系统功能的完整要素包括:引气来源和排气位置、主要结构和技术指标。

1) 引气来源和排气位置

引气来源通常选择于压气机、风扇和发动机外涵道。一般要根据引气品质、引气压力/温度需求、引气沿程损失、引气流量和结构的限制等来选择合适的引气位置。排气位置通常根据冷气的功能就近排放,常见的排放位置有涡轮流道、进气流道、发动机外、尾喷管和轴承腔等。

2) 主要结构和技术指标

空气系统的主要结构包括引气所用的附件、节流元件、增压结构、封严结构、冷却/换热结构等。附件如防冰控制阀、引气转换装置、高温电磁阀等;节流元件包括控制引气流量所必需的引气管路、孔、篦齿等节流元件；增压结构最常见的为增压叶轮或旋转导风轮；封严结构则包括轴承腔的封严装置、涡轮盘缘的封严结构等；冷却/换热结构包括防冰、间隙控制、涡轮冷却等采用的对流换热、强化肋、冲击孔/板等一系列强化换热结构。在流路排布上，通常应把引气附件和关键节流元件布置在流路上游，但在少数设计中也把关键节流元件布置在流路下游。

技术指标通常包括交界面的压力、温度、流量参数和冷却效果等一系列指标，功能需求不同，技术指标也不尽相同。

7.1.3 失效分析

空气系统架构设计也应包含失效分析的内容。一个好的架构设计应保证局部的失效不会带来全局的连锁反应（这也是我们要求功能架构尽量独立的原因），同时也应没有致命性危险的形式，即使无法避免致命性失效形式的存在，也应把发生的概率降至当前技术所能达到的最低水平。

空气系统常见的失效形式包括：因性能原因或过渡态导致的引、排气参数恶化；引气管破裂；引气附件功能失效；结构蠕变、碰磨导致的篦齿间隙变化等。

7.1.4 空气系统设计过程

空气系统设计过程如下。

（1）参照参考样机和本机的需求，确定空气系统功能要求及流路子系统划分，建立空气系统功能构架图（图7.1）和空气系统原理图（图7.2）。

（2）根据压力匹配的原则初步确定各流路子系统的引排气位置和流动参数控制结构，建立各子系统流路的简化原理图（图7.3为子系统原理图示例），根据子系统原理图布置各子系统流路和空气系统典型结构。

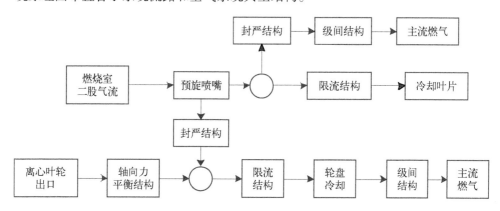

图7.3 燃气涡轮转子冷却与封严流路原理图示例

（3）开展引排气结构、叶片供气结构、冷却结构、封严结构、间隙控制结构等空气系统元件的结构设计。

（4）进行空气系统流体动力学分析、主要零部件的温度场分析、叶尖间隙分析，并将计算结果提交给结构、强度和其他相关专业进行后续的计算分析和评价。

（5）以上步骤反复迭代直至空气系统满足各方面要求，最终确定空气系统流路和设计方案。

7.2　流路详细设计

在流路详细设计阶段需要确定流路布局、主要腔室分布、主要功能性结构和技术指标，需要注意的是部分节流元件的几何参数和腔室压力、温度要等到完成空气系统建模分析后才能完全确定。流路的设计布局离不开主要功能要素的组合，包括引排气位置的确定、功能结构选择和排列形式等。

7.2.1　引排气设计

一般来说，引气位置越靠前，引气温度越低，气源压力越低，所能提供的冷却空气流量也越少，但引气对总体和部件性能的不利影响也越小，因此在选择引气位置时，应综合考虑引气参数需求、排气位置、涡轮出口条件、盘腔封严要求、轴承密封工作条件和密封方式、冷气温度对冷却的影响、冷气沿程损失、冷气温度对流动的影响、冷端部件结构特点，来确定引气位置。

引排气位置的选择有以下考虑：

（1）引气位置在满足要求的情况下尽可能靠前，引气温度低，对发动机性能影响小；

（2）引气尽量考虑放在压气机静子后，其引气压力更高；

（3）引气应选用损失小的形式，同时需考虑压气机性能恶化时引气处的压力分布和引气对压气机压力分布的影响；

（4）对于燃烧室二股气流的引气，应考虑内、外环二股气流的流量和压力平衡；

（5）空气系统的排气，通常从涡轮转静子的级间或流道件的通道排入主燃气流道，尽可能地从高压部位排出可以多回收一些功；

（6）当排出的冷却空气压力过低时，应以专门的导管或引射结构引入发动机排气喷管；

（7）排气汇入主流道时，应采用掺混损失小的方式；

（8）引气位置的选择还要考虑沙尘等因素的影响。根据惯性分离的原理选择洁净的位置引气,比如离心叶轮出口引气比燃烧室二股气流的引气更干净、清洁。

发动机中常用的空气系统引排气结构包括引气孔、缝、引气管路、转静间通道等,对于压气机径向向内的引气,减涡器是一种常用的结构,它可以减少径向内引气的涡流速度,减少引气的压力损失,引气盘式减涡结构如图 7.4 所示。

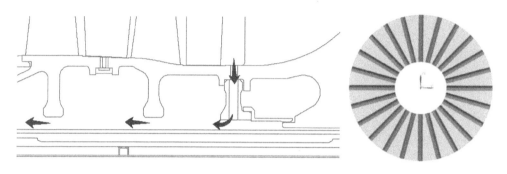

图 7.4　引气盘式减涡结构

7.2.2　气冷叶片供气流路设计

通常进口燃气温度在 1 300 K 以上的涡轮叶片都需要采用气冷结构,空气系统应设计专门的供气流路为涡轮叶片提供冷却空气。涡轮叶片分为导向叶片和转子叶片,两者的冷却供气方式有着明显差异。

导向叶片供气需要考虑供气参数的均匀性,在供气入口设置集气腔可以保证冷气压力和温度较为均匀。考虑到气膜出流的逆流裕度要求,带气膜冷却的第一级涡轮导向叶片引气位置一般为燃烧室二股气流。该处的气流参数相对均匀,可不设置集气腔。供气系统流路如图 7.5 所示,燃烧室内外环二股气流从叶片上下端同时进入导向叶片内部,导向叶片可能设计为多个腔室,那么各个腔室需要独立进气;冷却空气从叶身气膜孔和尾劈缝排入涡轮流道;根据燃烧室出口温度分布,上、下缘板也可能需要进行冷却,相应的冷却空气在完成缘板冷却后,从气膜孔排

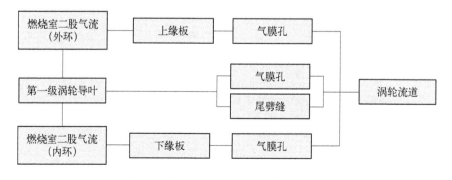

图 7.5　第一级涡轮导向叶片供气示意图

入涡轮流道。在该流路中,节流元件为叶片和缘板自身的冷却结构如冲击孔、气膜孔和尾缝等。

第一级转子叶片通常从燃烧室二股流内环引气,供气流路如图 7.6 所示。流路中主要结构包括预旋喷嘴、导风轮、接收孔等,预旋喷嘴限制引气流量。若采用高位预旋,则可以不考虑导风轮。该流路通常与第一级涡轮盘前吹扫和封严同时设计,应注意相互影响。

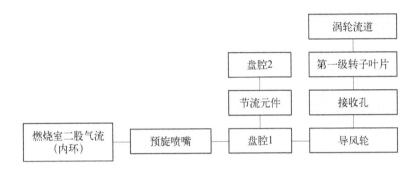

图 7.6　第一级涡轮转子叶片供气示意图

转子叶片供气采用预旋设计以降低转子感受的相对总温,从气动原理分析,应尽可能提高预旋喷嘴出口的周向速度,预旋喷嘴进出口压比和气流周向角度是预旋系统设计的关键因素。预旋喷嘴一般有叶片式和孔式,采用叶片式预旋喷嘴有利于减少出口气流流角和压力损失,但加工复杂且难以控制和调整喉部面积。根据预旋系统相对于叶片接收孔位置,可以划分为高位预旋、低位预旋;按流动方向还可以划分为轴向预旋和径向预旋。高位预旋半径位置高,气流出口周向速度可以相对较高,降温效果好,但高半径位置篦齿间隙的泄漏量较大。低位预旋可以有效控制篦齿间隙的泄漏量,但通常需要配合旋转导风轮降低流动损失,增加转子结构设计难度和重量。预旋系统如图 7.7 所示。

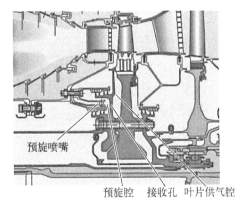

图 7.7　预旋系统

除第一级涡轮叶片外,后排涡轮叶片通常可以从压气机中间级引气冷却,流路如图 7.8 所示。在引气处,导叶上下端均要设置集气腔,集气腔 1 和 2 之间用引气管路连接,引气管路通常有 3~4 根,安装在外涵内,引气的总流量主要由引气管路进行控制。冷气穿过导叶内腔,进入盘腔后往往还承担着盘腔吹扫/冷却、环形通道封严、转子叶片冷却和盘腔轴向力调节等功能。导向叶片内部通常安装导流片，以降低沿程冷气的温升；导叶自身冷却结构也起到了节流作用，保证进入盘腔有足够的冷气量。下游涡轮转子叶片的冷却供气流路与第一级转子叶片类似，采用预旋喷嘴和接收孔设计。

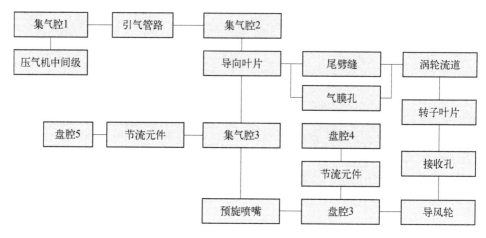

图 7.8　后排涡轮叶片供气原理图

此外，在 AL - 31F 发动机中利用外涵通道的换热器来降低二股气流的冷气温度，极大地降低了涡轮叶片的冷气用量，设计者也可借鉴。

7.2.3　冷却设计

除涡轮叶片外，需要空气冷却的主要高温零件包括涡轮盘和机匣等热端部件。

图 7.9 为涡轮盘腔冷却流路示意图，从图中可以看出大部分区域采用射流强化冷却方式，即冷却空气垂直轮盘侧表面或以某个角度向表面做局部喷射吹风冷却，其他区域主要采取侧面径向吹风冷却。盘腔内的冷却流路可能与转子叶片供气流路部分重合。转子系统主要采用节流孔、封严篦齿等结构调节冷气流量，并通过改变吹风孔的位置和方向来更合理地组织盘腔流动。流路如图 7.10 所示。

此外机匣接触主流道的部分或者相邻零件温度较高，通常采用在机匣上设置冷却空气流路，引燃烧室二股气流或压气机适当位置冷气对其进行冷却。冷却的形式包括强迫对流、冲击和气膜覆盖等形式，如图 7.11 所示。

为了实现更高效的空气系统设计，减少冷气用量和提高冷却效果的技术途径主要包括：采用隔热措施降低燃气侧换热；降低冷气温度；强化冷气的换热；增大冷气侧的换热面积等。在空气系统具体的设计中，可采取的具体措施如下：

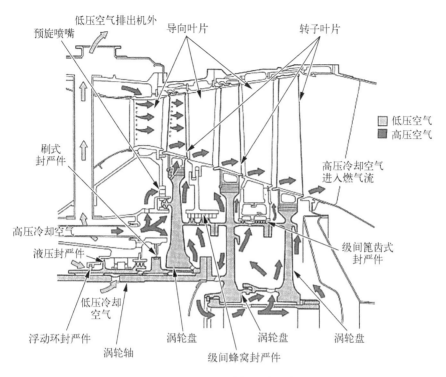

图 7.9　涡轮盘腔冷却流路示意图

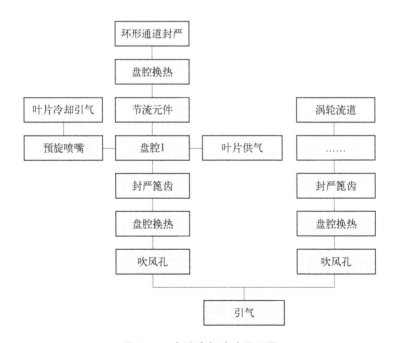

图 7.10　盘腔冷却流路原理图

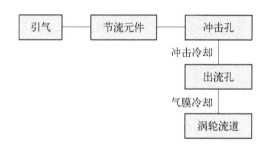

图 7.11 机匣冷却流路原理示意图

(1) 小盘腔设计提高涡轮盘的换热系数;
(2) 冲击冷却提高换热系数;
(3) 采用隔热挡板阻挡辐射热;
(4) 采用低导热系数材料隔热;
(5) 减少高温区向低温区的热传导面积;
(6) 减少冷气的风阻温升;
(7) 预旋设计降低转子感受的相对总温。

7.2.4 涡轮级间封严设计

涡轮级间封严是指利用冷却空气出流以阻止涡轮流道的燃气通过转静子之间环形通道进入盘腔内部。发动机工作中,冷气沿着转子表面向外流动,燃气沿着静子侧逆向流动进入级间腔(图7.12),燃气和冷气在级间腔掺混,因而允许燃气掺混到何种程度由燃气掺混后的温度和对周围零件的危害程度确定。涡轮级间封严的第一设计目标是限制燃气只在级间腔掺混,第二设计目标是限制燃气只在级间腔和缓冲腔掺混。

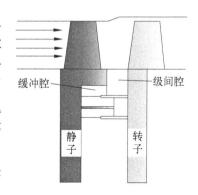

图 7.12 涡轮级间封严结构示意图

该部分的冷却空气可能来自压气机或者外涵,最终排入涡轮流道。为了使流路布局更加紧凑,该流路的冷气通常直接取自转子叶片的供气流路,如图 7.6 中的盘腔 1 和图 7.8 中的盘腔 3 和集气腔 3,最后一级涡轮盘后封严冷气也可能取自外涵道。流路结构如图 7.13 所示。

图 7.13 涡轮级间封严流路原理图

　　涡轮级间的封严效果取决于封严流量和封严结构设计。节流元件主要由封严篦齿构成,用于调节该流路的流量,设计者要保证冷却空气的流量满足临界闭锁流量的要求。封严结构通常包括篦齿封严、迷宫封严、唇式搭接等结构形式,设计封严结构时还要考虑热态条件下转静子相对位置的变化。

　　篦齿封严结构(图 7.14)简单,加工方便,但径向封严间隙不好控制;迷宫封严结构(图 7.15)较之篦齿封严结构,具有更好的封严效果;多级级间封严结构设计了两层及以上封严结构,能有效阻止燃气入侵涡轮盘腔,但结构相对复杂。涡轮级间封严结构的设计应综合考虑所要求流量、转静子间隙匹配以及出流角度等,同时应进行转静子热变形协调计算、封严结构流动动力学分析等工作。一般针对涡轮级间主流温度较高的级间间隙,如某涡桨发动机燃气涡轮转静子级间间隙,采用了多级级间封严结构(图 7.16,篦齿+迷宫级间封严结构);当涡轮级间主流温度处于

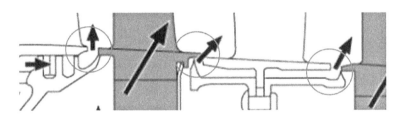

图 7.14　发动机涡轮级间篦齿封严结构

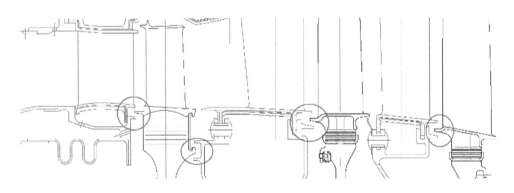

图 7.15　涡轮级间迷宫封严结构

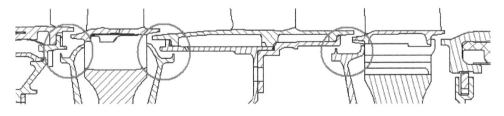

图 7.16　发动机多级级间封严结构

中等水平时,常采用迷宫级间封严结构,
如某涡扇发动机燃气涡轮转静子级间间
隙;而当涡轮级间主流温度处于一般水平
的级间间隙,如动力涡轮级间间隙,则可
采用篦齿封严或简单的唇式搭接结构(图
7.17)。对于主流燃气温度较低的涡轮级
间,若燃气入侵盘腔不会对涡轮转静子的
强度、寿命造成影响,可不设计涡轮级间
封严结构。

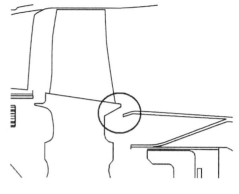

图 7.17 唇式搭接结构

7.2.5 轴承腔封严和隔热设计

轴承腔封严的作用是在封严装置两侧保持一定压差,使轴承腔内的滑油不至
于泄漏进入空气腔和发动机主流道。若封严压力不足,滑油消耗量可能会增大;发
动机前端支点的滑油泄漏,油气混合物可能沿空气流路进入主流道,污染飞机引气
品质。

封严压差的要求通常与封严装置形式和滑油腔通风、散热系统设计有关,由润
滑专业提出。封严压差限制还受到封严空气温度的影响。常见的封严装置包括篦
齿(图 7.18)、涨圈(图 7.19)和石墨(图 7.20)等。石墨封严泄漏量小、封严压差要
求范围小,并且石墨的弹性支撑结构也能够保证石墨环与轴承座和跑道始终保持
接触,因而对恶劣工况的适应性较好。

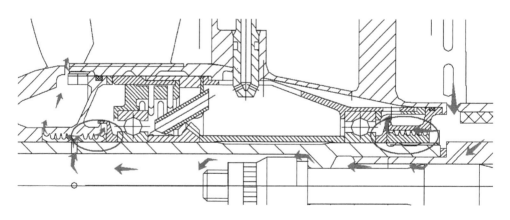

图 7.18 轴承腔篦齿封严结构

封严压差同时也与轴承腔的压力有关,而轴承腔的压力与通风形式和发动机
外环境压力有关。航空发动机的工作包线较宽,因而主流参数变化范围较大。自
由通风条件下,轴承腔压力与外界环境压力接近,在慢车状态下主流压力较低,需

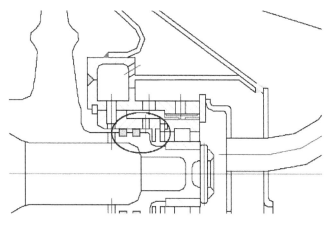

图 7.19　轴承腔涨圈封严结构

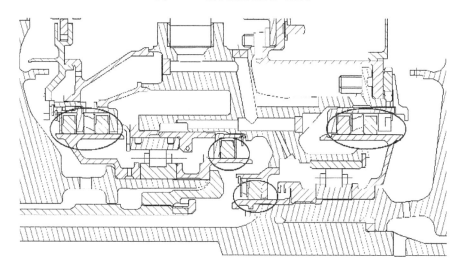

图 7.20　轴承腔石墨封严结构

要从压气机末级等压力较高的位置引气;在高空条件下,滑油通风由自由通风转为了节流通风,主流压力较低而轴承腔压力相对较高,此时也需要从压力较高位置引气;但在地面设计点、最大热负荷、最大气动负荷等工况,压力较高的位置引气温度也较高,此时应该从外涵等位置处引气。

涡扇发动机常见的封严流路设计形式如图 7.21 所示,该方案通常称为外引气方案。引气转换附件常见的有高温电磁阀、液压作动装置、气动压差式转换活门等,转换信号也分为控制系统发出的电信号和引气压差信号。通常在建立流路模型进行分析迭代后,才能确定引气的转换规律。

由于轴承腔位于发动机转动中心轴线,轴承封严流路通常位于风扇、压气机和涡轮盘心,因而也承担了盘心吹扫的功能,设计者还要保证该流路的空气流量,若

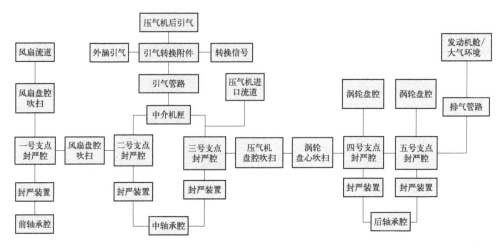

图 7.21　外引气方案封严流路布局形式

封严空气不能及时带走盘腔内产生和传导的热量,可能导致封严腔温度过高。轴承封严流路也可能与其他盘腔发生流量交换,特别是涡轮盘腔处应设置封严篦齿,减少高温空气向封严腔的泄漏。

此外还有一种内引气方案,流路如图 7.22 所示。引气位置通常为压气机二级或三级,空气从轮毂沿径向进入压气机盘腔,向前封严一号、二号、三号支点,向后封严四号、五号支点。此方案通常需要配合减涡器使用,需要精细设计去尽可能减少引气损失。

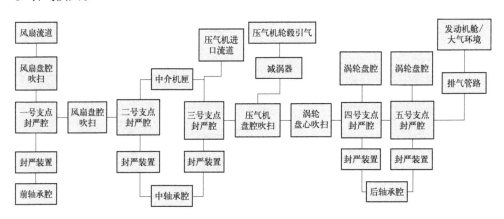

图 7.22　内引气封严流路布局形式

轴承腔应尽可能地放在发动机较冷的区域,如果润滑系统对轴承腔壁面的冷却已经足够,那么就不再需要额外的冷却;在需要额外冷却的情况下,比较好的做法是设置一个双层壁的轴承座,让冷却空气通入其中间的空腔对轴承腔壁面进行冷却,如图 7.23 所示。

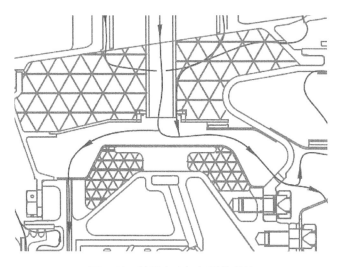

图 7.23　轴承座冷却与隔热设计

对于热端的轴承座,压气机出口的压力和温度对于轴承的运行环境来说太高了,有些发动机需要对轴承座的高压缓冲空气进行冷却,通过外部管路将空气引入外部换热器,将空气冷却到 533 K 以下,然后再进入轴承座,除冷却空气外,绝热材料和隔热层还可以防止高热负荷导致的结焦。

7.2.6　转子轴向力调节

转子轴向力平衡是空气系统的又一重要功能,转子的轴向力由转子直径、压气机及涡轮转子的气动轴向力、冷却和封严空气系统的腔室压力、篦齿封严半径来控制,在进行轴向力平衡设计时,应综合考虑以上的因素,使得作用于止推轴承上的轴向载荷在合适的范围内(通常情况,由轴承设计部门提出技术要求):

(1) 最大负荷不能使得止推轴承损伤;

(2) 在正常载荷的工作循环范围内,止推轴承具有足够的可靠工作寿命;

(3) 最小负荷下要保证止推轴承钢球在跑道上不产生破坏性打滑。

具体到相应部件的轴向力平衡,设计中具体的考虑如下。

1) 低压转子轴向力平衡

低压转子系统上的气动载荷通常是向后的,但在发动机低转速时,也可能变为略微向前的载荷,存在一个载荷特别小的工作状态范围,在此范围内气动载荷可能不足以避免止推轴承打滑,因此可以使用一个弹簧加载的双排轴承,以得到单向的载荷。也可以通过改变低压转子前后封严件的径向高度来调整气动载荷,即低压压气机前封严件、低压涡轮前封严件的径向高度较大,以增加后向的载荷,但这将使最大的轴承载荷明显增加,而对低载荷状态没有明显的影响,并且还会增加封严空气的消耗。因此,进行低压转子轴向力平衡设计时,应综合考虑以上因素,设计合适的低压转子轴向力平衡方案。

2) 高压转子轴向力平衡

影响高压转子轴向力的主要因素包括:通过高压转子传递的低压转子轴向力;高压压气机后封严件上很大的压降;该封严件径向高度对高压转子轴向力有很大的影响等。

高压涡轮轴封严件必须在最小可实现的半径上,以减少高压空气漏入低压冷却空气系统,通常不用于改变转子轴向力平衡。在选择其半径时,要综合考虑盘的应力要求、转子轴向力平衡、尽可能减小泄漏气等因素。需要注意的是,高压涡轮盘前封严件的半径对高压转子轴向力平衡有十分重要的影响,在选择半径时,既要考虑减少没有预旋的空气漏入高压涡轮叶片冷却空气,又要考虑增加高压压气机后封严半径所引起的困难,因为减小高压涡轮前封严半径就需要增加高压压气机后封严半径,以恢复转子轴向力平衡。高压涡轮后封严对高压转子轴向力没有很大的影响,因为通过它的压降很小,高、低压涡轮之间的压力受封严间隙变化的影响,因此会改变低压和高压转子的轴向力。

因此,在进行高压涡轮转子轴向力设计时,要综合考虑以上主要影响因素,选择合适的高压压气机、涡轮转子前后封严件的半径。

在进行转子轴向力平衡设计时,也可通过在压气机或风扇后设置卸荷腔、在动力涡轮盘后设置平衡腔的方法,通过改变封严件半径、调整腔室压力的方法来达到平衡转子轴向力的目的。卸荷腔轴向投影面积较大,对腔室压力进行调整时轴向力收益较大。卸荷腔压力常用调节手段包括可调面积放气垫片、放气堵头等。流路如图 7.24 所示。放气流路的节流位置在放气孔上,因而调整放气孔的面积可以有效地调节卸荷腔压力。为避免高温空气对外涵机匣产生影响,并避免外涵出口出现热斑,压气机后卸荷腔的空气排放到外涵,放气孔出口可安装带气膜孔的支板以使空气与外涵气流均匀混合。风扇后卸荷腔空气通常排放到发动机外。

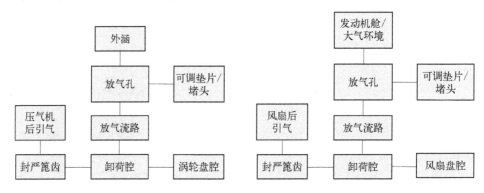

图 7.24　卸荷腔流路原理示意图

　　卸荷腔流路封严篦齿设计时应考虑过渡态转静子热响应不一致的问题,在未充分暖机进行加减速试验时卸荷腔压力变化可能比预期变化范围更大,轴向力设计需要留有足够的裕度。

　　图 7.25 为某发动机在最后一级压气机盘后设置卸荷腔,将腔内的冷气通过管路与外涵相通来控制腔内压力,同时设计了篦齿封严结构,可通过改变封严结构的尺寸参数及空气系统冷气腔压力来调整轴向力。图 7.26 为某涡轴发动机在二级

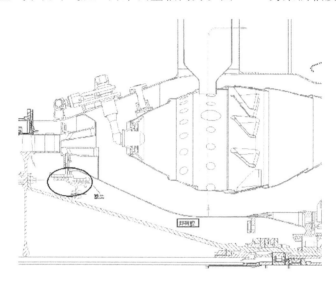

图 7.25　某涡扇发动机轴向力平衡结构

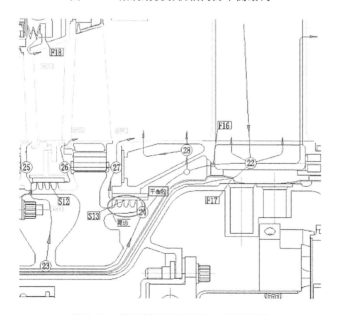

图 7.26　某涡轴发动机轴向力平衡结构

动力涡轮盘后设置了轴向力平衡腔,引四级轴流压气机出口冷气,结合二级盘后篦齿封严结构尺寸参数形成动力涡轮盘后腔内压力及作用面积,从而达到平衡轴向力的目的。

7.2.7　叶尖间隙控制

空气系统另一个核心的功能是支撑间隙控制,其主要任务是使发动机在整个飞行包线内保持较小的叶尖间隙,且在正常飞行条件下不发生刮磨。

图 7.27 给出了典型的高压涡轮转静子径向膨胀响应曲线,要保证整个飞行任务中叶尖不发生刮磨,机匣的理论变形曲线必须在转子变形曲线上增加保证安全运行的最小允许间隙,在不采取间隙控制措施的情况下,由于机匣膨胀与转子膨胀响应不匹配,机匣的实际变形曲线会大于理论变形曲线,如图所示大于最小允许间隙的部分称为过量间隙(图 7.27 中的阴影部分),叶尖间隙控制的目标就是尽可能地消除过量间隙。

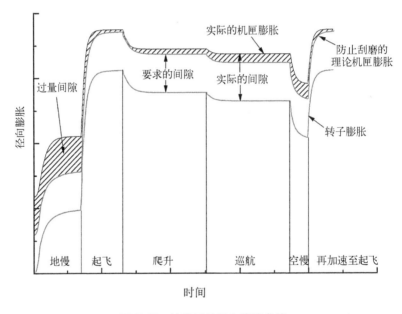

图 7.27　转静子的径向膨胀曲线

间隙控制方法主要可分为两类,被动间隙控制和主动间隙控制。

被动间隙控制是指通过设计冷却和结构来保证某一个主要状态(如起飞状态、反推力状态、机动飞行状态等)需要的间隙,在整个飞行循环中其他状态的间隙通过转子和静子的变形协调得到。被动间隙控制是间接进行的,不能使发动机叶尖间隙在整个飞行循环中都保持在最佳水平,常见的被动间隙控制通常采用以下几种方法:减小装配间隙,并改善封严;使用合理的结构设计减少变形;叶片顶端使用耐磨涂层减少叶尖磨损,机匣外环采用石墨、蜂窝等易磨涂层以便于在发动机在工作恶劣的瞬态允许叶片轻微切入外环;采用适当材料和冷却改善机匣和转子的热膨胀匹配。被动间隙控制技术已在涡轴、涡桨和小涵道比涡扇发动机广泛应用,图 7.28 为 MTR390 涡轴发动机使用的燃气涡轮叶尖被动间隙控制,其燃气涡轮机匣上安装了一块冲击孔板,通过设计冲击孔孔径、间距、冲击距离等调整机匣温度分布,使机匣与转子变形匹配。

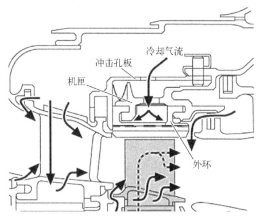

图 7.28　MTR390 发动机燃气涡轮叶尖被动间隙控制

　　主动间隙控制是在发动机控制系统的调节下,依靠对机匣的温度、流量控制或机械控制来改变径向间隙,使发动机叶尖间隙在整个飞行循环中自动保持在最佳水平。根据控制系统可以分为开环间隙控制和闭环间隙控制,前者不直接测量间隙,而是利用间隙模型计算出叶尖间隙进行调节,目前应用很广;后者则是对叶尖间隙进行实时测量,形成完整的闭环控制,由于没有成熟的叶尖间隙测量系统,现在还没有进入实用阶段。根据控制方法的不同,又可分为主动间隙热控制、机械控制和压力控制。其中热控制方法已得到了广泛的应用,成为主流的主动间隙控制方法,常见的主动间隙控制系统见图 7.29,其工作原理(图 7.30)是利用从风扇出口或压气机某级引出的空气来冷却涡轮机匣及涡轮外环支撑件,通过控制引气量

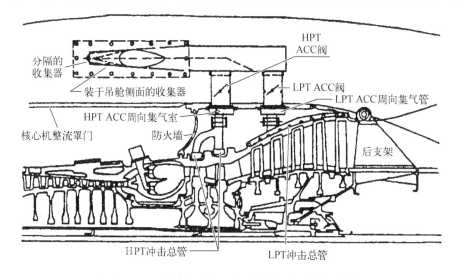

图 7.29　典型发动机涡轮主动间隙控制系统示意图

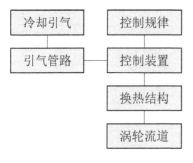

图 7.30　主动间隙控制流路原理示意图

或引气温度等参数来调整涡轮机匣温度分布,以达到控制涡轮机匣与涡轮外环组件的径向热膨胀位移,减小发动机巡航状态叶尖间隙的目的。

除流路布局外,设计者应完成的工作还包括流路设计、转子的传热和变形特性分析、静子的冷却特性匹配以及温度控制系统的工作规律设计等。

1) 转静子过渡态响应

对于叶尖间隙控制,应首先完成转子和静子的结构设计,以获得可预测的转静子热响应(通常来说,需要温度控制系统,但在某些发动机中由于其工作任务要求和设计条件,不需要冷却系统)。

由于转子热响应更难控制,因此应首先设计转子,然后通过静子的设计优化匹配来控制叶尖间隙。转子径向响应应通过冷却空气加以控制,使得推动油门杆 5 分钟内涡轮盘温达到稳态温度的 95%。转子不应存在未经冷却的空间或腔,并且转子不能进行热隔离。另外,由于回热效应,最大的转子轴向变形可能发生在停车之后,因此,应对回热温度增加足够的裕度,以避免停车后的轴向干涉。

对于外环支撑环,可采用二次流冷却系统和低膨胀系数合金来控制失圆度。冷却系统和低膨胀系数合金相结合能使环的周向温度梯度最小化,并使转静子在时间上能更好地匹配。冷却系统和低膨胀系数合金的选择应经过详细对比分析,同时考虑和评估重量、成本、性能、耐久性、可靠性、结构完整性和寿命等。静子结构必须与燃气热隔绝,环形结构必须消除非均匀导热、辐射和热气流的影响,以获得周向均匀的温度场。在稳态下,当环形结构被冷却到比冷气温度高 40℃ 以内时,其径向变形更容易控制。在最终的分析中,应避免导致环形结构失圆和蠕变变形的局部热斑。

2) 机匣和静子外环设计

机匣结构设计应能抵抗由于周向温度变化引起的失圆变形。因此,涡轮外环悬挂结构必须具备足够的厚度,以在最恶劣的燃气温度变化条件下维持圆度在其直径的 0.05% 以内。支撑环结构必须具备足够的质量或温度控制系统,以提供与转子相匹配的变形响应,从而避免在加速过程中产生严重刮磨。其他影响机匣变形和圆度的因素也应进行评估,如压力变化,相邻结构的不平衡摩擦力,轴向力和惯性载荷、振动限制和冷却空气的局部流动。

静子外环必须分割成足够数量的圆环段,以使得外环段不会造成静子结构扭曲变形。太多的分段将会造成空气泄漏量和末端间隙损失的增加和更低的性能。因此,适当的外环段数量是能使静子不受外环影响的最小分段数量。外环分段数应不会产生对涡轮叶片有害的通过频率。

3）温度控制系统

多数发动机需采用温度控制系统,以通过减小重要工作状态的叶尖间隙来提高涡轮性能。两种常见的温度控制系统已被有效应用,它们是外部和内部系统。首先,温度控制系统应能减小工作间隙以满足性能要求的部件和整机循环指标。其次,它应提供均匀的周向温度分布以确保封严面的圆度。温度控制系统的设计应足够强大以承受正常的维护和安装操作,还应在工作范围内不会产生共振。温度控制系统引起的热应力不应造成静子寿命下降至技术要求的数值,同时,温度控制系统/装置失效或部分失效不应造成静子结构和转子结构严重损坏。也就是说,失效只会造成叶尖间隙增大,而不会损坏叶尖或外环基本结构。

温度控制系统用于提供静子机匣周向均匀的温度场,并改善热变形响应,从而与转子更好地匹配。本节阐述两种基本的温度控制系统,这两种基本的温度控制系统是外部冷却和内部冷却。每种系统均有优缺点,因此,对具体的应用应进行详细的平衡分析。

（1）外部冷却——外部冷却系统是由机匣导轨外部的一系列周向通气管组成,控制内部封严的径向位置,并在某种程度上是热燃气流的直接热传导通道。

外部系统有三个缺点: ① 系统对维护和安装过程中的损坏敏感程度高,因此,设计必须考虑存在损坏部件的情况下能够正常使用;② 系统会产生振动,在多数情况下,由于系统的复杂性,只能够通过试验的方法进行评估;③ 系统可能产生较大的热应力,原因是当机匣被冷却至较低的平均温度时,机匣外部温度比内部温度低得多。

外部冷却系统的一个主要优点是,由于采用温度相对较低的风扇空气,冷却效率高,同时对循环参数耗费低,由此使性能大幅度提升。另一个（不显著的）优势是成本为内部冷却的1/3。这是由于外部系统的相对简单性和对应的内部系统对闭环控制需求的复杂性。同时,外部系统适用于采用分段式机匣设计,而内部系统更适用于整环设计。

（2）内部冷却——内部冷却系统在每个外环有两根通气管,前后各一个,将冷却空气喷射到对应的导轨上。冷却空气相对较热,循环成本高,使得该系统效率较低。

内部冷却系统设计的主要问题是精度问题。首先,为了提高冷却效果,冲击距离必须精确控制（由于本身的低冷却效率,控制精度要求比外部冷却系统高得多）。其次,内部冷却系统需要对冷却腔和燃气流路进行精确的压力平衡。冷却腔压必须比相邻的燃气流路压力高。内部冷却系统除上述高成本、低效率和高精度外,还具有低外环寿命的缺点。当发动机突然加速时,冷却系统在几秒之内重新调整实现全效冷却,此时,机匣挂钩尚未聚集足够的热量,因此冷气未被加热就被冲击到外环的前后导轨上,同时,外环的中间位置不受冷却的影响,被迅速加热,最终的结果是涡轮外环内部产生高温梯度 ΔT,造成高弯曲应力和较低的低循环疲劳寿命条件。

内部冷却系统的决定性优点是损伤保护和低机匣热应力。低机匣热应力是由于冷却作用在更热的内机匣上,降低了热应力和温度。尽管如此,温度控制系统仍然更倾向于采用外部冷却系统。

7.2.8　流动参数设计

空气系统的流动参数主要是流量、压力、温度等参数,其控制手段首先是在流路设计时,通过合适的引气位置或不同级引气的混合来保证合适的引气参数。流量的控制主要采用限流孔和封严篦齿。压力的调控方法有:采用阻力或节流元件调节腔室压力;采用离心增压结构增加转子进口的压力。温度的调控方法有:采用不同级引气的混合来得到合适的温度;采用预旋技术降低转子感受的相对总温;采用换热器降低冷气温度。

降低空气系统流动损失是空气系统流动参数设计的一个重要内容,在空气系统结构设计中,应尽量降低损失系数或提高流量系数。具体的措施包括:选择最佳的形状和尺寸;降低表面粗糙度;孔边倒圆或倒角;减少流动分离;避免流动干扰等。其中旋流和风阻是空气系统设计需要关注的又一个重要内容,当气流与转动部分接触时,由于摩擦,会使气流形成涡流,涡流会对空气系统和发动机带来影响:涡流引起的压力变化;涡流还会因风阻引起摩擦热,导致空气温度升高;涡流还可能引起声学振动或啸声,可能导致发动机损坏。为了防止旋转部件内旋流可能导致的声学振动或啸声,旋转部件内的气流的周向相对马赫数不能超过 0.4。减少旋流和风阻的措施包括:采用去旋设计、小盘腔设计、螺栓等凸起物加罩进行阻隔等。

转静子配合间隙封严发生在空气系统流路内部,其作用是通过控制转子与静子相邻处通道的流路,以组织冷却空气,形成合理的流路,满足空气系统特定的功能,其结构形式多为封严篦齿环、刷式封严环。图 7.31 为某涡轴发动机涡轮盘前篦齿封严结构,该结构起限制冷气流量的作用。图 7.32 为某涡桨发动机空气系统内部高

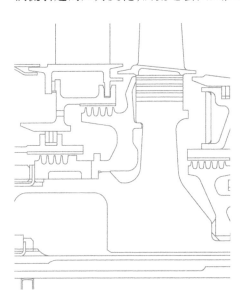

图 7.31　涡轮转静子篦齿封严结构

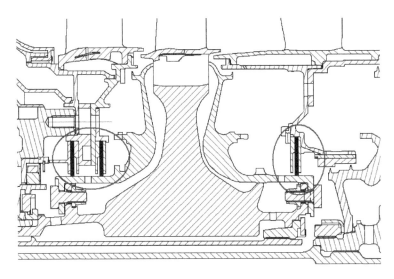

图 7.32　涡轮转静子刷式封严结构

低压涡轮转静子配合间隙处采用刷式封严结构,对比篦齿封严结构,刷式封严结构泄露量更小。

在进行转静子间隙封严时,要综合考虑封严空气流量要求、零部件结构特点、位置尺寸、封严结构的优缺点,选择合适封严结构,再进行封严结构(主要为与泄漏特性、流阻特性相关的结构参数)设计。

非设计泄漏通常发生在机匣安装边、转子连接处、涡轮叶片周向安装间隙等处。是否需要进行限制要视泄漏的危害和影响而定,泄漏会引起性能降低或局部位置温度升高。非设计泄漏通常难以定量分析,一般做法是进行定性/假设分析,对危害性大的要采取足够可靠的密封手段来降低影响。发动机内部非设计泄漏是不可避免的,对于现代先进发动机来说,降低非设计泄漏量是空气系统的一个重要发展趋势。空气系统通常的非设计泄漏量在 $1\% \sim 2\%$,采取有效的密封措施后,可以下降 50% 以上。降低非正常泄漏的措施包括:① 安装边热变形匹配,减少泄漏间隙;② 导叶缘板间封严;③ 采用整体结构,减少泄漏面积;④ 接触面采取密封措施。

以涡轴发动机为例,为了减少泄漏,燃气涡轮导叶通常采用多联叶片+封严片结构,动力涡轮导叶采用整体叶栅结构。涡轮叶片和涡轮盘采用榫头、榫槽连接方式,在动力涡轮榫头、榫槽间多采用挡板结构进行固定,同时可减少榫头、榫槽间的泄漏(图 7.33);燃气涡轮榫头、榫槽间多采用导流盘或挡板结构固定。静子间的封严多采用涨圈、W 型封严环等(图 7.34)。

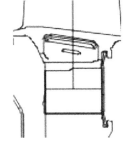

图 7.33　榫头榫槽间挡板结构

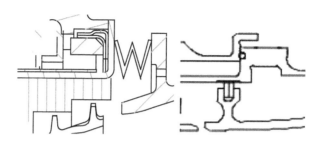

图 7.34 静子间封严结构

7.2.9 飞机引气

飞机引气主要用于调节飞机座舱环境,通常引气位置为压气机中间级或末级。

飞机方对于引气品质和流量有明确要求。引气品质的要求是指,从压气机引出的空气中不应当包含滑油、氮氧化物、粉尘等污染物或者污染物应低于一定的浓度,通常理想的引气位置是压气机中间级或末级。在飞机引气流路设计时保留引气接口,在整机试验中进行取样化验,根据实际压力、温度选配一定直径的限流喷嘴,使引气流量满足飞机方要求。最终需要向飞机方提供引气压力、温度、流量数据以及引气品质检验报告。

飞机用引气中所含发动机产生的污染物,其浓度应在表 7.1 规定的限制以内。发动机承研单位应对引气进行分析,以证明污染物未超出规定的极限,若引气中含有下列物质以外的污染物,则承研单位应向使用部门提交报告,说明物质名称及浓度,以确定最大限制值。若发动机产生的物质为两种或两种以上,应确定和报告它们的综合效果。同时也应考虑到在一般发动机维护中,按规定使用的清洗液对引气污染的影响。

表 7.1 飞机引气中允许的污染物浓度

物　　质	容积浓度$\times 10^{-6}$
二氧化碳	5 000.0
一氧化碳	50.0
乙醇	1 000.0
氟(以 HF 形式)	0.1
过氧化氢	1.0
航空燃油	250.0
甲醇	200.0

续　表

物　　　质	容积浓度×10^{-6}
溴代甲烷	20.0
氧化氮	5.0
丙烯醛	0.1
油的分解物(例如：醛)	1.0
臭氧	0.1

注：空气中含有发动机产生的亚微细粒异物的总重量不应超过 5.0 mg/m³。

7.2.10　表面放热

表面放热包括机匣表面放热和附件表面放热,通常不需要进行专门的流路设计,仅通过试验和校核手段准确确定即可。当然,也有一些发热量大的附件,而这些部件往往配有自身的冷却单元。发电机就是其中一个典型实例,当使用空气冷却时,空气可以引自压气机或者从发动机短舱中引入的外界空气。当一个附件装置在飞行中由外界空气来冷却的时候,通常需要配备一条诱导通路,利用引射原理以便在地面静态运转没有外界空气流的时候也能正常工作,例如由一个阀门来控制从压气机引来的气流。图 7.35 展示了一个带引射器的发电机冷却系统。

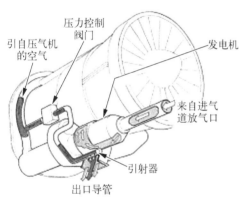

图 7.35　发电机冷却系统

机匣表面放热需要通过专项试验测量和校核分析,最终向飞机方提供极限工况下发动机机匣表面的温度分布和放热率(图 7.36),以供飞机进行短舱通风冷却设计。极限工况由国军标和型号规范定义,通常包括地面标准进气条件最大推力状态、海平面最高进气温度最大推力状态及最大热负荷状态点最大推力状态。

附件表面放热则需要进行热管理架构设计,并通过试验验证以证明燃油和滑油附件表面温度满足其实际使用要求。附件的温度受发动机与附件之间换热和附件自身的产热影响,部分附件如燃油泵、滑油泵等均有一定的使用温度限制。附件工作的极限条件为最高进气温度、发动机相对大气静止、燃油流量最小时,应通过专项试验给出此时附件表面的极限温度。

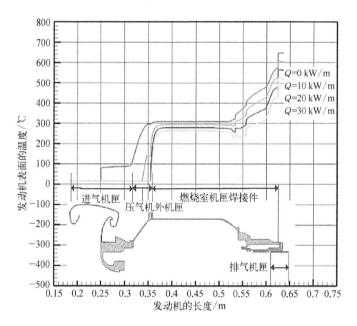

图 7.36 发动机表面温度与表面放热率关系曲线

7.2.11 流路集成

图 7.37 是上述功能流路集成后的空气系统流路图,流路集成通常有以下两个

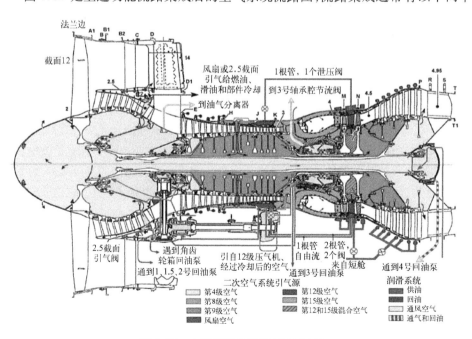

图 7.37 空气系统流路图(PW4000)

目的：一是使流路布局更加紧凑，例如盘腔吹扫冷却和涡轮转子叶片供气流路会发生局部交汇，共用预旋喷嘴等引气元件，预旋喷嘴流量设计时除需要考虑叶片冷却的空气量外，还需要考虑盘腔吹扫冷却和封严的空气量；二是隔离不同的子功能流路模块。压气机卸荷腔流路和一级涡轮盘前流路之间使用多级篦齿隔离，以避免互相影响；涡轮盘腔和轴承封严流路之间也需要使用篦齿结构或指尖/刷封等结构隔离，以减少高温空气进入轴承封严腔。

两个不同流路是选择交汇还是采取隔离措施，需要视发动机实际结构设计和流路耦合的后果来确定。例如转子叶片供气和盘腔吹扫冷却可以从同一位置引气，而强制隔离会引起不必要的结构冗余设计，因此可以选择交汇而共用部分引气元件。若卸荷腔流路和一级涡轮盘前流路之间耦合，既会引起叶片进气界面参数的不确定性，也会影响卸荷腔的轴向力调节功能，在压气机末级转子和第一级涡轮盘之间采取密封结构进行隔离很有必要，结构设计冗余度也很小。

7.3　分 析 与 校 核

7.3.1　空气系统流体动力学分析

空气系统流体动力学分析主要分析内容包括系统流量及流动参数分析、轴承腔封严分析、级间封严分析和转子轴向力分析，采用的方法包括一维网络系统分析法、CFD 分析方法等。下面主要介绍一维网络系统分析和转子气动轴向力分析的主要内容。

1）一维网络系统分析

空气系统常用的工程分析手段为一维网络系统分析，它由一系列节流元件组成，元件之间由各个腔室节点连接，网络的进出口节点为已知的气动边界条件。防冰系统与空气系统一般需要分别进行建模分析。

节流元件应反映主要空气流路的一维流动和换热特性，至少包含以下几种结构的特征模型：

（1）对空气系统流量起主要限制作用的节流结构，比如节流孔、篦齿、环缝、预旋喷嘴、指尖、刷封等流通面积较小的流动结构，该类元件的流动面积在空气系统所有元件中处于最小的一类；

（2）折合长径比相对较大、具有一定的流阻和压力损失的管路通道，比如引气管、环形通道、不规则通道等结构；由于管路元件仅考虑沿程的摩阻损失，因此在管路进、出口需要增加一个元件模拟气流局部损失；

（3）流动面积和方向发生变化，会导致局部压力损失的结构，比如典型的突扩、突缩、弯头等结构；

（4）具有显著径向高度差，需要考虑离心增压作用的旋转盘腔流动结构；

（5）具有显著换热特征、造成冷气明显温升的流动结构；

（6）引气附件的流动结构；

（7）流路沿程的非设计泄漏处微小间隙等，可根据经验视情考虑。

典型的一维网络模型如图 7.38 所示。接下来要进行的工作是对一维网络模型参数化，用一组结构化的特征参数代表元件的流动和换热特征，包括面积、直径、长度、间隙、倒圆、个数、半径位置等，并对所有节流元件和腔室节点编号。

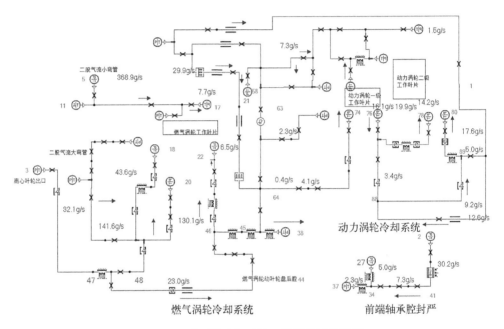

图 7.38　典型的空气系统一维网络计算模型

根据 2.3 节识别的工作条件，利用分析软件对参数化的一维网络模型、所有典型工况逐一进行计算分析。需要注意的是不同工况下，部分元件的特征参数如篦齿间隙等可能不尽相同。

计算输出结果包括两类参数：一是腔室节点的压力和温度，部分腔室节点如预旋喷嘴出口腔室还会给出气流的绝对速度、气流角度和相对于转子的总压、总温等；二是通过元件的空气流量、温升及对应的换热等。

空气系统设计者应对计算结果进行分析，确定总引气流量是否满足限制值、涡轮环形通道封严流量是否满足临界闭锁要求、轴承封严腔压力/温度是否满足封严要求、盘腔压力/温度是否符合预期指标等。除此之外，空气系统还应将计算结果及时反馈至轴向力专业、叶片冷却设计专业、热分析专业等进行确认是否满足其要求。

不满足以上条件时,设计人员需对元件特征参数进行必要调整,展开迭代计算,直至所有工况的计算结果均能满足要求。必要时还需要对部分元件进行敏感性分析,评估其在加工误差范围内空气流路压力、温度和流量参数与设计值预期的偏差程度。

完成计算分析后,应将流路布局绘制在发动机总图中,通过腔室节点编号、元件编号和流动方向箭头示意出流路的走向和布局。将流路布局图和迭代优化后的元件特征参数发送给结构专业,在工程图纸中逐一予以落实。

2) 转子气动轴向力分析

转子的轴向力等于同轴连接的压气机盘腔及其叶片气动力、涡轮盘腔及其叶片气动力的代数和,计算公式如下:

$$F = F_c + F_t \tag{7.1}$$

建立如图 7.39 所示的转子轴向力计算模型示意图,不要遗漏承受轴向载荷的部件及表面,在图示中标识轴向力作用面、半径及各部位轴向力编号,并建立压气机和涡轮转子轴向力的计算模型,它们是各部件叶片载荷和轮盘载荷加在一起的总载荷。

$$F_c = F_{c1} + F_{c2} + F_{c3} + F_{c4} + F_{c5} + F_{c6} \tag{7.2}$$

$$F_t = F_{t1} + F_{t2} + F_{t3} + F_{t4} + F_{t5} + F_{t6} + F_{t7} \tag{7.3}$$

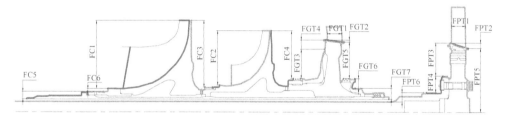

图 7.39 轴向力计算模型

(1) 叶片轴向载荷计算。

由压气机和涡轮各级叶片产生的轴向载荷可采用以下方法计算: ① 基于 N-S 方程的 CFD 方法及程序,通过 CFD 计算得到叶片气动轴向力; ② 基于动量守恒原理的简化计算方法。

气流通过压气机级时,静压增加,同时也改变了它的轴向速度,在这个过程中产生的力,可以通过对一个控制体内的空气运用动量守恒原理来估算,如图 7.40 和图 7.41 所示。

$$F_B = P_2 A_2 - P_1 A_1 + P_{ho} A_{ho} + m V_{a2} - m V_{a1} \tag{7.4}$$

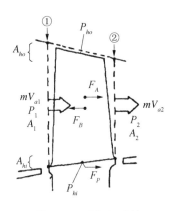

图 7.40　压气机叶片

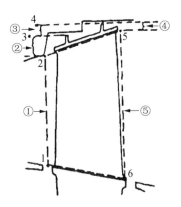

图 7.41　涡轮叶片

（2）轮盘轴向载荷计算。

轮盘载荷可通过将转子沿径向划分成几个压力均匀的部位来估算,这些部位的边界可以是封严件、轴或环形通道。轴承载荷是很多单独的载荷平衡后剩余的力,因此,轴承轴向载荷的相对误差比单独部件载荷的相对误差要大得多。确定压力要非常精确,一般而言,对旋转轮盘系腔道内的压力要考虑旋转效应对压力沿径向的变化影响。轮盘轴向载荷计算公式如下:

$$F_i = P_i A_i \tag{7.5}$$

7.3.2　温度场分析

航空发动机热分析的主要目的是根据零件的结构信息,所处的环境边界,给出零件温度计算结果,为强度等专业提供输入,验证结构设计满足静强度、寿命、变形等方面的需求。

图 7.42 为热分析工作在发动机设计中所处的地位。需要注意的是,热分析不仅仅是一项分析工作,热分析应该是发动机设计中的一个环节,需要与结构设计（包括冷却设计）、强度分析验证相结合,共同完成设计工作。

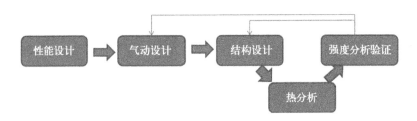

图 7.42　热分析在发动机设计中所处的地位

热分析对航空发动机设计的主要意义如下。

1）支撑部件结构设计时的选材

热分析的作用之一是在发动机设计时提供温度场信息,如图 7.43 所示,用于确定材料选择。需要注意的是,最终的材料选择应经强度详细计算后决定,热分析只给建议。

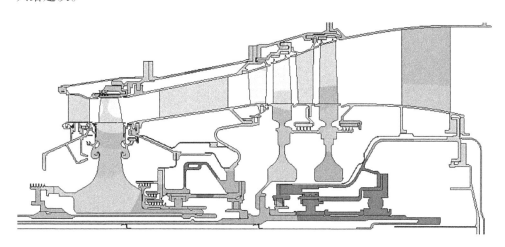

图 7.43　涡轮稳态热分析结果

2）部件强度计算、寿命分析

温度场对于零件强度、寿命的影响主要体现在热应力和材料物性两个方面,具体如下。

（1）温差导致零件热应力。

零件如果存在温度梯度,会导致不同位置有不一致的变形趋势,进而导致热应力。燃气涡轮发动机大量零件所处的环境非常恶劣,例如涡轮机匣,其内侧与主流道接触,而外侧接近于环境温度,温度梯度非常大,导致热应力非常大。通常的计算表明,转子件热应力占应力 20%~30%（还有一部分是离心应力）,静子件热应力占总应力的 70%以上。

（2）温度严重影响材料性能数据。

此外,温度的升高还会使得材料物性发生较大的变化,材料的力学性能大多随着温度的升高而下降,在达到一定值后会发生性能急剧下降,直至发生蠕变、融化等情况。通常情况下,材料都会有一个长期许用温度的概念,需要注意的是,这个概念一般都是定性的概念,而非判断材料是否可以使用的判据。

零件的寿命计算需要采用瞬态温度场作为热载荷输入,主要是由于瞬态比稳态更为苛刻,并且更接近真实情况。通过图 7.44 的盘缘和盘心温差,可以得到如下的瞬态区别于稳态的温度信息:① 在发动机加速时,盘缘和盘心温差显著升高,一般起飞时的盘缘和盘心温差最大,导致热应力最大。主要原因是加速过程中主

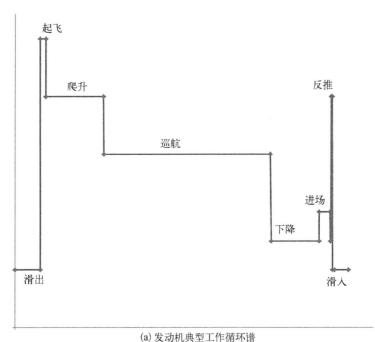

(a) 发动机典型工作循环谱

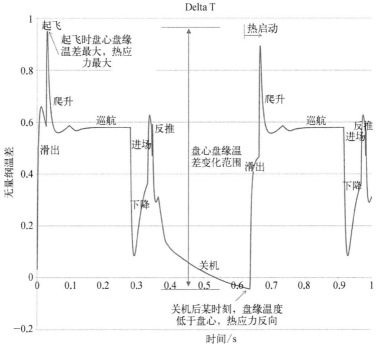

(b) 典型工作循环的涡轮盘温差变化曲线

图 7.44 涡轮盘瞬态温度变化示意图

流道气流温度迅速增加,导致盘缘温度快速增加,而盘心气流温度增加较慢,且盘心热容大,导致盘心温度增加较慢;② 发动机关机后,由于主流道气流较易被冷却至环境温度,而盘心不易被冷却,会出现在发动机关机后某个时刻盘心温度反而高于盘缘温度的现象,此时会导致盘的热应力反向。

通过瞬态计算可以得到盘缘和盘心温差变化的范围,这也是寿命计算所关注的。对于盘之外的其余零件,瞬态温度场变化趋势是类似的,因此也需要通过瞬态计算来获得准确的温度信息,从而为寿命评估提供输入。

（3）部件变形计算、尺寸链分析。

变形计算、尺寸链分析在发动机设计中具有非常重要的意义,热分析在这个步骤中扮演了非常重要的角色。热变形是零件变形的重要组成部分,对于热端部件,热变形通常是各类变形中数值最大的。因此,准确的温度场对于发动机的变形计算、尺寸链分析具有重要意义。

还需要特别关注的是,零件温度场受到热容影响,具有显著的瞬态效应,因此,热变形也具有显著的瞬态效应。这种瞬态效应不仅仅适用于径向变形,也适用于轴向变形(一般主要就是热变形)。

若同时考虑瞬态的轴向和径向变形,则转子和静子互相之间有相对变形的轨迹,图 7.45 示例性地给出了某篦齿在慢车-最大-慢车历程中转静子瞬态相对位置的变化情况。

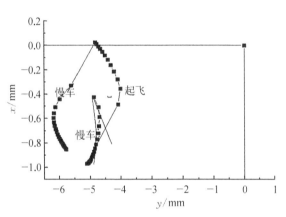

图 7.45　综合考虑轴向和径向变形后的转静子相对位置

（4）热变形协调设计。

准确的温度场是获得准确热变形的重要支撑,对发动机设计具有重要意义。发动机设计时,可以通过传热设计来改变转子或静子的温度场,进而改善转静子间隙,使得发动机工作在较好的间隙情况下。叶尖间隙控制就是一个典型的热变形协调设计应用。

（5）热启动。

热启动也是热分析所需要考虑的重要问题之一,从传热的角度上讲,热启动的核心问题是计算发动机关机后温度场变化。关机后的温度场结果对于发动机来说具有重要的意义,主要体现在如下几个方面。

① 关机后零件瞬态温度变化是燃气涡轮发动机寿命评估的关键输入。

零件的寿命计算需要以瞬态温度场作为输入,在燃气涡轮发动机运行工况下,靠近主流道位置的零件壁温通常较高,以涡轮盘为例,其运行工况下盘缘温度高于盘心。但是,同样以涡轮盘为例,发动机关机后,由于主流道通道较大,更容易被冷却至室温,而盘心由于离外界环境较远,换热较弱,导致盘心温度反而高于盘缘。对于燃气涡轮发动机的盘的寿命计算,主要关注的是盘心和盘缘温差的最大值和最小值,温差最大值通常在起飞工况,而温差最小值通常发生在关机后某个时刻,且此时温差为负值。

② 关机后零件瞬态温度变化导致的间隙不协调对燃气涡轮发动机热启动具有重要影响。

燃气涡轮发动机不同零件的热容与表面换热条件的比值的区别也较大,导致不同零件的冷却时间也不同,叶片最快冷却至室温,其次是机匣等薄壁件,最后冷却的是盘。不同零件冷却的时间不同,从而导致不同零件的热变形发生不协调的情况。一般由于机匣冷却速度比盘要快,导致机匣收缩比转子快,此时若发动机进行热启动,容易发生转子抱死的情况。

此外,一个更显著的现象是,关机之后气流由于受到重力的影响,上部的气流温度比下部高,导致发动机转子和静子的温度也是上高下低,转子和静子均出现如图 7.46 所示的热弯曲现象,通常这个现象发生在关机后 60~90 分钟之间。

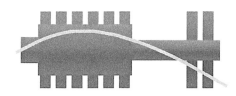

图 7.46　转子热弯曲

当发生热弯曲后,如果此时发动机需要热启动,如图 7.47 所示,转子旋转 180° 后极易与静子碰磨,导致发动机抱死。此外,热弯曲也会导致转子不平衡量变化,转子动力学特性发生变化,进而引起转子振动等不利影响。

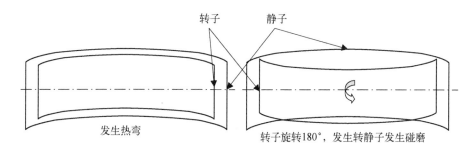

图 7.47　热弯曲后转子抱死现象示意图

③ 关机后的热沉浸回热是部分发动机部件工作最苛刻的条件。

发动机关机后,一些运转时被冷却的部件(例如离高温部件较近的传感器、轴承等)几乎没有冷气,但此时由于热容的影响,高温部件的温度仍比较高,这部分部件的热量会逐渐传导至低温位置,导致这些位置的温度反而比运行工况下高。例如罗·罗公司某型发动机,关机后盘缘的热量往盘心传导,一直传导至轴承腔外围,导致轴承腔温度高于滑油结焦温度。此外,发动机核心舱内的阀门、传感器等成附件,在发动机运转过程中由风扇外涵提供冷气进行冷却,但在关机后没有风扇冷气,此时由于机匣的导热,部分成附件温度反而高于运行工况。因此,在适航验证时需要关注所谓热沉浸回热工况的结果。

7.3.3　叶尖间隙分析

1) 间隙分析内容

(1) 间隙变化规律。

由于发动机涡轮叶尖间隙变化是由装配状态以及各种工作状态下的转静子变形情况共同决定,所以研究叶尖间隙首先要分析转子和机匣的变形原因。一般来说,确定涡轮叶尖间隙的时候需要考虑以下因素: ① 转子和机匣的热载荷。影响发动机涡轮转子和静子变形最大的因素是发动机工作中的热载荷,因为涡轮部件是发动机的高温部件,它的热变形会较压气机更为明显;② 转子的离心载荷。在高速旋转的涡轮转子中,叶片和轮盘将在离心力的作用下发生径向变形,在发动机转速变化时,转子的离心变形也将同步变化;③ 气动载荷。在某些机匣组件的内外壁气动载荷压力差较大时,机匣将产生一定的气动压力变形;④ 其他载荷。机动载荷、重力载荷和振动等因素,该部分因素在确定最小允许间隙时考虑。

图 7.48、图 7.49 是典型的转子和机匣随时间的变形响应曲线,对于转子的径向变形,主要是叶片和盘的热膨胀和离心膨胀,对于机匣的径向变形,主要是机匣热膨胀和压力膨胀。

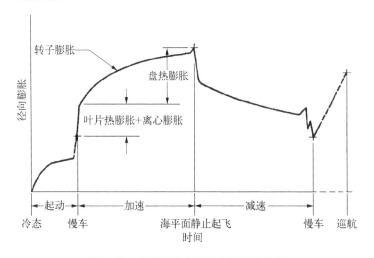

图 7.48　典型转子在过渡态的径向变形

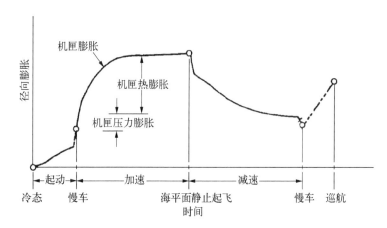

图 7.49　典型机匣在过渡态的径向变形

图 7.50 是发动机一个典型的转静子变形过程,图中示意了在不同时刻转静子变形过程的主导因素,在发动机加减速过程中,主要是离心力对转子变形的影响较大,此时转子的径向变形变化也比较剧烈。在主流温度发生变化后,由于机匣是薄壁件而转子结构比较笨重,所以机匣的热响应要快于转子的热响应,机匣的热变形要快于转子的热变形。在图中还有两个值得关注的潜在刮磨点,即间隙变化过程中间隙最小的点,也称为窄点,窄点一般出现在发动机从慢车加速到起飞状态的过程以及在减速后再次加速到最大功率的时候。为防止转子叶尖和机匣产生刮磨,

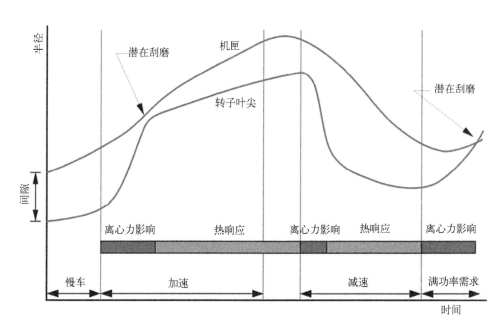

图 7.50　涡轮机匣和转子典型径向变形规律

影响发动机的可靠性和安全,窄点应大于发动机运行所需的最小允许叶尖间隙,因此,间隙设计过程中除了关注间隙的变化规律,还需要确定发动机工作时的最小允许叶尖间隙需求。

（2）最小允许叶尖间隙。

考虑到发动机运行过程中的诸多因素,为避免压气机和涡轮转子叶尖与外环发生碰磨,对于正常使用的发动机,提出了最小允许叶尖间隙,即叶尖运行间隙不得小于最小允许叶尖间隙,否则可能会对发动机产生危害性的影响。图 7.51 给出了典型的涡轮转子膨胀响应曲线,涡轮叶尖所需的间隙以图中高于转子膨胀响应曲线的剖面线部分示出,这部分间隙的大小由各状态的最小允许间隙确定,这样就得到了发动机正常运转所需的机匣膨胀响应曲线,即图中要求的机匣膨胀响应曲线。发动机在不同工作状态的最小允许间隙可能不同,不过一般来说,起飞时比巡航时所需的最小允许间隙更大。

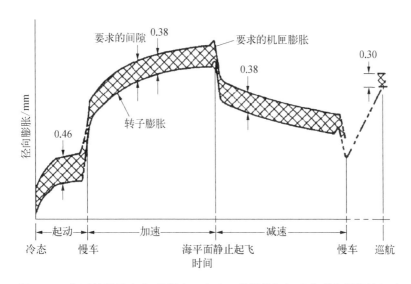

图 7.51　典型的转子响应,曲线上示出在正常服役期间防止刮磨需要的间隙

在确定转子与机匣之间的最小允许叶尖间隙时,主要考虑下列因素对转子和机匣变形的影响:① 重力和机动飞行陀螺力矩造成的挠度,由于重力载荷和机动飞行时的陀螺力矩使转子在支承部位受到力偶作用,从而产生弯曲挠度;② 安装载荷造成的椭圆度,发动机安装节传递来的载荷分布在机匣上,由于载荷周向不均匀导致机匣的椭圆度;③ 加工误差和偏心,即制造时产生的机匣和转子的偏心;④ 轴承径向间隙,轴承径向间隙的存在影响转子的位置,从而导致与机匣之间的间隙变化;⑤ 正常的转子不平衡度,正常状态下发动机转子不可避免地存在转子不平衡,从而导致叶尖间隙存在周向不均匀;⑥ 发动机喘振造成的变形;⑦ 非对称

热和压力畸变,由非对称热和压力畸变带来轴不对称的热和压力变形,从而导致间隙周向不均匀;⑧ 热发动机重新起动时转子的涡动,由于转子热起动时存在"上热下冷"的现象,产生转子热弯曲而引起的转子涡动;⑨ 叶片扭曲和转子蠕变伸长。

在典型工作条件下,综合考虑上述因素对间隙的影响,以此确定发动机各级转子所需要的最小允许叶尖间隙。

2) 间隙变化规律分析

(1) 间隙分析谱。

在分析叶尖间隙变化规律之前,首先要确定间隙分析载荷谱,图 7.52 为一个典型的叶尖间隙分析谱,包括从地面慢车到起飞、爬升、巡航、下降再加速等过程,能够模拟出发动机严苛瞬态条件下的产生的最小叶尖间隙点。为了节省计算时间,其中爬升、巡航阶段的时间只需要满足转子温度稳定即可,慢车时间适当短一些,模拟发动机减速后再加速出现的间隙迅速变小的现象。

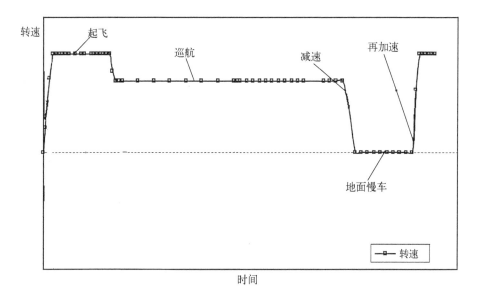

图 7.52　典型间隙分析载荷谱

(2) 转子和机匣温度场分析。

采用有限元或其他工程简化方法计算间隙分析谱内转子和机匣的过渡态温度场,图 7.53 和图 7.54 为某转子和机匣典型时刻的温度场结果,图 7.55 为转子和机匣平均温度变化曲线,叶片由于处于高温燃气环境中,而且叶片相对较薄,因此温度响应很快,温度也远高于涡轮盘和机匣;其次是机匣,热响应比叶片慢,但是要快于涡轮盘,在发动机起动至最大起飞状态之间,机匣温度始终高于涡轮盘,在最大爬升和巡航阶段,涡轮盘和机匣充分热响应后,涡轮盘的稳态温度要高于机匣的稳态温度。

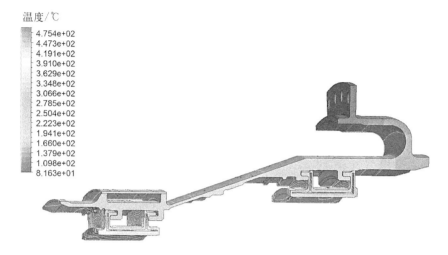

图 7.53　$t = 345\,\mathrm{s}$ 时刻机匣温度场

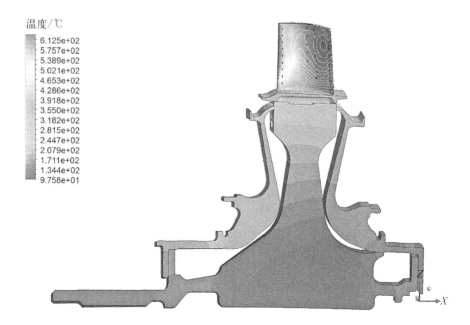

图 7.54　$t = 345\,\mathrm{s}$ 时刻高压涡轮转子温度场

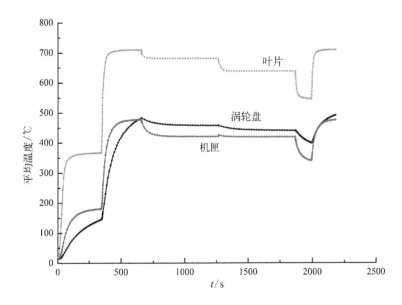

图 7.55　各零部件平均温度变化

（3）转子和机匣径向变形。

采用有限元方法进行结构静力分析,得到了转子和机匣的径向变形,图 7.56 和图 7.57 为一个典型时刻的径向变形结果,最小径向变形出现在机匣的安装边和涡轮盘的前段轴处,最大径向变形出现在高压涡轮外环上方的机匣和转子叶尖处。图 7.58 给出了外环和转子叶尖处的平均径向变形曲线,可以看到,转子叶尖处的径向变形要大于外环处的径向变形,这部分超出来的变形需要设置合适的初始冷态间隙来包容,防止在整个飞行周期内出现叶尖和外环刮磨的现象。

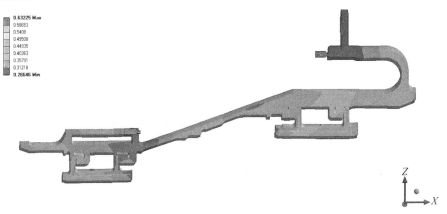

图 7.56　$t=345\ \text{s}$ 时刻机匣径向变形

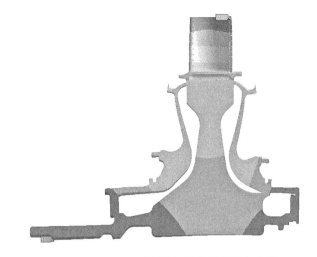

图 7.57 $t=345$ s 时刻高压涡轮转子径向变形

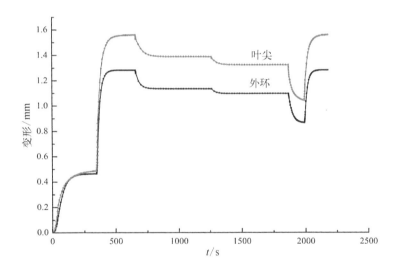

图 7.58 外环和叶尖处平均径向变形

（4）叶尖间隙变化规律。

根据外环和叶尖处的径向变形结果，叶尖间隙即可由下式算出：

$$\delta_{\text{hot}} = \delta_{\text{cold}} + \Delta\delta_{\text{shroud}} - \Delta\delta_{\text{blade}} \tag{7.6}$$

式中，δ_{cold} 是初始冷态间隙；$\Delta\delta_{\text{shroud}}$ 是外环处的径向变形；δ_{blade} 是叶尖处的径向变形。通过外环和叶尖处的径向变形变化就能得到叶尖间隙变化规律，图 7.59 是一个典型的高压涡轮叶尖间隙变化规律，间隙窄点（最小间隙点）出现起飞和在加速的时刻。

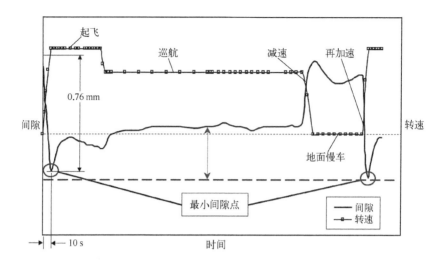

图 7.59　涡轮叶尖间隙的典型变化规律

3）最小允许间隙分析

用转子/机匣的变形分析计算在重力和陀螺机动飞行载荷、外罩气动载荷、安装节载荷下机匣的椭圆度和在热发动机重新起动时热弯曲转子涡动引起的间隙量。这些计算再结合考虑其他因素如公差、偏心、轴承径向间隙、正常不平衡度引起的涡动，就可以得到所需的最小允许间隙（窄点）。由于这些情况不可能在同一轴向部位发生或同一时间内发生，这时可依据现代航空发动的使用经验来修正单个间隙减小量的估算值，获取在任何给定时间点估算单个间隙减小量的累积影响。

（1）转子分析。

可以用转子结构的计算机模型估算由于重力、陀螺机动飞行载荷和外罩气动载荷引起的间隙减小量。图 7.60 为某发动转子分析模型，用此模型来分析飞机机

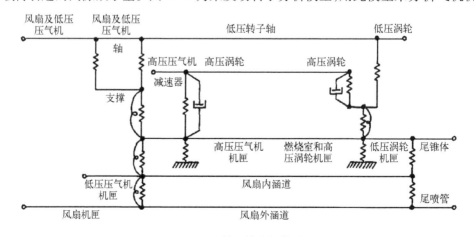

图 7.60　转子的分析模型

动飞行情况下垂直和水平重力载荷及俯仰和偏航陀螺载荷,以及外加在进气机匣上的载荷,以此模拟外罩气动载荷。

(2)机匣分析。

对整机机匣进行静力结构分析,以估算机匣由于局部施加发动机安装节载荷而引起的椭圆度,图 7.61 为某发动机整机机匣的分析模型。

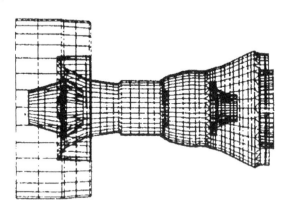

图 7.61　整机机匣的分析模型

表 7.2 示出了某发动机起飞/爬升状态高压涡轮转子在正常重力载荷、陀螺载荷、安装节载荷及外罩载荷下所需的间隙。

表 7.2　在正常重力载荷、陀螺载荷、安装节载荷及外罩载荷下
发动机起飞/爬升状态所需间隙　　　　　　　　　　　　（单位：mm）

	重力载荷	陀螺载荷	安装节椭圆度	外罩载荷	总　计
高压涡轮	0.061	0.005	0.076	0.003	0.145

(3)其他。

加工误差、偏心、轴承径向间隙和正常不平衡度引起转子涡动产生的附加间隙减小量可以通过工程经验进行估算,借助于先进可行的加工和装配技术,可以减少这些间隙减小量。表 7.3 示出了某发动机起飞/爬升状态高压涡轮转子因加工误差、偏心、轴承间隙和正常的转子涡动影响下所需的间隙。

表 7.3　因加工误差、偏心、轴承间隙和正常的转子涡动
影响下发动机起飞/爬升状态所需间隙　　　　　　　　（单位：mm）

	转子误差	机匣误差和偏心	轴承间隙	转子涡动	总　计
高压涡轮	0.025	0.076	0.1	0.025	0.226

（4）转子热弯曲变形。

根据前面的计算可以得到发动典型工作状态发动机转子所需的总间隙,以前面介绍的某高压涡轮为例,起飞和巡航状态转子所需间隙见表7.4。

表7.4 典型工作状态转子所需间隙　　　　　　　　（单位: mm）

	起飞/爬升	巡 航
高压涡轮	0.38	0.3

对于热发动机重新起动的情况还需要考虑转子热弯曲变形,计算方法与前面的转子分析类似,热弯曲转子起动时可以通过支撑结构的高效黏性阻尼使转子的涡动减小。为了避免热发动机再起动时的摩擦,热弯曲转子的涡动变形可用来确定转子冷装配时所需的间隙。本书介绍的高压涡轮热弯曲转子再起动时涡动所需的间隙为0.46 mm。

（5）典型状态最小允许间隙。

以前面介绍的某高压涡轮为例介绍典型的最小允许间隙,图7.62示出了需求曲线,起动要求0.46 mm,起飞0.38 mm,巡航0.3 mm。在发动机运行过程中,这些间隙必须保障,这是发动机间隙控制的极限目标,也决定了性能设计所需间隙值的最小值。

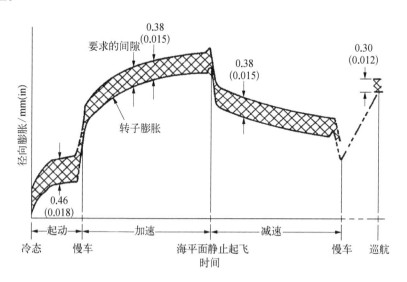

图7.62 某发动机高压涡轮所需的最小允许工作间隙

4）冷态间隙的确定

确定初始冷态间隙的原则是通过计算转子和机匣的变形(热载荷、离心载荷、气动载荷等)与时间的关系来确定涡轮叶尖间隙变化规律,找到最小间隙点(窄点),以建立防止刮磨所需的转子与机匣的初始冷态间隙,即要保证窄点间隙大于最小允许叶尖间隙。如图 7.61 所示,结合图 7.59 和图 7.62 中由转子膨胀响应曲线和各状态最小允许间隙确定的要求的机匣膨胀响应曲线,实际的机匣膨胀响应曲线的位置是通过使两曲线(要求的和实际的机匣膨胀曲线)之差最小,即保证了发动机在所有工作状态具有所需的间隙,且又使得叶尖间隙最小来确定的,这样就确定了冷装配状态下的初始间隙,图 7.63 中该发动机高压涡轮转子叶尖冷态间隙为 1.55 mm。

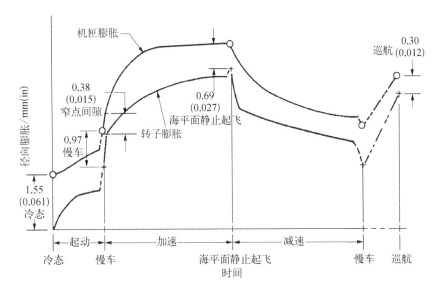

图 7.63　某发动机高压涡轮最终的间隙响应曲线

7.3.4　计算模型校核

计算模型校核包括空气系统流体动力学分析、温度场分析、叶尖间隙分析的模型校核,校核的方法包括数值仿真和试验校核。

对于像一维网络系统分析这样的工程简化计算,简化的元件模型不能完全准确地代表复杂的流动结构。此时可结合数值仿真的手段对局部流路进行数值模拟,对计算结果进行修正。也可以开展元件级的流动换热特性试验,模型计算时直接采用试验特性修正计算结果。

设计者也往往需要根据整机试验结果进行模型校核。按照真实的试验条件进行模型计算分析,与实测压力、温度、流量等参数进行对比和修正。

此外,设计者也往往需要对制造误差进行评估,结构专业会将节流元件实际加工超差情况反馈至空气系统专业,由空气系统评估影响后给出"可用""让步使用"和"不可用"的处理决定。

第 8 章
防冰系统详细设计

　　防冰系统的功能是保证发动机能够在结冰条件下安全可靠地运行,防冰系统设计分析的目的是给出能够满足安全需求的防冰技术方案。典型的航空发动机防冰系统所采用的防冰方式有热气防冰、电加热防冰、吹气防冰、结构防冰、涂层防冰等,不同的防冰方式各有其优缺点,其中以热气防冰方式的应用最为普遍和广泛,本节所述防冰系统也特指热气防冰系统。

　　热气加热防冰系统的研制工作可以分为设计工作和计算分析工作。设计的主要技术环节包括防冰方式的选取、布局(或流路)设计、控制方案设计、传热结构设计等;计算分析的主要技术环节包括结冰环境分析、水摄取率计算分析、水撞击特性计算分析、结冰特性计算分析、流体换热特性计算分析、防冰部件温度计算分析以及飞行循环分析等。热气防冰系统的设计原理、典型结构件流动换热特性和设计方法与空气系统类似,分别在本书第 2 章、第 3 章和第 7 章进行了详细的阐述,本节主要针对防冰计算分析环节中有别于空气系统的部分进行详细说明。

8.1　结冰环境分析

　　结冰环境是指那些能够引起飞机和发动机结冰的大气条件,结冰环境分析是指根据飞机或发动机防冰系统设计规范或设计要求,确定防冰系统设计过程中必须要遵循的大气结冰条件,并根据分析结果确定出飞机或发动机在不同运行条件下的用于防冰计算分析的结冰参数。

8.1.1　大气结冰条件

　　从 20 世纪 20 年代开始,欧美许多国家就对飞行器的自然结冰现象予以了足够的重视,并针对结冰气象条件进行了大量的观测,其中以美国国家气象局(National Weather Service, NWS)和美国国家航空航天局(National Aeronautics and Space Administration, NASA)的研究最为详尽和系统,并且最终根据统计数据制定出了一系列民用和军用飞机的防冰系统设计规范;战后的苏联在欧亚地区也针对结冰气象条件进行了大量的观测,得到了很多的有价值的数据,并据此制定了与欧美等国家类似但相对偏严的防冰设计规范;我国在这一领域内的研究工作开展得很少,并没有针对大气结冰条件进行过系统的研究,基础很薄弱,在对我国部分航线结冰气象条件进行了初步的调查取证后,认为我国的大气结冰气象条件与美国相似,所以暂用美国军用标准的结冰气象条件。

根据 NASA 对结冰气象条件的观测及总结[1],可以确定的是,自然界中主要存在以下三种过冷水滴结冰环境。

(1) 层云。具有中等偏下的液态水浓度,是连续的结冰条件,云层液态水含量(liquid water content, LWC)为 0.1～0.8 g/m³,从云底算起的最大可能厚度范围为1 981 m,水滴直径为 10～40 μm,温度为 0～-30℃,云底高度为 900～6 700 m,水平范围为 32～322 km,飞行中遭遇层云结冰条件最可能发生在高度为 900～1 800 m。在高于 6 700 m 时,几乎不会发生结冰,并且结冰的最低温度大概为-30℃。

(2) 积云。具有中等偏高的液态水浓度并且相对较短的水平范围,是间断的严重结冰条件,典型的独立积云团可能会位于 3.2～9.7 km 的水平范围、1 200～7 300 m 的高度范围内,云层液态水含量为 0.2～2.5 g/m³ 或更高,水滴直径为 15～50 μm。因为云层的水平范围比较窄,因此遭遇积云的情况通常都是相对短的持续时间(大约 1 分钟),但是由于高的液态水含量,其结冰严重程度要比层云高二至三倍。积云条件通常会在 2 400～3 600 m 的高度发生;尽管在 6 700 m 以上几乎就不会产生结冰,并且最小结冰温度约为-30℃,但是有一些证据表明结冰能够产生的极限温度为-40℃,高度为 9144m。

(3) 冻雨以及其他低海拔结冰条件。冻雨的主要特征是大的水滴(大到1 000 μm),温度为 0～3.9℃,高度为 0～1 500 m,液态水含量大约为 0.15 g/m³,水平范围最大可达到 160 km。

可以看出,液态水含量、温度、水滴尺寸和云层范围是用于表征结冰气象条件的四个主要参数。

除上述三种主要的结冰环境外,近年来航空界发生了多起由于高空冰晶结冰导致的发动机事件,由于冰晶结冰的原理和热力过程比较复杂,限于本书篇幅,在此不再进行详述。有兴趣的读者可以参阅文献[2-5]。

图 8.1 和图 8.2 给出了中国国家军用标准 GJB 241A-2010《航空涡轮喷气和涡轮风扇发动机通用规范》中定义大气结冰条件的图表,图中的连续最大结冰条件和间断最大结冰条件分别对应上文中的层云和积云条件,该条件与美国军用标准MIL-E-5007D 完全相同。另外,中国民用航空规章 CCAR 给出的大气结冰条件与图 8.1 和图 8.2 也基本相同。

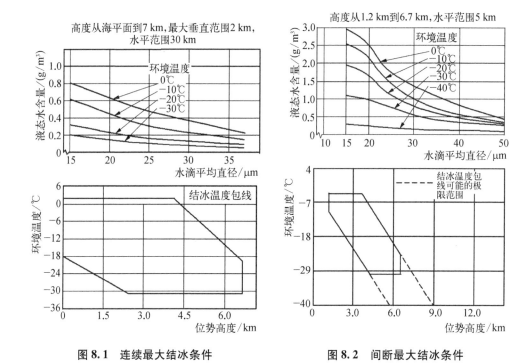

图 8.1　连续最大结冰条件　　　　　图 8.2　间断最大结冰条件

在防冰系统设计之初,要根据用户的需求,确定出应该遵循的大气结冰条件设计标准。在我国,民用和军用航空发动机防冰系统设计分析通常应该分别遵循CCAR 和 GJB 241A - 2010 的要求。

8.1.2　环境设计点

上文的结冰条件图充分定义了结冰参数的范围,但在防冰系统设计过程中,不可能也没必要进行包线范围内所有参数组合状态下的计算和试验,因为这种组合是无穷无尽的,这就要求设计者在包线范围内合理地选择一些最严重结冰条件的离散点,用于确保整个参数范围内防冰设计的完整性。

首先,要在结冰包线内确定出代表最严重结冰条件的“单工作线”。这样就可以很方便地确定出特定飞行高度下的温度值,开展发动机性能计算和防冰性能计算,这种处理方法与发动机总体性能设计中“标准天”的定义类似。

“单工作线”的选定需要考虑以下几点因素:

(1) 积云包线对应的结冰环境通常比层云包线更恶劣,因此发动机防冰设计研究应该基于积云结冰条件进行,并且“单工作线”的位置应该位于积云包线之内;

(2) 从来自不同地理区域实际飞行中收集到的高海拔结冰事件报告中可知,

与"标准天"相比,大多数事件发生的典型气候条件通常更接近"极地天"。这种情况在直观上是合乎逻辑的。因此,目标"单工作线"应该在包线左边界的位置,至少应该在高海拔区域;

(3)"单工作线"的位置应该处于冻雨最差结冰条件之内,也就是温度范围 $-3.9℃ \sim 0℃$;

(4)发动机压缩热会对防冰热空气的热量产生影响,因此选择最低的环境温度值有利于提升设计的保守性。

图 8.3 给出了"单工作线"在结冰包线中的位置,业界已经证实,在所有结冰点下,该"单工作线"的位置始终比"标准天"温度线更接近严重的结冰条件。

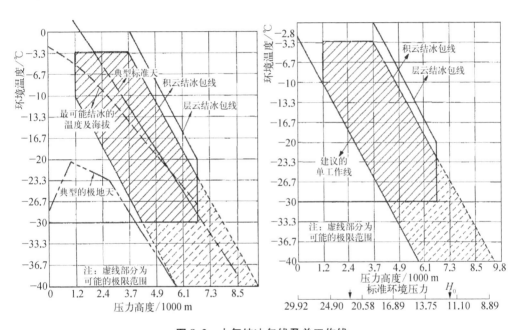

图 8.3　大气结冰包线及单工作线

其次,要确定出"单工作线"上每一温度值所对应的水微滴直径和液态水含量的参数范围。实际上,云层中的水滴尺寸变化范围很大,从几微米至几百微米,为了进行结冰理论计算,需要用单一尺寸或呈某种分布的若干尺寸来描述。通常,用于常规过冷水滴结冰防冰计算的水滴单一尺寸为 20 μm,这里的尺寸是指平均体积直径(median volume diameter, MVD)。

最后,根据确定的温度和水滴尺寸值,通过相关规范和标准中给出的图表确定出液态水含量。因为发动机防冰系统设计必须留出一定的安全裕度,因此建议所有的设计计算都应该基于发动机在积云环境中连续长时间工作的假设来进行。例如,飞行高度为 2 700 m,设计者首先应该查图 8.3 以确定大气设计温度为 $-20℃$,

然后再去查看图8.2,在水微滴直径为 20 μm 处会得到对应的液态水含量设计值为 1.7 g/m^3。对于短时间瞬态结冰计算,还应该考虑选择大于1的液态水含量修正系数。

8.2　水摄取率

水摄取率是指通过发动机进口所摄入的水的时间比率(单位为质量/时间),它取决于进口几何结构、进口空气速度与自由流空气速度之比、水滴尺寸和自由流(云层)中液态水含量。

在飞行过程中,受发动机运行状态和飞行状态的影响,发动机进口处的气流会产生"吸入"或"溢出"效应(图8.4),仅仅在飞行速度与发动机进口气流速度相等时,发动机进口的气流参数才会与自由大气中的参数相等,其他绝大多数情况下两者是不相等的,尤其是直接影响结冰的液态水含量可能会出现很大的差异。因此,在发动机防冰计算分析时必须考虑这种效应。

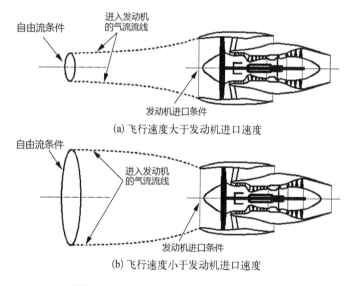

(a) 飞行速度大于发动机进口速度

(b) 飞行速度小于发动机进口速度

图8.4　不同条件下发动机进口气流流线

通常,民用大涵道比发动机进口直接面对来流,发动机进口的水摄取率计算相对比较直接;而军用航空发动机带有进气道,水摄取率的计算需要考虑进气道的影响,由于进气道几何结构设计和进气道防冰设计通常属于飞机方的职责范围,在设计之初也往往不具备详细的结构信息,因此建议在发动机防冰设计的初始阶段,假设发动机具有与进口尺寸一样的平直型进气道结构,据此开展水摄取率的计算,如果在后续工作中从飞机方得到了关于进气道结构尺寸的详细信息,则可以相应地修改发动机的水摄取率。

水摄取率可以通过经典的一维方法和近年来逐渐广泛应用的三维数值模拟方法来进行计算。

一维计算方法的基础是发动机进口速度与自由流速度之比、发动机进口结构以及不同尺寸水滴的流线形状,其中不同尺寸水滴的流线形状是 NASA 使用着色示踪技术通过风洞试验得到的并且与求解水滴移动方程的计算分析[6]进行了对比,最终通过浓缩系数和进口速度比率来表示发动机进口水摄取率[7]。该方法简单易实现,可以快速评估发动机进口的液态水含量参数,但是无法考虑由于结构的周向不对称引起的水含量分布不均的情况,因此适用于初步的防冰设计分析。关于水摄取率一维计算方法的详细信息可参考文献[7]。

随着计算机软硬件的发展,近年来三维数值模拟方法也逐渐应用于发动机进口水摄取率的计算,通过对大气、发动机进口部位的流体分析对象进行一体化建模和对空气流场、水滴运动方程的求解,可以直接得到发动机进口、风扇和分流环等位置气流中的液态水含量值及液态水含量的分布。三维方法可以获得准确的水摄取率及液态水含量信息,也能够考虑复杂结构进气道及水滴重力的影响,但建模计算过程复杂,所需周期较长,因此适用于防冰系统详细计算分析。

8.3 水 撞 击 特 性

含有过冷水滴的气流进入到发动机进口后,由于水滴的质量和惯性比空气大,因此会形成与空气流线不同的绕流运动轨迹。水滴尺寸越大,惯性越大,其运动轨迹就越会偏离空气流线;反之,水滴尺寸越小,惯性也越小,其运动轨迹就越会贴合空气流线。偏离空气流线的水滴会很容易撞击到飞机或发动机零部件表面上。

为了确定零部件表面上的结冰特性以及传热传质特性,就必须获得该零部件表面的水撞击特性。水撞击特性是指过冷水滴撞击到飞机或发动机零部件表面上的撞击区域、撞击量及其分布,通常用水滴撞击极限、局部水收集系数和总收集系数等参数描述,其中:

(1)水滴撞击极限 S_m 定义为水滴能撞击在物体表面最远位置的长度 S 与物体特征尺寸 L 之比,是无量纲值,见图 8.5;

(2)局部水收集系数 β 定义为物体微元表面实际水收集率 W_β 与最大可能水收集率 $W_{\beta max}$ 之比,见图 8.6;

(3)总收集系数 E_m 定义为单位翼展长度的翼型表面实际水撞击率 W_m 和翼型可能的最大水撞击率 W_{max} 之比,见图 8.7。

水撞击特性主要受来流速度、水滴直径以及物体几何形状的影响,具体可以通

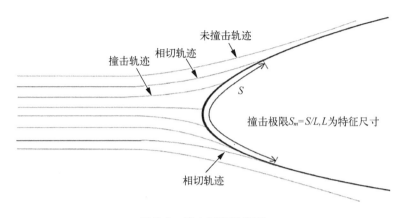

图 8.5　撞击极限示意图

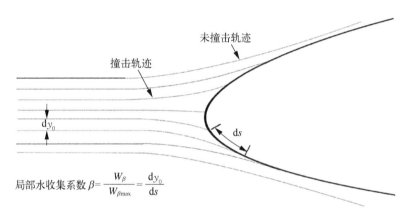

局部水收集系数 $\beta = \dfrac{W_{\beta}}{W_{\beta\max}} = \dfrac{\mathrm{d}y_0}{\mathrm{d}s}$

图 8.6　二维局部水收集系数示意图

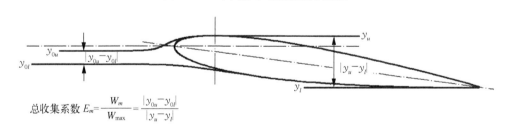

总收集系数 $E_m = \dfrac{W_m}{W_{\max}} = \dfrac{|y_{0u}-y_{0l}|}{|y_u-y_l|}$

图 8.7　二维总收集系数示意图

过经典的一维方法和多维数值模拟方法来进行计算。

　　一维方法是采用试验或数值计算的方法，得到典型结构（球体、圆柱体、椭圆球体和锥体等）表面水滴撞击特性，之后用曲线的形式给出这些表面水撞击特性与水滴的修正惯性参数 K_0 之间的关系。水滴修正惯性参数 K_0 的计算方法如下。

　　惯性参数 K：

$$K = \frac{2(d/2)^2 \rho_{H_2O} V_0}{9L_C\mu}(\text{无量纲}) \qquad (8.1)$$

其中，d 为水滴直径，单位为 m；ρ_{H_2O} 为水的密度，单位为 kg/m^3；V_0 为水滴速度，单位为 m/s；μ 为空气的动力黏度，单位为 $\text{kg/(m} \cdot \text{s)}$；特征长度 L_C，单位为 m：对于机翼，L_C = 弦长；对于圆柱和球体，L_C = 半径；对于圆锥，L_C = 底面半径。

水滴的来流雷诺数 $Re_{o,d}$：

$$Re_{o,d} = \frac{\rho_0 V_0 d}{\mu}(\text{无量纲}) \qquad (8.2)$$

其中，ρ_0 为空气密度，单位为 kg/m^3。

真实水滴"行程" λ 与 Stokes 定律"行程" λ_S 之比：

$$\varepsilon = \frac{\lambda}{\lambda_S}(\text{无量纲}) \qquad (8.3)$$

修正惯性参数：

$$K_0 = K\frac{\lambda}{\lambda_S}(\text{无量纲}) \qquad (8.4)$$

首先计算 K 和 $Re_{o,d}$，之后从图 8.8(给出了适用于设计计算的 $\frac{\lambda}{\lambda_S}$ 与 $Re_{o,d}$ 的关系曲线[8])来计算 $\frac{\lambda}{\lambda_S}$，其值仅仅取决于 $Re_{o,d}$。因此可以直接从公式(8.4)计算出

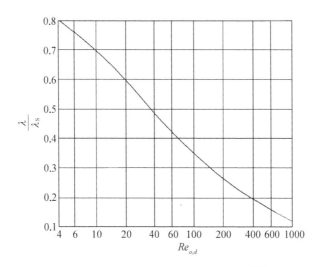

图 8.8　水滴行程之比与雷诺数的关系[8]

修正惯性参数 K_0。

得到修正惯性参数 K_0 之后,就可以根据典型表面水撞击特性与水滴的修正惯性参数 K_0 之间的关系曲线[9]得到详细的撞击率数据。

一维计算方法简单快捷,对于具有经验数据的简单几何结构,其计算准确度较高,但是对于一些复杂的结构,采用该方法可能会有很大的偏差。

多维方法是指采用二维或三维数值模拟方法,对水滴的运动轨迹和撞击特性进行计算。目前主要有两种计算方法:拉格朗日(Lagrange)法[10]和欧拉(Euler)法[11]。拉格朗日法针对每个水滴建立运动方程,求解得到水滴的速度和运动轨迹,由此判断水滴是否撞击到零部件表面以及具体的撞击极限和撞击量等;欧拉法以空间网格节点为对象,通过求解水滴相的连续方程和动量方程,得到不同网格上水滴容积分数和水滴速度,进而得到水滴撞击特性。图 8.9 给出了采用欧拉法计算的 NACA0012 翼型表面水滴撞击特性结果。

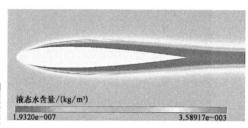

液态水含量/(kg/m³)

1.9320e−007   3.58917e−003

水收集系数

0.00000e+000   7.49666e−001

来流速度: 100m/s
来流温度: -10℃
液态水含量: 2g/m³
水滴尺寸: 20微米
攻角: 0°

图 8.9　NACA0012 翼型水滴撞击特性计算结果

虽然多维数值模拟方法要比一维方法复杂得多,但是它能够处理复杂结构、适应不同的流动工况,计算结果的准确性也要比一维方法高,随着现代计算机软硬件技术的发展,数值模拟方法尤其是欧拉法已经在业内得到了极为广泛的应用。

8.4　防冰部件外换热分析

防冰部件外换热分析方法与涡轮冷却叶片外换热分析方法类似,工程上通常有两种分析方法:经验公式法和积分微分法。经验公式法采用由试验获得的换热经验关联式对部件表面换热进行计算,积分微分法通过求解边界层微分方程来处理各种二维边界层流动及换热。

8.4.1　经验公式法

典型的防冰部件包括整流支板(叶片)和帽罩,除了前缘之外的后部表面换热按照平板换热计算公式计算:

$$Nu = 0.322Re^{0.5}Pr^{0.33}(\text{层流}) \tag{8.5}$$

$$Nu = 0.0296Re^{0.8}Pr^{0.33}(\text{湍流}) \tag{8.6}$$

其中，当 $Re \leqslant 200\,000$ 时为层流，当 $Re \geqslant 500\,000$ 时为湍流，$200\,000 < Re < 500\,000$ 为过渡区。

叶片前缘近似按照半圆柱换热计算公式进行计算：

$$Nu = 1.14Re^{0.5}Pr^{0.4}\left[1 - \left(\frac{\theta}{90}\right)^3\right] \tag{8.7}$$

帽罩驻点近似计算公式与上式类似：

$$Nu = 1.32Re^{0.5}Pr^{0.4} \tag{8.8}$$

换热系数 h 通过下式计算：

$$h = Nu\lambda/l \tag{8.9}$$

式中，Nu 为努塞特数，无量纲参数；Re 为来流雷诺数，无量纲参数；Pr 为来流普朗特数，无量纲参数；θ 为角度，单位为(°)；h 为换热系数，单位为 $\mathrm{W/(m^2 \cdot K)}$；λ 为空气导热率，单位 $\mathrm{W/(m \cdot K)}$；l 为特征长度，部件前缘为前缘直径，部件后部为当地的弧长。

8.4.2　积分微分法

积分微分法通常通过求解二维边界层内的连续方程、动量方程和能量方程得到边界层内的速度和能量分布，进而得到流体与壁面换热的热流率和换热系数，紊流黏性系数则通过相应的紊流模型计算得到。下面以微分法为例具体说明。

1）连续方程

控制方程采用定常时均值形式的二维可压湍流边界层方程。轴对称可压缩流的连续方程为

$$\frac{\partial}{\partial x}(\rho u r) + \frac{\partial}{\partial y}(\rho v r) = 0 \tag{8.10}$$

式中，ρ 为流体密度，单位为 $\mathrm{kg/m^3}$；u 为 x 方向的分速度，单位为 $\mathrm{m/s}$；v 为 y 方向的分速度，单位为 $\mathrm{m/s}$；r 为径向坐标，单位为 m；x 为物体的型线相切的方向；y 为与物体的型线相切线的垂直方向。

2）动量方程

轴对称可压缩流的运动方程为

$$\rho u \frac{\partial u}{\partial x} + \rho v \frac{\partial u}{\partial y} = -\frac{\mathrm{d}p}{\mathrm{d}x} + \frac{1}{r}\frac{\partial}{\partial y}\left[r\left(\mu \frac{\partial u}{\partial y} - \rho \overline{u'v'}\right)\right] + z = 0 \tag{8.11}$$

$$\frac{\partial p}{\partial y} = 0 \tag{8.12}$$

式中，p 为压力，单位为 Pa；$\mu \dfrac{\partial u}{\partial y}$ 为黏性剪切应力；μ 为流体的动力黏性系数，单位为 kg/(m·s)；$\rho \overline{u'v'}$ 为紊流剪切应力；$\overline{u'v'}$ 为紊流脉动速度 u' 和 v' 乘积的时均值；z 为 x 方向的体积力。

3）能量方程

轴对称可压缩流的能量方程为

$$\rho u \frac{\partial I}{\partial x} + \rho v \frac{\partial I}{\partial y} = \frac{1}{r}\frac{\partial}{\partial y}\left\{r\left[\frac{\lambda}{c_p}\frac{\partial i}{\partial y} - \rho \overline{I'v'} + \mu \frac{\partial}{\partial y}\left(\frac{u^2}{2}\right)\right]\right\} + S \tag{8.13}$$

式中，I 为流体总焓，单位为 J；λ 为流体导热系数，单位为 W/(kg·K)；c_p 为流体比定压热容，单位为 J/(kg·K)；i 为气体静焓，单位为 J；$\rho \overline{I'v'}$ 为紊流中由于脉动造成的 y 方向总焓通量；$\overline{I'v'}$ 是总焓通量脉动值与 y 方向脉动速度乘积的时均值；S 为单位质量流体中的源项。

图 8.10 为典型航空涡扇发动机进口整流支板外换热计算结果，可以看出，在支板前缘，外换热系数很大，这表明支板前缘需要更多的热量进行加热才能保证不结冰。

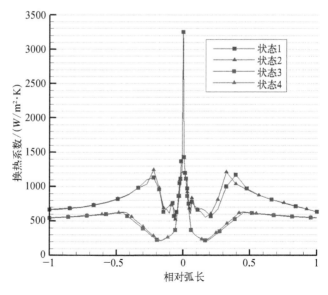

图 8.10　典型整流支板外换热计算结果

8.5　结冰特性

结冰特性分析是指对发动机进口部件表面的结冰区域、结冰量以及结冰形状等特性进行计算和分析,其目的是掌握部件表面结冰范围和结冰严重程度,为评估是否要采取防冰措施以及防冰系统的设计提供依据。

8.5.1　结冰类型

当过冷水滴撞击到发动机进口部件表面上并且产生冻结时,根据结冰的具体条件差异,会形成如下三种不同形态的结冰类型。

(1)霜冰(rime ice)。通常在结冰表面周围环境温度较低(低于-10℃)、过冷水滴较细小的情况下生成。当过冷水滴撞击到表面后,立即释放潜热并全部冻结。由于冻结成的冰粒之间留有来不及排除的气泡,因此这种冰往往不透明,颜色为乳白色,表面粗糙且整体密度较小,呈现出比较贴合结冰表面的规则的流线外形。

(2)明冰(glaze ice)。通常在结冰表面周围环境温度高于-10℃、过冷水滴尺寸较大(直径大于 20 μm)的条件下形成。撞击到表面上的过冷水滴与表面接触的部分冻结成冰,其余未冻结部分继续保持液态,并在气动力的作用下沿着表面向下游流动并逐渐冻结,形成角状冰。明冰看上去呈现出透明的形态,形状不规则,而且与表面结合力较大,难以脱落。

(3)混合冰(mixed ice)。一种介于霜冰和明冰之间的类型,多形成于空气流温度介于-10~-20℃的情况下,兼具明冰和雾凇两者的特征。它在过冷水滴撞击的滞止区域附近具有明冰的特征,在这个区域下游带有霜冰的特征。这种冰在霜冰特征区往往表面粗糙不平,呈现羽毛状。与明冰类似,它在表面上也冻结得十分牢固。

由于明冰质地坚硬,结冰量较大,且通常难以脱落,因此相较于霜冰来说,明冰更容易给发动机的运行安全造成影响。

8.5.2　影响结冰的主要因素

发动机零部件表面的结冰类型、结冰量等特性与很多因素有关,其中主要的影响参数有:液态水含量、结冰环境温度、水滴直径、气流速度和结冰时间等。

液态水含量和结冰时间对结冰的影响显而易见,液态水含量越大、结冰时间越长,则撞击到零部件表面上的水量就越多,因而结冰也越严重;结冰环境温度会直接影响到撞击点处水滴的冻结比例,温度越低,水滴越容易冻结,反之亦然;水滴直径的不同会直接影响到结冰区域以及结冰的形状;气流速度也会影响撞击到表面上的水量,高速气流下的结冰会比低速更严重,且通常会产生带棱角的明冰。

8.5.3　结冰表面传热传质分析

过冷水滴撞击到发动机零部件表面上产生冻结的过程是一个非常复杂的非稳态传热传质过程,其中包括水滴的冻结、液态水的蒸发和升华等相变过程,又包括对流换热和相变传热过程,在未完全冻结的明冰条件下还会产生溢流水流动、水膜破裂等传质问题。为了综合考虑和处理这些基本的现象和问题,需要建立合适的结冰热力学分析方法和模型。

结冰表面热力学分析方法是以结冰过程中的质量守恒和能量守恒为基础的。早在 20 世纪 50 年代,Messinger[12] 就提出了第一个可用于计算结冰过程的数学模型,该模型通过在结冰表面的控制体积内建立水的能量平衡方程并对其进行求解获得结冰表面平衡温度以及控制体内的结冰量。此后,业内针对该模型的不足进行了改进,形成了一些新的结冰计算模型,例如 Myers 模型[13] 及 Shallow-Water 模型[14] 等。与此同时,随着计算机技术和数值模拟技术的发展,以这些计算模型为基础,发展出了一大批的结冰数值模拟软件,例如美国的 LEWICE、英国的 DRA、法国的 ONERA、加拿大的 CANICE 及 FENSAP‐ICE、意大利的 CIRA 等。

图 8.11 给出了典型的结冰过程质量守恒示意。在结冰表面的控制体内,一共有五种不同的质量传递项:水滴撞击进入到控制体内的质量 $\dot{m}_{imp}$、从控制体内蒸发带走的质量 $\dot{m}_{eva}$、冻结成冰的质量 $\dot{m}_{ice}$、上游溢流水带进控制体的质量 $\dot{m}_{in}$ 以及流向下游的溢流水质量 $\dot{m}_{out}$。 这些质量之间应该保持平衡,即有

$$\dot{m}_{imp} + \dot{m}_{in} = \dot{m}_{eva} + \dot{m}_{ice} + \dot{m}_{out} \tag{8.14}$$

其中,撞击水量 $\dot{m}_{imp}$ 可以通过水滴撞击特性计算得到;蒸发水量 $\dot{m}_{eva}$ 与结冰表面水蒸气浓度和外界的水蒸气浓度之差呈正比;溢流水量 $\dot{m}_{out}$ 可以通过下式得到:

$$\dot{m}_{out} = (1 - f)(\dot{m}_{imp} + \dot{m}_{in}) - \dot{m}_{eva} \tag{8.15}$$

其中,f 为冻结系数,表征的是单位时间内控制体内结冰量与进入控制体的液态水的总质量之比,即

$$f = \frac{\dot{m}_{ice}}{\dot{m}_{imp} + \dot{m}_{in}} \tag{8.16}$$

同样,对本控制体的上游控制体求解公式(8.15)就可以得到溢流进入本控制体内的水量 $\dot{m}_{in}$。

当水滴撞击到表面后立即结冰没有液态水存在的情况下,要用升华水量 $\dot{m}_{sub}$ 代替上述公式中的 $\dot{m}_{eva}$。 另外,在一些新的结冰计算模型中,质量平衡项中还包括由于飞溅和气动吹扫离开控制体的液态水量,由于这一部分水量很少,处于保守考

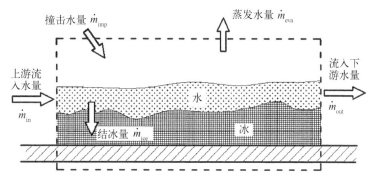

图 8.11　结冰表面质量守恒示意图

虑,通常可以忽略。

能量守恒方程的建立与质量守恒方程类似,如图 8.12 所示,在结冰表面的控制体内,一共有七种不同的能量传递项:撞击水带入的能量 $\dot{Q}_{imp}$、上游流入水的能量 $\dot{Q}_{in}$、结冰释放的潜热 $\dot{Q}_{ice}$、水蒸发带走的热量 $\dot{Q}_{eva}$、流至下游的水的能量 $\dot{Q}_{out}$、对流散热量 $\dot{Q}_{con}$ 和导热散热量 $\dot{Q}_{cdt}$。这些能量应该处于平衡状态,即有

$$\dot{Q}_{imp} + \dot{Q}_{in} + \dot{Q}_{ice} = \dot{Q}_{eva} + \dot{Q}_{out} + \dot{Q}_{con} + \dot{Q}_{cdt} \tag{8.17}$$

其中,

$$\dot{Q}_{imp} = \dot{m}_{imp}(c_{p\,imp}T_{imp} + 0.5V_{imp}^2) \tag{8.18}$$

$$\dot{Q}_{in} = \dot{m}_{in}c_{p\,in}T_{in} \tag{8.19}$$

$$\dot{Q}_{ice} = \dot{m}_{ice}[L_f - c_pT - c_{p_{ice}}(T - 273.15)] \tag{8.20}$$

$$\dot{Q}_{eva} = \dot{m}_{eva}(c_pT + L_v) \tag{8.21}$$

$$\dot{Q}_{out} = \dot{m}_{out}c_pT \tag{8.22}$$

$$\dot{Q}_{con} = hA(T - T_r) \tag{8.23}$$

$$\dot{Q}_{cdt} = -\lambda(T - T_r)A/\sqrt{\pi a} \tag{8.24}$$

式中,$c_{p\,imp}$ 为撞击水的比定压热容,$c_{p\,in}$ 为上游来流水的比定压热容,c_p 为控制体内水的比定压热容,$c_{p_{ice}}$ 是冰的比定压热容,单位均为 J/(kg·K);T_{imp} 为撞击水的温度,T 为控制体内水和冰的平衡温度,T_{in} 为上游来流水的温度,T_r 为结冰表面气流的恢复温度,单位均为 K;V_{imp} 为撞击水滴的速度,单位为 m/s;L_f 为结冰潜热,$L_f = 334\,944$ J/kg;L_v 为汽化潜热,$L_v = 2\,500\,000$ J/kg;h 为控制体表面对流换热系数,单位为 W/m²·K;A 为控制体表面换热面积,单位为 m²;λ 为空气的导热系数,单位为 W/m·K;a 为空气的热扩散率,单位为 m²/s。

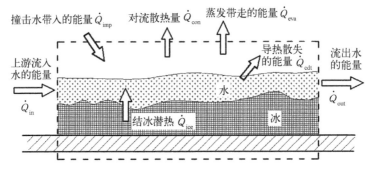

图 8.12 结冰表面能量守恒示意图

对公式(8.14)和公式(8.17)联立进行求解即可得到各个控制体内所有的传热项和传质项。

8.5.4 结冰计算

从上文的能量守恒和质量守恒方程可以求解得到控制体内的结冰量 $\dot{m}_{ice}$，可以通过下式计算得到控制体内的结冰厚度：

$$H = \frac{\dot{m}_{ice}t}{\rho_{ice}A} \tag{8.25}$$

式中，t 为结冰时间，单位为 s；ρ_{ice} 为冰的密度，通常为 $917kg/m^3$；A 为控制体底面面积，单位为 m^2。

零部件表面结冰以后，冰形会对流场造成一定的影响，当结冰时间较短、结冰量较少时，可以忽略这种影响，但是当结冰厚度达到一定程度以后，结冰计算结果的准确性就大大降低。因此，必须针对每一个时间步长，采用新的网格重新进行流场和水撞击特性的计算，如此反复，直到完成整个时间周期内的结冰计算。

结冰计算完成之后，会得到零部件表面结冰区域、结冰厚度、结冰量以及冰形等信息，这些信息可用于：① 确定结冰防护的范围；② 评估结冰对发动机零部件性能及整机性能的影响；③ 评估冰脱落对下游零部件的影响。通过这些评估工作，可以确定出是否需要对该零部件采取主动的防冰措施以及需要防冰的最小区域。

8.6 一维流动换热特性分析

为了得到防冰系统内部热气的流动换热特性，通常采用本书 2.6 节所述的一维网络法对系统进行建模和计算，得到热气防冰系统内部的温度、流量、压力和固体壁温，但是，在结冰条件下时，应该对其中的能量方程进行适应性改进，在外部换热方程中加入过冷水滴的影响,即在处理零部件外部换热时,除了常规的对流换热项之外,还应该考虑公式(8.17)中给出的水蒸发热量、水滴动能、水的潜热等热流项以及溢流水向下游单元流动时产生的质量和能量传递,这样就可以直接求解得到结冰环境下固体表面一维的热平衡计算结果,其计算结果也更加真实可靠。

但是对于固体壁面曲率和厚度差异比较大的局部区域,例如整流叶片前缘,一维方法存在不足,无法模拟前缘驻点区域由于局部厚度和水收集系数剧烈变化产生的局部温度梯度差。

图 8.13 是航空发动机采用的典型的热气加热防冰系统一维流动传热计算网络,该防冰系统从压气机出口引气,热气通过控制活门后分为两股,分别进入到发动机进口支板和进口导叶内,对支板和导热加热后排入主通道。

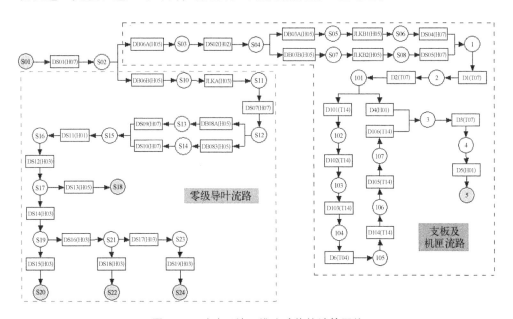

图 8.13　防冰系统一维流动传热计算网络

8.7　防冰部件温度分析

在热气加热防冰系统工作的情况下,零部件表面的传热传质特性与结冰条件下略有不同,其中,各质量传递项保持不变,而能量传递项中加入了内腔热气侧的对流加热量 $\dot{Q}_{\text{heat}}$,因此能量平衡方程变化为

$$\dot{Q}_{\text{heat}} + \dot{Q}_{\text{imp}} + \dot{Q}_{\text{in}} + \dot{Q}_{\text{ice}} = \dot{Q}_{\text{eva}} + \dot{Q}_{\text{out}} + \dot{Q}_{\text{con}} + \dot{Q}_{\text{cdt}} \quad (8.26)$$

其中,

$$\dot{Q}_{\text{heat}} = h_g A_{\text{in}} (T_{\text{air}} - T_{w2}) = \frac{\lambda}{\delta} A_{\text{solid}} (T_{w2} - T_{w1}) \tag{8.27}$$

式中，h_g 为热气侧的换热系数，单位为 $W/(m^2 \cdot K)$；A_{in} 为热气侧的换热面积，A_{solid} 为固体的导热面积，单位均为 m^2；T_{air} 为热气侧的气流温度，T_{w2}、T_{w1} 分别为固体内壁温和外壁温，单位均为 K；λ 为固体的导热系数，单位为 $W/(m \cdot K)$。

通常会假设固体表面的冰层、水层温度 T 与固体外表面壁温 T_{w1} 相等，如果需要考虑这两者之间的差异，还需要在上述方程的基础上增加固体表面与冰层、水层之间的导热；同样，如果要考虑上下游固体沿横向的导热量，也需要增加固体与固体之间的导热，此处不再赘述。

联立公式(8.26)和公式(8.27)并求解，可以得到固体的内壁温 T_{w2} 和外壁温 T_{w1}。这里需要说明的是，蒸发热量 $\dot{Q}_{\text{eva}}$ 取决于表面温度 T，反过来，蒸发热量 $\dot{Q}_{\text{eva}}$ 也会影响到表面温度 T，因此需要对方程进行迭代求解。图 8.14 给出了迭代求解的流程。由于防冰部件表面各传热项在温度接近 0℃ 时会产生很大的变化，因此迭代计算过程中需要采用一定的松弛策略，否则迭代计算结果很难收敛，松弛策略通常有单松弛和双松弛。

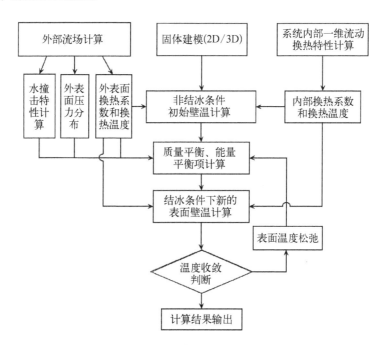

图 8.14 防冰部件表面温度迭代计算流程

该方法可以推广至二维或者三维的情况，这样可以很方便地处理固体内部的温度梯度以及上下游固体横向的导热热量，也可以计算得到零部件表面温度分布以及溢流水的分布。通过表面温度可以判断系统的防冰能力是否满足要求,通过溢流水的分布可以确定结冰防护的范围是否足够。通常,防冰系统应该能够保证在结冰防护区域内零部件表面温度不低于 2℃ 且没有溢流水流向下游未防护区域。如果设计的防冰系统没有达到该要求,则需要对系统进行改进设计,可以通过局部传热结构优化、增大防冰引气量、减少热气温度损失等手段强化内部热气侧的换热,最终达到设计目标。

8.8　飞行循环分析

发动机防冰系统设计应该要保证整个飞行包线内的防冰能力,但是,不可能也没必要针对包线内的所有状态点进行设计计算和分析,一方面是因为飞行包线中的高度、马赫数状态与发动机运行工况相结合的状态点是无穷无尽的,另一方面是因为这些状态中的绝大多数状态并非严酷状态。因此需要根据飞机的飞行任务剖面以及相关规章标准的要求,确定环境结冰参数及对应的发动机工作状态,根据这些状态下的防冰需求热和可供热,确定出防冰系统设计点及考核点。这个过程被称为飞行循环分析。

开展飞行循环的目的包括:① 确定可能需要主动防冰保护的发动机零部件表面;② 确定每个表面最难满足防冰需求的状态点,即选择飞行循环防冰设计点;③ 在整个飞行循环范围内,保证所有的防冰表面都得到了充分的防冰保护。

完整的飞行循环分析需要按照如下三个主要步骤进行:① 初步的飞行循环分析;② 临界区域详细热平衡分析;③ 所有表面需求热与可供热比较。

8.8.1　初步的飞行循环分析

其目的是确定发动机进口以及压气机前几级哪些表面确实需要主动防冰,并且确定哪些临界表面作为后续分析的备选对象。

飞行任务剖面通常会给出飞机飞行的高度和马赫数(图 8.15),对于每一个飞行任务剖面,首先要选择若干不同的飞行高度和对应发动机运行工况形成的组合状态(通常为高度水平线端点以及高度倾斜线上的间隔点),再需要根据图 8.3 给出的单工作线,确定出这些状态点下的大气温度,然后通过总体或部件性能计算得到发动机进口以及压气机前几级的总温和总压,需要注意的是,在进行这些参数计算时,必须考虑进气道的影响。

对于每一个选择的状态点,可以由下式计算得到每一个位置驻点处的参考温度 T_{ref}:

$$T_{\text{ref}} = T_t - 0.622 \frac{L_s}{c_p} \left(\frac{P_{v,s} - P_{v,l}}{P_t} \right) \tag{8.28}$$

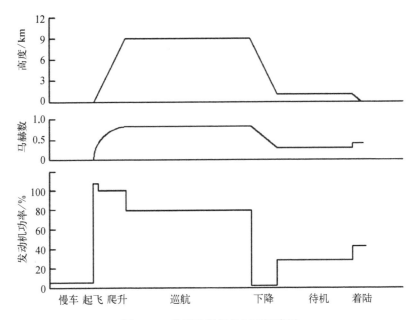

图 8.15　典型飞行任务剖面示意图

式中，T_t 为来流总温，单位为 K；L_s 为水的蒸发潜热，单位为 J/kg；c_p 为空气的比定压热容，单位为 J/(kg·K)；$P_{v,s}$ 为温度 T_{ref} 时的饱和蒸气压力，单位为 Pa；$P_{v,l}$ 为局部蒸气压力，单位为 Pa；P_t 为来流总压，单位为 Pa。

通过对公式(8.28)进行求解可以得到不同状态下不同位置在飞行循环中的参考温度变化曲线。图 8.16 给出了某典型发动机参考温度曲线图以及对应状态下的液态水含量值，因为公式(8.28)不需要任何的发动机进口水滴参数信息，因此可

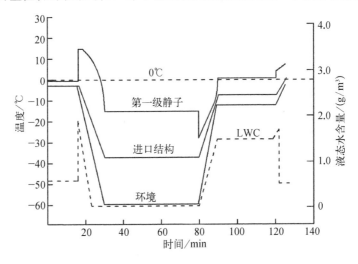

图 8.16　参考温度计算结果

以很容易地得到该图。正因为如此,在冰点以上时,该温度值偏高,而在冰点以下时,该温度值偏低。

从图 8.16 可以看出,压气机第一级静子叶片参考温度大概处于冰点附近,似乎是处于临界结冰状态,因此需要把它作为临界表面以进行更加详细的分析;而处于第一级静子之前的发动机进口结构,在整个飞行循环范围内其参考温度始终低于冰点,这就意味着除巡航状态外的其余任何条件下,该部位都会发生结冰。另外,图中并没有给出第一级静子下游的风扇叶片参考温度,这里有两方面的考虑:第一是风扇转子叶片上的结冰通常都不严重;第二是这里的第一级静子已经处于临界温度下,下游的第二级静子温度会更高,顶多是在某些瞬态条件(慢车降落)下产生短暂的结冰,但是图中所绘的慢车降落要比实际情况的带动力降落更加保守,因此这种短时间的情况可以忽略。

8.8.2 临界区域详细热平衡分析

因为参考温度并没有考虑实际撞击到零部件表面的水量,因此对于那些参考温度处于冰点附近的临界表面,需要进行详细的热平衡分析,获得结冰条件下表面的防冰需求热以及更加准确的非加热湿润表面温度。

根据公式(8.17),可以推出防冰需求热的计算公式:

$$\dot{Q}_{req} = \dot{Q}_{con} + \dot{Q}_{eva} + \dot{Q}_{out} + \dot{Q}_{cdt} - \dot{Q}_{imp} - \dot{Q}_{in} - \dot{Q}_{ice} \tag{8.29}$$

将各热流项的计算公式代入,求解即可计算得到表面温度为 T(此时为已知条件,例如 $T = 2℃$)时的防冰需求热 $\dot{Q}_{req}$;同样,令 $\dot{Q}_{req} = 0$(此时 T 未知),即可求解得到非加热湿润表面温度 T。关于防冰需求热以及非加热湿润表面温度的详细计算可以参阅文献[9]。

需要注意的是,进行上述计算时,通常需要采用本章 8.2 节和 8.3 节中的一维算法对每个飞行循环状态点下的水摄取率以及水撞击特性进行计算;此外,上述计算通常只需要针对特征表面驻点区域进行。

图 8.17 给出了与图 8.16 对应的整个飞行循环内发动机进口导叶表面处于 2℃ 时的需求热曲线,可以看出,爬升和降落阶段的防冰需求热相对较大,但是考虑到爬升阶段发动机会以较大的功率状态运行,能够提供更大的防冰实际供给热量,因此可以初步判断,降落阶段尤其是慢车降落是最难满足防冰的条件。

在发动机设计初期,飞机方往往无法给出准确的飞行任务剖面,因此无法通过详细的防冰需求热计算来判定最严酷的防冰条件,因此,可以参考不同规章制定机构多给出的认证试验规范,美国军用标准和 FAA 规章确定出的最大云层液态水含量值为 2 g/m³,最小环境温度为 -20℃,对于热气防冰系统来说,最难供给热量的状态为发动机最小待机功率状态,因此可以将这三个条件组合形成保守的设计状态

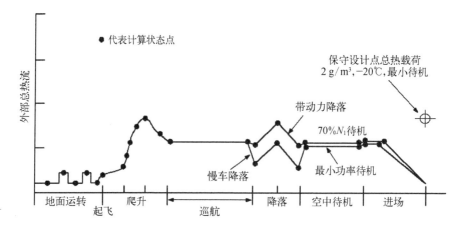

图 8.17 发动机进口导叶防冰需求热曲线

点,作为防冰系统设计点进行系统设计。从图 8.17 也可以看出,保守设计点下的总热载荷接近整个飞行循环所有状态点中的最大热载荷。

8.8.3 需求热与可供热比较

防冰系统可供热的计算相对比较简单,在已知设计点状态下发动机总体、部件气动参数的条件下,通过假设整个防冰系统内部流路具有相同的流量系数来求解不同计算状态下的相对防冰热气流量,进而求解得到对应状态下的相对可供热流。具体的计算方法可以参阅文献[9]。

完成整个飞行循环过程的可供热计算之后,将可供热与需求热进行比较,可供热最不能够满足需求热的状态即为最严酷的防冰状态,应该将该状态当作防冰系统设计点状态开展进一步的设计工作。图 8.18 给出了与图 8.17 对应的可供热计

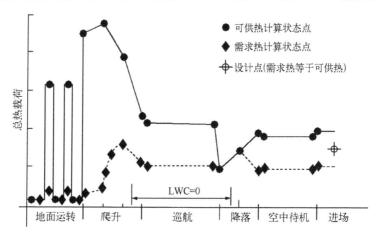

图 8.18 需求热与可供热的比较

算结果并将其与需求热进行了比较,可以看出,在地面慢车、起飞和爬升阶段,防冰系统提供了更多的可用热量,在降落前期,可供热似乎是与需求热相等,应该不会存在结冰问题,但是这里需要明确的一点是,由于需求热的计算是以假定的能够满足防冰需求的设计点状态热气流量为前提的,因此,这种需求热与可供热之间的差异并不能够代表实际的防冰效果,还需要针对各个典型状态点开展详尽的校核计算。

8.9　设计关键环节

8.9.1　引气位置

防冰引气位置的选取首先要考虑可用性。发动机通常需要瞬态放气、飞机环控引气以及空气系统引气。这些引气口位置的确定首先要满足气动稳定性以及飞机的需求,防冰引气则往往限制在上述这些引气口之内。通常,防冰系统的引气位置位于高压压气机级间以及高压压气机出口。

第二个方面是引气系统的引气能力和防冰部件的耐受能力。系统应当能够保证在发动机低功率状态下有足够的流量供给防冰部件,在发动机高功率状态下又不会造成性能的损失、高温高压气流不会对下游部件造成损害;如果单一引气位置无法满足上述要求,则必须考虑采取双引气位置甚至多引气位置的方案,这时就需要采取活门对气流进行切换或控制。

8.9.2　流路布局

根据引气位置和发动机零部件的结构特点,防冰热气需要通过外部管路或内部通道引至发动机进口防冰部件,热气加热不同防冰部件、同一防冰部件不同防冰部位的次序则需要重点考虑。

以典型的进口带固定整流支板的涡扇发动机为例,常用的流路布局包括但不仅限于如下几种方式(图 8.19):

(1) 热气先进入整流支板,再进入整流帽罩;

(2) 热气先进入整流帽罩,再进入整流支板;

(3) 热气先进入整流支板,然后进入整流帽罩,最后再进入整流支板;

(4) 热气分两路并联进入整流支板和整流帽罩。

对于进入支板和帽罩的热气流路来说,也有不同的组织形式,比如气流可以从帽罩尾部进入流至帽罩前缘,也可以从帽罩前缘进入流向尾部,也可以从帽罩中间进入分别流向前缘和尾部;支板可以是单腔、双腔或多腔结构,每个内腔的空气都按照设计进行流动组织。

采用何种流路布局,需要根据防冰部件结构特点,需要重点防冰的部位以及不

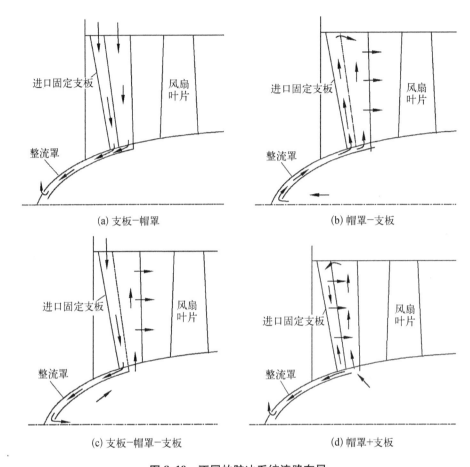

图 8.19   不同的防冰系统流路布局

同部位需要的热载荷来综合考虑确定。

8.9.3   控制方案

有两种常用的防冰系统控制模式：常开式防冰或间歇式防冰。对于间歇式防冰方式，防冰系统应在规定的条件下按时启动和关闭，同时提供指示防冰系统工作状态的信号指示。系统开关控制又有两种不同的模式：主动式防冰和被动式防冰。被动防冰的控制信号来自结冰探测器，可以与飞机共用结冰探测信号或者单独在进气道内设置结冰探测器。被动防冰的优点是不会在不需要防冰的条件下浪费发动机性能，系统开启频次较低，其缺点是需要加装额外的结冰探测器，增加系统复杂程度。主动防冰系统则需要根据飞行参数和发动机状态参数给出是否可能结冰的判断条件，用于确定防冰系统是否开启，其优缺点与被动防冰相反。

对于一般的发动机，慢车状态下总是需要相对更多的热气来加热部件，但在大状态下,由于热气温度和压力大幅提升,需要的气量则会相对减少。这就需要根据系统设计计算分析结果,确定不同环境条件和发动机工作状态下防冰系统所需要的热气压力、流量等信息,控制专业依据这些信息开展控制活门的选型或设计。

需要强调的是,系统控制方案设计时需要考虑故障模式,即系统发生故障时防冰系统应该采取的控制策略。通常,发生故障时系统应停留或保持在防冰状态。

8.9.4　供气温降

防冰热气从高压压气机引出,在流经管路和集气腔供向防冰部件的过程中,会产生一定程度的温度损失,一方面,供气温降评估的准确性将会直接影响到系统设计结果的准确性;另一方面,如果供气结构的温降过大,会导致产生不必要的引气能量损失,因此在供气结构设计时需要采取一定的措施,具体如下:

(1) 为了减少引气管路温度损失,可以在防冰引气管路上采取保温措施,比如包覆隔热材料;

(2) 为了减少环型集气腔的周向温度损失,可以采取周向多点供气的形式,减少热气行程,或采用长宽比较小的集气腔结构,以减少热气与外界的换热。

8.9.5　传热结构

防冰部件加热结构的设计与发动机热端部件冷却结构设计类似。传热结构一方面受流路布局的影响,另一方面取决于零部件本身的结构(外型面、安装方式、材料等),典型的传热结构形式包括对流、冲击和气膜等,在局部区域可以采用单一形式或多形式组合的方式进行加热,例如,对于整流叶片和整流帽罩前缘,可以采用如图 8.20 所示的"冲击+气膜"组合的方式[15],以提高能量利用率和驻点区域壁温。

采用新形式的传热结构可以提高局部的换热系数,但通常随之而来的是阻力的增大,设计时需要综合考虑。

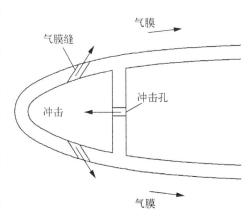

图 8.20　"冲击+气膜"组合加热方式

另外还需要折中考虑的是传热结构与部件气动外型的关系,尤其是部件前缘驻点区域。气动设计需要更小的前缘半径来减小流动损失,但前缘半径越小,热气越不容易加热外壁面。因此防冰设计时需要与气动专业进行一体化协同设计,以达到最佳效果。

8.9.6 符合性判定准则

部件表面不产生任何结冰的设计原则可以保证在任何条件下均不会因为结冰出现问题,但是显然,不结冰的要求过于严苛,也不够经济。因为防冰设计要达到不结冰的状态很困难,需要结构和性能做出很大的让步,而且发动机或多或少能够承受一定量的结冰。结冰量的判定一方面需要评估其对部件性能和整机性能的影响,另一方面要评估冰脱落对下游部件和发动机运行安全的影响。理想的状况是,设计的防冰系统能够使得部件表面结冰量小于会对发动机产生运行危害的安全结冰量,且结冰对部件性能产生的影响是可以接受的。实际设计中结冰量的准确评估比较困难,因此需要通过零部件和整机级的结冰试验来确定可接受的结冰程度。

参考文献

[1] BOWDEN D T, GENSEMER A E, SPEEN C A. Engineering summary of airframe icing techical data[R]. FAA Technical Report ADS－4, 1964.

[2] MASON J, STRAPP J, CHOW P. The ice particle threat to engines in flight[C]. Reno: 44th AIAA Aerospace Sciences Meeting and Exhibit, 2006.

[3] CURRIE T, FULEKI D, KNEZEVICI D, et al. Altitude scaling of ice crystal accretion[C]. San Diego: 5th AIAA Atmospheric and Space Environments Conference, 2013.

[4] MASON J, CHOW P, FULEKI D. Understanding ice crystal accretion and shedding phenomenon in jet engines using a rig test[J]. Journal of Engineering for Gas Turbines and Power, 2011, 133(4): 1－8.

[5] STRUK P, BROEREN A, TSAO J C, et al. Fundamental ice crystal accretion physics studies [C]. Chicago: SAE 2011 Interlational Conference on Aircraft and Engine Icing and Ground Deicing, 2011.

[6] BRUN R J. Cloud-Droplet ingestion in engine inlets with inlet velocity Ratios of 1.0 and 0.7 [R]. NACA－TN－3593, 1956.

[7] GELDER T F. Droplet impingement and ingestion by supersonic nose inlet in subsonic tunnel conditions[R]. NACA－TN－4268, 1958.

[8] LEWIS J P, RUGGERI R S. Experimental droplet impingement on four bodies of revolution [R]. NACA－TN－4092, 1957.

[9] PFEIFER G D, MAIER G P. Engineering summary of powerplant icing technical data[R]. FAA－RD－77－76, 1977.

[10] SILVERIA R, MALISKA C R, ESTIVAM D A, et al. Evaluation of collection efficiency methods for icing analisys [C]. São Paulo: 17th International Congress of Mechanical Engineering, 2003.

[11] BOURGAULT Y, HABASHI W G, DOMPIERRE J, et al. An Eulerian approach to supercooled droplets impingment calculations [C]. Reno: 35th Aerospace Sciences Meeting and Exhibit, 1997.

[12] MESSINGER B L. Equilibrium temperature of an unheated icing surface as a function of airspeed[J]. Journal of Aeronautical Science, 1953, 20(1): 29－42.

[13] BOURGAULT Y, HABASHI W G, BEAUGENDRE H. Development of a shallow water icing model in FENSAP－ICE[J]. Journal of Aircraft, 2000, 37(4): 640－646.

[14] MYERS T G. An extension to the Messinger model for aircraft icing[J]. AIAA Journal, 2001, 39(2): 211－218.

[15] 李云单,陆海鹰,朱惠人.航空发动机热气防冰结构的冲击换热特性研究[J].航空发动机,2011,37(5): 16－20.

第9章
空气系统验证

　　空气系统设计的准确性会直接影响发动机正常运行和性能表现,精确的设计可以保证发动机在最优的状态下运行,既不会产生安全性问题,又能够达到最高的性能。本书前文所述的空气系统一维网络法将复杂的三维流动换热问题简化为一维,必然会导致局部计算结果的偏差,而且流路上游的偏差会向下游累积,最终可能会导致设计结果偏离实际;三维仿真分析方法虽然可以有效捕捉局部特性,但受限于软硬件条件和计算模型,目前业内对于复杂结构的流动换热计算能力和模拟的准确性和还有待加强。因此,在计算分析的基础上,开展各种级别的试验验证是非常必要的,一方面,试验结果可以用于校核计算模型,提升系统计算分析的精度;另一方面,试验结果可以用于验证设计结果的准确性,确保空气系统功能的准确实现。

　　按照系统工程设计思想,空气系统研制遵循经典的系统工程 V 模型方法论,设计过程的各项需求均需要通过不同层级的试验来验证。GJB 241A − 2010《航空涡轮喷气和涡轮风扇发动机通用规范》、CCAR − 33《航空发动机适航规定》、GJB/Z 101 − 97《航空发动机结构完整性指南》及国外发动机相关研制标准也提出了明确要求,空气系统的各项指标需要通过试验来说明设计符合性。

　　空气系统试验验证项目根据所选取的构件大小及范围可分为元件试验、部件试验、核心机及整机试验。

9.1　元件试验

9.1.1　孔管元件

　　航空发动机中存在大量孔、管等节流元件,用以内部空气流通,当真实气体在孔管中流通时,会因为气体黏性产生流动损失。同时,航空发动机中的大量管路为了抵抗温度变化带来的变形以及零件之间的协调安装,一般都具有相对复杂的扭曲结构形状;管路与发动机结构件之间的连接方式多样,常见的有法兰、球头、螺纹、承插、黏接、卡压、沟槽卡箍等,各种连接方式在管路接头处会产生不同的流动损失及泄漏。

为了提高航空发动机空气系统设计中孔管元件模型的计算精度,准确评估真实发动机中孔管元件流动损失情况,需要进行孔管元件流动特性计算模型的校准试验,核心目的是获得孔管元件相关可测量参数与不可测量参数之间的对应关系。

1) 试验系统

(1) 试验设备。

孔类试验主要有静止孔和旋转孔两类。典型的静止孔及管路试验的试验设备包括:连续稳定的气源、质量/体积流量计、调节孔/管道入口压力的调节阀门、转接及连接密封结构、压力与温度测试系统等。开展试验所需设备整体布局如图9.1所示,若需加温试验,则需安装加热器,同时,测试孔/管道的出口也可视情安装排气腔,以满足不同排气反压下孔/管路流量特性的精确校准。旋转孔试验还需配备旋转驱动装置及专门的旋转件测试系统。

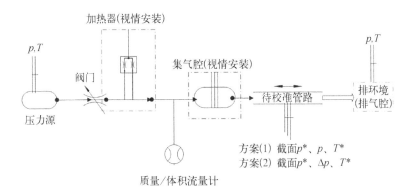

图 9.1 试验设备总体布局

在开展试验之前,需要检测各试验设备、测试设备能稳定工作,确保孔管试验件与设备连接处、不同设备连接处均不允许有空气泄漏。试验中,孔管试验件入口前压力需均匀稳定,一般情况下可设置进口集气腔来提高进气品质。通常而言,在各试验条件下,流量测量最大误差不超过 $\pm1.0\%$ F.S.,压力测量误差不超过 $\pm0.5\%$ F.S.,温度测量误差不超过 $\pm1\%$ F.S.。这里的 F.S. 指满量程。

(2) 试验件测试系统。

孔管元件试验中需要测量的参数为孔进口总压 p^*、总温 T^*、出口静压 p 以及通过孔的质量流量 G 或管道某一截面上的总压 p^*、静压 p、总温 T^* 以及质量流量 G。以管元件流量试验为例,在选定某一截面后,按照要求对管路进行测试改装、布置测点,其中压力与温度测点需在管道打孔,管路上的测点必须用点焊的方式用贴片固定,防止出现测点松动的情况,流量计一般安装在试验件前方。图9.2、图9.3 及图9.4 给出了某引气管的测试改装示意图。

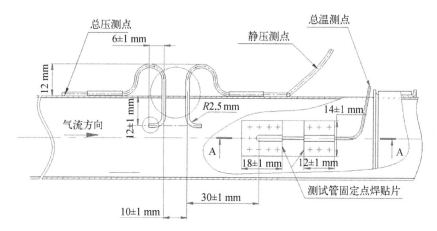

图 9.2 校准管路测点布置示意(1)

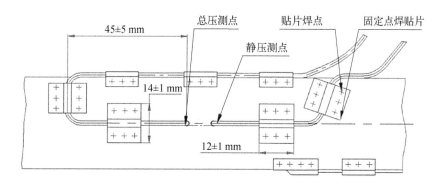

图 9.3 校准管路测点布置示意(2)

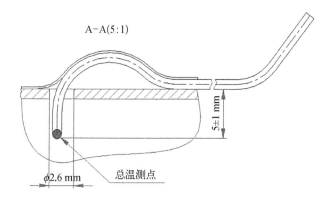

图 9.4 校准管路测点布置示意(3)

关于测点布置的要求,需遵循以下的基本原则: ① 管路的测试改装包括设置测量空气总压(逆流)和静压(顺流)的毛细管,同时布置测量管内空气总温的热电偶;② 压力测点应保证与管路中心轴线平行,测试管线伸入管道径向的长度应避开附面层,同时测压管在气流吹拂作用下应具有一定的抗弯曲能力,需保证测试管线在试验时保持正对气流;③ 不允许有因测试改装造成的管路空气泄漏,试验时对泄漏情况进行检查;④ 测量截面距气流转折点后至少六个当量直径,在后续转折点前不少于两倍当量直径。

2) 试验方法

孔管类流量试验是航空发动机研制中为支撑空气系统设计开展的元件级模型试验。试验时,通过调节进气的压力和流量,录取不同进气压比,可测量通过孔管元件的空气质量流量,进而得到不同测量参数下对应的流量特性。

孔管类元件流量试验首先需要对试验系统进行密封措施。试验前,将试验件安装在转接测量段上后,应按以下两种方法择一对试验系统进行密封性检查:

(1) 浸水试验。向转接测量段内腔通入 250 kPa 的常温空气(或氮气),封堵试验件其他通气口并将其整体浸入水中,观察转接测量段表面气泡冒出情况,若无气泡冒出则密封性满足要求。

(2) 压力试验。将转接测量段内腔连接在一个容积不大于 50 L(含转接测量段内腔容积)的容器上,向内腔通入常温空气(或氮气)使内腔压力与当地大气压之比为 2.5,记录此时内腔压力 $p|_{t=0}$;封堵所有通气口,60 s 后采集内腔压力并记录为 $p|_{t=60 s}$;若 $p|_{t=60 s}$ 与当地大气压之比大于 2.2,则密封性满足要求。

将测试改装过的管路试验件连接到试验系统中,录取不同管路截面压比 π 下的稳态参数,此处应注意,压比的调节范围应该包含管路在发动机上工作时的所有压比。因此有必要对发动机工作时管路截面的压比提前进行测量或者进行预估。试验时同时还应保证:

(1) 压力上、下行程流量特性均需录取;

(2) 在试验中,在每个流量特性点上都要工作到测量参数稳定;

(3) 在试验中,对压比需实时监测与调节。

孔管类元件流量试验在大气环境下开展,试验时由一端进气,待测孔管元件出口与大气连通,通过气密性检查之后,按照以下步骤进行试验。

(1) 正行程流量试验: 调节进口压力,在进出口压比(进口总压与大气压的比值)从小到大开展试验,测量并采集每个压比下质量流量。

(2) 反行程流量试验: 调节进口压力,在进出口压比(进口总压与大气压的比值)从大到小反向开展试验,测量并采集每个压比下质量流量。

若正反行程试验数据存在较大偏差(在相同试验压比下,正反行程流量的偏差大于 2%),则应检查试验设备和试验件,并拆装后重新进行试验。

3）试验数据处理方法

（1）孔元件。

在孔元件流量试验中,可通过定义无量纲流量即换算流量来评估孔元件在不同状态参数下的流动特性。具体的空气换算流量定义如下:

$$\bar{G} = \frac{G \cdot \sqrt{T^*}}{p^*} \tag{9.1}$$

式中,G 为测得的流量,单位为 kg/s;T^* 为孔进口气流总温,单位为 K;p^* 为孔进口总压,单位为 Pa。

在校准试验中获得不同总静压比下的换算流量后,绘制关系图 $\bar{G} = f(\pi)$。

（2）管元件。

除与孔元件相同的无量纲流量法外,管元件流量试验数据的还有另外一种处理方法,即气动函数法。

根据气体动力学理论,气流的总、静参数之比、连续方程以及动量方程均可以无量纲速度马赫数 Ma、速度因数 λ 的函数进行表示,即

$$\pi(\lambda) = \frac{p}{p^*} = \left(1 - \frac{k-1}{k+1}\lambda^2\right)^{\frac{k}{k-1}} \tag{9.2}$$

$$q(\lambda) = \left(\frac{k+1}{2}\right)^{\frac{1}{k-1}} \lambda \left(1 - \frac{k-1}{k+1}\lambda^2\right)^{\frac{k}{k-1}} = \rho VA = K \frac{p^* A}{\sqrt{T^*}} q(\lambda) \tag{9.3}$$

根据公式(9.2)、公式(9.3)可知(符号参数意义见符号表),对管道流动而言,只需获得气流某一截面总、静参数之比,即可得到相应状态下的无量纲速度马赫数 Ma 与速度因数 λ,将获得的速度因数 λ 代入公式(9.3),可计算出不考虑任何损失时的理论质量流量 m_1。但对实际管路而言,由于附面层、拐弯、突缩突扩以及粗糙度等的影响,实际通过管路的流量 m_2(在校准试验中通过流量计测量)将会小于理论值 m_1,因此,通过校准试验得到以理论值为基准的流量系数 $\mu = m_2/m_1$ 与某一指定截面总静参数比值的对应关系,将该对应关系应用于管路在发动机工作环境下,就可以计算得到发动机工作状态下流经管路的流量。

对管路而言,测量总、静压之比相对密度及温度参数更加方便和准确,因此截面总静参数常采用压力参数。根据公式(9.2)、公式(9.3),在管路校准试验中:

$$\mu = \frac{m_2}{m_1} = \frac{G \cdot \sqrt{T^*}}{K \cdot A \cdot q(\lambda) \cdot p^*} \tag{9.4}$$

$$\lambda = \sqrt{\frac{k+1}{k-1}\left[1 - \pi(\lambda)\right]^{\frac{k-1}{k}}} \tag{9.5}$$

$$\pi(\lambda) = \frac{p}{p^*} = \frac{p^* - \Delta p}{p^*} \tag{9.6}$$

4）典型试验结果及应用

在完成孔管类流量试验后，可以获得压比 π 与流量系数 μ 以及换算流量 $\overline{G}$ 之间的对应关系 $\mu = f(\pi)$ 以及 $\overline{G} = f(\pi)$，如图 9.5、图 9.6 所示。管路在装配发动机时，需保持与校准试验时相同的测点布置，并在发动机工作时录取相应的稳态参数。

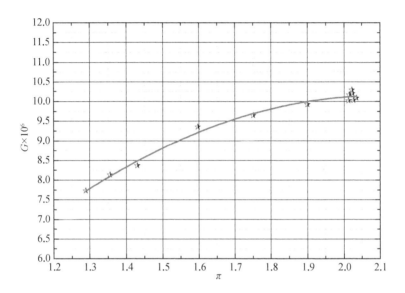

图 9.5　总静压比 π 与换算流量 $\overline{G}$ 关系示意图

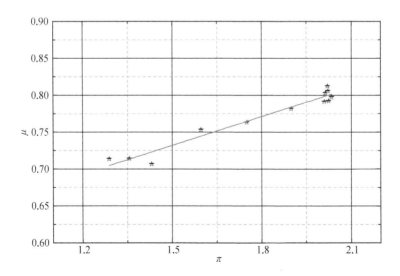

图 9.6　总静压比 π 与流量系数 μ 关系示意图

9.1.2　篦齿

篦齿是航空发动机空气系统中大量采用的密封结构,主要有减少冷却气流从高压区向低压区的泄漏量,阻止主流道的高温燃气侵入发动机内腔,密封轴承滑油腔,调整与控制腔室压力等作用[1]。篦齿密封性能取决于合理地设计篦齿间隙、齿腔形状以及各篦齿的高度、尖部厚度、数目、节距、形状,密封环结构等。篦齿上下游压比、入口旋流(气流切向速度与当地转子的线速度之比)、转速、雷诺数等工作条件也是其密封性能的重要影响因素[2]。篦齿元件流动传热试验的目的是获得其泄漏量及泄漏气流的温变随主要影响因素的变化情况,有时候,也会直接按照航空发动机中的实际篦齿结构设计模型试验件,通过试验获得篦齿在给定进出口压比、转速及雷诺数下的泄漏量和泄漏气流温变规律。

1) 试验系统

在航空发动机中,篦齿工作在高速旋转状态,一般认为,旋转对篦齿的流动特性及篦齿内部的风阻加热均有影响,因此篦齿流动传热试验通常需要在旋转试验系统上开展。一种典型的篦齿流动传热试验系统[2](图 9.7)主要由气源、压力调节阀、旋转试验台、篦齿试验段,以及流量、压力、温度、转速测量仪器和数采系统等组成,转子由电动机驱动,经增速器增速后,可达到每分钟上万转的旋转速度。

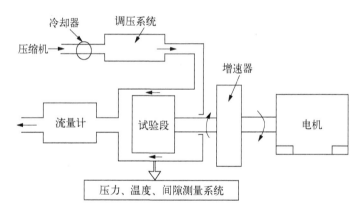

图 9.7　篦齿试验系统示意图[2]

篦齿流动与风阻试验时主要测量篦齿进口总压、总温,第一齿前、各齿间齿腔和最后一个齿后的静压,篦齿出口总压、总温,通过篦齿的气体泄漏量和篦齿盘转速等。一般情况下,温度与压力测点在同一截面均为周向三点均布。篦齿换热试验中还需测量篦齿转静子壁温、热流密度等参数。

需要指出的是,在真实尺寸的篦齿试验件上准确测量齿尖封严间隙具有一定的难度,尤其在旋转情况下,动态间隙的准确测量更具有较大难度。Waschka 等[3]通过在静子表面紧挨齿尖安装电容式测隙计的方法来测量每一道齿的动态间隙,然后取平均作为封严间隙值。试验发现,高转速对封严间隙有明显的影响,随转速增加,由于离心力的作用,篦齿盘直径渐渐增大,封严间隙逐渐减小。如果加上热膨胀变形,在相当高的转速下,动态间隙最大可以减小到静态间隙的 50%。一种较为简便的篦齿封严间隙确定方法是先测量静态下的篦齿齿尖直径与封严环内径,获得静态下的篦齿封严间隙,再通过有限元方法计算得到不同试验状态下的篦齿转子和封严环径向位移,进而求得动态下的篦齿封严间隙。

2)试验方法

篦齿流动传热试验主要包括篦齿流动特性(有时候也称为流阻特性,或者封严特性)试验、风阻温升特性试验与换热特性试验。近年来,在高性能发动机工作中多次出现了篦齿与蜂窝,以及篦齿与封严衬套的磨损情况,因而,篦齿磨损下的流动及传热特性试验研究也是目前的研究重点。

在试验中,一般需要根据所研究篦齿的工作范围,确定试验中篦齿进出口压比、雷诺数、转速、入口旋流、封严间隙等结构参数的变化范围,在具体实施中,通常通过调节篦齿进口压力来改变压比,通过调节泄漏气体流量和入口气流温度等来改变雷诺数。

为了实现精细化的测量,早期的篦齿流动传热试验件大部分基于真实篦齿结构作一定简化或按照几何相似放大来设计。Wittig 等[4] 试验测量了篦齿试验件模型放大对其流量系数的影响,试验结果表明,分别按照 3 倍、5 倍和 8 倍的比例放大后,篦齿流量系数相差在 10% 以上,因此,基于简化或放大模型试验件获得的试验数据用于工程设计分析时,需要再次修正。近年来,工程设计部门已提出篦齿流动与风阻试验件需要按照发动机中的真实结构进行设计,图 9.8 为真实结构的全尺寸篦齿试验段,其主要由进气测量端、篦齿试验件、排气测量段等组成。

图 9.8　篦齿试验段

3）试验数据处理方法

对于篦齿流动特性试验,在处理试验数据时,一般会引入无量纲篦齿流量系数、无量纲总压损失系数、有量纲的流量参数等来表征其特性。

流量参数定义如下:

$$\phi = m\sqrt{T_i^*}/(Ap_i^*) \tag{9.7}$$

总压损失系数定义为

$$f = \frac{p_i^* - p_0^*}{p_i^*} \tag{9.8}$$

总压损失系数的优点是它直接反映了篦齿内部的能量损失大小。

流量系数表达式如下:

$$C_d = m/m_{\text{ideal}} \tag{9.9}$$

$$m_{\text{ideal}} = \frac{Ap_i^*}{\sqrt{RT_i^*}}\sqrt{\frac{1-\pi^{-2}}{n+\ln\pi}} \tag{9.10}$$

$$\pi = p_i^*/p_0 \tag{9.11}$$

其中, $A = 2\pi Rs$; $k = \sqrt{\dfrac{1}{\left(1 - \dfrac{n-1}{n}\cdot\dfrac{s/t}{s/t+0.02}\right)}}$; p_i^* 为进口总压; p_0^* 为出口总压; p_0 为出口静压; π 为进出口压比; T_i^* 为进口总温; n 为封严齿数目; s 为密封间隙; A 为齿尖流通面积; t 为齿节距; m 为试验测量的篦齿泄漏质量流量; R 为齿尖半径。

对于篦齿风阻温升特性试验,通常引入篦齿温升 ΔT 、风阻温升比 K_T 和风阻加热系数 f 等参数来表征其温升特性。具体的定义如下。

篦齿温升 ΔT :

$$\Delta T = T_0^* - T_i^* \tag{9.12}$$

风阻温升比 K_T :

$$K_T = (T_0^* - T_i^*)/T_i^* \tag{9.13}$$

风阻加热系数 f :

$$f = 2c_p\Delta T/U^2 \tag{9.14}$$

式中, T_0^* 为篦齿出口总温; c_p 为空气比定压热容; U 为篦齿盘齿尖周向速度。

对于篦齿换热特性试验,通常引入换热系数 h,其定义如下:

$$h = q/(T_w - T_f) \qquad (9.15)$$

式中, q 为热流密度; T_w 为各测点壁面温度; T_f 为篦齿进口气流温度。

4) 典型试验结果及应用

图 9.9 所示为典型篦齿流动特性试验[2]所获得的篦齿流量系数随进出口压比的变化规律,由图可知,在其他参数不变的情况下,篦齿流量系数 C_d 随压比增加而变大。图 9.10 所示为典型篦齿风阻温升特性试验[1]所获得风阻温升比 K_T 随转速的变化情况,由图可以看出,在其他参数一定的条件下,风阻温升比 K_T 随转速的增加而逐渐增大。在发动机空气系统设计中,依据这些试验数据,结合发动机实际工况就可以得到相应的实际工作特性。

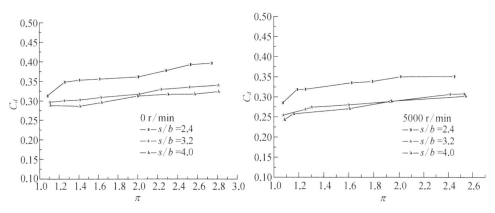

图 9.9 进出口压比对流量系数 C_d 的影响[2]

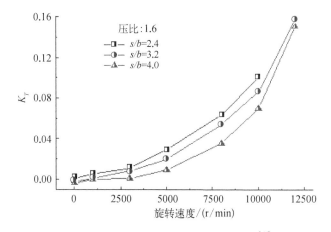

图 9.10 转速对风阻温升比 K_T 的影响[1]

9.1.3 预旋喷嘴

在航空发动机预旋供气系统中,预旋喷嘴沿周向成一定角度布置在静子件上,对冷却气体起到膨胀加速的作用,使得冷气周向速度增加,从而降低转子感受到的相对总温。预旋供气系统在为叶片提供高品质冷却气体的同时,必须精确控制冷气流量,因此,作为预旋供气系统中重要的节流元件,预旋喷嘴的流动特性一直是空气系统设计中关注的重点。

1) 试验系统

预旋喷嘴流量试验件主要由预旋喷嘴组件、转接段和测量段组成。预旋喷嘴组件源自航空发动机空气系统中的实际元件设计,转接段和测试段是连接试验件和试验设备的专用工装,除起连接作用外,还能使气流周向分布均匀。转接段应便于拆装,预旋喷嘴组件和转接段、试验段需配套设计使用。图9.11预旋喷嘴内环组件空气流路示意图。

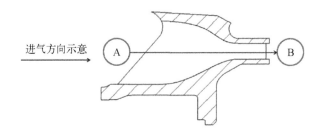

图9.11 预旋喷嘴内环组件空气流路示意图

进行预旋喷嘴流量试验前,首先需要根据测试需求,依据气动热力学性能模拟等确定试验工况。针对试验段,一般在进口稳压段布置总温、总压测点(通常不少于两点)、进口空气流量测点(一般为一个测点),同时布置大气压力测点(一个测点)。所有的试验点都需要测量两次,以检查试验结果的重复性,先是对进口压力由低到高依次测量一次,然后对进气压力由低到高再依次测量一次。

预旋喷嘴流量试验需要使用可调节压力的清洁空气,并需要完成压力、温度、流量的测试和数据采集,因此,试验系统中包括了空气压力、流量、温度的调节系统,流量及压力温度测量装置、管路系统、电气控制系统、数据的测试采集系统等。需要指出的是,预旋喷嘴流量试验对压缩空气的压力、流量调节有要求,压力调节范围一般要求不低于 250 kPa;空气流量调节范围为不小于 650 g/s;温度调节一般不做规定,保持常温即可。喷嘴流量试验对测试系统精度有一定要求,全工况下流量测量最大误差不超过 ±1.0%,压力测量误差不超过 ±0.5%,温度测量误差不超过 ±1%。

2) 试验方法

预旋喷嘴流量试验是航空发动机研制过程中常见的模型试验。试验中,通过调节进气的压力和流量,录取不同进气压比下通过预旋喷嘴的空气质量流量,进而得到预旋喷嘴流量与压比的关系、换算流量与压比的关系,完成对预旋喷嘴实际加工情况的检验,并进一步确定预旋喷嘴的流通能力是否满足设计要求。

预旋喷嘴流量试验需要对转接测量段进行密封措施。将试验件安装在转接测量段上后,应按以下两种方法择一对转接测量段进行密封性检查:

(1) 浸水试验。向转接测量段内腔通入 250 kPa 的常温空气(或氮气),封堵试验件其他通气口并将其整体浸入水中,观察转接测量段表面气泡冒出情况,若无气泡冒出则密封性满足要求;

(2) 压力试验。将转接测量段内腔连接在一个容积不大于 50 L(含转接测量段内腔容积)的容器上,向内腔通入常温空气(或氮气)使内腔压力与当地大气压之比为 2.5,记录此时内腔压力 $p|_{t=0}$;封堵所有通气口,60 s 后采集内腔压力并记录为 $p|_{t=60\,s}$;若 $p|_{t=60\,s}$ 与当地大气压之比大于 2.2,则密封性满足要求。

预旋喷嘴空气流量检测试验在大气环境下开展,试验时由一端进气,预旋喷嘴出口与大气连通,通过气密性检查之后,按照以下步骤进行试验:

(1) 正行程流量试验。调节进口压力,在进出口压比(进口总压与大气压的比值)从小到大开展试验,测量并采集每个压比下质量流量。

(2) 反行程流量试验。调节进口压力,在进出口压比(进口总压与大气压的比值)从大到小反向开展试验,测量并采集每个压比下质量流量。

若正反行程试验数据存在较大偏差(在相同试验压比下,正反行程流量的偏差大于 2%),则应检查试验设备和试验件,并拆装后重新进行试验。

3) 试验数据处理方法

试验完成后,将试验数据整理成压比和换算流量的关系与预旋喷嘴设计流量对比,并绘制预旋喷嘴流量与压比的关系曲线,具体的换算流量计算公式如下。

$$G_w = G \frac{\sqrt{T_i^*}}{p_i^*} \tag{9.16}$$

式中,T_i^* 为喷嘴进口总温;p_i^* 为喷嘴进口总压;G 为喷嘴进口质量流量。

4) 典型试验结果及应用

典型的预旋喷嘴流动特性如图 9.12 所示。不同航空发动机建立了其预旋喷嘴流量试验数据库,并将试验结果与预旋喷嘴数值模拟结果进行对比分析,通过改进计算模型,校核、验证数值模拟方法,这些试验结果、计算方法将对发动机的空气系统设计起到支撑作用。

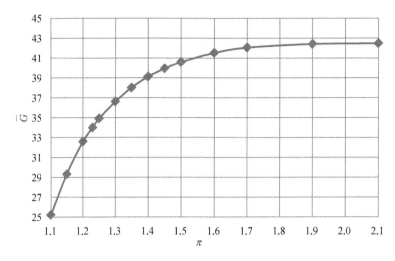

图 9.12 换算流量随压比的变化曲线

9.2 部 件 试 验

9.2.1 预旋供气系统

预旋供气系统的流动温降特性试验的主要目的是获得在设计点以及不同转速、流量和背压等条件下的供气压力、流量和温度等参数,以及喷嘴、预旋腔、接受孔、盖板腔和供气孔等关键元件的流动、温变和换热特性,为空气系统设计提供数据和方法支撑。主要验证包括:

(1)验证设计点状态下供气压力和供气流量是否满足设计要求,评价预旋降温效果,为结构改进提供依据;

(2)获得不同转速、流量和压力等条件下预旋供气系统的流量-压力特性曲线和流量-温度特性曲线,以及喷嘴、接受孔和供气孔等关键元件特性,为空气系统设计提供验证数据;

(3)评价喷嘴喉部面积是否合适,以及内外环封严流量的大小和影响。

1)试验系统

图 9.13 为预旋供气系统试验台的试验系统简图,主要包括:① 压气机;② 储气罐,本试验需要在储气罐压力 0.8 MPa 以上稳定供应 1.0 kg/s 的流量 30 分钟;③ 稳压罐,在气流流入试验段之前要经过稳压罐稳压;④ 用于测量来流流量的多个并联的高精度孔板流量计,流量测量范围为 0.005~3.0 kg/s;⑤ 为转盘提供动力的驱动系统,最大转速需要达到 10 000 r/min 以上;⑥ 安全辅助系统,包括轴承箱的油润滑冷却系统和高速电机的水冷循环系统。

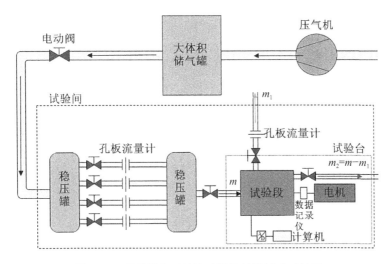

图 9.13 预旋供气系统流动温降特性试验系统图

典型的预旋供气系统旋转试验台的结构图和实物图如图 9.14 所示。为了方便换件、准确测量喷嘴流量,旋转盘腔试验台采用悬臂梁支撑形式。气流通过轴端中心进入试验台的进气腔,稳流后进入预旋喷嘴,气流在喷嘴中偏转加速后依次通过预旋腔、接受孔、盖板腔、供气孔,最后由排气环腔排出。试验台通过高转速直驱电机为转盘提供动力,电机与转盘之间通过联轴器以及轴承进行连接。

2) 试验方法

发动机状态的预旋供气系统压力、温度、流量和转速一般都比较高,直接模拟的试验成本很高。目前一般根据相似原理进行模化试验:首先要保证几何结构的相似,即预旋喷嘴、接受孔、供气孔、预旋腔盘和盖板腔等关键结构的半径位置和流通面积等结构尺寸要与发动机结构保持一致;其次要保证主要的相似无量纲数与发动机状态相等,包括流动雷诺数、流动马赫数、旋转雷诺数和旋转马赫数等。其中流动雷诺数和旋转雷诺数对预旋供气系统的流动温降特性影响很小,主要原因是发动机状态的雷诺数很高,一般都处于流动自模区。为了降低试验难度和成本,在保证流动马赫数和旋转马赫数的前提下,可以通过适当降低系统背压和气流密度来降低流动雷诺数和旋转雷诺数。预旋供气系统的流动温降特试验一般都在近似壁面绝热的条件下进行。

在预旋供气系统的流动温降特试验中,通过在静子件上测量喷嘴进口总温和总压、喷嘴出口静压、喷嘴流量、外封严流量和内封严流量;在转子件上测量接受孔出口静压和相对总温,供气孔进出口静压和相对总温,可以得到喷嘴流量系数和供气孔流量系数,以及喷嘴、转子和系统的流量-压力特性和流量-温度特性。可以改变的工况参数包括:进口流量(或者进出口压比)、封严流占比、转速、背压(雷诺数)、几何结构等。

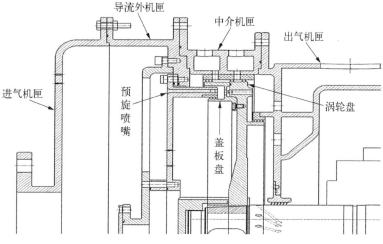

(a) 试验台结构图

(b) 试验台实物图

图 9.14　预旋供气系统流动温降特性试验台结构和实物

　　除流动温降试验外,还可进行设计点校核试验,包括三种: ① 喷嘴面积校核试验,主要目的是在供气压力和供气流量满足设计值要求的情况下,试验检验喷嘴面积大小是否合适,并通过试验获得恰好满足供气流量所需要的喷嘴面积; ② 供气压力校核试验,主要目的是在喷嘴面积不变的情况下,并在满足供气流量和封严流占比条件下,试验判断供气压力是否满足设计值要求; ③ 供气流量校核试验,主要目的是在喷嘴面积不变的情况下,并在满足供气压力和封严流占比条件下,试验判断供气流量是否满足设计值要求。

3）试验数据处理方法

由于预旋供气系统试验大都采用模化试验,有量纲的试验结果无法直接使用,因此必须采用无量纲的参数。

（1）压力的无量纲参数。

一般定义压比作为压力的无量纲量,预旋供气系统试验的系统压比定义喷嘴进口总压 p_0^* 与供气孔出口静压 p_2 之比,它是影响预旋供气系统流动温降特性的重要参数。其定义为

$$\pi = \frac{p_0^*}{p_2} \tag{9.17}$$

（2）转速的无量纲化。

转速的无量纲参数可采用旋转马赫数,其定义为

$$Ma_\phi = \frac{\omega r}{\sqrt{\kappa R_g T}} \tag{9.18}$$

式中, ω 为转盘角速度; r 一般取供气孔半径位置;温度 T 可取为喷嘴进口总温。

工程上习惯用换算转速,但它是一个有量纲的参数。其定义式为

$$\Omega = \frac{\omega r}{\sqrt{T_0^*}} \tag{9.19}$$

换算转速与旋转马赫数的换算式为

$$\Omega = \frac{Ma_\phi}{\sqrt{\gamma R_g}} \tag{9.20}$$

（3）温度的无量纲化。

可采用温比作为温度的无量纲参数,系统温比定义为供气孔出口相对总温与喷嘴进口绝对总温之比:

$$\tau_{02} = \frac{T_0^*}{T_{rel,2}^*} \tag{9.21}$$

预旋供气系统温降是一个可以直观评价预旋供气系统性能优劣的重要指标,其定义为系统入口的绝对总温 T_0^* 与系统出口的相对总温 $T_{rel,2}^*$ 之差,即

$$\Delta T = T_0^* - T_{rel,2}^* \tag{9.22}$$

定义温降效率作为温降的无量纲参数:

$$\eta = \frac{\Delta T}{\Delta T_{id}} \tag{9.23}$$

式中的理想温降 ΔT_{id} 计算式参见本书第 5 章。

（4）流量的无量纲化。

流量系数 C_d 定义为实际流量与理想流量的比值，表示实际气流速度与理想气流速度的比值，是一个无量纲的参数。流量系数一般介于 0~1，其值越大，流经元件的流动阻力或者说压力损失越小。流过元件的理想流量与进口总压和总温，流通面积以及进出口压比有关。孔、篦齿和喷嘴等元件一般采用流量系数来反映其流阻特性。

$$C_d = \frac{m}{m_{id}} \tag{9.24}$$

$$m_{id} = \frac{p_0^* A}{\sqrt{R_g T_0^*}} \sqrt{\frac{2\gamma}{\gamma - 1}\left[\left(\frac{p_1}{p_0^*}\right)^{\frac{2}{\gamma}} - \left(\frac{p_1}{p_0^*}\right)^{\frac{\gamma+1}{\gamma}}\right]} \tag{9.25}$$

流量比 q_λ 定义为实际流量与临界流量之比。临界流量是元件喉部面积可以流过的最大质量流量，临界流量只与进口总压、总温和喉部面积有关。

$$q_\lambda = \frac{m}{m_{cr}} \tag{9.26}$$

$$m_{cr} = \frac{p_0^* A}{\sqrt{R_g T_0^*}} \sqrt{\frac{2\gamma}{\gamma - 1}\left[\left(\frac{2}{\gamma + 1}\right)^{\frac{2}{\gamma-1}} - \left(\frac{2}{\gamma + 1}\right)^{\frac{\gamma+1}{\gamma-1}}\right]} \tag{9.27}$$

在工程中，为了简化计算，方便应用，常采用如下的换算流量 ψ：

$$\psi = \frac{m\sqrt{T_0^*}}{P_0^*} \tag{9.28}$$

换算流量实质上是流量比（流量函数）的简便形式，换算流量与流量比的关系为

$$\psi = q_\lambda \bigg/ A\sqrt{\frac{2\gamma}{R_g(\gamma - 1)}\left[\left(\frac{2}{\gamma + 1}\right)^{\frac{2}{\gamma-1}} - \left(\frac{2}{\gamma + 1}\right)^{\frac{\gamma+1}{\gamma-1}}\right]} \tag{9.29}$$

由于流量比 q_λ 是无量纲的，因此换算流量 ψ 是有量纲的，其值可能小到 10^{-5}。换算流量可在一定程度上反映气流无量纲速度的大小，但由于其值与流通面积相关，不同面积元件的换算流量不具有可比性。

4）典型试验结果及应用

预旋供气系统流动温降特性的典型试验结果包括：反映元件流阻特性的喷嘴流量系数、接受孔流量系数和供气孔流量系数等，反映系统流阻特性的流量-压力特性，以及反映系统温降特性的流量-温度特性。

（1）流量压力特性。

预旋供气系统设计的主要目的之一就是要确定在引气总温总压和质量流量一定条件下的出口供气压力,此时采用"流量-压力"特性曲线来反映流阻特性更为方便。

所谓"流量-压力"特性曲线就是以无量纲的质量流量如流量比（或者有量纲的换算流量）为横坐标,以无量纲的压比为纵坐标的变化曲线。图9.15 给出了预旋供气系统的典型流量-压力特性曲线试验结果,即系统压比随流量比和旋转马赫数的变化曲线。

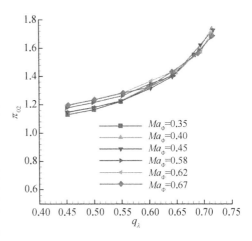

图 9.15 系统压比随流量比和旋转马赫数的变化

（2）流量-温度特性。

预旋供气系统的温降特性可以用无量纲参数温比来反映,图9.16 给出了系统温比随流量比和旋转马赫数的变化曲线。温比大于 1 表明系统出口相对总温低于喷嘴进口总温,预旋产生了温降,其值越大,温降越大。温比并随流量比的增大而增大,并随旋转马赫数的增大先增大后减小。无量纲的系统温比数据可以直接应用到发动机状态。

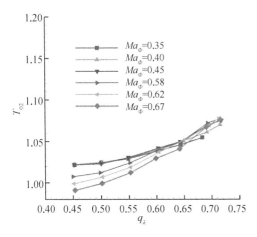

图 9.16 系统温比随流量比和旋转马赫数的变化

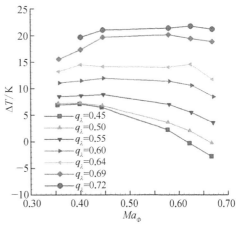

图 9.17 系统温降随流量比和旋转马赫数的变化

更为直观的参数是有量纲的温降结果,图9.17 给出了系统温降随流量比和旋转马赫数的变化曲线,可以看到系统温降随旋转马赫数的增大先增大后减小,随流量比的增大而增大,该系统的最大温降达到了 23 K(试验状态,换算到发动机状态为 78 K)。有量纲的系统温降数据不能直接应用到发动机状态,必须经过换算。

9.2.2　减涡供气系统

正如前文中所介绍的,采用减涡器设计可减小气体沿旋转盘腔径向流动中因盘的旋转而引起的气流涡(切向速度)的增量,从而可显著减小气流的压力损失,并控制气流的温变。由于减涡器系统工作于高速旋转的盘腔中,其流动特性受上游来流条件、减涡器本身结构特征、盘腔结构等多种因素的影响,其流动温变非常复杂。减涡器流动换热特性试验的目的是获得给定减涡器结构、转速、进气条件下的流动损失及气流温度变化情况,为减涡器系统的结构优化及空气系统引气流路分析模型标定提供支撑。

1) 试验系统

在减涡器流动特性试验方面,最具代表的为德国 Dresden 大学流体力学系与 MTU 合作的试验[5],其建立了如图 9.18 所示的试验设备,在该设备上完成了压气机引气腔不安装减涡器,以及安装 4 种不同结构减涡器的引气压力损失测量。由图 9.18 可以看出,在进入压气机引气腔的鼓筒引气孔外围设计了一个静止的环形集气腔,气源所供的干空气通过引气管供入静止环形集气腔,经鼓筒引气孔进入压气机引气腔,再经减涡管导入盘心的高低压轴间通道,轴向流动并最后由排气管排出试验件,供气流量可达 0.4 kg/s,供气绝对压力可达 5 bar(1 bar = 100 kPa)。静止的环形集气腔与转子之间采用了 MTU 的刷式密封结构,其中刷

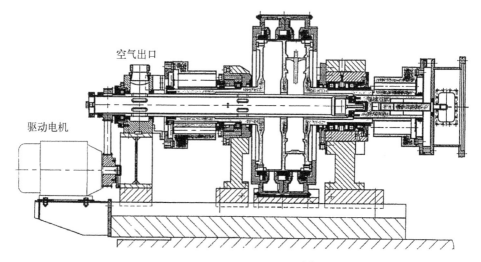

空气出口

驱动电机

图 9.18　减涡器试验系统[5]

封的直径约为 400 mm。试验设备右侧为高压转子电机和变速箱,可达到的转速为 12 000 r/min,左侧为低压转子电机,高低压转子可同转和反转,转差可达 6 000 r/min。

试验中,通过安装在供气和排气管路上的阀门来控制供气流量以及减涡器进出口压力满足试验要求。静止件上的测量参数包括供气与排气流量、压力、温度,其中供排气流量采用标准孔板流量计测量。转动件上的参数测量信号通过遥测装置输出,其遥测装置可连接 96 个热电偶温度测点和 16 个气流静压测点,试验中测量了减涡器腔内的流体压力及温度。

王鹏飞等[6]提出了一种减涡器试验件结构方案,该试验件方案通过在旋转盘腔两侧转静子旁路设计三级高效封严装置,解决了减涡器试验件中旋转盘腔转静子旁路空气泄漏的可靠封严问题,实现了高压高转速条件下真实结构试验件的转子内腔流量准确测量。

2) 试验方法

减涡器流动特性试验内容主要包括不同引气压力与温度、雷诺数、转速下的减涡器系统压力损失及温度变化测试,以及不同减涡器结构在给定工作条件下的压力损失与温度变化测试。在确定试验工况时,需要按照试验状态和发动机主要典型工作状态的引气雷诺数、周向马赫数相似,以及选择的试验点换算至发动机状态能涵盖发动机主要工作状态的原则,确定试验点的供气流量和转子旋转速度等。

试验过程中,当每个试验点的供气流量和转子转速达到要求值后,需保持状态稳定运行 3~5 min,且旋转件上布置的压力与温度测量值稳定时进行数据采集。在完成最高转速的试验点数据采集后,选择一个供气流量,逐步降低转速并完成该流量下不同转速的重复性试验,并检查测试结果的重复性。

3) 试验数据处理方法

减涡器流动特性试验数据处理中一般直接采用减涡器系统进出口的压降和温差来表征其损失和温变的情况,也会引入无量纲的引气雷诺数、周向马赫数来表征不同试验状态下的引气流量和转速。

定义引气雷诺数 Re:

$$Re = \frac{4m}{\mu \pi d} \tag{9.30}$$

式中, m 为进入鼓筒引气孔的空气质量流量; μ 为空气的动力黏度; d 为鼓筒引气孔当量直径。

定义鼓筒引气孔位置周向马赫数 Ma_U:

$$Ma_U = \frac{\omega r}{\sqrt{kRT}} \tag{9.31}$$

式中，ω 为转子角速度速度；r 为鼓筒外侧半径；k 为空气绝热指数；R 为气体常数，T 为进入鼓筒引气孔的空气温度。

4）典型试验结果及应用

中国航发四川燃气涡轮研究院的王鹏飞等开展了高压高转速下的全尺寸管式减涡器系统流动特性试验,获得了旋转盘腔去旋系统特征尺寸、引气参数、转子转速等对旋转盘腔去旋系统流动与温变的影响规律,图 9.19 所示为不同转速下减涡器压降随引气雷诺数的变化规律。

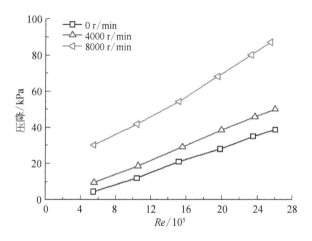

图 9.19　不同转速下减涡器压降随引气雷诺数的变化规律

9.2.3　旋转盘腔流动换热

正如前文中所介绍的,旋转盘面上的边界层具有较强的三维特性,盘腔中部具有高湍流特性等,这些流动现象目前在数值模拟中尚不能完全解决,用简化的一维模型去表征其流动换热特性,不可避免存在一定的误差,因此针对旋转盘腔的相关试验测试和验证在空气系统的设计和研究中非常关键。旋转盘腔内流动换热的测试主要包括速度分布、压力分布和温度分布。

1）试验系统

典型的旋转盘腔试验系统由试验台主体、气路系统、润滑油系统和测量系统等组成。该试验系统中轮盘最大半径为 0.27 m,最高转速为 3 000 r/min,如图 9.20所示。该试验台能提供两种转静系盘腔［图 9.21（a）］和两种转转系盘腔［图 9.21（b）］的测试能力。

在具体试验中,盘腔模型一般是根据航空发动机内部可能存在的旋转盘腔类

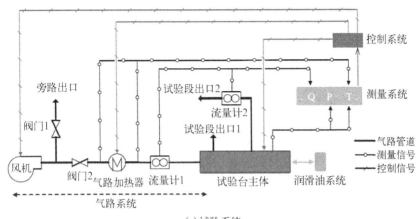

(a) 试验系统

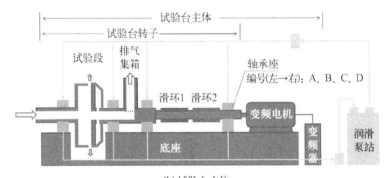

(b) 试验台主体

图 9.20 空气系统单元机理试验台

型,或根据旋转盘腔内部流动形式来确定。典型的盘腔结构包括自由转盘、转静系盘腔、转转系盘腔、带预旋的盘腔等。

2) 试验方法

(1) 流场试验。

流场试验目的是为了获得旋转盘腔内部的流动信息,以计算分析旋流系数的分布规律,验证流场特性。可通过流动显示技术来显示盘腔内的流动,常规技术方法有示踪粒子法、氢气泡法、油膜法等,而新型的现代流动显示技术则有粒子图像测速(PIV)技术、激光诱导荧光(laser induced fluorescence, LIF)技术等。

对于航空发动机中的旋转部件,在测试时应尽可能地避免对流场的影响,故非接触式的测量技术被重视起来。例如激光多普勒测速(laser Doppler velocity, LDV)和 PIV 等。LDV 的缺点在于测得的速度是单点速度,而 PIV 测得的是全场的速度。其他成熟的方法还有热线风速仪、探针等。如图 9.22 所示是 PIV 的测试原理。表 9.1 是几种流场测试方法的对比。

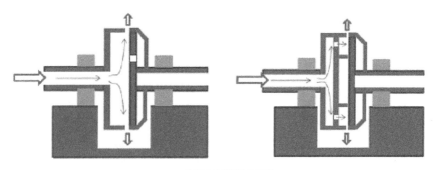

(a) 两种转静系盘腔

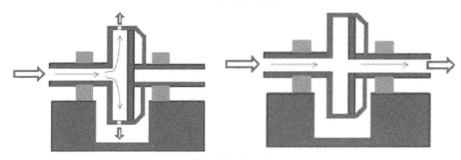

(b) 两种转转系盘腔

图 9.21　空气系统单元机理试验台可提供的盘腔类型

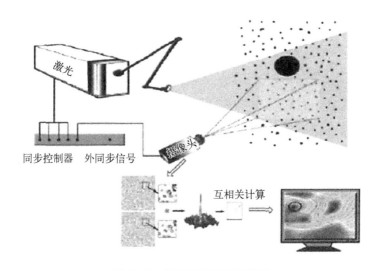

图 9.22　PIV 测试原理示意图

表 9.1 流场测试方法比较

方　　法	结　　果	数　　值
热线风速仪	局部点的速度	平均值
探针	局部点的速度和压力	平均值
LDV	局部点的速度	平均值
PIV	全场的速度	瞬态值

由此可见,PIV 流场测试方法在测量实验全局瞬态流场上具有独特优势,为无接触获取全流场情况提供了可能,被广泛应用于国内外学者的实验研究中。

PIV 技术发展于 20 世纪 80 年代,是一种适用于全流场测量的光学测试技术,它有三个典型的特点,分别为瞬态测量、多点测量、非接触式测量。它的基本原理是测量已知时间内粒子的位移来获得速度,因此对粒子跟随性的要求较高。空气中一般采用微小的空心玻璃珠或者液体小颗粒;在水中也是使用空心玻璃微珠,但是密度与水接近,近乎相等,粒径为 $10\sim15~\mu m$。

所有的粒子成像测速方法都是测量的粒子的 Lagrange 速度 v,如果要用这个速度导出流动的 Euler 速度 u,那么粒子的跟随性就必须要考虑。单个粒子的理想运动方程在没有粒子干涉的情况下为

$$\rho_P \frac{\pi d_P^3}{6} \frac{dv}{dt} = \frac{\pi d_P^2}{4} \frac{1}{2} \rho \mid v - u \mid (v - u) C_D \tag{9.32}$$

其中,C_D 为阻力系数;ρ_P 为粒子的密度;ρ 为被测流场的密度。一般在实际应用中,需要考虑流动的附加质量、流场的非定常性、流场的非均匀性和流场的压力梯度等的影响。

PIV 测试系统在实际操作时是利用激光片光源照亮目标测量截面,使用电荷耦合器件(charge coupled device,CCD)相机进行拍摄,采集得到前后两帧粒子图像,然后在电脑上对其进行自相关或者互相关处理,就可以得到被测流场中激光照亮截面的速度场。对其做进一步处理还可以得到流场的湍流度、湍动能、雷诺应力、流线等信息。

在给定的跨帧时间 Δt 内,脉冲激光器发射出的激光经过透镜特殊处理后产生特定片光照射在散播在被测流场中的示踪粒子上,示踪粒子的瞬态空间位置被 CCD 相机采集记录。如果知道了在时间间隔 Δt 内示踪粒子的位移变化量,那么就可以通过速度定义式来得到某一个时刻的被测流场的速度矢量,如下式

所示：

$$u(x,y,t) = \frac{\Delta x(x,y,t)}{\Delta t}, v(x,y,t) = \frac{\Delta y(x,y,t)}{\Delta t} \tag{9.33}$$

其中，Δx 和 Δy 为空间位置 (x,y) 和 t 时刻时经过时间 Δt 后的粒子位移。为了让测量结果更加精确，得到较为准确的速度场，PIV 测试系统在实际使用中需要对以下参数进行控制：示踪粒子的直径和浓度、双激光器发光的时间间隔、查问区域的尺寸、照相机的放大率以及激光片光的厚度等。

　　PIV 技术超出了单点测速技术（如 LDV）的局限性，能在同一瞬态记录下大量空间点上的速度分布信息，并可提供丰富的流场空间结构以及流动特性，具有很高的测量精度。PIV 技术除向流场散布示踪粒子外，所有测量装置并不介入流场。目前 PIV 测速方法有多种分类，无论何种形式的 PIV，其速度测量都依赖于散布在流场中的示踪粒子，PIV 法测速都是通过测量示踪粒子在已知很短时间间隔内的位移来间接地测量流场的瞬态速度分布。若示踪粒子有足够高的流动跟随性，示踪粒子的运动就能够真实地反映流场的运动状态。因此示踪粒子在 PIV 测速法中非常重要。在 PIV 测速技术中，高质量的示踪粒子要求为：① 比重要尽可能与试验流体相一致；② 足够小的尺度；③ 形状要尽可能圆且大小分布尽可能均匀；④ 有足够高的光散射效率。

　　（2）传热试验。

　　传热试验目的是为了获得旋转盘面的对流换热特性规律，分析传热影响因素。在航空发动机中测温会根据零部件的结构特性，综合应用各种测温方法。现有的测温方法包括示温片、示温漆、热色液晶和热电偶。

　　示温片采用了温度敏感变色测温技术，能够贴到被测设备上，随设备温度的变化而改变颜色或显示温度数字，并由此可掌握设备的温度变化。示温漆是利用涂层的颜色变化测量物体表面温度及其分布的一种特种涂料。其原理是当涂层被加热到一定温度时，涂层中对热敏感的物质发生某些物理或化学变化，导致分子结构、分子形态的改变，甚至分解成为其他物质，从而引起涂膜颜色改变用以指示温度。热色液晶是一种有机化合物，在特定温度范围内，液晶颜色会随着液晶晶格结构的改变而发生变化。热色液晶瞬态法的最大优点是在不影响流场的情况下，即可通过液晶颜色的变化及时获得整个盘面各点的温度信息。此外，热色液晶的颜色变化只受温度的影响，单一性较强。鉴于瞬态换热试验方法的诸多优点，其已经被广泛用于工程测量当中。热电偶是通过热电效应将热势差转换为电势差的温度传感器。热电效应是当两种不同金属各自的两端分别连接构成的回路，如果两种金属的两个结点处温度不同，就会在这样的线路内产生电势差。现有通用的热电偶，包括铂铑铂、镍铬合金和铜镍合金热电偶等。

　　一般情况下,对于转动件,涂上示温漆或者热色液晶测量,再结合热电偶辅助测量;对于静子件,则以热电偶为主,需要重点关注的位置则采用示温漆、热色液晶或示温片辅助测量。图 9.23 是四种测温方法的实物图。表 9.2 是四种测温方法的对比。

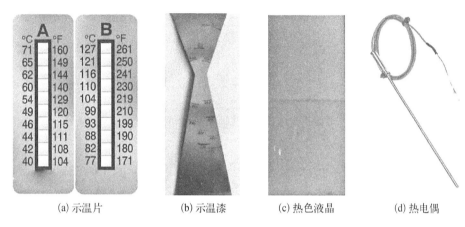

(a) 示温片　　　　　(b) 示温漆　　　　　(c) 热色液晶　　　　(d) 热电偶

图 9.23　温度测量方法

表 9.2　测温方法比较

方　法	优　点	缺　点
示温片	方法简单、方便读数	测量范围有限
示温漆	测试范围宽,不受结构限制	精度有限、只能反映最高温度,容易受到污染而出现误差
热色液晶	精度高、反应快	测试范围窄,用前需标定
热电偶	精度高、能反映过渡态的温度	单点温度测量、须进行测试改装

　　(3) 压力测试试验。

　　在测量气流通道的压力时,为了准确捕捉到流场的压力而又不对流场产生太多的干扰,常常选用体积小,灵敏度高的应变式压力传感器。

　　测量旋转区域的压力时,压力传感器固定在动盘上,所以它们必须也要承受较高的转速,即需要平衡离心力带来的测量偏差。同时,旋转件上的振动也高于静止件,而振动将会对传感器的输出带来误差。考虑到这两个因素,对于盘腔进出口两个测点,必须选用一款加速度不敏感型压力传感器。试验采用某型压力传感器(图 9.24)测量旋转压力,采用 12 V 的直流稳压电源供电,传感器额定测

压范围为 $0 \sim 15 \, \text{psi}$(约 $100 \, \text{kPa}$),采样频率为 $200 \, \text{kHz}$,等加速度为 $10\,000g$(g 为重力加速度)。传感器其内部装有两个压敏膜片,并将两膜片封装在同一硅芯片上。每一个压力膜片上都用两个串联电阻组成一个半桥,两个膜片都承受惯性应力(振动和离心加速度),但是只有一个膜片受到需要测量的压力,每个膜片的半桥经电路连接形成一个全桥,对一个膜片施加一个正应力,则从一个半桥的桥路输出将减去从另一个半桥的桥路输出,这样该信号输出对应该膜片施加的应力,同时施加在两个膜片的惯性应力(或者是正常测量以外的应力)对这个信号影响(变化)被抵消,进而消除高速旋转时离心力和振动都引起的偏移误差和动态误差。在实验中可以将传感器测量端正对来流方向,使得气流滞止于传感器端口,从而获得气流总压。

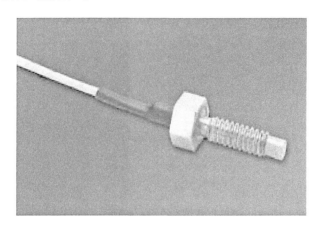

图 9.24　压力传感器

(4)总压降试验。

该试验目的是为了获得进出口总压值,分析总压降的规律和影响因素。在测量气流通道的压力时,需要在一个截面上同时测量多个压力,需采用对气流偏斜角不敏感的探针进行测量,一般多采用三孔或五孔动力探针。图 9.25 是五孔动力探针,探针选型需考虑外形尺寸小、使用方便以减少对流场的影响,同时要具有较好的刚度和强度。

3)试验数据处理办法

(1)主要控制参数。

旋转盘腔内流动换热由众多参数决定。其中比较重要的物理参数有压力系数 C_p、流量系数 C_w、进气雷诺数 Re、旋转雷诺数 Re_θ 和无量纲半径 r^*。压

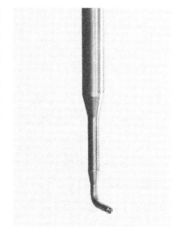

图 9.25　五孔动力探针

力系数 C_p 的定义如下：

$$C_p = \frac{p_{in} - p_{out}}{0.5\rho\omega^2 R_b^2} \tag{9.34}$$

其中，p_{in} 为入口压力；p_{out} 为出口压力；ρ 为气体密度；ω 为转盘转速；R_b 为转盘半径。C_p 代表进出口总压差与旋转盘动压头之比，表征了气流经过盘腔后，进出口相对总压损失。流量系数 C_w 的表达式如下：

$$C_w = \frac{\dot{m}}{\mu_0 R_b} \tag{9.35}$$

其中，$\dot{m}$ 是进口处冷气的质量流量；μ_0 是气体动力黏度。进气雷诺数 Re：

$$Re = \frac{\rho V R_b}{\mu_0} \tag{9.36}$$

其中，V 为入口冷气的特征速度，其物理意义为冷气的惯性力和黏性力的相对大小。旋转雷诺数 Re_θ：

$$Re_\theta = \frac{\omega R_b^2}{\nu} \tag{9.37}$$

式中，ν 为气体的运动黏度，表征旋转产生的惯性力和黏性力的相对大小。同时在做压力数据分析时，需用到无量纲半径 r^*：

$$r^* = \frac{r}{R_b} \tag{9.38}$$

其中，r 为实际测量点半径位置。

（2）瞬态液晶法获取对流换热系数。

瞬态液晶法基于一维半无限大物体的非稳态导热理论，来实现瞬态换热实验中对流换热系数的求解。图9.26所示为非稳态导热示意图（第三类边界条件）。描述此问题的导热微分方程、初始条件、边界条件如式（9.39），式中 $a = \lambda/(\rho c_p)$ 为热扩散系数；T_w 为壁面温度；T_{aw} 为主流的绝热壁温；T_0 为主流和物体的初始温度。

$$\begin{cases} \dfrac{\partial T(x,\tau)}{\partial \tau} = a\dfrac{\partial^2 T(x,\tau)}{\partial x^2} \\ T(x,0) = T_w(\tau) = T_{aw}(\tau) = T_0, \tau \leqslant 0 \\ -\lambda\dfrac{\mathrm{d}T}{\mathrm{d}x} = h[T_{aw}(\tau) - T_w(\tau)], x = 0 \\ T(x,\tau) = T_0, x \to \infty \end{cases} \tag{9.39}$$

其中,

$$T_{aw} = T_f + R \frac{V^2}{2c_p} \tag{9.40}$$

其中,T_f 为主流静温;$R \approx Pr^{1/3}$ 为温度恢复系数;V 为主流速度;c_p 为主流的比定压热容。T_f 与 T_{aw} 的差异如图 9.27 所示,鉴于主流流速较低,认为 $T_{aw} \approx T_f$。获得主流绝热壁温 $T_{aw}(\tau)$ 后,对式(9.39)进行拉普拉斯变换和分离变量可求得 $T(x,\tau)$ 的解析式。最后利用测得的 τ 与 T_w 函数关系,即可通过数值方法求出盘面对流换

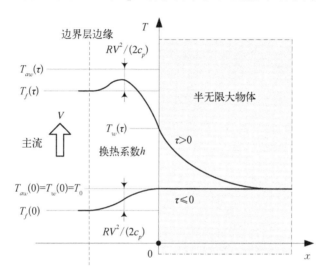

图 9.26　一维半无限大物体非稳态导热

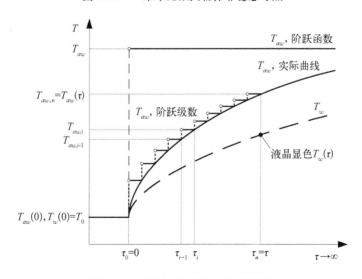

图 9.27　主流和壁面温度的时间曲线

热系数 h。

实验中,加热主流很难实现瞬间提升,主流温度稳定用时较长,又由于实验空气流量较小,温升迅速,主流温度达到稳定前,转盘液晶已完全变色。此时需要近似将主流温度 $T_{aw}(\tau)$ 处理为阶跃级数形式(图 9.27),即

$$T_{aw}(\tau) = T_0, \tau \leqslant 0$$

$$T_{aw}(\tau) = T_0 + \sum_{i=1}^{n} [T_{aw}(\tau_i) - T_{aw}(\tau_{i-1})], \tau > 0 \tag{9.41}$$

式中,n 为阶跃级数的项数且 $\tau_0 = 0$,$\tau_n = \tau$。$n \to \infty$ 时,$T_{aw}(\tau)$ 趋于实际主流温升曲线。对此,由式(9.39)求得 $T_w(\tau)$ 的解析式为

$$\theta_w = \sum_{i=1}^{n} (T_{aw,i} - T_{aw,i-1}) [1 - e^{\beta^2 - \beta_i^2} erfc(\sqrt{\beta^2 - \beta_i^2})] \tag{9.42}$$

式中,$\theta_w = T_w(\tau) - T_0$,$\beta = h\sqrt{a\tau}/\lambda$,$\beta_i = h\sqrt{a\tau_i}/\lambda$,$erfc(\beta)$ 为误差余函数:

$$erfc(\beta) = 1 - \frac{2}{\sqrt{\pi}} \int_0^\beta e^{-u^2} du \tag{9.43}$$

需要注意的是,基于一维半无限大物体非稳态导热理论导出的盘面瞬态换热解析式,应用于实验时需要满足实验时间 τ 须满足半无限大物体的无穿透时间假设:

$$\tau \leqslant \frac{L^2}{16a} \tag{9.44}$$

式中,L 为物体在 x 方向上的厚度。其次,实验应满足理论模型的初始条件和常物性条件。所以实验前系统必须达到热平衡,且转盘在实验过程中温升不能过高。最后,为保证测量准确性,实验过程中需保证换热系数稳定,而影响换热规律的因素主要为流动边界条件和热边界条件。固定实验工况下流动边界条件不变,而对于热边界条件,由文献可知,瞬态温度过程对换热系数测量结果的影响不大,所以能够保证测量精确度。

(3)贝叶斯法求解导热反问题。

贝叶斯统计法是一种具有较为成熟理论的求解反问题方法。在换热反问题中,将转盘的导热微分方程简化为一维翅片方程,使用测量的温度反算对流换热系数。贝叶斯统计法通过先验分布以及似然函数的共同作用能够较为有效地消除反问题求解的不适定性,从而得到更加准确的反问题结果。贝叶斯统计法相比于传统方法受到温度测点个数的影响更小,受测量噪声的变化波动性影响更小,且不随设置初场的变化而变化,因此贝叶斯统计法有较好的鲁棒性和计算稳定性。

　　根据研究事件的特性,可以将贝叶斯统计法分为离散型和连续型两种形式,其统一的形式如下:

$$P(A|B) = \frac{P(B|A)P(A)}{P(B)} \qquad (9.45)$$

其中,A 为待求解的事件,B 为已知的事件,也可以称为已知信息。在反问题求解中,事件 A 可以理解为过程的"起因",事件 B 可以理解为过程的"结果"。$P(A)$ 称为事件 A 的先验分布,即事件 A 的概率分布。该概率分布不必有客观的依据,只需要部分或者完全依据主观概念进行定义。$P(B)$ 为事件 B 的先验分布,在真实情况中,由于事件 B 已知,故通常为定值。

　　$P(B|A)$ 为似然函数,即在事件 A 发生的前提下事件 B 发生的概率,似然函数通常通过正演模型计算得到。而 $P(A|B)$ 为事件 A 的后验分布,即在已知事件 B 发生基础上事件 A 发生的概率。可以看出,贝叶斯统计法相比于传统统计推断方法的最大的区别在于对待事件 A 的处理方法。传统统计方法认为事件 A 是固定的,其概率分布基于多次重复实验得到的样本空间。而贝叶斯统计法则认为事件 A 是一个随机变量,不止需要样本信息,还需要对其设定一个先验分布,它可以理解为通过对总体信息和样本信息的掌握后对先验分布进行调整后产生的结果。贝叶斯统计法的求解流程如图 9.28 所示。

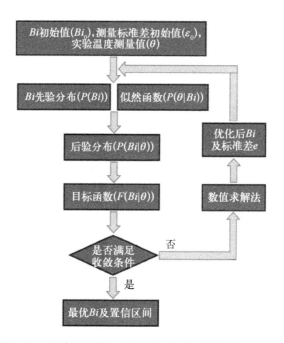

图 9.28　贝叶斯反问题应用于换热反问题的求解法流程

首先基于正演模型得到先验分布(A)、似然函数 $P(B|A)$，通过两者得到后验概率分布；再根据变换以及数值求解法得到目标函数的最优解，即此时的后验概率函数 $P(A|B)$ 最大，是最可能发生的情况，对应条件下的变量期望值即为最优解，最后通过相关方程计算置信区间以判断此时的相对误差分布特性。

4) 典型试验结果及应用

中国航发四川燃气涡轮研究院对转静系、转转系等典型旋转盘腔开展了大量试验研究，获得了旋转盘腔流动换热特性，初步建立了旋转盘腔流动换热试验数据库。

(1) PIV 流场测试结果。

通过 PIV 技术对典型中心进气封严转静系结构内的流动特征展开了分析，获取了腔内流体切向速度沿径向方向的速度分布情况。图 9.29 中是旋转雷诺数 $Re_\omega = 2.82 \times 10^6$，间隙比 $G = 0.18$，流量系数 C_w 从 0.68×10^4 增大到 3.41×10^4 时盘

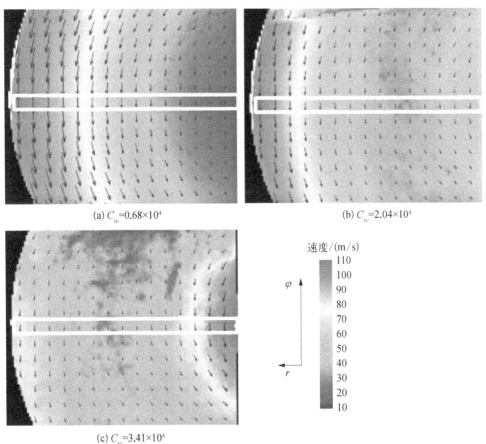

(a) $C_w = 0.68 \times 10^4$ 　　　　(b) $C_w = 2.04 \times 10^4$

(c) $C_w = 3.41 \times 10^4$

图 9.29　转静盘腔内中心截面流场 PIV 测量云图

腔内流场分布的变化。

当流量系数较小时,盘腔内部流动主要受转盘转动影响,盘腔内部流体的流动速度沿着径向逐渐增大。随着流量系数增大,进入盘腔内部流体的惯性力开始影响盘腔内部流动:在低半径区域,通流的增加会引起腔内流体切向速度的增加;而在高半径区域的规律与此相反,随着通流的增大,通流的惯性作用抑制了腔内流体的旋转,使得旋转速度大幅度降低。

(2) 热色液晶测量涡轮盘壁面换热系数。

图 9.30 给出了带预旋进气的转静系盘腔中,通过瞬态液晶测试技术获得的转盘表面局部对流换热系数 h 在不同进气流量 m 下的结果。

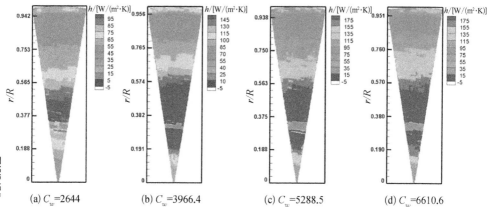

(a) C_w=2644   (b) C_w=3966.4   (c) C_w=5288.5   (d) C_w=6610.6

图 9.30   转盘 ω = 3 000 r/min(Re_ω = 224 383)时盘面局部对流换热系数 h 分布

如图 9.30 所示,在冷气入口位置附近($r/R \approx 0.4$),受冲击气流影响,转盘壁面换热系数较大。越远离该入口冲击区域,换热系数逐渐减小。当转盘转速一定,随流量系数的增加(单位时间内参与盘面对流换热的气体增加),盘面换热强度整体增强(红颜色区域对流换热系数 h 较高)。

(3) 贝叶斯求解导热反问题结果。

图 9.31 分别为真实 $Bi = 100X^5$ 情况下贝叶斯统计法与传统拟合法,获得的涡轮盘表面换热系数结果的对比。其中 $Bi = hR_b/\lambda$ 为毕沃数,λ 为涡轮盘材料的导热系数。图 9.31(a)中的温度分布中,贝叶斯方法获得的温度分布,为反解得到 Bi 再求解正问题得到,而拟合法的温度则是多项式拟合结果。在拟合法中选取以往研究常用的 5 阶多项式和 9 阶多项式。不难发现,拟合法与贝叶斯方法得到的温度结果较好,即和实验测量温度基本一致。但是 Bi 的反问题结果[图 9.31(b)]则有很大的差别。贝叶斯统计法的结果与真实情况基本一致,真实 Bi 均在置信区间内。而传统拟合法的 Bi 结果则明显偏离真实 Bi。

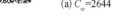

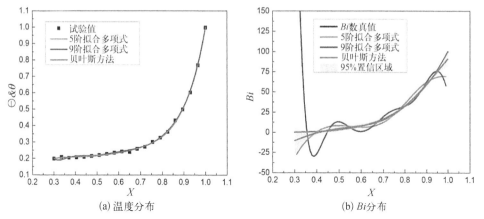

(a) 温度分布 (b) Bi分布

图 9.31 贝叶斯统计法与拟合法的结果对比

（4）压力测试结果。

图 9.32 为在不同流量下,含减涡器的旋转盘腔进出口总压损失随旋转速度的变化。从图中可以看出,当进气流量相同时,随着盘腔旋转速度的增加,盘腔进出口的总压损失变大,并且总压损失变化梯度增加。

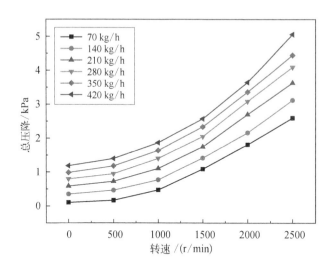

图 9.32 总压降随转速变化规律

图 9.33 为压力系数 C_p 随流量系数 C_w 和旋转雷诺数 Re_ω 的变化规律图。从图中可以看出,同一旋转雷诺数下,压力系数 C_p 随流量系数 C_w 增大而增大,随着旋转雷诺数的增大,C_p 随 C_w 变化的斜率变小。同一流量系数下,压力系数 C_p 随旋转雷诺数 Re_ω 增大而减小,流量系数越小,总压降系数变化的梯度越大。

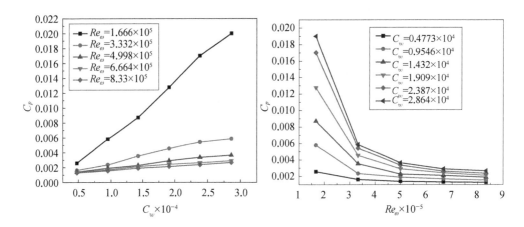

图 9.33　总压系数随流量系数 C_w（左图）和旋转雷诺数 Re_ω（右图）的变化规律

9.2.4　叶片流量与冷效

　　航空发动机空气系统为涡轮叶片等热端部件提供关键的冷却介质，确保其安全工作。因此涡轮叶片相应的流量试验和冷却效果试验也是航空发动机空气系统研制的关键，试验结果可为空气系统设计、验证及改进提供关键支撑。

　　目前国内外研究机构和学者们针对涡轮叶片的流量特性及冷却效果等开展了大量的研究，建有较为齐全的试验设施。如美国空军航空推进实验室建立了一个先进涡轮气动热力试验器（进口总温为 478 K，进口总压为 550 kPa，试验普朗特数 0.68，试验周期为 1～5 s），它由一个氮气罐、变体积流量涡轮冷却系统、一个 3 100 立方英尺（1 立方英尺 = 0.028 316 8 立方米）的储气罐管、一个快速阀门、两个 6 400 立方英尺的排气罐、一个 0.5 Torr（1 Torr≈133 Pa）的真空系统和一个热滑油系统组成。该试验器可在均匀低湍流度进口边界和非均匀高湍流度进口边界条件下进行全尺寸涡轮气动和传热性能试验研究，而用常规试验设备则要用 6 小时才能完成相关试验内容，这项设备在美国综合高性能涡轮发动机技术计划中发挥了重要作用。

　　美国麻省理工学院涡轮试验器为短周期全尺寸涡轮试验器，主要用于高负荷气冷涡轮的气动和传热性能试验研究，最大转速为 6 190 r/min，试验周期为 0.3 s。美国冯·卡门流体动力学研究所压缩管涡轮试验器为轻活塞压缩管型短周期涡轮试验器，可在不同雷诺数、马赫数、主流与壁面温度比、冷气与壁面温度比下进行涡轮气动和传热性能试验研究。英国牛津大学涡轮试验器为等熵轻活塞压缩管型短周期涡轮试验器，主要用于进行涡轮气动和传热性能试验研究。美国联合技术研究中心、美国 A&M 大学、美国宾夕法尼亚州立大学均建有低速大尺寸涡轮试验器。

1）试验系统

根据试验测试的目的,试验系统分为涡轮叶片流量特性试验系统和涡轮叶片综合冷效试验系统。

（1）涡轮叶片流量特性试验。

涡轮叶片流量试验需要试验设备提供可调压力的常温清洁空气,并完成流量测量及数据录取,一般由供气系统、管路系统、电气控制系统、流量、压力、温度测量装置,试验数据采集系统等组成。

试验件即被试验的涡轮叶片。试验前需根据试验叶片的气动叶型和内冷通道结构特点,设计相应的试验夹具。试验时,冷却空气从试验夹具流入试验叶片并排入大气。试验夹具设计应保证夹具(含进口)气流流通面积大于叶片内冷通道进口面积,不允许叶片进口总压测点至试验夹具进口之间的沿程管路流通面积成为节流面积。夹具内部流道应尽可能减小气体总压损失,并保证叶片进口与夹具接触位置的有效密封,在试验工况下不发生漏气现象。试验夹具不得遮挡或堵塞尾缝、叶尖除尘孔、气膜孔等气流出口。同时,试验夹具设计应考虑拆装便捷性、可靠性及叶片安装定位基准,以减少人为因素对试验重复性的影响。

典型的涡轮叶片流量试验件装配及测点布置示意如图 9.34 所示。

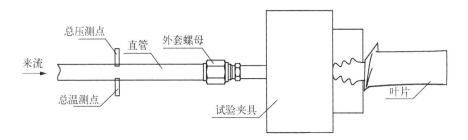

来流　总压测点　直管　外套螺母　叶片　试验夹具　总温测点

图 9.34　涡轮叶片流量试验件装配及测点布置示意图

涡轮叶片流量试验测量参数主要包括① 进口总温:常温,单位为 K;② 进口总压:根据具体试验要求确定,单位为 kPa;③ 环境压力:大气压力,单位为 kPa;④ 压比:进口总压/环境压力,根据具体试验要求确定;⑤ 叶片流量:质量流量,单位为 g/s。

在涡轮叶片流量试验测点布置中,应遵循以下设计准则。① 进口总压:测点位置应尽可能接近试验夹具进口位置,应位于气流中心位置,测量截面与夹具进口截面之间的管路应为直管;② 进口总温:与进口总压测点位置同一气流截面;若无法满足时,在确认试验厂房为常温、恒温环境后,允许以试验厂房的环境温度近似代替;③ 叶片流量:在流动稳定处安装流量测量装置,具体安装位置需满足流量测量装置的安装要求。

（2）涡轮叶片综合冷效试验。

试验设备主要由主气系统、冷气系统、燃油系统、水系统、电气控制系统等组成。主气系统为叶片冷却效果试验提供主流,在进入燃烧室前对主流流量进行测量,压缩空气进入燃烧室进行加温,加温后的高温燃气进入冷效试验舱、冷效试验转接段,试验后对燃气进行降温,最后将废气排入排气道。冷气系统为试验叶片提供冷却气体,分为试验叶片冷气管路和陪衬叶片冷气管路,两路气体分别测量流量后,进入电加温炉对气体进行加温,最后供入试验叶片。水系统为冷效试验舱和排气冷却器提供冷却水,保证设备在安全温度范围内工作。燃油系统为燃烧室加温提供燃油,通过调节燃油流量的大小来控制燃烧室的温度。电气控制系统为阀门、电加温炉、流量计等提供动力电源以及对设备进行控制,以实现对试验参数的控制。

涡轮叶片冷却效果试验转接段设计时测量截面定义见图 9.35。

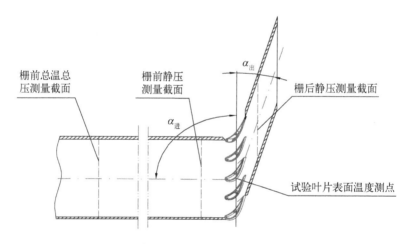

图 9.35　涡轮叶片冷却效果测量截面定义示意图

试验转接段根据涡轮叶片的真实叶型结构、性能参数以及具体技术要求进行设计,包括进气测量段、叶栅试验段、排气测量段,叶栅试验段应保证试验叶片特征截面进出口气流角和叶片安装角与技术要求参数一致。试验时将涡轮叶片(中间一个叶片为试验叶片,其余的为带气冷的陪衬叶片)安装到叶栅试验段中,组成叶栅通道,通过调节冷气流量、温度及栅后静压进行冷却效果试验。

试验时,对栅前燃气总压、栅前燃气静压、栅后燃气静压、栅前燃气总温、冷气温度、主气流量、冷气流量、叶片表面温度等参数进行测量,并采用高精度气压计测量当地大气压力为试验提供气压变化情况,经计算机处理完成试验状态监视和数据采集。

涡轮叶片冷却效果试验通常采用热电偶测温方式录取叶片表面温度。根据技术要求文件,进行试验叶片表面温度测点加工。通常在试验叶片中截面表面布置测点,录取中截面表面温度和平均冷却效率。测点布置位置应尽可能均匀,需避开气膜孔。

视情在叶片根、尖截面表面或其他特征位置布置测点,以作为监测。图9.36为涡轮叶片中截面表面温度测点编号示意图,图9.37为径向热电偶走向示意图。

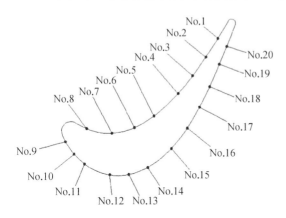

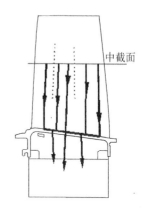

图9.36 涡轮叶片中截面测点编号示意图　　图9.37 涡轮叶片径向热电偶走向示意图

2)试验方法

(1)叶片流量试验。

涡轮叶片流量试验数据录取应记录完整的试验信息,包括试验状态参数、试验叶片批次、试验叶片编号、试验时间等。在给定压比状态下,测量涡轮叶片的内部冷却空气质量流量。对于包含多个独立腔室的涡轮叶片,还应分别测量每个独立腔室的冷却空气质量流量。试验压比状态点通常不少于3个。涡轮叶片流量试验应按照以下流程规范,按步骤、有序实施。① 逐项对试验设备各系统进行检查并记录,检查结果汇总显示试验设备正常方可开展试验;② 逐步启动试验设备的水、油、电、气供给及测试系统等,检查运行状态是否正常;③ 通气进入试验器相关系统管道,检查管道接口处是否存在泄漏,发现泄漏应及时处理后方可继续试验;④ 每班次试验开始或试验设备重新启动时,应首先使用检验叶片进行流量试验,综合检查试验设备及试验夹具的稳定性。检验叶片流量试验测量值与其标定流量的相对偏差应满足规定要求,方可进行正式试验;⑤ 安装叶片夹具和试验叶片,记录试验叶片编号,通气检查是否泄漏,发现泄漏应进行处理;⑥ 调节管路进气阀和排气阀开度,调节试验叶片进口总压,以达到试验状态点,获得压比与流量的对应关系。应确认试验状态稳定后方可采集数据,叶片进口总压的波动范围与当前值的相对偏差应满足规定要求;⑦ 试验过程中严密监视试验设备关键状态参数,保证试验过程安全;⑧ 按照规定的试验内容,调节进口总压,完成在不同压比下的流量测量。试验状态调节应进行上下行两次测量,先由低压比逐步提升压比完成一次测量后,再由高压比逐步降低压比完成第二次测量。在各个相同压比状态下,两次测得流量的偏差与两次测得流量平均值的比值应满足规定要求。试验现场对流量偏差较大的叶片,应拆装后进行重复性试验,对试验数据进行确认;⑨ 试验内容完成后,更换叶片,进行流量测量。

(2) 叶片冷效试验。

进行涡轮叶片冷却效果试验时,首先应根据试验状态,采用加温器对主气供气进行加温,确保主气供气状态满足试验需求;再根据不同状态下参数设定,进行冷气流量、温度、压力调节,以满足试验所需各项需求。对每次叶片冷效试验的试验状态通常要求为:① 根据技术要求文件和设备能力范围,固定栅前总压,保证流量比、落压比和温比与发动机设计状态相同,录取叶片表面温度以及中截面表面平均冷却效率;② 根据技术要求文件和设备能力范围,固定栅前总压,将流量比、落压比和温比中的两个值固定不变,调节另一个值变化,录取叶片表面温度以及中截面平均冷却效率的变化曲线;③ 根据技术要求文件和设备能力范围,进行燃气恢复温度试验。关闭冷气,待试验状态达到稳定后,录取叶片表面温度,以检查热电偶是否正常。

3) 试验数据处理方法

(1) 叶片流量试验。

对录取的试验数据和原始资料进行整理,规定数据整理要求。使用规定的参数单位整理试验原始数据,剔除坏点和粗大误差点,分别保存原始数据和整理后的数据。按照给定的计算公式计算换算流量,绘制换算流量与压比对应关系的特性曲线,编制每件试验叶片换算流量与平均值相对偏差的统计分析表格。

换算流量 $\overline{W} = W\sqrt{T_t}/p_{t,\text{in}}$ 计算可按式(9.46)进行:

$$\overline{W} = W\sqrt{T_{t,\text{in}}}/p_{t,\text{in}} \tag{9.46}$$

式中,W 为质量流量,单位为 kg/s;$p_{t,\text{in}}$ 为进口总压,单位为 Pa;$T_{t,\text{in}}$ 为进口总温,单位为 K;$\overline{W} = W\sqrt{T_t}/p_{t,\text{in}}$ 为换算流量。

(2) 叶片冷效试验。

试验结果评定完成后,对试验数据进行整理分析。主要内容包括:不同流量比、落压比和温比状态下的叶片表面温度分布、叶片中截面表面平均冷却效率分布,叶片表面燃气恢复温度分布。

将试验结果模化到发动机工作状态,给出发动机状态的叶片表面温度分布、叶片中截面平均冷却效率分布,并给出叶片冷却效果是否满足设计指标的分析结论。

4) 典型试验结果及应用

图 9.38~图 9.40 为典型的发动机一级涡轮动叶的冷效试验结果,分别为试验状态下平均相对冷却效果随流量比、温比及落压比的变化规律。

从图中可以看出:冷气流量比对平均相对冷却效果的影响较大,其相对冷却效果随流量比的增加而增加,具有良好的冷却特性;温比对平均相对冷却效果的影响不大,在同一流量比、燃气落压比情况下,叶片截面相对冷却效果变化不大,但绝

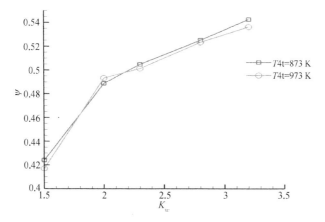

图 9.38 叶片表面平均相对冷却效率随流量比变化曲线

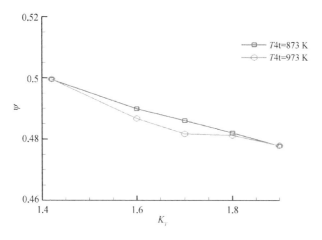

图 9.39 叶片表面平均相对冷却效率随温比变化曲线

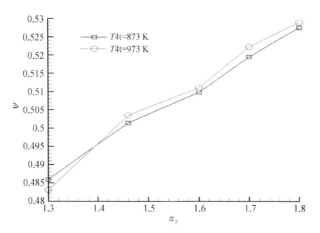

图 9.40 叶片表面平均相对冷却效率随落压比变化曲线

对冷却效果增加;燃气落压比对平均相对冷却效果的影响很小,在同一流量比、温比下,随着落压比的变化,叶片截面相对冷却效果变化不大。

9.2.5　机匣传热变形

机匣传热变形试验是航空发动机涡轮主动间隙控制系统研制的主要支撑性试验之一,该试验通过模拟涡轮机匣的传热边界条件,测量机匣温度和热变形,来验证主动间隙控制系统对机匣的冷却和间隙调节效果。因此,这个试验的试验件除了涡轮机匣外,还应包括主动间隙控制系统。

试验目的通常包含 3 个方面: ① 通过试验获取冷却流量与机匣温度和变形的关系,测量有冷却条件下机匣温度和变形分布,为验证主动间隙控制系统方案提供试验数据;② 通过试验获取冲击冷却管路流量特性,为验证冲击冷却管路流量特性设计结果提供试验数据;③ 为主动间隙控制系统设计工具和方法的验证积累试验数据,为核心机和整机专项试验提供支撑。

典型的机匣传热变形试验案例是普惠公司针对 JT9D 高压涡轮开展的试验(NASA CR - 159661)[1],该试验是普惠公司针对 JT9D 发动机性能提升计划之一,其主要目的是在模拟条件下,通过测量温度和变形,验证设计的主动间隙控制系统的效果。

1) 试验系统

本试验系统应包含模拟的涡轮机匣作为试验件,同时为了模拟涡轮机匣前后的约束条件,应包含涡轮机匣前后的燃烧室机匣和涡轮级间机匣等,作为辅助机匣。试验系统应模拟涡轮机匣内外侧的传热边界条件,外侧传热边界条件通常是主动间隙控制管路系统,内侧传热边界需模拟热源侧边界,可以采用电加热或气加热方式进行模拟。此外还应包括相应的测试系统,包括变形、温度、流量和压力等测量。下面详细介绍各试验系统。

(1) 试验件本体及辅助机匣。

试验件本体为涡轮机匣,为了真实模拟传热和变形情况,应采用与发动机一致的尺寸和构型。同时为了降低成本,机匣材料可采用与实际材料线膨胀系数接近的材料,并且在设计时忽略一些与传热和变形无关的结构特征。

涡轮机匣前后的约束条件对其热变形有重要影响,因此开展本试验时应设计前后辅助机匣以尽可能真实模拟涡轮机匣的约束条件。以大涵道比民用涡扇发动机高压涡轮机匣为例,其前后分别为燃烧室机匣和涡轮机匣机匣,因此开展本试验时应设计相应辅助机匣以模拟约束条件。辅助机匣的设计应根据实际情况,通过计算确定。

(2) 传热边界条件模拟系统。

传热边界条件模拟是本试验的关键内容之一,分为内侧边界条件和外侧边界条件。内侧边界条件为机匣热源侧边界,可以采用电加热或者气加热的方式进行模拟。

例如普惠公司的试验,采用一套可旋转的燃烧室对机匣内侧进行加热,模拟真实的热气侧边界条件。此外,也可以采用叶片冷效试验器等的热气,设计较为真实的热源侧流动,更真实地模拟传热边界条件。也可以采用电加热方式来模拟热源侧换热边界,通常可以采用卤素灯辐射加热等方式。需要注意的是,无论采用何种加热方式,应尽可能同时模拟加热温度和热流条件,这样才能更真实模拟实际的换热情况。

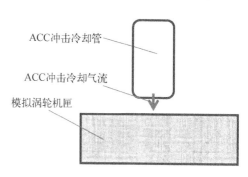

涡轮机匣外侧换热边界即主动间隙控制管路系统,本试验一般要求直接采用发动机真实构型的主动间隙控制管路,并通过台架供气模拟发动机上的引气,如图 9.41 所示。在开展本试验之前,一般应对设计的主动间隙控制的冲击冷却系统进行冲击换热试验,提前获得冲击换热数据。

图 9.41　主动间隙控制管路系统示意图

(3) 测试系统。

本试验的测试应包括变形、温度、流量和压力等数据测量。变形测量的主要目的是获得机匣的径向变形数据,验证主动间隙控制系统对间隙调节的效果,可以采用千分表、电感测微仪、激光等手段进行测量。测点需要布置在涡轮机匣的典型特征位置,并在周向布置适当数量,以验证周向变形是否均匀。典型的测点布置示意图如图 9.42 所示。若采用千分表、电感测微仪等接触式测量,需要考虑这些测试

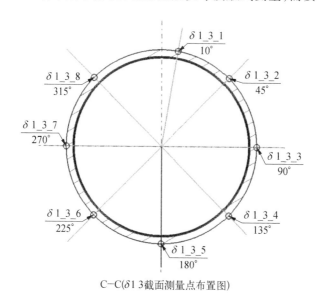

C—C(δ 1_3 截面测量点布置图)

图 9.42　典型的机匣周向变形测点示意图

仪表的隔热措施。

本试验的测量还包括机匣温度测量,同样需要在典型特征位置周向布置足够多的测点,以验证机匣热分析模型。温度测量采用热电偶方式,一般为在机匣表面布置测点,也可以采用在机匣上开槽埋偶方式。对于主动间隙控制系统还应测量管路系统的温度、压力和流量,此处不再进行赘述。

2)试验方法

本试验通常应包含如下的试验过程,实际试验过程中可根据试验情况进行调整。

试验前准备工作包括:① 试验前各类传感器的标定,具体包括变形、温度、流量和压力等传感器的标定,确保这些传感器的测量结果都是有效的;② 试验前气密性检查,主要检查主动间隙控制管路系统的密封情况,可以采用肥皂泡等方式进行;③ 加热系统、测试系统等的调试,确保这些系统可以正常工作。

试验步骤包括:① 启动数采、加热、供气等系统;② 节机匣内侧加热系统至设定的温度工况,并稳定一定的时间;③ 主动间隙控制管路系统至需要的工况,稳定足够长时间至机匣温度达到稳态,记录试验数据,完成本工况试验;④ 改变主动间隙控制系统至另一个工况,重复步骤③;⑤ 完成该机匣温度工况试验后,调节机匣内侧加热系统至另一个温度工况,重复步骤②~④;⑥ 完成所有试验。

3)试验数据处理方法

试验数据处理的主要目的是建立主动间隙控制管路系统流量、机匣温度和变形之间的关系,进而支撑主动间隙控制系统设计。

对于主动间隙控制系统的流量数据的处理,一般采用流函数和压比建立关系,通过获得不同阀门开度下的流函数和压比的关系,支撑后续工作。流函数的定义和处理结果可参考本章预旋喷嘴的处理方法。

对于机匣温度的试验数据处理分析,需要对比机匣温度测量结果和试验结果的差别,修正机匣热分析模型。此外,还应关注主动间隙控制条件下机匣温度的周向不均匀性,并分析导致温度周向不均匀的原因。

对于变形试验数据,同样需要对比机匣变形的计算结果和试验结果的区别,特别关注径向变形的周向不均匀性,并分析原因。可以采用雷达图的方式给出周向变形的均匀性结果,如图9.43所示。

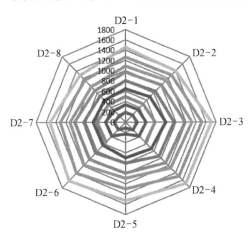

图 9.43 周向变形均匀性试验结果示例

4）典型试验结果及应用

本试验是主动间隙控制系统的集成验证试验,可以作为核心机或整机主动间隙控制专项试验前的支撑性试验之一。通过本试验可以建立管路系统的流量特性、机匣温度与变形特性,并修正主动间隙控制模型,从而可以更好地支撑核心机和整机试验。

9.2.6 换热器

换热器作为工业生产中常用的热交换设备,近些年来在航空发动机上的应用越来越多。随着航空发动机发展,为追求更高推力性能提高涡轮前温度,造成了涡轮盘、涡轮叶片冷却气温度提高;同时,追求更高飞行马赫数带来了超高进气温度及附带的热力循环效率降低等问题。换热器是提高发动机能量利用率、进行合理能量分配利用的重要手段。对于满足航空发动机要求的轻质高效换热器而言,由于换热器本身结构一般较为复杂,简单的一维计算和模拟仿真无法准确预测关键的流动和换热参数,大都需要进一步采用热动力性能试验方法评估换热器的可靠性及适用性,获得给定换热器结构下的两侧介质流动损失及温度随进口参数的变化情况,得到换热器热力性能变化曲线和规律,用于验证及改进换热器设计方法,为将来实际应用中换热器热力参数的预测、发动机整机能流匹配提供支撑。

1）试验系统

如图 9.44 所示,空气-燃油换热器的热动力性能试验在高温高压换热器试验台上进行。试验系统包括两个流路,高温空气作为热流体模拟航空发动机高压压气机引气,高压航空煤油作为冷却介质。沿着空气流路,压缩机将空气压缩至高压且注入高压储气罐内,空气从储气罐流出并经过滤器和油水分离器过滤杂质和分离水分。然后一个控制阀和一个热式流量计沿着气路依次调节和测量空气质量流

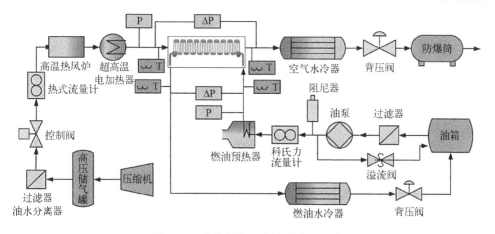

图 9.44 换热器热动力性能试验系统

量。高温热风炉和超高温电加热器将空气加热至试验所需进口温度,随后高温空气在换热器内被低温燃油冷却。换热器之前,进气绝对压力和温度分别由压力传感器和热电偶测量。总共 n 个热电偶放置在同一温度测量截面,通过精心设计由质量平均方法获得准确的空气主流温度。之后,测量换热器中的空气压降和出口温度,接着空气通过管壳式水冷器进一步冷却至安全温度,并流经调节气路工作压力的背压阀后排入防爆筒。

沿着燃油流路,柱塞泵从处于高位的燃料箱中抽取燃油并提前过滤燃油中的杂质,柱塞泵带有溢流阀以释放多余的流量。燃油通过气囊式阻尼器以减小系统压力波动,随后流经科里奥利力质量流量计测得流量,并在管束式预热器中被燃烧器预热至换热器进口所需温度。在测量进口压力和温度之后,燃料在空气-燃油换热器中吸收高温空气热量,随后测量燃油压降和出口温度。接着燃油在套管式水冷器中被冷却并流经背压阀进行系统压力调节。最后,因为整个燃油流路中没有焦炭产生,燃油流回油箱循环使用。

所有高温管道和测试区域均包裹低导热系数的保温材料,以减少热量损失。

2）试验方法

换热器热动力性能试验的内容主要包括设计点及校核点验证试验,以及针对不同进气流量、进气温度、进气压力、进油流量、进油温度、进油压力下的换热器两侧流体压力损失、温度、传热系数等变化规律进行测试的热动力性能试验。

针对换热器的应用条件,其试验条件既可以在实际应用条件下进行,也可以基于相似理论在较为容易实现的试验工况下进行。如果换热器本身实际应用的条件不是特别苛刻,且试验设备可达到要求的温度和压力,则可进行全温全压试验。此外,可以在相似理论指导下只对换热器进行模化试验,只要保证两传热试验中 Re 和 Pr 等无量纲准则数对应相等,则两传热过程可认为是相似的。在保证试验可靠性的前提下,两侧流体的流量可以大幅度减小,同时空气侧的低温低压也可变为易调节的常温常压,相似试验法可以大大减小由于试验条件苛刻造成的难度。

进行换热器试验时,要实时监控试验系统节点处的温度,以及电加热器和高温路的温度,如有明显超温情况出现应立即停止试验。每个试验工况点至少维持稳定时间 2 min,以保证热平衡及流动稳定。若有必要,还需对部分数据点进行重复性试验验证。

3）试验数据处理方法

换热器热动力性能试验中一般采用进出口绝对压降、相对压降、阻力系数来表征两侧流体压力损失的变化情况,采用进出口温差、换热量、功重比、传热系数来表征空气与燃油换热能力的变化。

进出口绝对压降 Δp:

$$\Delta p = p_{\text{in}} - p_{\text{out}} \tag{9.47}$$

进出口相对压降 ε：

$$\varepsilon = \frac{\Delta p}{p_{\text{in}}} \tag{9.48}$$

空气阻力系数 ξ：

$$\xi = \frac{\Delta p_{\text{air}}}{\dfrac{1}{2}\rho u^2 \cdot N} \tag{9.49}$$

式中，ρ 为密度；u 为速度；N 为沿空气流向管排数。

燃油阻力系数 f：

$$f = \frac{\Delta p_{\text{fuel}}}{\dfrac{l}{d} \cdot \dfrac{1}{2}\rho u^2} \tag{9.50}$$

式中，l 为管长；d 为管内径。

进出口温差：

$$\Delta T_{\text{air}} = T_{\text{air,in}} - T_{\text{air,out}} \tag{9.51}$$

$$\Delta T_{\text{fuel}} = T_{\text{fuel,in}} - T_{\text{fuel,out}} \tag{9.52}$$

换热量：

$$Q = c_{p,\text{air}} \cdot m_{\text{air}} \cdot \Delta T_{\text{air}} = c_{p,\text{fuel}} \cdot m_{\text{fuel}} \cdot \Delta T_{\text{fuel}} \tag{9.53}$$

式中，c_p 为比定压热容；m 为质量流量。

功重比：

$$\frac{Q}{M} \tag{9.54}$$

式中，M 为换热器质量。

传热系数 K：

$$K = \frac{Q}{A\Delta T_m} \tag{9.55}$$

式中，A 为换热器换热面积；ΔT_m 为两侧流体对数平均温差。

对数平均温差 ΔT_m：

$$\Delta T_m = \frac{(T_{\text{air,in}} - T_{\text{fuel,out}}) - (T_{\text{air,out}} - T_{\text{fuel,in}})}{\ln\left(\dfrac{T_{\text{air,in}} - T_{\text{fuel,out}}}{T_{\text{air,out}} - T_{\text{fuel,in}}}\right)} \tag{9.56}$$

4) 典型试验结果及应用

北京航空航天大学徐国强等针对某型 TBCC 发动机涡轮冷却气预冷用燃油-空气换热器开展了系统的热动力性能试验,获得了进气流量、进气温度、进气压力、进油流量、进油温度等对燃油-空气换热器压降与传热性能的影响规律。图 9.45 为不同空气温度下换热器气侧压降随空气流量的变化规律。

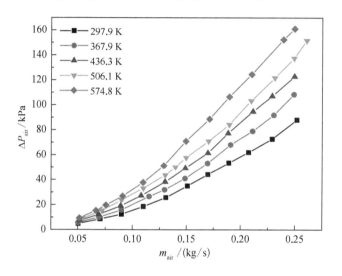

图 9.45 不同空气温度下换热器空气侧压降随空气流量的变化规律

9.2.7 防冰系统

典型的航空发动机防冰系统的结冰试验由下列方法来完成: ① 冰风洞试验;② 干空气飞行试验;③ 模拟自然结冰的飞行试验;④ 自然结冰状态下的飞行试验。其中,结冰机理最有效的研究方法就是自然结冰状态下的飞行试验研究。然而,实际上飞行特定的试验气候条件一般发生频率较低,故若想获得在自然结冰飞行条件下的大量试验数据,是需要相当长的时间且费用很高。也有研究认为,模拟飞机在人造云层中飞行也是一种很好的方法,但该试验方法有很大的局限性,如温度、压力、湿度等气象参数的控制问题。因此,基于以上两种方法的局限性,地基试验成为研究飞机在结冰条件下飞行性能的主要手段。其中,最普遍应用的地基试验设备就是地面冰风洞,即将部件放在冰风洞中进行防冰试验,可以很快地比较不同的设计方案。本节重点阐述防冰系统零部件在冰风洞条件下的验证试验。

1）试验系统

结冰风洞通常用于试验缩微模型,试验段尺寸较大的风洞也可以试验全尺寸零件或局部尺寸截取的零件。按照洞体流路区分,结冰风洞包括回流式、直排式和自由射流式三类。

回流式结冰风洞的常规组成如图 9.46 所示,其主体在结构上与空气回流风洞具有相同的各类系统,以保证试验段进口具有较高的气流均匀性和较低的气流速度脉动。为了模拟过冷云层结冰条件,在此基础上增加了制冷系统,用于将空气温度降低到水的冰点以下;增加了喷水雾化装置,将小水滴喷射到低温空气中形成模拟云团,模拟云团的温度和参数要求是均匀的,以尽可能精确模拟自然大气结冰条件。对于有模拟高空试验需求的场合,回流式结冰风洞可以增加抽吸设备,现有设备参数可涵盖的模拟高度从地面直至高空 15 000 米。

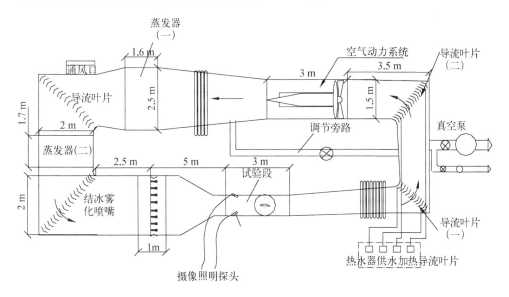

图 9.46　回流式结冰风洞常规布置示意图

冰风洞性能参数的选定主要参考本国的气象条件。欧美许多国家对飞行器自然结冰的研究起步早,最终形成用云层温度、液态水含量、水滴直径和云层范围(水平高度和垂直高度)四个气象参数来确定环境结冰条件的统计数据和标准文件。

结冰风洞需要配置测量过冷云团两相流气动参数的专用测试工具,包括两相流温度、两相流速度、液态水含量、水滴直径和水滴尺寸图谱等。

2）试验方法

航空发动机防冰系统试验一般遵照 GJB 241A－2010《航空涡轮喷气和涡轮风扇发动机通用规范》及相应的型号规范进行,部件防冰试验的方法及流程也应该按照上述规范进行。部件防冰试验模拟多数情况下都是在结冰风洞里进行的,这些设备中会模拟出标准所要求的自然结冰气象条件,如云层中液态水含量、液态水滴直径等,如果没有特殊说明,这些试验都是全尺寸模型试验。

部件防冰用热空气试验时的参数应至少包括发动机慢车、50%最大连续、地面起飞等状态,同时考虑空气引气装置处于不利于防冰系统工作时的温度状态。在连续最大结冰条件下,各状态(不包括地面慢车)进行 10 min 的试验,在间断最大结冰条件下进行 5 s 的试验。根据发动机进气部件处于结冰状态的可能时间或部件处于被试状态的时间限制,可以相应缩短结冰状态下的试验时间。开始试验时首先将冷空气流速和温度调节到给定值(试验件旋转时将转速调节到给定值),再接通试验件空气加热系统,在系统进入状态后接通喷水雾化系统,在给定状态下,确定试验件表面不结冰所需的热空气量(即确定结冰的临界热气需求量)或表面结冰形态。在试验过程中,除测量冷气流和热空气参数外,还需要测量试验件外表面温度和试验件内部热空气的温度、压力。录像记录试验件结冰情况,拍照间隔时间不大于 15 s,目视检查防冰效果,视冰增长速度确定持续时间。

尽管全尺寸的试验能够充分模拟实际的情况,但基于研究条件和资金的限制,结冰虽然已经被考虑为"全尺度"研究,但是基于研究条件和投资限制,相似试验方法的完善和发展研究一直没有中断。基于结冰相似理论的结冰缩比方法主要包括两种类型:试验参数的缩比,该方法能够通过扩大试验设备的马赫数、温度、LWC 以及 MVD 等的范围,来增加试验设备的结冰模拟能力;试验件尺寸的缩比,也是最常用的缩比方法,这种缩比方法能够在较小的试验设施中进行大尺寸试验件的模拟。

3) 试验数据处理方法

成熟的冰风洞试验设备都具有自己的数据采集系统,例如结冰研究隧道(icing research tunnel,IRT)冰风洞的 ESCORT 数据采集系统,能够记录所有的风洞数据,例如模型压力数据、温度数据、液态水含量数据和液滴粒径数据等,不但能够在试验过程中记录数据,还能够处理、显示所记录的数据,为结冰试验结果分析提供了便利。

对于热气防冰部件的防冰试验,试验结果数据通常包括试验过程中的二次流供气参数(温度、压力、流量等)、试验件表面壁温、试验件内部关键部位的气流参数、试验件表面结冰情况视频及图片等。

部件防冰试验的数据不需要经过特殊处理即可直接应用。

4) 典型试验结果及应用

试验过程中的供气参数和试验件内部的气流参数用于与计算结果进行对比,一方面验证计算模型,一方面可以掌握系统的流动特性;试验件表面壁温数据(图9.47)用于评估该部位的防冰能力,验证温度计算模型的准确性,需要强调的是,在结冰条件下的壁温往往受到多种因素影响,因此用于验证温度计算模型的壁温测试数据需要在"干条件"下获得;试验件表面结冰视频及图片是用于评判试验结

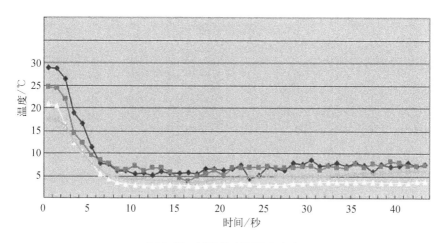

图 9.47 试验件表面温度变化

果、获得试验结论的最直接的数据,下面以某发动机整流帽罩为例,说明如何通过试验视频和图片对结果进行分析。

某整流帽罩结冰试验照片如图 9.48 所示。过冷水滴撞击整流帽罩后,在表面张力的作用下汇集成一层薄薄的水膜,水膜在气流的驱动下沿帽罩表面溢流、扩

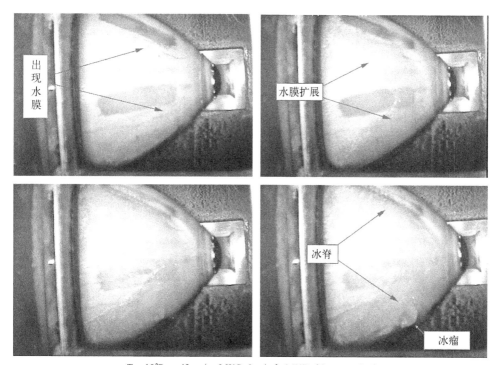

$T=-10℃, u=43$ m/s, LWC$=2$ g/m³, MVD$=20$ μm, $t=5$ min

图 9.48 状态 1-整流帽罩结冰试验照片

展。随后,水膜或被气动力破坏与帽罩分离,或在帽罩表面冻结。在冰最先生成的地方,帽罩表面变得粗糙不平,形成了不大的突起物。突起物的出现提高了帽罩表面对流换热强度和局部收集系数,使冰迅速生长,宏观上形成两条"冰脊"、帽罩中下部形成"冰瘤"(重力作用的结果),整个冰形呈现"明冰"(glaze ice)特征。这种冰透明且质地坚硬,破坏了整流帽罩气动外形,对发动机的危害最大。

此外,在部分防冰试验中,会通过试验件表面是否结冰来获得该部件防冰所需要的临界流量数据,并将该数据应用于防冰系统设计,即在防冰系统设计过程中,通过理论分析或试验来调节供向该部件的热空气流量,保证供气流量不小于防冰试验获得的临界流量,即可以保证发动机运行条件下该部件的防冰能力。

9.3 核心机及整机试验

航空发动机空气系统的发动机平台(核心机、整机等)试验验证的主要目的是获得真实的发动机环境下空气系统流动传热特性,以验证空气系统与传热设计,并为空气系统优化提供支撑。发动机平台验证主要通过测量重要腔室的压力、温度、关重零部件表面温度以及转子轴向载荷等参数,获得空气系统设计功能实际表现,验证空气系统设计符合性;同时,利用元、部件试验得到的流动换热特性试验结果,完成空气系统计算模型标定,得到适用性良好、精度较高的发动机空气系统计算模型,并以此为依据,通过类比或计算得到发动机全包线范围内各个状态点的空气系统与传热特性。

9.3.1 试车台简介

发动机平台试验需要在航空发动机试车台上开展,常见的试车台类型有:地面模拟试车台、地面露天台、高空模拟试车台、飞行试车台等。不同的试车台提供了不同的试车环境,以满足发动机研制中各阶段、各类性质的整机(核心机)试车需求。各种试车台一般都包括安装试验机的台架测力测功装置、测试设备(数据采集和处理系统)、燃油滑油供应系统、压缩空气供应系统、电气系统及一些其他系统,特殊试车还需要加温加油装置。试车台的组成可参见相关书籍,在此不赘述。

地面模拟试车台又称地面室内测试台,提供当地静止大气的发动机进气条件,主要用于发动机各部件协调匹配调试、各系统功能考验和发动机耐久性考核试验。发动机通过运转试验,逐步达到规定的性能指标。发动机结构经过"完整性"考核,达到具有在各种条件下连续稳定工作的能力和设计规定的工作寿命。发动机经过台架运转综合考核后,才能进入高空台和飞行验证。图9.49给出了国外某地面模拟试车台,国内各主机所均建有地面模拟试车台。

图 9.49 国外某地面模拟试车台

地面露天台又称地面室外试车台,进气条件与地面模拟试车台类似。主要开展吞咽(包括飞鸟、沙石、冰雹等异物)、吞烟、包容性试验、环境试验等特殊条件试验,国内沈阳航空发动机研究所建有地面露天试车台。图 9.50 给出了国外某地面露天试车台。

图 9.50 国外某地面露天试车台

　　高空模拟试车台是在地面台架的基础上,模拟高空状态下气流的温度、压力和速度等条件,提供模拟飞行条件的发动机环境,可以完成一些空中状态点的测试。主要用于模拟空中发动机稳态、瞬态性能、功能、起动、风车、进气畸变等验证试验,国内中国航发四川燃气涡轮研究院建有高空模拟试车台。图9.51给出了国外某高空模拟试车台。

图9.51　国外某高空模拟试车台

　　飞行试车台是将被试发动机装载在运载飞机的可收放短舱中或把被试发动机装在一台被替换的发动机短舱中,提供真实飞行条件的发动机环境。其优点是被试发动机的进口和喷口外部条件是真实的环境条件,其缺点是,试验范围受飞行台飞机本身限制,这类飞机一般由大型运输机、客机改装,其飞行速度与高度可能不能覆盖被试发动机所有的状态点。飞行台主要用于发动机空中工作参数测定、稳定性、风车、空中起动、加速性、节流、防冰、红外辐射、高度-速度特性等验证试验,国内中国飞行试验研究院建有飞行试车台。图 9.52 给出了国外某飞行试车台。

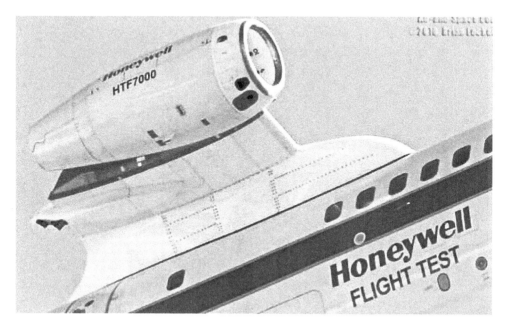

图 9.52 国外某飞行试车台

9.3.2 空气系统流体动力学特性

影响空气系统流体动力网络适用性、准确度的因素较为复杂:一方面,受加工制造及装配偏差、工作磨损等影响,真实发动机各封严篦齿、环缝的工作间隙往往难以确定,流体动力网络的适用性较差;另一方面,受总体性能匹配及各部件周向/径向气流参数分布的影响,计算边界选取及节流元件流动、温变特性存在偏差,流体动力网络的准确度不高。这些因素往往在设计初期难以精确预知,必须依靠试验数据标定来消除偏差,进而获得适用性良好、准确度较高的空气系统流体动力网络特性。

1) 标定流程

空气系统流体动力特性标定的方法是利用发动机台架试验测试数据,结合元件流量特性,修正空气系统流体动力网络模型,获得真实空气系统流体动力特性的过程,典型标定流程如图 9.53 所示。简要说明如下:① 对空气系统关重节流元件、用气量影响较大的节流元件,如高/低导叶、高/低动叶、高/低预旋喷嘴、引气管等,开展流量特性试验(吹风试验),获得相应部件的流量特性,用于发动机空气系统的标定计算;② 发动机装配时,布置空气系统关键腔室的腔温、腔压测点,获取

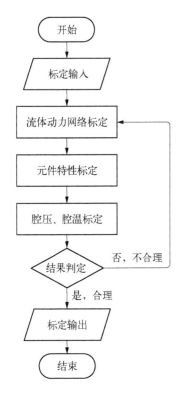

图 9.53　标定流程示意图

空气系统网络的流量计算边界;③ 利用元件节流特性及台架试车数据,获得各分支的主要流量,然后利用流量连续性原理,通过调节封严元件的间隙或者节流元件的流通能力,使得计算的各腔压力、温度与台架测试结果接近,进而获得实际的用气量及空气系统流体动力网络模型。

2) 标定方法

流体动力特性标定目的是获取发动机实际工作状态的空气系统情况,包括封严、冷却、轴向力等是否满足设计要求,因此在标定的过程中需遵循以下准则:① 标定时采用空气系统流体动力网络应与发动机实际装机技术状态一致,整个网络的参数变化应符合结构变形及流体力学基本原理;② 元件流动特性标定结果应与模型试验结果一致;③ 标定轮缘封严时应考虑燃气掺混的影响,必要时按照临界闭锁流量进行最小盘缘流量的掺混;④ 重要腔室的腔温腔压标定结果应与试验结果接近,相对误差不超过 5%。

获取标定工作项所需的输入数据,并对输入数据进行检查、处理。测点的布置对测试结果及标定具有重要影响。一般情况下,测点应布置在流场稳定区域,避免带来测试偏差。除此之外,测点的选择还应考虑以下方面:① 已开展元件流量特性标定试验的节流元件应继续在发动机/核心机上开展测试,并且测点尽可能与元件标定试验一致,最好做到原位复装,以消除测点布置方法带来的偏差;② 原则上,应对每条流路均开展腔温、腔压测试,特别是主要流路的引排气位置的腔压;③ 考虑到测点的易损性和流场的周向不均匀性,所有测点布置时均需要考虑冗余。一般按照周向 3 点均布考虑,必要时可开展流场仿真,调整测点布置角度。

基于上述数据,空气系统流体动力网络的标定需要重点开展两方面的工作:一是空气系统网络与发动机装机状态的符合性,对发动机试验及装配试车过程中技术状态的改变落实到流体动力网络中;二是在结果判定检查时,当流体动力网络出现流量不连续时,应检查网络的拓扑结构,是否存在节流元件或流路不正确的情况。

利用元件节流特性及台架试车数据,获得各分支的主要流量,然后利用流量连续性原理,通过调节封严元件的间隙或者节流元件的流通能力,使得计算的各腔压力、温度与台架测试结果接近,进而获得实际的用气量及空气系统流体动力网络模型。

9.3.3　压力平衡试验验证

压力平衡试验即转子轴向力测量试验,GJB 241A - 2010《航空涡轮喷气和涡轮风扇发动机通用规范》中"4.4.1.4.6 发动机压力平衡试验"明确规定,在基本与初始飞行前规定试验持久试车发动机相同的发动机上,按照相关详细规范规定的方法和程序进行轴向力测定或空气系统腔温腔压试验,验证规定的发动机压力平衡要求。

上述压力平衡试验通常有两种试验验证方法: 轴向力测定、空气系统腔温腔压试验。轴向力测定是直接测量方法,主要通过测试改装直接获取转子轴向载荷的方法,一般通过应力环测量装置获取;空气系统腔温腔压试验是间隙测量方法,通过测量获取真实的空气系统腔压腔温,修正轴向力计算理论计算边界及模型,进而得到修正后的轴向力计算结果。需要注意的是,转子轴向力是由主流道、滑油腔、空气系统腔及机械系统共同产生的,通过空气系统腔压试验间接测量获取的轴向力很容易产生大的误差。目前,国内外大多采用两者融合的方法,下面着重介绍直接测量方法。

1) 试验系统

转子所承受的轴向力通过止推轴承及配套的轴承座传递到静子机匣上,轴向力测试一般在其止推轴承附近布置应力传感器,记录应力/应变情况,结合转速、温度信号,转换为最终的轴向力,典型的轴向力测试系统如图 9.54 所示。一般应力传感器为单向载荷应力,即只能感受一个方向的载荷,若转子轴向力发生换向,将无法获得有效数据。所以,设计测量方案时,应尽可能同时布置两个方向的应力传感器,以保证数据的连续、有效。

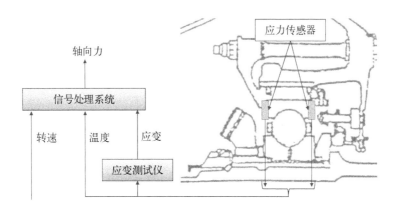

图 9.54　轴向力测试系统示意图

应力传感器的测试结果受温度及安装环境影响,试验前应预先开展温度及载荷标定。标定一般在载荷台进行,典型标定流程如图 9.55 所示。标定后获得不同温度下,载荷(预加载轴向力)与应变的线性关系,图 9.56 给出了某型应力环标定结果。

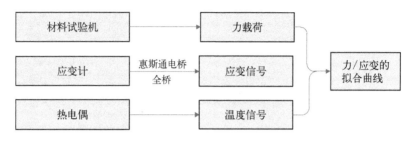

图 9.55 轴向力系统标定示意图

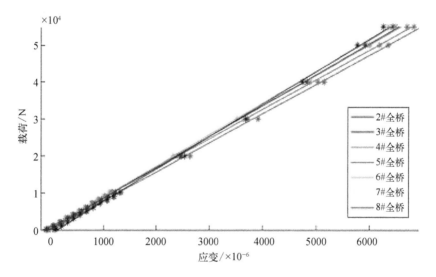

图 9.56 某型应力传感器标定结果

2) 试验方法

试验在发动机试车台开展,一般情况下试车程序可参照阶梯运转程序,典型压力平衡试车程序如图 9.57 所示。试车程序应包含发动机包线内典型状态点,条件允许的情况下可开展高空台试验,以模拟空中使用环境。

试验完成后利用获得的轴向力数据及空气系统腔压开展压力平衡系统分析。分析要素主要包括:① 实测轴向力载荷是否满足要求,即未超限,也无危险性的轻载;② 实测轴向力与理论计算的对比分析,并对理论计算模型进行修正,得到精度较高的理论模型;③ 全包线内轴向力预测,利用实测结果预测其他状态轴向力,确保发动机在所有状态下能够满意地工作。图 9.58 给出了飞行包线内部分状态轴向力预测情况示意图。

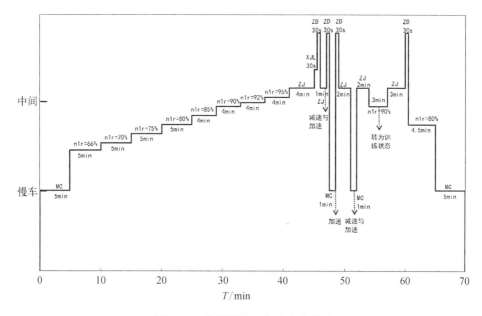

图 9.57 典型压力平衡试车载荷谱

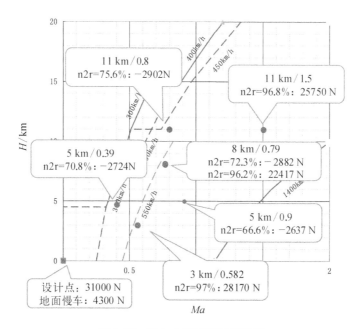

图 9.58 轴向力预测情况示意图

参考文献

［1］ 王鹏飞,郭文,张靖周.旋转封严篦齿风阻温升的试验研究与数值分析[J].航空动力学报,2013,28(6)：1402－1408.

［2］ 王鹏飞,郭文,张靖周.典型阶梯篦齿高转速密封性能试验[J].航空动力学报,2017,32(12)：3057－3063.

［3］ WASCHKA W, WITTIG S, KIM S. Influence of high rotational speeds on the heat transfer and discharge coefficients in labyrinth seals[R]. ASME Paper 90－GT－330, 1990.

［4］ WITTIG S, KIM S. Scaling effects on leakage losses in labyrinth seals[J]. Journal of Engineering for Power, 1983, 105: 305－309.

［5］ GÜNTHER A, UFFRECHT W, KAISER E. Experimental analysis of varied vortex reducer configurations for the internal air system of jet engine gas turbines[R]. ASME Paper GT2008－50738, 2008.

［6］ 王鹏飞,杨晓清,范奇乐,等.旋转盘腔减涡器系统试验装置[P].中国,CN112161786A,2021.

第10章
航空发动机空气系统技术发展与挑战

10.1　综合热管理

目前航空发动机正朝着高推重比、低耗油率、高可靠性的方向飞速发展[1]。提高发动机循环压比、提高涡轮进口燃气温度、增大轴传递功率是提高航空发动机性能参数的主要措施,但这将会使发动机面临严重的热问题。因此,热管理问题是现代航空发动机亟待解决的问题。

航空发动机热管理问题涉及发动机多个工作系统,如燃油系统、滑油系统、空气系统、附件传动系统等。要保证发动机安全可靠的运行,各系统必须协调工作。燃油系统负责保证在发动机不同工况下向燃烧室稳定供油,并带走一部分废热。滑油系统负责润滑轴承和传动齿轮,并带走因摩擦产生的热量。空气系统除了密封、平衡轴向力和调节间隙外,还负责热端部件的冷却,保证高温部件安全工作。附件传动系统负责将轴功率传递给各附件,满足各附件的功率要求[2]。

事实上,从更为普遍的能量利用角度出发,面对飞行器及其动力装置,综合热管理是整机能量管理的一个重要方面。飞行器/动力系统的综合能量管理是指从能量提取、转化和使用的角度出发,对发动机乃至整个飞行器内部能量流开展分析,研究热量、机械能、电能等多种形式能量利用模式,开展综合能量管理,提升能量利用水平,提高动力系统集成度,对减小飞行器(含发动机)质量、降低使用和维护成本、确保飞行器安全工作具有重要的支撑作用。

10.1.1　飞行器/动力系统的综合能量管理

针对发动机热管理系统(thermal management system, TMS)和飞行器机电系统,包括各类二次能源系统的高效管理和能量利用问题,美国先后设立了多个支撑研究计划,研究内容涵盖了基础研究、关键技术、演示验证和型号研制多个环节。这些计划在时间上前后连续衔接,在内容上更是逐层推进,多方位支撑。

美国2005年启动的"通用经济可承受先进涡轮发动机"计划,在"综合高性能涡轮发动机技术"计划基础上,希望到 2019 年能降低燃油消耗 25%,发动机全寿命周期费用降低 60%。目前美国正在制定第三个国家级推进技术计划——"支撑经济可承受任务能力的先进涡轮发动机技术"计划,将首次包括彻底集成动力和热管理系统的内容,即综合能量管理。

面对发动机和飞行器内部系统冷却需求的提升,20 世纪 80 年代,美国空军实施了"热油箱"燃油热管理系统计划,通过充分利用 JP8+100 耐高温燃油作为热沉的蓄热作用,减少环境控制系统对发动机引气的需求,降低了燃油代偿损失,提高了热管理效率。该技术方案支撑了 F-22 飞机设计(其装备了以燃油为热沉的综合环境控制系统,但是没能完全解决热管理的问题)。整体上看,在 F-22 飞机研制中,通过应用高效热管理,成功改善了动力系统性能,实现相对零件数减少 40%,成本下降 3%~5%,寿命周期成本节约 3%~4%,飞机航程增加了 20%。随后,面对当时新概念飞机 F-35 隐身和超机动设计需求,美国空军于 1995 年开始实施"子系统综合技术演示验证"计划,包括 56 项演示验证内容,目的是更好地解决 F-35 的热管理问题,该计划将辅助动力装置、应急动力装置、环境控制系统和热管理系统的功能集成为一个系统。

2008 年,美国空军研究实验室进一步启动了"综合飞行器能量技术"计划。该计划分为三阶段进行:第一阶段关注 F-35 飞机热管理问题,预期将地面维护时间翻一番、低空飞行时间提高到原来的 4 倍等,目前已经基本完成。目前正在进行第二阶段,关注下一代能量优化飞机的需求,通过热管理同飞行器部件系统综合,将航程/续航时间提高 10%,二次能源提取按需供给,无热约束等。第三阶段关注未来技术,主要面向高超声速平台、超声速远程攻击系统等,开展自适应动力与热管理系统(即本书所述发动机/飞行器综合能量管理系统)研究,而这也是"综合飞行器能量技术"计划中将演示的三个关键系统之一。

10.1.2 空气系统

为了充分开发和利用空气系统中冷却介质的热沉,不少学者基于热力循环的调整来开展热管理。Bruening 和 Chang[3] 研究了两种对涡轮冷却气进行预冷的方法。一种是以风扇空气为热沉冷却涡轮冷却气,另一种是以燃油为热沉冷却涡轮冷却气,并且证实这两种方法都可以显著降低涡轮冷却气温度,进而可以提升冷却效果,降低涡轮材料的温度,延长发动机的寿命。Puterbaugh 等[4] 等搭建了发动机热力循环模型,使用 Newton Raphson 算法求解质量、动量和能量方程,分析了外涵道空气经过空气-空气换热器后,外涵道气流压力损失对发动机性能的影响。Bodie 和 Wolff[5] 对动力热管系统提出了鲁棒优化方法,构建飞机热模型和发动机系统子模型,通过改变噪声因子和可控制因子,使得模拟的不确定性对最终结果的影响降到最小。Donovan 等[6] 提出了一种基于智能节点的综合推进能源/电力/热管理系统控制技术,提出应对在重量和体积有限情况下的瞬时高热负荷技术。

苏壮等[7]、赵斌等[8]对空气系统引气特性进行了深入分析,综述压气机中间级引气的国内外研究进展,总结了空气系统引气对发动机性能的影响。娄德仓等[9]提出了热管理系统设计中耦合流动和热力网的概念,描述了涡轮基组合循环的热管理系统。鲍文等[10]对于超燃冲压发动机,提出了一种基于闭式布雷顿循环的能量综合热管理方法,冷却热端部件的同时对外提供电能。

10.1.3　燃油系统

为了充分利用飞机所载的燃油作为冷源来冷却其他的机载电子设备与系统,发挥燃油的最大使用效益,提出了飞机燃油热管理系统的概念[11]。其主要内容是指以飞机所载的燃油作为流动介质,使其在系统中传输送往发动机的过程中,与飞机的其他机载设备和系统通过热交换器进行换热,带走飞机各系统产生的热负荷,从而满足发动机燃烧要求的同时,又能起到热沉的作用。由于整个过程中燃油的温度变化范围受燃油贮存安全温度以及发动机进口燃油温度的限制,所以需要对系统各关键节点处燃油的流量和温度进行控制和检测。因此载油量的设计,燃油的流量控制设计,飞机在哪些飞行状态下能满足要求,这些都是燃油热管理系统的研究对象。

国外在飞机燃油热管理方面的研究起步很早。在 20 世纪 90 年代就出现了子系统综合技术的概念,也就是我们现在所提的机载机电系统综合技术[12]。该技术的关键在于将热和能量结合起来管理的技术。其根本在于系统以燃油作为主要热沉,对包括环控系统、液压系统、航电系统以及发动机附件等各系统实现一个热量的综合管理。1991 年,美国空军提出要发展机载机电系统综合技术的计划,直到 1997年末,该计划才由美国的波音公司和洛克希德·马丁公司开始执行[13]。

国外在燃油热管理方面的研究主要集中在两个方向:一个是从热与能量管理组件的角度出发,另外是针对燃油箱提出的一个热油箱技术。这两个方向都是要以燃油作为热沉来最终实现的。目前,最典型的应用是 F - 22 飞机的燃油热管理系统。该燃油系统将飞机传统的环控系统(包括空气循环系统和蒸发循环系统)、润滑系统、液压系统以及发动机等机载机电系统的热量进行统一管理,最终通过燃油作热沉,实现了整机的热和能的综合管理。

高峰等[14]对 F - 22 飞机的燃油系统进行了一个仿真建模。文中采用MATLAB 软件对油箱等主要系统部件进行了数学建模,并搭建了燃油热管理系统的仿真平台。通过对燃油的代偿损失,性能参数分析后,将仿真计算结果与 F - 15的环控系统性能比较,得出结论是燃油热管理系统的性能比传统的空气循环制冷系统要高很多。徐志英等[11]采用自主开发的软件对通过对飞机燃油系统中的关键部件进行数学建模,搭建了整个燃油系统的流体网络。通过求解系统各节点的压力、流量和燃油温度等得到燃油与各换热器之间的换热量等性能参数。常士楠等[15]针对飞机燃油管理系统进行了稳态仿真。基于 MATLAB 软件平台,搭建了燃油系统的仿真模块,分析了不同高度以及马赫数条件下,燃油系统各子系统的各节点处的温度变化情况。薛浩等[16]对战斗机的飞机燃油综合热管理系统进行了稳态仿真,考察了不同马赫数、高度下燃油系统各节点的温度变化。闫克学[17]以直升机的燃油系统为研究对象,在 Flowmaster 仿真平台上,对直升机的燃油系统进行了建模仿真。

10.1.4 滑油系统

近年来,随着发动机性能的不断提高,涡轮前燃气温度不断增加。不仅涡轮叶片面临着高温燃气的冲击,由于压气机压比的不断提高,从压气机引出经内流系统到达热区轴承腔的"冷却气体"也已有着较高的温度,且该气体压力较高,会经过轴承腔的密封装置泄漏至腔内与用以润滑轴承的滑油形成复杂的油气两相流。同时热区轴承腔周围环境温度较高,且具有多处摩擦热源,使得腔内的油气两相流易形成稳态或过渡态易燃混合物,有可能导致滑油在轴承腔中出现结焦、着火现象,从而对发动机造成致命的影响。因此,开展滑油系统的热分析和热控制研究工作,已成为飞行器/动力系统的综合能量管理的重要分支之一。

轴承腔的主要热源包括:高温环境传入轴承腔的热量,密封装置摩擦生成热以及轴承摩擦生成热。Astridge 等[18]在试验基础上得到了高速圆柱滚子轴承整体功率损失的经验公式,研究认为滚子和套圈滚道间的摩擦功耗起主导作用,约占总功耗的 60%,滚子与保持架兜孔之间、保持架侧面与箱体壁之间、保持架与引导套圈之间的摩擦功耗各占 10% 左右。Harris 等[19]提出了滚动轴承的动力学分析模型,该方法较为完整,其中包括了球轴承和滚子轴承局部生成热的计算方法。

刘志全等[20]分析了高速圆柱滚子轴承的发热因素,包括滚子与内外圈滚道之间的滚动及滑动摩擦、滚子与保持架兜孔之间的滑动摩擦、保持架与套圈引导面之间的滑动摩擦、滚子端面与挡边之间的滑动摩擦和润滑剂的黏性摩擦。建立了圆柱滚子轴承的功率损失模型、热传递计算模型和热流分析模型,为定量计算轴承温度分布奠定了基础。曹永[21]对混合陶瓷角接触球轴承的温度分布进行了有限元分析,研究了自旋摩擦的生热功率及其随轴向载荷和转速的变化规律,通过对模型的分析,获取了接触区域、滚珠和内外圈的稳态温度分布。陈观慈[22]将滚动体与套圈滚道接触面视作移动热源,采用有限元分析方法,提出了预测高速滚动轴承的新模型,分析精度提高约 16%。苏壮等[7]针对某款航空发动机建立 3 种不同滑油系统散热方式,并分别进行了滑油系统热分析,给出适合航空发动机热管理系统技术的散热方式。

10.2　智能空气系统

纵观当前科学技术发展大势,以云计算、大数据、人工智能为代表的新一代数字化革命在棋类游戏、自然语言翻译、图像识别、情报检索、疾病诊断等领域已然有了全新突破,在军事应用领域,新一代数字化在核爆计算机模拟、导弹电子靶场、飞机设计等领域已率先发力,也将为解决上述问题提供可供借鉴的新途径和方法。即利用大数据、云计算和人工智能等先进信息技术,发展航空发动机精准数值仿真、物理试验嵌入的云试验等方法和技术,形成可信的海量数据,并通过对航空发动机数值仿真、试验所产生的海量数据开展机器深度学习,通过强大的数据分析能力再解决模型和设计软件的不足,将有极大可能实现航空发动机设计的智能化。一旦突破,不仅将是技术的变革,也将是相应理论和方法的原创,影响也将是深远的。

另一方面,在过去几十年中,持续改进和增加计算数值分析的预测精度导致了其在工业和学术研究中的广泛应用。计算能力的提升和进步以及计算的并行化减少了数值模拟的时间成本,极大地减少了飞行测试。目前,飞行试验主要用于验证预测值和模型校准。特别是在新发动机的概念设计阶段面临试验数据不足的情况下,通过计算模拟和分析来评估和指导设计起到了至关重要的作用。由于计算效率的提高和成本的降低,计算流体力学(computational fluid dynamics, CFD)模拟的算例求解时间不断缩小,甚至低于三维几何建模、网格划分、边界条件设置以及后处理过程等数值仿真中的其他环节[23]。因此,设计过程中对于算例的求解已不是主要的问题,关键的限制条件是对于不同学科的耦合问题进行建模和求解。三维数值模拟过程中所产生的大量数据将方便数据驱动的人工智能算法学习,从而优化、改造现有的基于三维数值仿真的设计流程和设计方法。

10.2.1　系统-部件集成设计平台

对于航空发动机二次空气系统,目前三维数值模拟还无法直接求解如此庞大的系统。在初步的方案设计阶段依然依赖于传统的一维流体网络法。而对于部件的精细设计和优化而言,三维数值仿真有一定的可行性,但部件结构的改变又将反作用于系统,无法将系统与部件割裂开来进行优化。如图 10.1 所示,一种先进的做法是将一维流体网络仿真系统与部件三维数值模拟相结合。通过自动化二维、三维数值模拟与一维流网的交互迭代,大量的迭代过程将产生海量数据。通过大数据和机器学习方法在空气系统设计中的应用,可以有力解决优化问题、提高设计效率。传统的空气系统的设计是基于工程师的经验,参考同类型的样机设计出初始结构,然后通过一维数值模拟得到流量分配特性,若不满足设计要求则需要工程师基于对物理问题的理解,多轮迭代优化直至性能满足要求。传统的设计迭代周期较长,对人的经验依赖程度高,存在明显的不确定性。利用机器深度学习实现空气系统的智能设计,将从根本上解决这一矛盾。

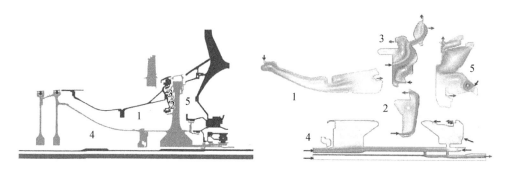

图 10.1   空气系统中原件的提取和三维数值仿真

人工智能技术在设计环节的使用离不开丰富的基础数据,在试验数据有限的条件下,三维数值仿真成为生成基础数据的主要途径。这要求三维数值仿真过程的全流程,包括几何建模、网格划分、算例求解、数据处理等工作流程是可以实现完全自动化,其主要面临的问题是求解不同学科的耦合问题。目前不同行业依然使用不同的专业软件工具处理本学科的相应问题。如何在不同的仿真平台之间进行数据传输和信息交换是一个重要的技术难点。

目前罗·罗公司内部开发的初步设计平台 SMART 可以很好地实现流程自动化,该平台已经包含涡轮部件的空气系统设计环境(图 10.2)[24]。开发的初步设计环境基于面向对象的数据模型结构并提供视觉的图形用户界面表示。二次空气系统中不同的几何部件(例如盘、转子叶片、导向器叶片、套管和静态结构等)及流阻原件(例如密封件、孔、间隙等)由一系列包含参数信息(例如尺寸、数量、间距等)的数据对象构成。开发者设计了相应算法和工作流程来处理数据并自动生成不同的流阻、传热计算的数学模型。数学模型的生成已被设计为通用功能,可以适用于任意的空气系统设计当中。基于 SMART 平台的扩展,将系统与原件结合形成"组件-系统集成"(component system integration, CSI)的设计框架。在 CSI 框架内的程序可以将数据在基于一维流网的系统与基于三维数值模拟的部件之间交互信息从而实现设计过程的集成,从而在一个统一的公共平台和通用设计环境中即可实现自动 SAS 和关键部件设计的自动化。自动化过程分为三个主要模块:① 通用设计环境,其中设计定义和要求在编程数据模型中捕获;② 一系列自动化流程,可应用于数据模型以生成设计输出;③ 收集建模指令的数据库,多个学科和部门可以在平台上进行扩展。

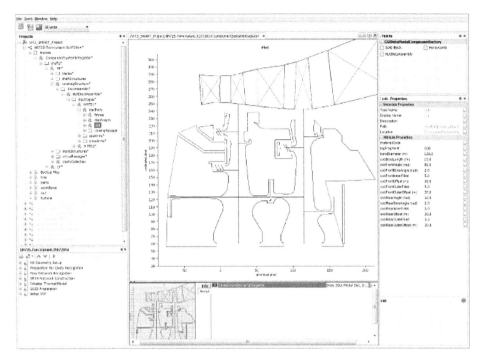

图 10.2　罗·罗公司内部开发的 SMART 空气系统设计 CSI 仿真系统

10.2.2　数值仿真迭代设计自动化

三维数值模拟结果的数据后处理也是一个重要的步骤。流动结构和流量对部件几何参数的变化非常敏感,对于迭代设计而言,每个流场结果必须由 CFD 专家逐一评估和对比从而提出改进意见。一方面,为得到准确的判据从而指导优化方向,必须有恰当的参数提取,而这往往是非常耗时的过程;另一方面,数据提取过程会因工程师的个人偏好而具有一定的主观性。因此,上述过程的自动化是一个很好的标准化工具,不仅可以节约时间,而且更为客观。这让 CFD 专家专注于数据的解释而不是它的提取过程。

如在具体操作过程中,首先创建平面和提取来自这个平面的数据,可以概括为一系列命令,写为日志文件并以批处理方式执行。CAD 模型和 CFD 模型通过设计环境直接耦合。这个过程用于提取流场数据可以自动创建基于实际几何形状的不同测量平面 CAD 建模环境。算法将这些平面转换为仿真 CFD 软件如 FLUENT 命令,而用于创建测量平面的算法沿着 CAD 模型的边界运行。固体壁面分割为具有限定的步长、等间隔的壁段用于直接提取数据。类似的,通过定义不同的流面,可从中提取平均流场数据和特征。最终,这些提取的数据被用于下一轮迭代设计的评估中。具体流程如图 10.3 所示。

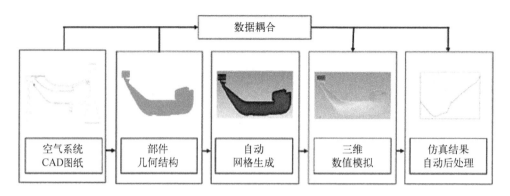

图 10. 3   典型原件的自动化三维数值模拟及数据降维处理

一个典型的集成化自动设计过程主要有以下五个步骤[25,26]。首先,集成设计环境可以与常用的基于特征的三维建模软件中读取初始的几何模型。系统可以从三维模型中识别和表征二次空气系统中的腔体原件。腔特征是由周围的实心几何表面和孔的入口和出口限定,孔代表了空腔之间的连接从而定义了流体网络。腔体特征包含的其他信息有特征(例如转-静盘腔、旋转部件等),类型(压气机、涡轮机、套管结构)以及其包含周围特征的其他细节。在成功创建 CAD 模型后,模型完成自动网格划分。用户可以预定义网格的相关参数,例如网格质量、单元格大小、边界层细化等。系统可自动完成关键部分的加密。生成的网格结合边界条件即可生成算例进行 CFD 数值模拟。算例的入口和出口的边界条件通过先前计算的一维流体网络获得。最后,平台可对 CFD 数值模拟结果进行自动处理,并为下一轮迭代提供依据。图 10.4 展示了一种通过该平台对于转静系腔体的快速迭代优化设计过程。

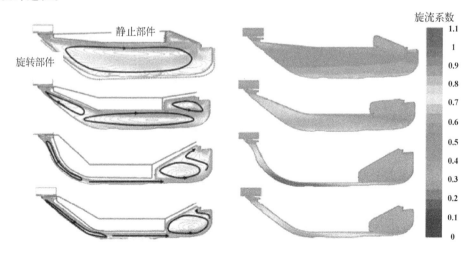

图 10. 4   基于三维数值仿真的元件结构自动优化过程

10.2.3　人工智能在空气系统设计中的应用

在上述基于三维数值仿真自动化的迭代过程中,产生了大量数据。而机器学习过程中需要通过大量的数据对人工智能算法进行训练,这需要将参数化描述的部件几何特征作为输入层 X,将仿真得到的部件流动传热评价参数作为输出层 Y。如图 10.5 所示,几何特征参数的合理选择以及所对应仿真结果评估参数的合理设计直接决定了所训练的机器学习算法的可信度。针对部件几何特征参数,及其对应的冷效参数的维度和数据结构,选择适当的机器学习方法、设计改造学习模型的构架从而满足需要解决的核心问题。对于初始推荐的方案,通过对三维数值仿真结果的人工分析或智能分析,对设计进行多轮迭代,从而得到一个较为可靠的冷却结构设计方案,并纳入设计方案库。

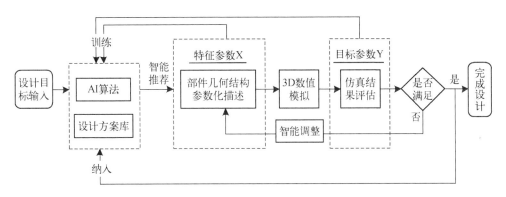

图 10.5　基于数据驱动人工智能的空气系统部件设计和优化

通过迭代设计过程中产生的大量成功/失败的仿真结果,提取参数用于对机器学习算法的训练。在迭代设计初期以人工调整为主、智能调整为辅。在设计后期算例数据丰富的情况下,可采用强化学习等算法在学习过程中根据设计效果反馈不断动态调整自优化实现高效迭代,从而构建用于训练机器学习算法的基础数据集。人工智能与空气系统设计的结合可大幅提高设计效率和设计精度。

10.3　主动间隙控制技术

10.3.1　闭环涡轮叶尖间隙控制

现阶段成熟应用的所谓主动间隙控制系统,本质上都是半闭环的间隙控制系统,即没有把直接控制对象(也就是间隙)作为控制系统的反馈量。例如在 CFM56系列发动机中,其反馈量是高压涡轮机匣温度,叶尖间隙是通过间隙计算模型,根据转速、机匣温度、发动机排气温度等计算得到。采用这样的策略,主要原因是目前尚无成熟的机载间隙测量系统。但是,初步的评估认为,采用完全闭环的间隙控制系统,即机载间隙测量设备,直接在控制系统中进行反馈的系统,可进一步降低耗油率 0.75%~1%。

进行全闭环的涡轮叶尖间隙控制,其关键在于研制耐极高温度、压力等恶劣环境下的机载间隙传感器,在 E3 的研究中,详细分析了 8 种类型的间隙传感器,最终认为光学式、微波式或者射流式可能具有一定发展潜力[27-29]。

10.3.2　叶尖间隙先进测量技术

前述已经提到,在闭环叶尖间隙控制系统中,间隙传感器是其关键技术。事实上,间隙传感器对于主动间隙控制系统的研制,即试验测试也具有重要意义。但是,由于涡轮工作环境的极端恶劣,测试用间隙传感器也具有极高难度。常用的间隙传感器有:接触式、涡流式、阻抗式、X 射线式、电容式、光学式、微波式、射流式等。

10.3.3　采用记忆金属的叶尖间隙控制

一种更先进的叶尖间隙控制方式是采用记忆金属。在高温下处理成一定形状的金属急冷下来后,在低温状态下经塑性变形为另一种形状,又加热到高温相成为稳定状态的温度时,通过马氏体逆相变能够恢复到低温塑性变形前的状态,具有这种特性的金属合金称为形状记忆合金(shape memory alloy, SMA)。其基本原理是,训练记忆金属使其具有在不同工况(如温度)下的可控的变形量,将其用于涡轮机匣某个位置,这样,通过记忆金属感受发动机工况,自动产生需要的变形,以实现间隙控制。其主要优点是:不需要复杂的控制系统,不需要额外引气,系统非常简单。

记忆金属用于间隙控制现阶段技术成熟度较低[26],其主要面临的问题包括了记忆金属的耐高温性,记忆金属的记忆退化问题,等等。因此,该技术可能还需要较长的发展才能真正迈入工程实用。

10.4　先进防/除冰技术

在发动机防冰技术领域内,除了典型的引压气机热气对发动机进口部件进行防冰的技术方案之外,还有其他多种更为先进的防/除冰技术。下面对各种技术的防冰原理和优缺点进行简要介绍。

10.4.1　记忆合金除冰

在高温下处理成一定形状的金属急冷下来后,在低温状态下经塑性变形为另一种形状,又加热到高温相成为稳定状态的温度时,通过马氏体逆相变能够恢复到低温塑性变形前的状态,具有这种特性的金属合金称为形状记忆合金(SMA)。记忆合金防冰的原理是在防冰部件表面敷设记忆合金材料,当部件表面形成结冰之后,采用记忆合金的"记忆变形"效应,利用材料变形的剪切力使冰发生碎裂和脱落。其优点是整个系统只需要很小的能量来激励,缺点是结冰达到一定的厚度系统才会有效,除冰滞后明显,另外对于复杂三维防冰部件记忆合金表层的加工也存在很大的难度。

1995 年,美国 ID 公司设计研发了第一代用于直升机桨叶的形状记忆合金除冰器[30],并通过了冰风洞试验。除冰器的设计方案是在结冰区后安装形状记忆合金致动器板。当冰形成后,致动器将被激活,对结冰表面进行除冰。这种除冰器有两个功能区域:即形状记忆合金致动器系统及结冰表面。致动器系统由致动器、电热加热器以及热绝缘层组成。

2013 年,马里兰大学的 Sullivan 等[31]提出了一种基于形状记忆合金丝材的除冰器设计方案(图 10.6),主要应用于直升机主旋翼除冰。在其方案中,采用 NACA0012 翼型作为试验对象,采用双蒙皮结构,在翼型前端结冰发生区域埋设形状记忆合金丝材,通过连接机构与表面蒙皮进行连接,蒙皮下层翼型采用弹性模量较小的 ABS 塑料进行填充,从而使记忆合金可以发生回复。Sullivan 等对以上方案进行了数值模拟和试验验证,在试验过程中,观察到翼型表面结冰区域产生裂纹。

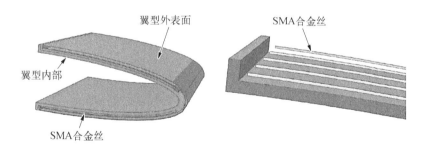

翼型外表面

SMA合金丝

翼型内部

SMA合金丝

图 10.6　马里兰大学记忆合金除冰器方案示意图

10.4.2　热管防冰

热管是依靠内部工质的蒸发、冷凝和循环回流,通过相变实现热量传递的高效传热元件,其当量导热系数可以达到铜的成百上千倍。根据热管内部冷凝液回流的驱动力是否由旋转作用引起,可以将热管区分为旋转热管和非旋转热管。非旋转热管的冷凝液回流的驱动力通常是毛细抽力或重力等,旋转热管的冷凝液回流是利用热管本体的旋转运动实现。旋转热管冷凝段内壁通常设计出锥度,从而有效利用旋转作用驱动冷凝液回流至蒸发段吸热蒸发,蒸气在轴向压差作用下行至冷凝段放热冷凝,周而复始,通过气液两相循环实现热量沿轴向的高效传递。

将热管集成于防冰部件的内表面,将发动机(润滑油)废热稳定地传递至防冰部件,可以达到防冰的目的。热管防冰具有如下优点:① 不需要从压气机引气,不影响发动机工作效率;② 采用废热实现防冰目的,不需要额外引入高品位能量;③ 起到冷却滑油的作用,降低润滑油温度;④ 结构简单维护方便,可靠性好。

2009 年,Gilchrist 等[32] 提出了一种利用旋转热管实现整流罩防冰的设想,采用广泛应用于旋转热管传热性能研究的一维膜状冷凝/蒸发模型描述热管内液体的流动传热过程,在忽略蒸汽复杂流动影响的简化条件下,计算分析了整流罩防冰的能力。2016 年,宣益民等[33] 提出了一种基于旋转热管技术的航空发动机整流罩防冰系统结构(图 10.7),建立了整流罩热管防冰系统能量传递的数学模型,数值模拟了旋转整流罩热管防冰系统的工作特性,研制了整流罩热管防冰系统原理样机并开展了样机的冰风洞实验,结果表明,在未施加防冰手段的条件下,整流罩表面迅速结冰,冰层厚度大且不均匀,防冰系统样机工作后表现出明显的防冰效果。

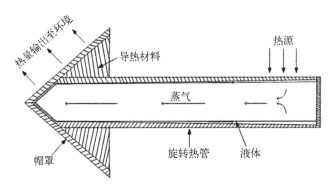

图 10.7   旋转整流罩热管防冰系统示意图

10.4.3   等离子激励防冰

近年来,等离子体激励作为主动流动控制技术发展迅速,等离子体激励器工作过程中会产生大量电离热,这部分热量可用于部件表面防冰。利用等离子体激励器产生的气动效应和热效应来防止结冰的概念是使用等离子体激励器来实现流动控制和防结冰控制(图 10.8)。研究[34,35]表明,等离子体激励器包裹部件前缘时,能够有效防止表面出现结冰,且防冰性能与基于气动和热效应耦合作用的等离子体激励器的设计直接相关。激励器在结冰环境下实现防结冰控制,在非结冰环境下的进行流动控制,等离子体激励防结冰技术几乎能满足下一代飞行器的所有防结冰控制要求。但关于等离子体激励防冰的研究还处于机理研究和技术探索阶段,尚不具备工程应用条件。

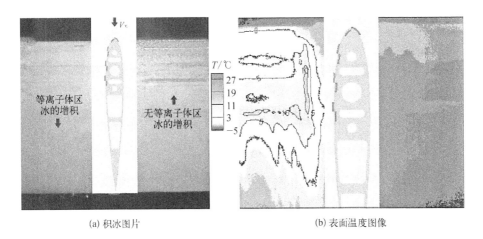

(a) 积冰图片　　　　　　　　　　　　(b) 表面温度图像

图 10.8　等离子体激励积冰图片及表面温度分布

10.5　先进封严结构

　　动力系统技术的进步往往伴随着先进封严结构的设计更迭。以亚声速发动机耗油率历史发展趋势为例(图 10.9),耗油率随年代的发展呈现出了显著的降低。但伴随着低耗油率的要求,对传统封严系统提出了更高的要求。先进封严结构无疑是支撑发动机性能不断提升的重要一环。

　　仅以齿轮风扇发动机行星齿轮系侧的轴承腔封严为例(图 10.10),由于风扇

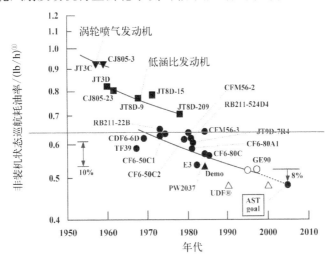

图 10.9　亚声速发动机耗油率历史发展趋势

---

① 　1 lb/h≈0.454 kg/h。

直径显著加大,而轴承支点的轴向位置变化不大,这就意味着风扇端的弯曲力矩增大,在转子通过临界转速、加减速过程中会出现显著的轴径径向位移,从而引起封严径向圆柱面的强不对中性——这势必会对风扇端的可靠腔室封严带来巨大的挑战。

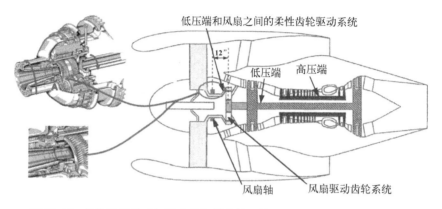

图 10.10 齿轮风扇发动机风扇端行星齿轮系轴承腔封严结构的强不对中性

10.5.1 柔性被动自适应封严技术

与传统篦齿、蜂窝、机械加工金属封严环等刚性封严结构相比,所谓柔性被动自适应结构是指几何结构的自适应(如强不对中适应性——High Misalignment 能力)和封严特性的自适应[如低迟滞性(low hysteresis,LH)]。它们均是为了解决未来或新概念动力装置对空气系统封严结构的更高要求,如:更大的机动过载,更快的加减速速率以及更频繁的起动/停车等实际需求。为了实现这样的目标,各类封严结构往往具有周向分段、轴向带有弹簧或波纹管预紧力等复杂的结构特征[36,37]。同时,在设计此类封严结构时,结构自身质量、强度和柔性等特性须重点考虑,以保证其具有较好的惯性载荷承载能力、冲击载荷承载能力及其与封严面的"几何特征适应"能力。

如图 10.11 所示,在 GE90 大涵道比涡扇发动机上的低压转子轴向力平衡腔高半径位置处,采用了低迟滞性刷式封严结构。与图 10.12 所示的早期双级串联式刷式封严结构相比,其特征是在原始结构的高压侧增加了整流和减振挡板,在低压侧增加了一个"气动"刚度较低的空腔间隙,这样在发动机减速的过程中,在整流/减振挡板及空腔间隙内容腔效应的影响作用下,优化后的低迟滞性刷式封严结构使得气流泄漏量进一步减少了 30%[38]。这对封严效果来说是一个极为显著的提升。

与整环浮动式石墨环相比,如图 10.13 所示,由于采用了轴向弹簧和径向压紧弹簧,具有轴向/径向双封严舌的分瓣式石墨环封严结构的封严效果将大大提升。

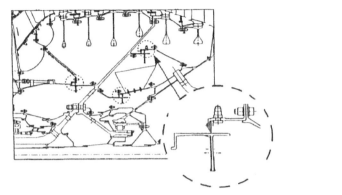
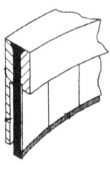

图 10.11　GE90 大涵道比涡扇发动机低压涡轮处低迟滞性刷式封严结构[38]

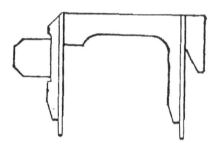

图 10.12　非低迟滞性刷式封严结构[38]

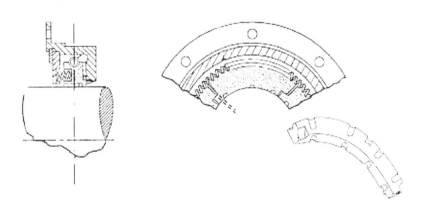

图 10.13　传统分瓣式石墨环封严结构

然而,正是由于这些增加的结构特征,导致石墨环瓣与瓣的搭接位置处、石墨环周向和径向弹簧以及石墨环防转固定槽位置处会发生结构失效。在机动过载条件下尤为如此,石墨环封严面的磨损将会显著加剧。严重限制了浮动式石墨环的寿命和可靠性。为了解决这一问题,NASA 和普惠公司联合提出了多种替代和改进的分瓣式石墨环结构[39]。它的核心设计思想是采用浮动式背板结构[图 10.14(b)中的黄色区域]取代轴向弹簧、周向防转槽等结构,甚至增加了陶瓷材料制造的封严套结构,进一步取代带有倾角的石墨环分瓣搭接结构。C 类封严结构可以将角度偏差的最大适应值提高至 0.5°,圆柱封严面的最大不对中值提高至 0.11 mm。其他的柔性自适应被动封严结构还有非接触式的指尖封严(finger seal)结构等,这里不再赘述。

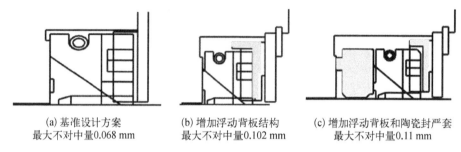

(a) 基准设计方案　　　　　(b) 增加浮动背板结构　　　　　(c) 增加浮动背板和陶瓷封严套
最大不对中量0.068 mm　　　最大不对中量0.102 mm　　　　最大不对中量0.11 mm

图 10.14　改进后的分瓣式石墨环封严结构[39]

实际上,这种自适应的封严结构在静密封结构上也有应用,如图 10.15 所示,相比传统(a)中刚性的静密封结构,(b)中的金属柔性衣状封严结构可以在强振动、零件热态不对中以及零件轴向位移等环境中长期可靠地使用。其他需要关注的自适应静密封结构还有柔性绳式密封(braided rope seal)、弹簧管封严(spring tube seal)等[40]。

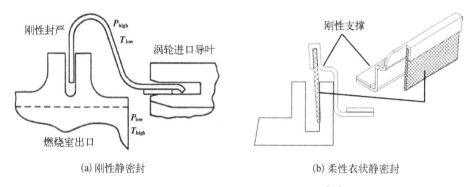

(a) 刚性静密封　　　　　　　　　　　　　(b) 柔性衣状静密封

图 10.15　燃烧室用自适应静密封结构[40]

10.5.2　柔性金属箔片封严结构

在航空发动机领域,考虑到发动机振动和加工偏差等因素,封严元件位置处的刮磨现象会比较明显,从而会导致封严结构的封严效果出现退化。而因刮磨造成封严结构失效的故障也普遍存在。由于在其封严面处具有较好的位移和几何形变随动特征,一种新型的气膜封严构型——柔性金属箔片封严结构[41],近年来吸引了众多科研单位、型号研制公司以及军方机构的关注。譬如,NASA Glenn 中心联合 Mohawk Innovative Technology 公司(MiTi 公司)在已有金属箔轴承技术的基础上,近年来开展了一系列关于金属箔片封严结构的研究。目标直指转速 30 000 r/min(线速度超过 300 m/s),直径 2.6 米,封严压差可以超过 75 psi(1 lbf/in^2 = 6.894 76× 10^3 Pa)的高效长寿命封严结构的要求[42]。

如图 10.16 所示,该封严结构由靠近封严面的上层双片自锁式交叉金属箔片以及支撑底层凸起箔片组成,前者需要喷涂耐磨涂层(如 MiTi 公司的 Korolon 800 涂层)以提高其耐久工作能力,后者需要对上层箔片形成支撑并提高上层金属箔片的刚性。此外,为了保证上层金属箔片与封严面之间的形状适应能力,其尾缘一段与基座焊接,前缘则采用了自由态的设计方法。可以看出上述设计方法与金属箔片式轴承的设计理念十分相似。

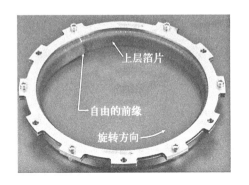
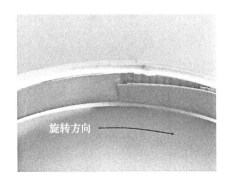

图 10.16　金属箔轴承封严结构

从封严原理角度考虑,需要注意的是:金属箔片封严结构与传统的水力封严结构不同,它自身的封严片(上层金属箔片)质量较轻,在两侧气体泄漏流压差的作用力下,其往往可以在较低的转速条件下轻松实现"悬浮"。因此在超过一定转速的条件下,金属箔片封严是一种非接触式浮动封严结构,即在某一临界压差之下,金属箔片封严为接触式封严,而超过该临界压差后,可转变为非接触式浮动式封严。正是由于其非接触式的工作特性,与刷式封严相比,随着使用时间的累积,其封严效果并不会显著地下降。从公开资料来看,柔性金属箔片封严结构的半径间隙仅为 0.013 mm 左右。

在 2004 年 9 月,NASA 公布了在 21℃气流环境下金属箔片封严结构的相关实验测试结果。如图 10.17 和图 10.18 所示。从结果可以看出,在 30 000 r/min 的转速条件下金属箔片表面的涂层被破坏,从而导致上层金属箔片出现裂纹,封严失效。然而在 10 000 r/min 和 25 000 r/min 的被测转速条件下,金属箔片封严结构的流量系数可以达到 0.009~0.011,甚至还略高于指尖式封严和刷式封严 0.004~0.006 的流量系数。

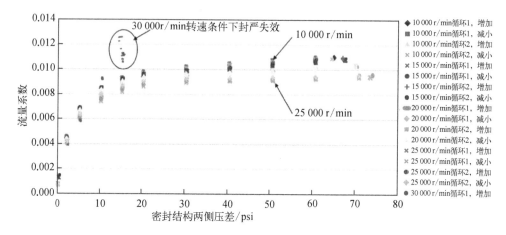

图 10.17　不同转速条件下金属箔片封严的实验结果曲线

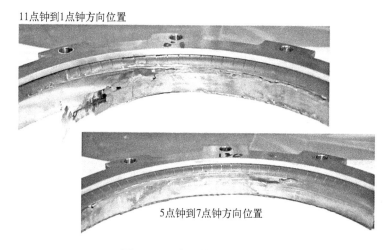

图 10.18　金属箔片封严失效

需要指出的是,金属箔片封严结构除可应用于常规的径向封严外,还可用于端面封严的场景[41]。它与可承受轴向载荷的金属箔片轴承构型十分类似(图 10.19)。在 304 m/s 的切线速度条件下,与常规的篦齿和各型刷式封严结构相比,现有试验结果验证了其高效的封严效果(图 10.20)。尤其是在较高的压差环境中,这种优势显得更为显著。

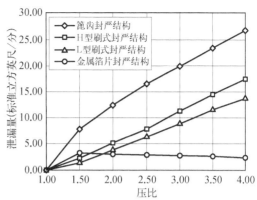

图 10.19 端面封严用金属箔片封严结构　　**图 10.20 端面封严金属箔片结构封严效果**

10.5.3 吸气式封严

为了进一步提高篦齿和刷式封严的封严效果并延长使用寿命,在先进的大涵道比涡扇发动机 GE90 上的低压转子系统调压腔位置处,如图 10.21 所示,GE 公司第一次实现了 240 m/s 切线速度、590℃苛刻工作环境下吸气式封严结构的实际工程应用。从图 10.22 可以看出,与上述封严结构不同的是,此类封严结构为"二次封严"结构。该封严结构本质上是一种带有卸荷和调压腔的双层封严结构。腔的一侧具有单篦齿和调压孔结构,另一侧带有周向箍紧弹簧的分瓣式石墨环结构。

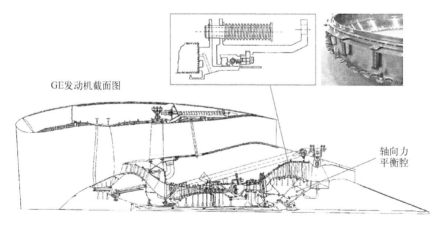

图 10.21 GE90 发动机中吸气式封严结构[43]

提高封严端面间隙处的气膜刚性、维持不同工况下轴向间隙的保持能力、控制低泄漏流特性以及进一步提升非接触式长寿命工作能力是该封严结构实现工程化应用的重大挑战。GE 公司和 Stein Seal 公司在 2000 年公布了该封严结构的优化改进方案、部分试验结果以及进一步的改进策略。结果显示,在 0.02～0.05 mm 的

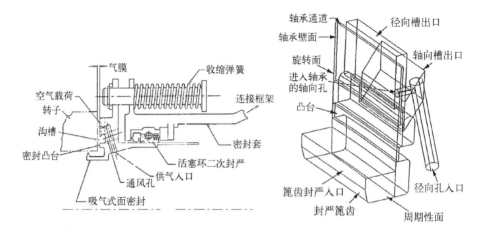

图 10.22　吸气式封严结构的主要构件名称

间隙条件下,该封严结构的泄漏流量仅为同样条件下篦齿泄漏流量的 1/5,具有很好的工程应用前景。实际上,GE 公司已在 GE90 大涵道比涡扇发动机上的 3 个轴向力平衡腔位置应用了该结构,发动机耗油率因此降低了 1.8%。更为可贵的是,该结构可以在封严面 0.25 mm 偏心及封严面 0.25°倾斜的极端工作条件下正常工作[43]。这是传统封严结构所不及的。

10.5.4　气动悬浮式封严

图 10.23 所示为三种不同封严结构的流阻特性对比曲线[44,45]。从图中可以看出,相比传统的篦齿封严结构,气压悬浮式的封严结构具有两个突出的优点:① 同

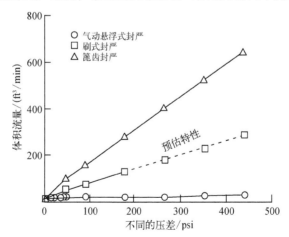

图 10.23　不同封严结构的流阻特性(封严半径 5.84 英寸①)

---

①　1 英尺(ft) = 0.304 8 米(m)。

等压差条件下,气流沿气压悬浮式封严结构的泄漏量明显减少;② 随着封严结构两侧压差的变化,气压悬浮式封严结构的泄漏量几乎不发生变化。而传统的篦齿封严结构和刷式封严结构在不同压差作用下,气流的泄漏量会显著增加。从该图可以看出,对先进封严结构的实际需求是:封严效果的一致有效性以及低泄漏流量要求。考虑到其具体的使用环境条件,高温环境适应性以及高切线速度亦是高性能封严结构的重要考核依据。这从表 10.1、表 10.2 中的对比趋势也可以看出。

表 10.1　目前涡轮发动机封严技术现状

封严结构	压差/psi	温度/℉①	切线速度/(ft/s)	材　料
篦齿	250~400	1 300	1 500	镍基合金+耐磨涂层
刷式封严	80~100 级	1 300	1 000	钴基合金
外层封严	级压差	1 200 2 000+	1 200 1 500	耐磨叶尖 耐磨陶瓷
面封严	150	1 000	475	碳材料

表 10.2　先进涡轮发动机封严技术发展趋势

封严结构	压差/psi	温度/℉	切线速度/(ft/s)	材　料
面封严	60 60	1 000 1 000	600 1 000	碳材料 碳材料
气压悬浮封严	800	1 500	1 200+	碳+超合金
篦齿	250~400	1 300	1 650	镍基合金+耐磨涂层

10.6　新概念动力空气系统

随着时间的推移,为了满足更经济耗油率、更宽广飞行包线以及更高的飞行速度,人类对新概念动力的实际需求与日俱增。已引起国内外科研机构和工程应用部门普遍注意的新概念动力主要有齿轮风扇发动机、桨扇发动机、变循环发动机、冲压发动机、超燃冲压发动机以及涡轮基组合循环发动机等。前三者属于常规动力系统,而后三者则为常规动力系统的组合或可称为更新概念的动力系统。

---

① $t\,℉ \approx \left[\dfrac{5}{9}(t-32)\right]℃$

　　齿轮风扇发动机其实已经不是一种新概念的动力装置。在 Honeywell(霍尼威尔)的 TFE731 商务喷气飞机发动机和 LF507 支线喷气飞机发动机上已具有了齿轮传动涡轮风扇。但考虑到该发动机的涵道比较小,其核心部件——齿轮传动系统的润滑冷却技术相对较为简单。齿轮风扇发动机的原理比较简单,就是在双轴涡扇发动机的低压涡轮及增压压气机和风扇之间加入一个齿轮减速器,以使风扇和低压涡轮及增压压气机都可在各自最有效的转速下工作,从而达到发动机最优化设计的目的。从耗油率和污染物排放角度考虑(图 10.24),由于齿轮风扇发动机的结构构型可实现超大涵道比的设计目标,因此其具有优秀的综合性能。

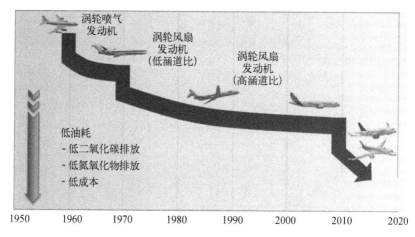

图 10.24　齿轮风扇发动机应用前景(横坐标:发动机取证年代)

　　桨扇发动机目前已经在一些军用运输机上得到了应用。其基本构型与齿轮风扇发动机大致相同:通过在桨叶输出端布置行星齿轮系统以实现大尺寸桨叶的低速旋转。同时,在桨叶的旋转抽吸效应下,桨叶周围的大鼓气流流量被引射到发动机周围。实际上,桨扇发动机相当于超大涵道比涡扇发动机,具有齿轮风扇发动机低耗油率、低污染物排放的特点。但是,考虑到桨叶往往无机匣包裹,因此,噪声已变成齿轮风扇发动机的一个重大挑战。图 10.25 所示为不同类型发动机整机推进效率的对比,从图中可以看出,对转式的桨扇发动机由于可以将发动机远方的气流抽吸至发动机周围,因此即便采用不大的风扇增压比,也可以具有比传统大涵道比涡扇发动机甚至齿轮风扇发动机更优的整机推进效率。

　　变循环发动机,是指在一台发动机上,通过改变发动机的一些部件的几何形状、几何尺寸或者抽/放气位置,来实现不同热力循环的燃气涡轮发动机。利用变循环改变发动机循环参数,如增压比、涡轮前温度、空气流量和涵道比,可以使发动机在各种工作状态下都具有良好的性能。在涡扇发动机领域,研究的重点是改变涵道比,如发动机在爬升、加速和超声速飞行时涵道比减小,发动机接近涡喷模态

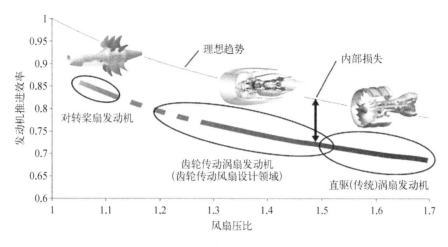

图 10.25　桨扇发动机应用前景

工作,以增大推力;在起飞和亚声速飞行时,加大涵道比,发动机接近涡扇模态工作,以降低耗油率和噪声。在涡轴发动机方面,重点研究可调面积涡轮,以改变发动机空气流量,降低部分功率下的耗油率。20 世纪 70 年代,美国开始加大力度研究军用变循环发动机。GE 公司研制了从 YJ101 第一代变循环验证机到 GE21、GE33 即后来的 YF120,以及可控压比发动机等一系列变循环预研验证机。尤其是 YF120 还参加了美国第四代动力的选型,是世界上第一种经飞行验证的战斗机用变循环发动机。YF120 在 F‑22 项目中竞争失败后,在其核心机基础上衍生了常规循环涡扇发动机 F136。2020 年,美国通用电气宣布为第六代战斗机专门打造的 XA100‑GE‑100 变循环发动机已完成机械性能测试,其测试结果完全达到了之前空军提出的变循环发动机计划目标。

冲压发动机主要用于超声速巡航导弹,冲压发动机是一种新型的、用于高速飞行的尖端航空科学技术迅速发展。在这个领域内,有着广泛的复杂问题需要研究解决。随着飞行速度的提高,就要求设计制造出更有效的部件——扩压器、燃烧室、尾喷管。有的国家正在计划把冲压发动机的飞行速度提高到 5~7 倍声速,甚至更高(5 300~7 400 公里/小时)。这就需要解决一系列新的问题。例如,首先要求解决热障问题,在 $Ma=5$ 飞行时,发动机壁面与空气摩擦后温度可以达到 1 000℃左右。燃烧室加热以后的温度将达到 2 500~2 800℃左右,这就需要耐温能力更高的材料。其次,目前所采用的航空燃料不足以支撑燃烧室中实现更高的温升,需要开发和使用更高能量的燃料。

由于超燃冲压发动机进气道中气流滞止程度降低而比冲提高,并且还会大大减轻机械负荷和热负荷。因此对于飞行马赫数 6~7 的高超声速远程飞行器来说,超燃冲压发动机是最佳备选方案之一。自 20 世纪 50 年代以来,该领域的研究重点始终放在超声速燃烧冲压发动机及其组合推进技术方面。预计到 2025 年,以超燃冲压发动机为动力的高超声速空天飞机将有可能投入使用。它可以解决高亚声速远程飞行器受涡轮前燃气温度的限制(难以满足飞行马赫数大于 3.5 的飞行需求)。传统的亚声速燃烧冲压发动机在飞行马赫数 3~6 时性能较优,但当要求飞行器在大气层中以高超声速飞行时,由于燃烧室进口温度过高而引起热解离,使燃烧效率和比冲急剧下降,飞行马赫数难以超过 6。

为了研制高超声速飞行器,必须在高超声速推进技术上有所突破。到目前为止,对于飞行包线范围非常宽(高度 0~40 km 或更高、飞行马赫数从亚声、跨声、超声速扩展到高超声速)的高超声速飞行器,就目前的技术条件而言,还无法使用常规的单工作循环推进系统,只能是基于不同类型发动机具有各自有效工作范围的特点,采用以涡轮、火箭、冲压脉冲爆震等发动机为基础的组合发动机。所谓组合发动机,就是将不同类型的发动机简单组合,在不同的飞行马赫数范围内,仅仅使用一种发动机,即采用接力式工作方式。考虑结构复杂性和技术成熟性,目前国内外研究较多的高超声速飞行器组合动力包括:火箭基组合循环动力装置和涡轮基组合循环动力装置两种。其中,涡轮基组合循环发动机有着较高的比冲、宽广的飞行包线,更为符合大气层内飞行的高超声速飞行器对动力的要求。涡轮基组合发动机适用于马赫数 5~8 的高超声速飞行器,可重复使用,用途多样,不仅可满足航天运输的要求,还可以用于高速导弹、高速远程攻击机等。

上述几种具有潜力的新概念动力均对空气系统提出了更高要求。例如,更高的循环参数带来的更高的环境使用温度要求(二次空气系统内的封严元件环境使用温度将会达到或超过 650℃),更高压差环境下的更低气体泄漏流量,更苛刻的过载或机动工作条件,更严苛的角向偏差和轴线偏差容忍度,更宽广的环境适用性以及在更大的旋转线速度条件(达到或超过 460 m/s)下实现高可靠性、长寿命的封严要求。

参考文献

[1] 刘大响.航空发动机技术的发展和建议[J].中国工程科学,1999,1(2):24-29.
[2] 刘长福,邓明.航空发动机结构分析[M].西安:西北工业大学出版社,2006.
[3] BRUENING G B, CHANG W S. Cooled cooling air systems for turbine thermal management [R]. ASME 99-GT-14, 1999.
[4] Puterbaugh R L, BROWN J, BATTELLE R. Impact of heat exchanger location on engine performance[C]. London: SAE 2012 Power Systems Conference, 2012.
[5] BODIE M, WOLFF M. Robust optimization of an aircraft power thermal management system [C]. Nashville: 46th AIAA/ASME/SAE/ASEE Joint Propulsion Conference & Exhibit, 2010.
[6] DONOVAN A, NUZUM S, ROBERTS R A. Impact of high energy pulsed systems on an aircraft's power and thermal management system[C]. San Diego: 57th AIAA/ASCE/AHS/

ASC Structures, Structural Dynamics, and Materials Conference, 2016.

[7] 苏壮,毛宏图,宋冠麟. 基于热管理技术的航空发动机滑油系统热分析方法[J]. 航空发动机,2016,42(2):44-50.

[8] 赵斌,李绍斌,周盛,等. 航空发动机空气系统气源引气的研究进展[J]. 航空工程进展,2012,3(4):476-485.

[9] LOU D C, GUO W, WANG Z G, et al. Integrated thermal management system design for advanced propulsion system[J]. Applied Mechanics and Materials, 2012, 232:723-729.

[10] BAO W, QIN J, YU D R. Integrated thermal management method of energy based on closed brayton cycle for scramjet[C]. Sacramento:42nd AIAA/ASME/SAE/ASEE Joint Propulsion Conference & Exhibit, 2006.

[11] 徐志英,庄达民. 飞机燃油系统热管理研究[J]. 北京航空航天大学学报,2007,22(11):1833-1837.

[12] SAE International. SAE ARP 1401B Aircraft fuel system and component icing test[S],2012:8-11.

[13] 王浚,刘永绩,董素君. 综合机载机电及环控系统新技术[J]. 北京航空航天大学学报,2003,29(11):959-963.

[14] 高峰,袁修干. 高性能战斗机燃油热管理系统[J]. 北京航空航天大学学报,2009,35(11):1353-1356.

[15] 常士楠,袁美名,袁修干. 飞机机载综合热管理系统稳态仿真[J]. 北京航空航天大学学报,2008,34(7):821-824.

[16] 薛浩,崔利,赵竞全. 战斗机综合热能管理系统稳态仿真[J]. 飞机设计,2010,3(30):51-55.

[17] 闫克学. 基于 Flowmaster 软件的直升机燃油系统仿真计算[J]. 直升机技术,2008,156(4):14-18.

[18] ASTRIDGE D G, SMITH C F. Heat generation in high-speed cylindrical roller bearings[J]. ARCHIVE Proceedings of the Institution of Mechanical Engineers, 1972:83-84.

[19] HARRIS T A, MINDEL M H. Rolling element bearing dynamics[J]. Wear, 1973, 23(3):311-337.

[20] 刘志全,张鹏顺,沈允文. 高速滚子轴承的热分析模型[J]. 机械科学与技术,1997,16(4):607-611.

[21] 曹永. 混合陶瓷角接触球轴承温度分布的有限元分析[D]. 天津:天津大学,2008.

[22] 陈观慈. 航空发动机主轴高速滚动轴承热分析[D]. 哈尔滨:哈尔滨工业大学,2008.

[23] CHEW J C, HILLS N J. Computational fluid dynamics for turbomachinery internal air systems[J]. Philosophical Transactions of the Royal Society A, 2007, 365:2587-2611.

[24] VILLAZON J M R. Advanced aero engine common preliminary design environment for the automatic construction of secondary air system and thermal models [D]. Cottbus:BTU Cottbus-Senftenberg, 2015.

[25] TONI W,HUBERT D,KLAUS H, et al. Adaptive Preliminary-Design workflow for aero engine secondary air system cavities with an application case of windage and heat transfer in a Rotor-Stator cavity with axial through flow [C]. Oslo:Proceedings of the ASME Turbo Expo 2018:Turbomachinery Technical Conference and Exposition, 2018.

［26］ LATTIME S B, STEINETZ B. Turbine engine clearance control systems: current practices and future directions［C］. Indianapolis: 38th AIAA/ASME/SAE/ASEE Joint Propulsion Conference & Exhibit, 2002.

［27］ 航空航天工业部高效节能发动机文集编委会. 高校节能发动机文集　第五分册［M］. 北京: 航空工业出版社, 1991: 45－46.

［28］ 航空航天工业部高效节能发动机文集编委会. 高效节能发动机文集　第八分册［M］. 北京: 航空工业出版社, 1991: 85－97.

［29］ 航空航天工业部高效节能发动机文集编委会. 高校节能发动机文集　第六分册［M］. 北京: 航空工业出版社, 1991: 339－340.

［30］ GERARDI J J, INGRAM R B, CATARELLA R. A shape memory alloy based de-icing system for aircraft［R］. AIAA－1995－0454, 1995.

［31］ SULLIVAN D B, RIGHI F, HARTL D J, et al. Shape memory alloy rotor blade deicing［C］. Boston: AIAA/ASME/ASCE/AHS/ASE Structures, Structural Dynamics and Materials Conference, 2013.

［32］ GILCHRIST S, EWING D, CHING C Y. On the design of an aero-engine nose cone anti-icing system using a rotating heat pipe［J］. Journal of Thermal Science and Engineering Applications, 2009, 1: 1－11.

［33］ 宣益民, 连文磊. 航空发动机整流罩新型防冰方法［J］. 科学通报, 2016, 61(25): 2843－2850.

［34］ 孟宣市, 宋科, 龙玥霄. NS－SDBD 等离子体流动控制研究现状与展望［J］. 空气动力学学报, 2018, 36(6): 901－914.

［35］ 贾韫泽, 桑为民, 蔡旸. 基于数值模拟的 NSDBD 等离子体激励器防冰特性［J］. 航空学报, 2018, 39(4): 121652.

［36］ SEHNAL J, SENY J, ZOBENS A. Energy efficient face seal［R］. NASA－CR－165591, 1982.

［37］ DELLACORTE C. Dynamic face seal arrangement［P］. 6007068, 1999.

［38］ TSENG T W, GE Aircraft Engines, Advanced Subsonic Technology, Low Hysteresis Brush Seal, October 28, 1999.

［39］ STEINETZ B M, PROCTOR M P, DUNLAP P H. Overview of NASA Glenn seal program［R］. NASA/CP－2002－211911, 2002.

［40］ DUNLAP P, STEINETZ B, FINKBEINER J, et al. An update on structural seal development at NASA GRC［R］. NASA Seal/Secondary Air System Workshop, 2005.

［41］ MUNSON J. Foil face seal testing［R］. NASA/CP－2009－215677, 2009.

［42］ PROCTOR M, DE LGADO I. Compliant foil seal investigation［R］. NASA/CP－2004－212963, 2004.

［43］ TSENG T W, GE90 demonstration of a spirating seal［R］. NASA/CP－2001－211208, 2000.

［44］ ARORA G K, PROCTOR M P, STEINETZ B M, et al. Pressure balanced, low hysteresis finger seal test results［C］. Los Angeles: 35th Joint Propulsion Conference and Exhibit, 1999.

［45］ JUSTAK J, Force balance determination of a film riding seal using CFD［R］. NASA Seal/Secondary Air System Workshop, 2006.